21 世纪高职系列教材

电工技能实训指导

主编 曹 进
主审 周 涛

HEUP 哈爾濱工程大學出版社

内容简介

本书在选材上力求面广，其内容涉及电工电子电路的测量、传感器和自动化仪表的应用、电动机与变压器、常用低压电器的元部件、常用动力配电及控制线路、用电安全和保护措施及电器施工的安装方法和规程等。

本书既可作为高职学生教材，也可供相关技术人员参考使用。

图书在版编目(CIP)数据

电工技能实训指导/曹进主编. —哈尔滨：哈尔滨工程大学出版社，2007.8(2021.8 重印)

ISBN 978-7-81133-024-3

Ⅰ. 电…　Ⅱ. 曹…　Ⅲ. 电工技术-高等学校-教学参考资料　Ⅳ. TM

中国版本图书馆 CIP 数据核字(2007)第 130707 号

出版发行　哈尔滨工程大学出版社
社　　址　哈尔滨市南岗区南通大街 145 号
邮政编码　150001
发行电话　0451-82519328
传　　真　0451-82519699
经　　销　新华书店
印　　刷　北京中石油彩色印刷有限责任公司
开　　本　787mm×1 092mm　1/16
印　　张　18.5
字　　数　390 千字
版　　次　2007 年 8 月第 1 版
印　　次　2021 年 8 月第 13 次印刷
定　　价　31.00 元
http://www.hrbeupress.com
E-mail:heupress@hrbeu.edu.cn

21 世纪高职系列教材编委会

（按姓氏笔画排序）

主　　任	孙元政			
主任委员	丛培亭	刘　义	刘　勇	杨永明
	张亦丁	季永青	罗东明	施祝斌
	倪依纯	康　捷	曹志平	熊仕涛
委　　员	丛培亭	刘　义	刘　勇	刘义菊
	孙元政	闫世杰	杨永明	陈良政
	沈苏海	肖锦清	周　涛	季永青
	罗东明	俞舟平	胡启祥	胡适军
	施祝斌	钟继雷	唐永刚	徐立华
	郭江平	倪依纯	康　捷	曹志平
	熊仕涛	潘汝良	蔡厚平	

前言

广泛的、高水平的职业教育对国民经济的发展起着重要的促进作用，因此高等职业教育在我国已经得到了普遍地重视和发展。为适应形势、满足高职教育需求，依据行业特点，我们编写了《电工技能实训指导》一书。

“电工”二字在当代所涵盖的内容和范围越来越广泛，体现了多项电气技术的综合。鉴于此，本书在选材上力求面广，其内容涉及电工电子电路的测量、传感器和自动化仪表的应用、电动机与变压器、常用低压电器的元部件、常用动力配电及控制线路、用电安全和保护措施及电气施工的安装方法和规程等。这其中既包括传统电工技能实训项目，又有与新技术、新设备相关的内容，从而使该教材成为一类新型实用的高职高专电工技能实训的教材，其目的是通过培养学生的实际操作能力，使之成为“第一线”技能型人才。

书中提出的实训相关的内容供教学参考，实训指导教师可因地制宜，结合行业要求，对实训项目、内容进行实际的操作，在实训过程中，应严格执行有关规程规定，注重培养学生的安全、职业和质量意识。

本书由江苏海事职业技术学院的曹进担任主编，王刚华、郭宝宁、王宁洁、刘强参编，周涛担任主审。全书共分11章，第一、二、三、四、七、十一章由曹进编写，第五章由王刚华和郭宝宁编写，第六、九、十章由王宁洁编写，第八章由刘强编写，最后由曹进统稿。

在本书的编写过程中，得到了兄弟院校同行的大力支持，并为该书提出许多宝贵的意见，在此表示衷心的感谢。由于时间仓促及编者水平的限制，书中难免有不足之处，敬请同行以及广大读者批评指正。

编　者

2007年6月

目录

第一章 安全用电

学习目的

1. 掌握电流对人体的伤害机理、触电形式等基本知识。
2. 掌握防止触电的保护措施以及安全用电和触电急救的相关措施。
3. 了解电气安全技术知识。

内容提要

电能在工农业生产和日常生活中的广泛应用，极大地提高了生产率，同时也提高了人们的生活质量。但是，若对它使用不当，也会对人们的生命与财产构成严重威胁，因此安全用电显得非常重要。本章主要介绍电流对人体的作用和伤害程度；触电的形式、安全电压；触电的原因与保护措施；安全用电及触电的急救方法；电气防火、防爆、防雷等方面的知识。

第一节 电流对人体的作用和伤害程度

当流过人体的电流非常小时，对人体还不会构成伤害。只有当该电流达到一定数值后，便会损伤人体器官组织，甚至会导致死亡，我们把这种现象称为触电。触电又分为电击和电伤两种类型。

一、电击与电伤

人体接触电气设备的带电（或漏电）部分，并承受了一定的电压，导致一定的电流流过人体内部，根据电流大小的不同，产生肌肉抽搐、内部组织损伤、发热、发麻，导致人的昏迷、窒息，特别当电流伤害到神经系统、呼吸系统、血液循环系统时极易造成死亡，我们把这种类型的触电称为电击。皮肤表面接触电弧，导致灼伤、烙伤或皮肤金属化，皮肤损伤面积过大时可能有生命危险，我们把这种类型的触电称为电伤。

二、触电对人体的伤害

电击对人体的伤害程度，与电流流过人体的路径、电流大小、种类以及持续时间、电压高低和人体自身状况有关。下面简单说明上述因素对人体构成伤害的程度。

1. 电流流经人体的途径

心脏和中枢神经最忌电流流过，因此从手到手，从手到脚是最危险的电流路径。电流通过头部时因对脑部构成伤害也可能导致死亡。

2. 电流的大小

流经人体的电流大小是危害程度的决定性因素。当流过人体的工频电流在 0.5 ~5 mA 时，会有痛感；当电流大于 5 mA，人体发生痉挛，严重时直接导致生命危险。

3. 电流的种类

工频交流电的危险性大于直流电。交流电流会麻痹破坏神经系统，往往导致人体难以自主摆脱。高频交流电（2 000 Hz以上）的趋肤效应使其危害性相对低频较小。

4. 持续时间的长短

50 mA 的电流持续数秒到数分钟，将导致昏迷，严重时危及生命安全。

5. 电压的高低

电压越高，电击导致的危险越大。另外，当人体靠近高压时，产生的感应电流，也会导致触电。

6. 人体状况

妇女、儿童、老人等由于身体素质相对较低，因而触电所造成的危险更大，后果更严重。

第二节　触电的形式

按照人体触及带电体的方式和电流通过人体的路径，人体触及带电体有四种不同的情况，分别为单相触电、两相触电、跨步电压触电以及接触电压触电。

一、单相触电

当人体的某部分在地面或其他接地导体上、另一部分触及一相带电体时，电流通过人体流入大地，称单相触电。这时触电的危险程度决定于三相电网的中性点是否接地，一般情况下，接地电网的单相触电比不接地电网的危险性大。

图 1－1(a)所示为供电网中性点接地时的单相触电，人接触一相带电体时，该相电流经人体流入大地再回到中性点，此时人体承受电源相电压；图 1－1(b)表示供电网无中线或中线不接地时的单相触电，作用于人体的电压为线电压。另外，当人体接触漏电的设备外壳时，也属于单相触电。

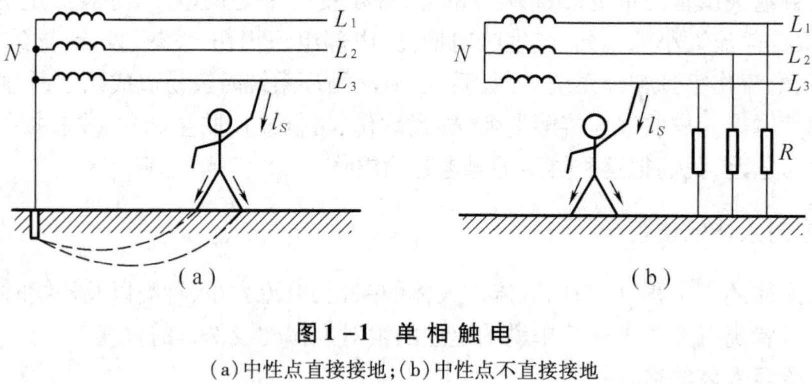

图 1－1　单相触电

(a)中性点直接接地；(b)中性点不直接接地

二、两相触电

人体的不同部分同时分别触及同一电源的任何两相导线称两相触电，这时电流从一根导线经过人体流至另一根导线，人体承受电源的线电压，这种触电形式比单相触电更危险，如图 1－2 所示。

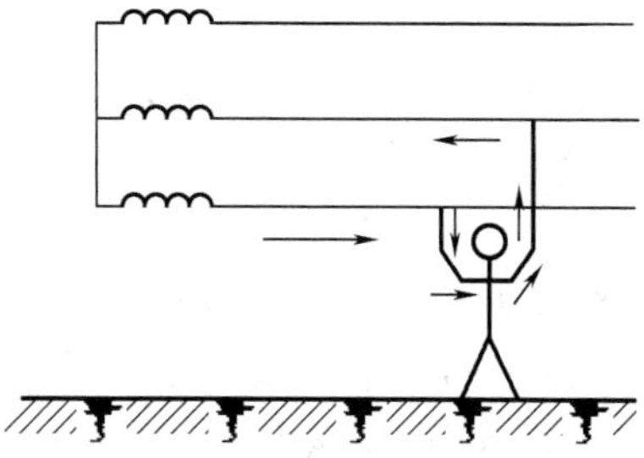

图1－2 两 相 触 电

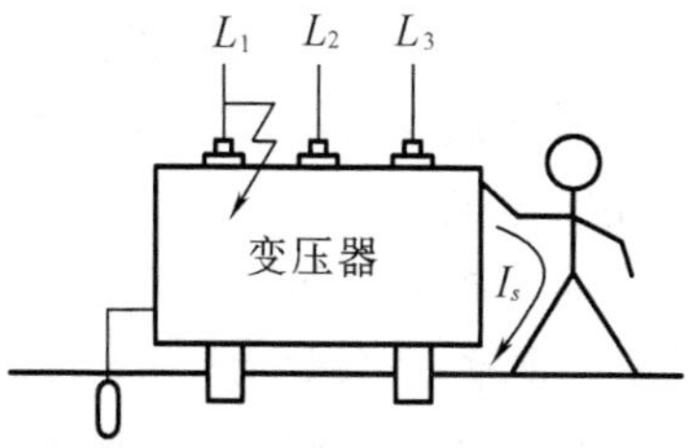

图1－3 接触电压触电

三、跨步电压触电

当带电体接地有电流流入地下时(如架空导线的一根断落地上),在地面上以接地点为中心形成不同的电位,一般距地体20 m远处电位为零。人在接地点周围,两脚之间出现的电位差即为跨步电压。线路电压越高,离落地点越近,触电危险性越大。

四、接触电压触电

人体与电气设备的带电外壳接触而引起的触电称接触电压触电。人体触及带电体外壳会产生接触电压触电,人体站立点离接地点越近,接触电压越小,如图1－3所示。

第三节 触电的原因及保护措施

触电往往很突然,最常见的触电事故是偶然触及带电体或触及意外带电的导体。为了防止触电事故,除思想上重视外,还应健全安全保护措施。

一、触电的原因

不同的场合引起触电的原因也不一样,触电原因可归纳为以下几类。

1. 电线架设不符合规格

为节省电线采用一线一地制的违章线路送电;室内导线破旧、绝缘损坏或敷设不合规格;室内外线路对地距离过近;电气修理工作台布线不合理,绝缘线被电烙铁烫坏引起触电等都是不合规定的情况。

2. 电气设备不合格

家用电器绝缘损坏、漏电及其外壳接地线无保护或接触不良;开关、插座的外壳破损或相线绝缘老化;由于接线错误导致触电等。

3. 操作制度不严格

带电操作或盲目修理,且未采取切实的安全措施;停电检修电路时,刀开关上未挂“警告牌”,使用不合格的安全工具进行操作等。

4. 用电违反规定

违反布线规程,乱拉电线;未切断电源就去移动灯具或家用电器;用水冲刷或用湿布擦拭电器和电线,引起绝缘性能降低而漏电。

二、触电的安全保护措施

安全保护措施分为安全技术措施和安全组织措施。其中,安全技术措施包括停电、验电、装设接地线、悬挂标示牌和装设遮栏等,主要有以下几项措施。

1. 使用安全电压

安全电压是指为了防止触电事故而采用的由特定电源供电的电压。该电压的最大值在任何情况(含故障、空载等情况)下,两导体间或任一导体与大地之间都不得超过交流(50 ~ 500 Hz)有效值50 V。我国规定的安全电压等级为42 V、36 V、12 V、6 V五种。当设备采用超过24 V的安全电压时,必须采取防止直接接触带电体的安全措施。

在实际工作中,安全电压值的选择,应根据设备操作特点及工作环境等因素确定。对于工作环境差、容易造成触电事故的场所,安全电压值应低一些。

安全电压的供电电源,通常采用安全隔离变压器。必须强调指出,千万不能用自耦变压器作为安全电源,因为该变压器的绕组之间不但有磁的联系,而且也有电的联系。

2. 保护接地

保护接地就是在1 kV以下变压器中性点(或一相)不直接接地的电网中,电气设备的金属外壳和接地装置良好连接。当电气设备绝缘损坏,人体触及带电外壳时,由于采用了保护接地,人体电阻和接地电阻并联,而人体电阻远远大于接地电阻,故流经人体的电流远远小于流经接地电阻的电流,在安全范围内,就起到了保护人身安全的作用,如图1-4所示。

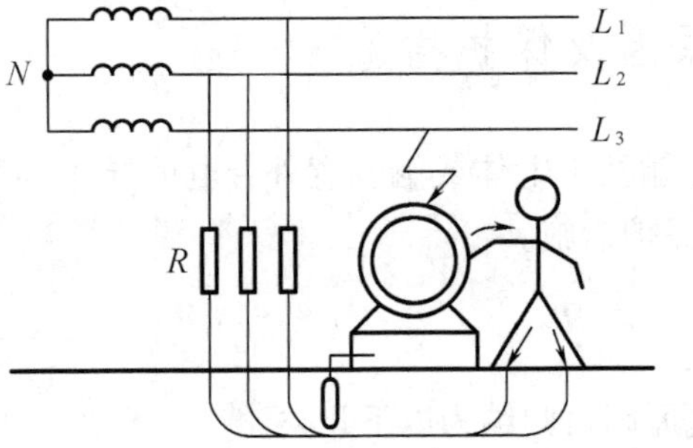

图1-4 保护接地

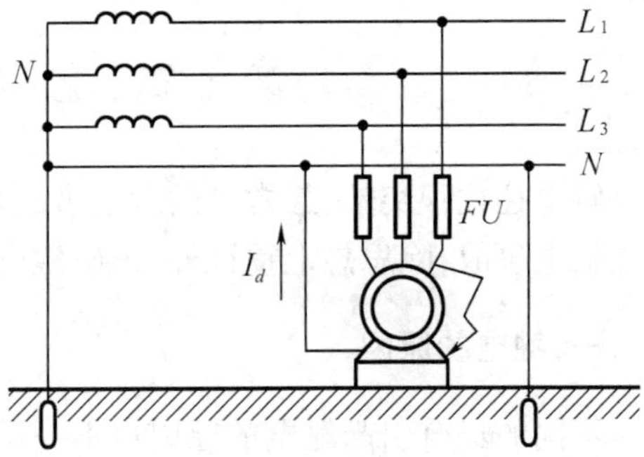

图1-5 保护接零

3. 保护接零

保护接零就是在1 kV以下变压器中性点直接接地的电网中,电气设备金属外壳与零线作可靠连接。低压系统电气设备采用保护接零后,如有电气设备发生单相碰壳故障时,形成一个单相短路回路。由于短路电流极大,使熔丝快速熔断,从而迅速地切断了电源,防止了触电事故的发生,如图1-5所示。采用保护接零时应注意的事项:

(1)同一台变压器供电系统的电气设备不允许一部分采用保护接地,另一部分采用保护接零;

(2)保护零线上不准装设熔断器;

(3)保护接地或接零线不得串联;

(4)在保护接零方式中,将零线的多处通过接地装置与大地再次连接,叫重复接地;保护接零回路的重复接地是保证接地系统可靠运行,可防止零线断线失去保护作用。

4. 使用漏电保护装置

漏电保护装置按控制原理可分为电压动作型、电流动作型、交流脉冲型和直流型等几种，其中电流动作型的保护性能最好，应用最为普遍。

电流动作型漏电保护装置是由测量元件、放大元件、执行元件和检测元件组成，如图1－6所示。测量元件是一个高导磁电流互感器，相线和零线从中穿过，当电源供出的电流负载使用后又回到电源，互感器铁心中合成磁场为零，说明无漏电现象，执行机构不动作；当合成磁场不为零时，表明有漏现象，执行机构快速动作，切断电源时间一般为0.1 s，保证安全。

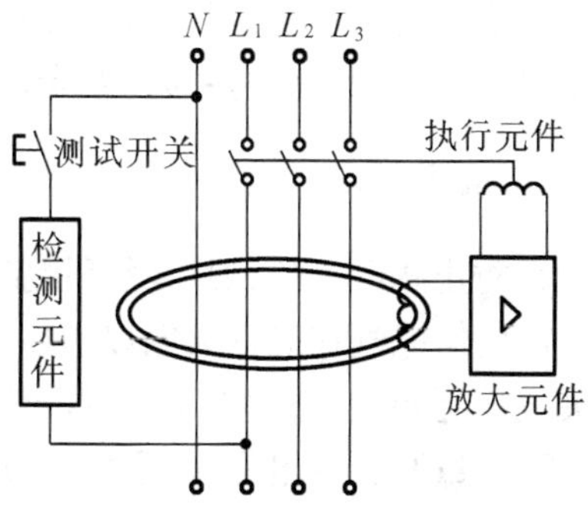

图1－6　电流动作型漏电保护装置

家用漏电保护器一般接在单相电能表和断路器胶盖闸刀后，这是安全用电的重要保障。

注意：单相漏电保护器接地时，工作零线和保护零线一定严格分开不能混用，相线和工作零线接漏电保护器，若将保护零线接到漏电保护器时，漏电保护器处于漏电保护状态而切断电源。

5. 静电防护

工农业生产中产生静电的情况很多，例如皮带运输机运行时，皮带轮摩擦起电；物料粉碎、碾压、搅拌、挤出等加工过程中的摩擦起电；在金属管道中输送液体或用气流输送粉体物料等产生静电。带静电的物体按照静电感应原理，还可以对附近的导体在近端感应出异性电荷，而在远端产生同性电荷，并能在导体表面曲率较大的部分发生尖端放电。

静电的危害主要是由于静电放电引起周围易燃易爆的液体、气体或粉尘起火乃至爆炸，还可能使人遭受电击。一般情况下，限于静电能量，虽不至于死亡，但可能引起跌倒等二次伤害。

消除静电的最基本方法是接地。把物料加工、储存和运输等设备及管道的金属体统用导线连接起来并接地。接地电阻值虽不要求像在供电线路中保护接地那么小，但要牢靠，并可与其他的接地采用池漏法和静电法使静电消散或消除。

6. 电气防火与防爆

电气设备的绝缘材料（包括绝缘油）多数是可燃物质。材料老化，渗入杂质导致其失去绝缘性能时可能引起火花、电弧；过载，短路的保护电器失灵使电气设备过热；绝缘线端子螺丝松懈，使接触电阻增大而过热等等，这些情况都可能使绝缘材料燃烧并波及周围可燃物并酿成火灾。因此，应严格遵守安全操作规程，经常检查电气设备运行情况（特别要注意升温和异味），做到定期检修，从而有效防止这类事故的发生。

空气中所含可燃固体粉尘（如煤粉、鞭炮火药粉）和可燃气体积累到一定程度时，如遇到电火花、电弧或其他明火就会发生爆炸。在这类场合应选用防爆型的开关、变压器、电动机等电气设备。设备装有坚固特殊的外壳，使电气设备中电火花或电弧的作用不波及到设备之外。相关规定可查阅电工手册。

总之，为了防止触电事故，应采用安全电压和防爆电器，推广使用漏电保护开关；设立屏护，悬挂标示牌，合理使用安全用具、工具和仪表，经常检查用电设备，定期进行耐压试验；电气设备的金属外壳，要采取保护接地或接零；合理选择导线，导线通过电流时，不允许过热，选用导线的额定电流应比实际输电电流大；同时，为了防止触电事故，还要普及安全生产用电知识。

第四节　安全用电及触电急救

在供用电过程中必须特别注意安全用电。思想上的麻痹大意往往是造成人身触电事故的主要原因,因此有必要加强安全用电的宣传并普及安全用电常识及其急救常识等知识。

一、安全用电

为防止触电事故,要广泛开展宣传并普及安全用电常识。

1. 任何电气在确认无电以前应一律认为有电。不要随便接触电器设备,不要盲目信赖开关或控制装置,心理上不要过分依赖绝缘来防止触电。

2. 尽量避免带电操作,手湿时更应禁止带电操作。在必须进行时,应尽量用一只手工作,操作现场要有人监护。

3. 若发现电线插头损坏应立即更换,禁止乱拉临时电线。如需拉临时电线,应用橡皮绝缘线,且对地不低于2.5 m,用完应及时拆除。

4. 广播线和电话线应与电力线分杆架设,电话线、广播线在电力线下面通过,与电力线的垂直距离不得小于1.12 m。

5. 电线上不能晾衣物,晾衣物的铁丝也不能靠近电线,更不能与电线交叉搭接或缠绕在一起。

6. 不能在架空线路和室外变电所附近放风筝;不得用枪或弹弓来打电线上的鸟;不许爬电杆,不要在电杆、拉线附近挖土,不要玩弄电线、开关、灯头等电气设备。

7. 不移动带电的电气设备。当把带有金属外壳的电气设备移至新的地方后,首先应该安装好接地线,检查设备完好后方能使用。

8. 移动电器的插座,一般要用带保护接地插座。不要用湿手去摸灯头、开关和插头。

9. 当电线落在地上时,不可走近。对落地的高压线应离开落地点8~10 m以上,以免跨步电压触电。不能用手接触落地的电线,并立即禁止他人通行,用人看守,并及时通知供电部门前来处理。

10. 当电气设备起火时,应立即切断电源,并用干砂覆盖灭火,也可用四氯化碳或二氧化碳灭火器来灭火。绝对不能用水或一般酸性泡沫灭火器灭火,否则有触电危险。在使用四氯化碳灭火器时,应打开窗户,保持通风,防止中毒,如有条件最好戴上防毒面具;在使用二氧化碳灭火时,由于二氧化碳是液态的,向外喷射灭火时,强烈扩散,大量吸热,形成温度很低的干冰,并隔绝了氧气,因此要打开门窗,与火源保持2~3 m的距离,小心喷射,防止干冰沾着皮肤产生冻伤。救火时不要随便与电线或电气设备接触,特别要留心地上的导线。

二、触电急救

1. 抢救原则

万一发生触电事故,必须进行急救,现场抢救触电者的原则如下。

(1)迅速　争分夺秒使触电者脱离电源。

(2)就地　必须在现场附近就地抢救,千万不要长途送往医院抢救,以免耽误抢救时间。从触电时算起,5分钟内及时抢救,救生率90%左右;10分钟以内抢救,救生率60%;超过15分钟,希望甚微。

(3)准确 人工呼吸法的动作必须准确。

(4)坚持 只要有百分之一的希望,就要尽百分之百的努力去抢救。

2. 人工呼吸触电急救法

触电者死亡的几个表征:心跳、呼吸停止;瞳孔放大;尸斑;尸僵;血管硬化。这五个表征只要1~2个未出现,应作假死去抢救。下面介绍四种人工呼吸触电急救法。

(1)胸外心脏挤压法 心脏挤压是有节律地按压胸骨下部,间接压迫心脏,排出血液,然后突然放松,让胸骨复位,心脏舒张,接受回流血液,用人工维持血液循环。如图1-7所示,其要领如下:

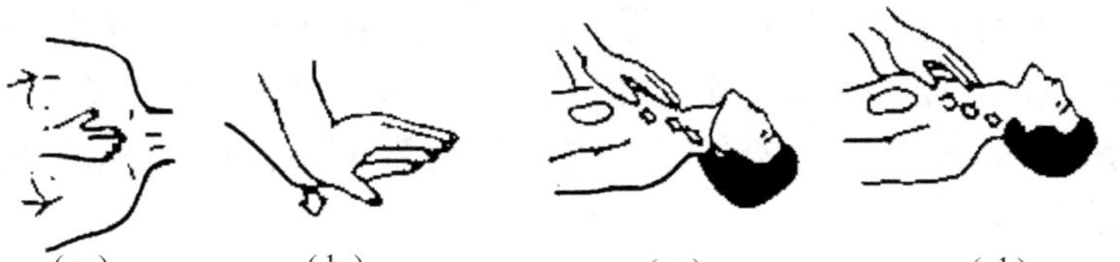

(a) (b) (c) (d)

图1-7 胸外心挤压法

(a)手掌位置;(b)左手掌压在右手掌上;(c)手掌用力下压;(d)突然松开

①将触电者仰卧在硬板上或地面上。不能卧在软床上或垫上厚软物件,否则影响挤压效果;

②压胸位置是一只手掌根部放在触电者的心窝口上方,另一只手掌作辅助。抢救者跪在触电者腰旁,操作过度疲劳时可以交换位置;

③挤压方法 压胸的一只手,在预备动作时略弯,然后向前压胸,成9°角,完成动作后,突然放松(向后一缩),如此循环下去;

④挤压时触摸大动脉是否有脉搏,如果没有脉搏,应加大挤压力度,减慢挤压速度;

⑤胸外心脏挤压法口诀如下:

掌根下压不冲击,突然放松手不离;

手腕略弯压一寸,一秒一次较适宜。

(2)对口吹人工呼吸法 对口吹人工呼吸法是用人工方法使气体有节律地进入肺部,再排出体外,使触电者获得氧气,排出二氧化碳,人为地维持呼吸功能。如图1-8所示,其要领如下:

①将触电者仰卧,使头部尽量后仰(先拿走枕头)。操作者腰旁侧卧,一手抬高触电者下颌,使其口张开。用另一只手捏住触电者的鼻子,保证吹气时不漏气。但是,如果在触电者口上盖一块手帕,可能影响吹气效果。

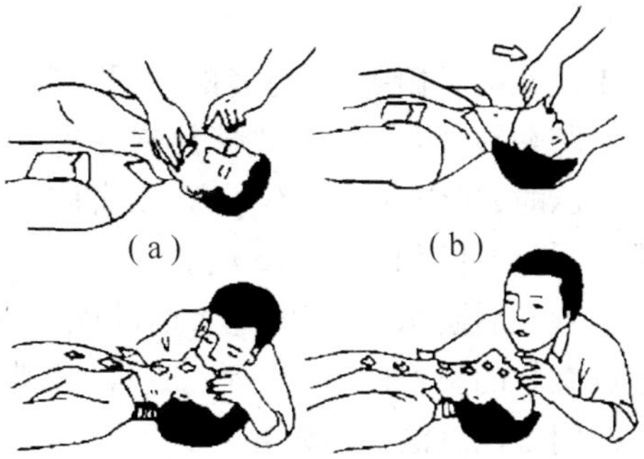

(a) (b) (c) (d)

图1-8 口对口人工呼吸

(a)清理口腔异物;(b)让头后仰;(c)贴嘴吹气;(d)放开嘴鼻换气

②操作者用中等度深呼吸,把口紧贴触电者的口,缓慢而均匀地吹气,使触电者胸部扩

张。胸部起伏过大，容易把肺泡吹破；胸壁起伏过小，效果不佳，因此要观察胸部起伏程度来掌握吹气量。

③吹气速度，对成年人吹气2秒停3秒，5秒一次；成年人每分钟12～16次，儿童每分钟18～24次。

④触电者嘴不能掰开时，可进行口对鼻吹气。方法同上，只是要用一只手封住嘴以免漏气。

⑤对口吹的口诀如下：

张口捏鼻手抬颌，深吸缓吹口对紧；
张口困难吹鼻孔，五秒一次坚持吹。

触电者心跳、呼吸都停止时，应同时进行胸外心脏挤压和口对口人工呼吸。如果有两个操作者，可以一个负责心脏挤压，另一人负责对口吹气。操作时，心脏挤压4～5次，暂停，吹气一次，叫4∶1或5∶1。如果只有一个操作者，操作时最好是2次很快地肺部吹气，接着进行15次胸部挤压，叫15∶2。肺部充气时，不应按压胸部，以免损伤肺部和降低通气的效果。

(3)摇臂压胸呼吸法

①使触电者仰卧，头部后仰。

②操作者在触电者头部，一条腿作跪姿，另一条腿半蹲，两手将触电者的双手向后拉直，压胸时，将触电者的手向前倾推，至胸部位置时，将两手向胸部靠拢，用触电者两手压胸部。在同一时间内还要完成以下几个动作：跪着的一只脚向后蹬(成前弓后箭状)，半蹲的前脚向前倒，然后用身体重量自然向胸部压下。压胸动作完成后，将触电者的手向左右扩张。完成后，将两手往后顺向拉直，恢复原来位置。

③压胸时不要有冲击力，两手关节不要弯曲，压胸深度要看对象，对小孩不能用力过猛，对成年人每分钟完成14～16次。

④摇臂压胸式的口诀如下：

单腿跪下手拉直，双手顺推向胸靠；
两腿前弓后箭状，胸压力量要自然；
压胸深浅看对象，用力过猛出乱子；
左右扩胸最要紧，操作要领勿忘记。

(4)俯卧压背呼吸法　此法只适用于触电后溺水、肚内喝饱了水的情况，其操作要领如下。

①使触电者俯卧，触电者的一只手臂弯曲枕在头上，脸侧向一边，另一只手在头旁伸直。操作者跨腰跪，四指并拢，拇指压在触电者背部肩胛骨下(相当于第七对肋骨)。

②压时，操作者手臂不要弯，用身体重量向前压。向前压的速度要快，向后收缩的速度可稍慢，每分钟完成14～16次。

③触电后溺水，可将触电者面部朝下平放在木板上，木板向前倾斜10°左右，触电者腹部垫放柔软的垫物(如枕头等)，这样，压背时会迫使触电者将吸入腹内的水吐出。

④俯卧压背法的口诀如下：

四指并拢压一点，挺胸抬头手不弯；
前冲速度要突然，还原速度可稍慢；
抢救溺水用此法，倒水较好效果佳。

3. 人工呼吸法的选择

(1)有轻微呼吸和轻微心跳,不用做人工呼吸,观察其病变,可用油擦身体轻轻按摩。

(2)有心跳,无呼吸,用对口吹吸法。

(3)有呼吸,无心跳,用胸外心脏挤压法。

(4)呼吸、心跳全无,用胸外心脏挤压与对口吹配合抢救方法。

(5)触电后溺水,肚内有水,用俯卧压背式。

4. 做人工呼吸法之前须注意的事项

(1)松衣扣、解裤带,使触电者易于呼吸。

(2)清理呼吸道,将口腔内的食物以及可能脱出来的假牙取出。若口腔内有痰,可用口吸出。

(3)维持好现场秩序,非抢救人员不准围观。

(4)派人向医院、供电部门求援,但千万不要打强心针。垂危病人的心脏是松弛的,给垂危病人打强心针的目的是帮助其心脏恢复跳动功能。但触电者的心脏是剧烈收缩的,而强心剂是刺激心脏收缩的药物,再给触电者打强心针,是加速其心脏收缩,无异火上加油,加速死亡。

思 考 题

1-1　影响电流对人体伤害程度的主要因素有哪些?

1-2　什么叫安全电压,我国规定的安全电压等级为多少?

1-3　常见的触电原因有哪些,触电方式有哪几种?

1-4　常见的防止触电的安全措施有哪些?

1-5　保护接零的注意事项有哪些?

1-6　人体触电如何确定施行急救的方法?

实训考核课题

实训1-1　常用触电的急救观察与操作

一、实训目的

1. 学会根据触电者的触电症状,选择合适的急救方法。

2. 掌握常用触电急救方法的操作。

二、实训内容

1. 组织学生观看触电急救方法的演示。

2. 以模拟的形式,让学生进行触电急救的操作训练。

3. 正确地选择人工呼吸的方法。

三、考核评分标准

表 1－1　常用触电的急救观察与操作

序号	评　分　标　准	配分	得分
1	1. 一种人工呼吸方法也不会,扣 50 分; 2. 动作错误,扣 20 分。	80	
2	1. 损坏仪表,扣 10 分; 2. 丢失配件,扣 10 分; 3. 物品随意乱放,扣 5～10 分。	20	
3	没有在规定时间内完成,每超过 5 分钟扣 10 分。		

第二章　常用电工工具及仪表的使用

学习目的

1. 掌握常用电工工具的结构、规格以及正确的使用方法。
2. 掌握常用仪表的结构、测量方法。

内容提要

电工日常操作都离不开各类工具与仪表。本章主要介绍常用的电工工具,包括验电器、电工刀、螺丝刀、扳手、钢丝钳、斜口钳、剥线钳、电烙铁、手枪钻及冲击钻等;常用仪表包括电压表、电流表、万用表、钳形表、摇表、功率表和电度表等。

第一节　常用电工工具

电工工具的正确使用,是电工技能的基础。正确使用电工工具不但能提高工作效率和施工质量,而且能减轻疲劳、保证操作安全及延长工具的使用寿命。在训练中要求工具使用正确,动作规范。

一、验电器

验电器是检验导线或电气设备是否带电的一种检验工具。按被检对象的电压等级,分低压验电器和高压验电器。

1. 低压验电器

(1)低压验电器的结构　低压验电器也称测电笔或电笔,有笔式和螺丝刀式两种。笔式低压验电器由氖管、电阻、弹簧、笔身和笔尖等组成,如图 2 – 1 所示。

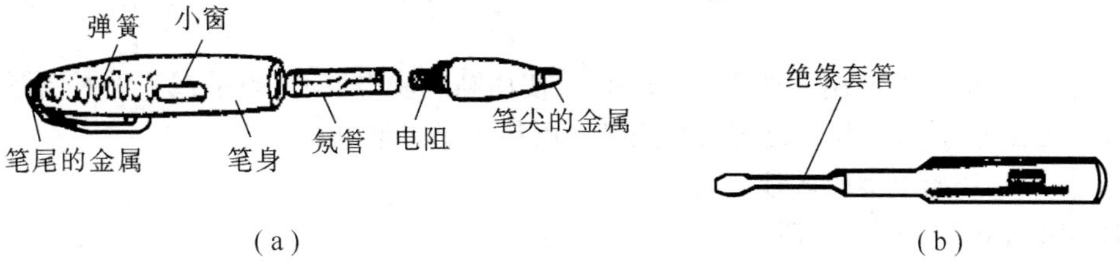

图 2 – 1　低压验电器

(a)钢笔式;(b)螺丝刀式

(2)低压验电器的使用方法　低压验电器在使用时,必须手指触及笔尾的金属部分,并使氖管小窗背光且朝自己,以便观测氖管的亮暗程度,防止因光线太强造成误判,其使用方法如图 2 – 2、图 2 – 3 所示。

当用电笔测试带电体时，电流经带电体、电笔、人体及大地形成通电回路，只要带电体与大地之间的电位差超过 60 V 时，电笔中的氖管就会发光。低压验电器检测的电压范围为 60 ~ 500 V。

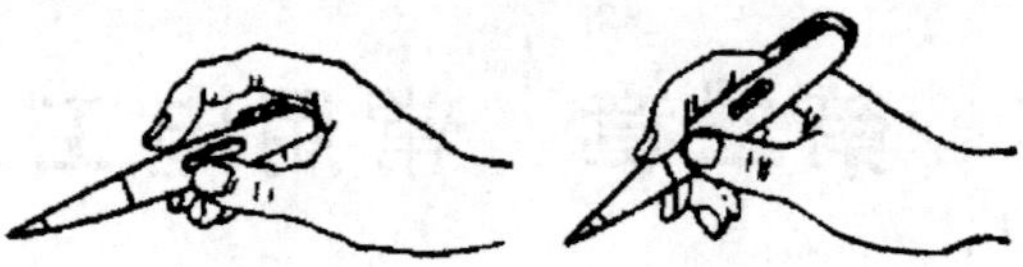

(a)　　　　(b)

图 2－2　笔式低压验电器的使用

(a)正确握法；(b) 错误握法

测量时可以根据氖管发亮的程度来估计电压的高低。交流电路中，当验电器触及导线时，氖管发亮的即是相线，正常情况下，零线不会使氖管发亮。氖管里的两个极同时发亮的即是交流电；一根发亮的为直流电。若将验电器连接在直流电路中的正负极之间，氖管发亮的一极即为直流电的负极。将验电器触及设备的外壳，若氖管发亮，说明该设备相线有碰壳现象；如果外壳接地良好，氖管不会发亮。

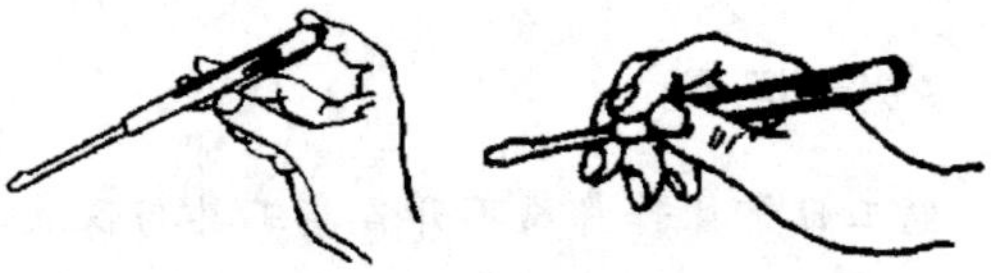

(a)　　　　(b)

图 2－3　螺丝刀式低压验电器的使用

(a)正确握法；(b)错误握法

(3)使用低压验电器时的注意事项

①使用前，必须在有电源处对验电器进行测试，在证明该验电器确实良好后方可使用；

②验电时，应使验电器逐渐靠近被测物体，直至氖管发亮，不可直接接触被测体；

③验电时，手指必须触及笔尾的金属体，否则带电体也会误判为非带电体；

④验电时，要防止手指触及笔尖的金属部分，以免造成触电事故。

2. 高压验电器

(1)高压验电器的结构　高压验电器又称高压测电器。10 kV 高压验电器由金属钩、氖管、氖管窗、固紧螺钉、护环和握柄等组成，如图 2－4 所示。

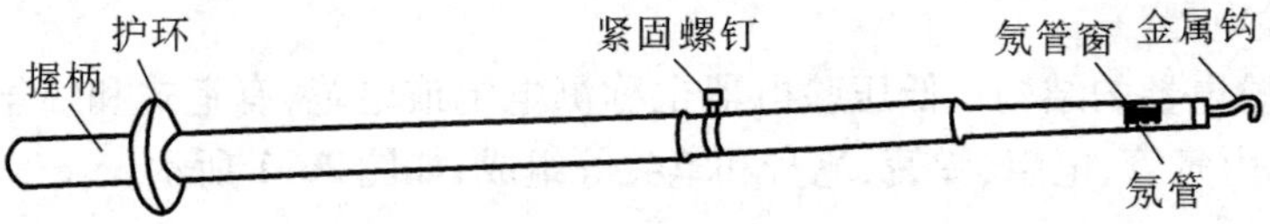

图 2－4　10 kV 高压验电器

(2)高压验电器的使用　如图 2－5 所示，使用高压验电器时，单手或双手握住握柄，使金属钩触及被测物体，看氖管是否发亮判别被测物体是否带电。

(3)使用高压验电器时的注意事项

①手握部位不得超过护环；

②测试时必须戴上符合要求的绝缘手套并有人在旁监护；

③小心操作，以防发生相间或对地短路事故；

④与带电体保持足够的安全间距(10 kV 高压的安全距离应大于 0.7 m)；

⑤室外操作时，必须天气良好，在雨、雪、雾及湿度较大的天气时，不宜进行操作，以免发生危险。

二、电工刀

电工刀主要用来剖削导线线头、切削木台缺口及削制木榫等。有的多用途电工刀还具有锯削、旋具等作用。常用电工刀的外形如图 2－6 所示。使用电工刀时的注意事项：

1. 不得带电作业，以免触电。

2. 应将刀口朝外剖削，并注意避免伤及手指。

3. 剖削导线绝缘层时，应使刀面与导线成较小的锐角，以免割伤导线。

4. 使用完毕，随即将刀身折进刀柄。

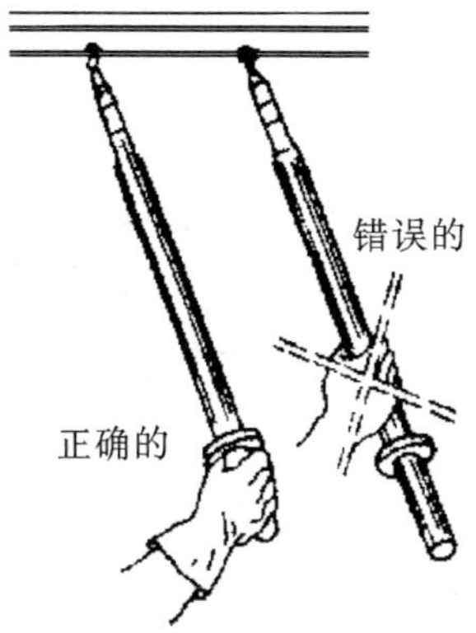

图 2－5　高压验电器的使用

三、螺丝刀与扳手

1. 螺丝刀

螺丝刀又称旋凿或螺钉旋具，它是一种紧固或拆卸螺钉的工具。

(1) 螺丝刀的式样与规格　螺丝刀的式样按其头部形状可分为一字形（也称平口）和十字形（也称梅花）两种，如图 2－7 所示。

图 2－6　电　工　刀

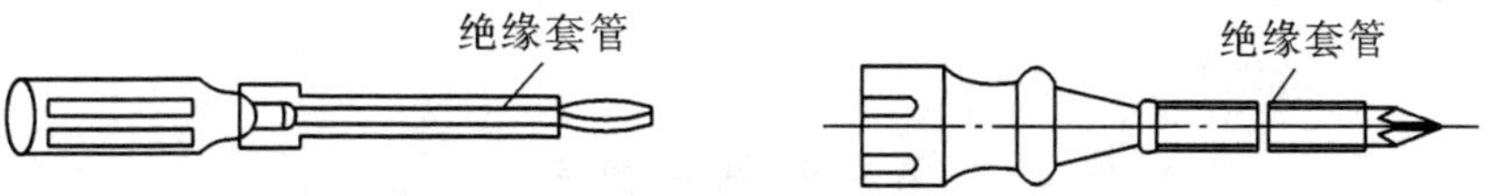

(a)　　(b)

图 2－7　起　　子

(a) 一字形；(b) 十字形

一字形螺丝刀常用的规格有 50 mm、100 mm、150 mm 和 200 mm 等。十字形螺丝刀用于紧固或拆卸十字槽螺钉，常用的规格有 Ⅰ 号、Ⅱ 号、Ⅲ 号和Ⅳ 号，分别适用于直径为 2 ~ 2.5 mm、3 ~ 5 mm、6 ~ 8 mm 和 10 ~ 12 mm 的螺钉。

按握柄材料不同，螺丝刀又分为木柄和塑料柄两种。此外，还有常用于电子线路中的无感螺丝刀。

(2) 螺丝刀的使用方法　使用较大螺丝刀时，除大拇指、食指和中指要夹住握柄外，手掌还要顶住柄的末端以防止施转时滑脱，如图 2－8(a) 所示。使用较小螺丝刀时，用大拇指和中指夹着握柄，同时用食指顶住柄的末端用力旋动，如图 2－8(b) 所示。使用较长螺丝刀时，用右手压紧手柄并转动，同时左手握住螺丝刀的中间部分（不可放在螺钉周围，以免将手划伤），以防止螺丝刀滑脱。

(3) 使用螺丝刀时的注意事项

①带电作业时，手不可触及螺丝刀的金属杆，以免发生触电事故；

②作为电工，不应使用金属杆直通握柄顶部的螺丝刀；

③为防止金属杆触到人体或邻近带电体，金属杆应套上绝缘管。

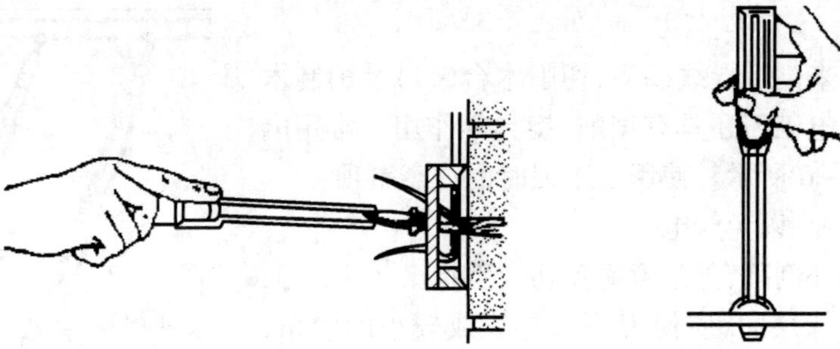

(a) (b)

图2-8 螺丝刀的用法

(a)大螺丝刀的用法;(b)小螺丝刀的用法

2. 扳手

(1)扳手的构造与规格　扳手是用来紧固或旋松螺母的一种专用工具。电工常用的是活络扳手,其构造如图2-9(a)所示。

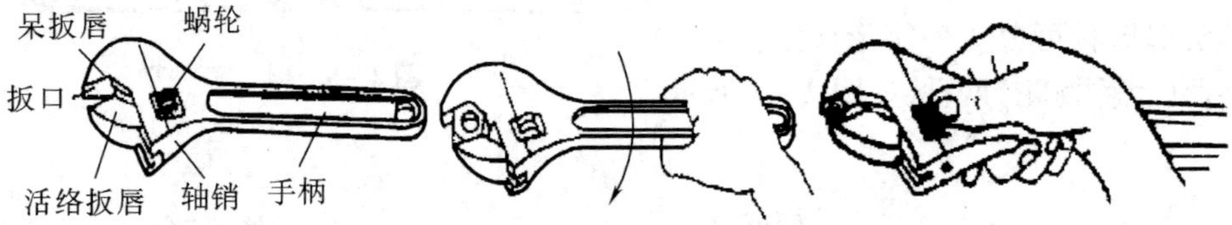

(a) (b) (c)

图2-9 活络扳手

活络扳手常用的规格有“6”、“8”、“10”和“12”等,其对应的长度×最大开口宽度是150×19、200×24、250×30和300×36(单位:mm)。

(2)扳手的使用方法　扳动大螺母时,需用较大力矩,手应握在接近柄尾部,如图2-9(b)所示。扳动较小螺母时,手应握在接近扳头处,以随时调节蜗轮,收紧活络扳唇,防止打滑,如图2-9(c)所示。

(3)使用活络扳手时的注意事项。

①活络扳不可反用,以免损坏活络扳唇;

②不可用加力杆接长手柄以加大扳拧力矩;

③不得当作撬棒和手锤使用。

四、钢丝钳、尖嘴钳、斜口钳、剥线钳

电工用钳类工具较多,其作用各有不同,下面分别加以介绍。

1. 钢丝钳

钢丝钳有铁柄和绝缘柄两种,电工用钢丝钳为绝缘柄。

(1)钢丝钳的规格与构造　电工用钢丝钳常见的规格有150 mm、175 mm和200 mm三种,其构造如图2-10(a)所示。

(2)钢丝钳的使用方法　钢丝钳在电工作业时,用途广泛。钳口可用来弯绞或钳夹导

线线头；齿口可用来紧固或起松螺母；刀口可用来剪切导线或钳削导线绝缘层；铡口可用来铡切导线线芯、钢丝等较硬线材。钢丝钳各种用途的使用方法分别如图 2－10(b)、(c)、(d)、(e)所示。

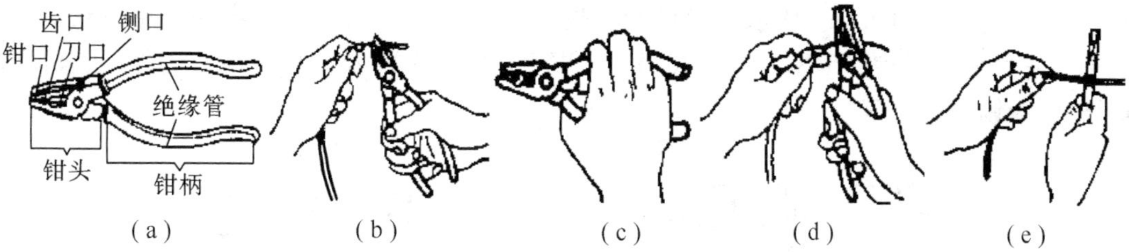

图 2－10　电工钢丝钳的构造与用法

(a)构造；(b)弯绞导线；(c)紧固螺母；(d)剪切导线；(e)铡切钢丝

(3)使用钢丝钳时的注意事项

①使用前，先检查钢丝钳绝缘是否良好，以免带电作业时造成触电事故；

②在带电剪切导线时，不得用刀口同时剪切不同电位的两根线(如相线与零线、相线与相线等)，以免发生短路事故。

2. 尖嘴钳

尖嘴钳因其头部尖细(图 2－11)，适用于在狭小的工作空间操作。尖嘴钳可用来剪断较细小的导线，也可用来夹持较小的螺钉、螺帽、垫圈和导线等；还可用来对单股导线整形(如平直、弯曲等)。若使用尖嘴钳带电作业，应检查其绝缘是否良好，并且在作业时不要使金属部分触及人体或邻近的带电体。

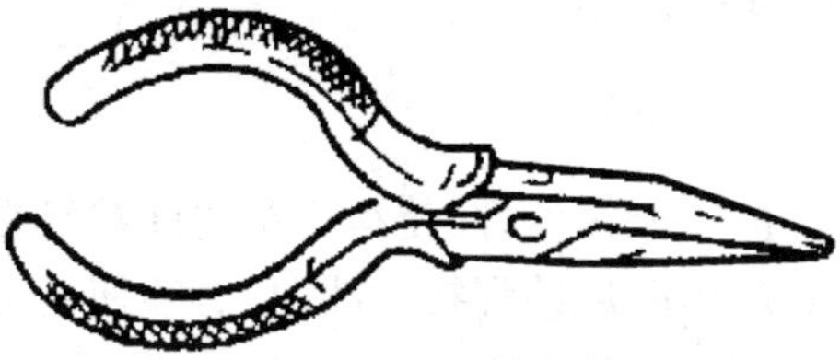

图 2－11　尖　嘴　钳

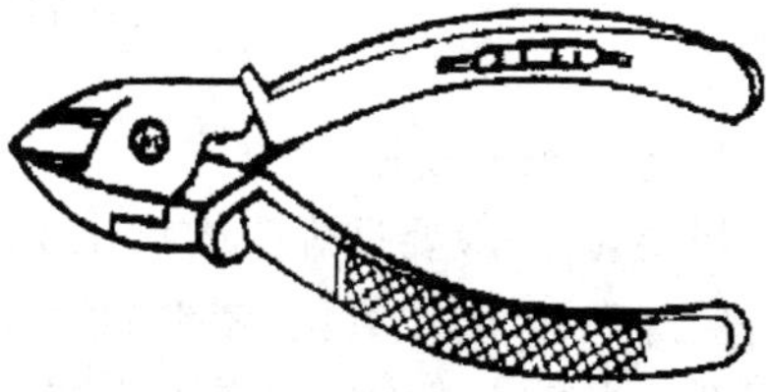

图 2－12　斜　口　钳

3. 斜口钳

斜口钳也称断线钳，专用于剪断各种电线电缆，其外形如图 2－12 所示。对粗细不同、硬度不同的材料，应选用大小合适的斜口钳。

4. 剥线钳

剥线钳是专用于剥削较细小导线绝缘层的工具，其外形如图 2－13 所示。

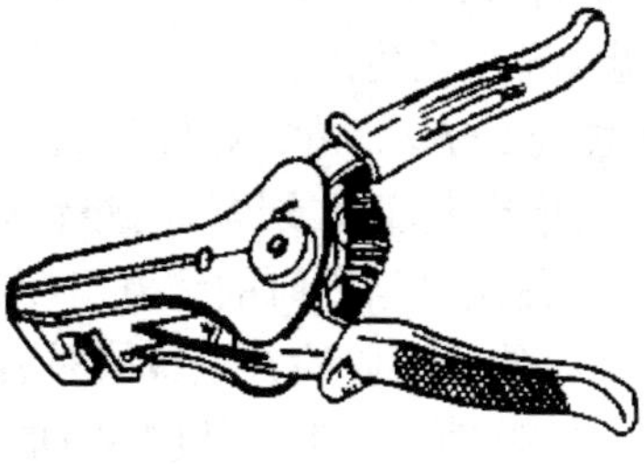

图 2－13　剥　线　钳

使用剥线钳剥削导线绝缘层时，先将要剥削的绝缘长度用标尺定好，然后将导线放入相应的刃口中(比导线直径稍大)，再用手将钳柄一握，导线的绝缘层即被剥离。

五、电烙铁

1. 电烙铁的结构与种类

电烙铁是使用最多、最频繁的钎焊(也称锡焊)工具。按加热方式不同,可分为内热式和外热式两种,如图2－14所示,(a)图为外热式,(b)图为内热式,(c)图为常用烙铁头;按发热功率大小,可分为15 W、20 W、30 W、50 W、75 W、100 W及150 W等。此外,还有恒温电烙铁、吸锡电烙铁等。

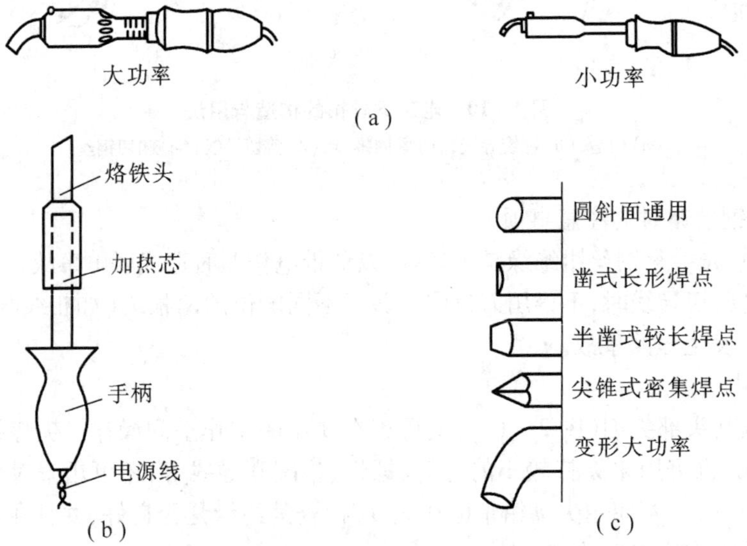

图2－14　电　烙　铁

(a)外热式;(b)内热式;(c)常用烙铁头

2. 电烙铁的使用

焊接前,一般要把焊头的氧化层除去,并用焊剂进行上锡处理,使得焊头的前端经常保持一层薄锡,以防止氧化、减少能耗并保持导热良好。用电烙铁焊接导线时,必须使用焊料和焊剂。焊料一般为丝状焊锡或纯锡,常见的焊剂有松香、焊膏等。

电烙铁的握法没有统一的要求,以不易疲劳、操作方便为原则,一般有笔握法和拳握法两种,如图2－15所示。

对焊接的基本要求是焊点必须牢固,锡液必须充分渗透,焊点表面光滑有泽,应防止出现"虚焊"、"夹生焊"。产生"虚焊"的原因是因为焊件表面未清除干净或焊剂太少,使得焊锡不能充分流动,造成焊件表面挂锡太少,焊件之间未能充分固定;造成"夹生焊"的原因是因为电烙铁温度低或焊接时烙铁停留时间太短,焊锡未能充分熔化。

3. 使用电烙铁时的注意事项

(1)使用前应检查电源线是否良好,有无被烫伤。

(2)焊接电子类元件(特别是集成块)时,应采用防漏电等安全措施。

(3)当焊头因氧化而不"吃锡"时,不可硬烧。

(4)当焊头上锡较多不便焊接时,不可甩锡,不可敲击。

(5)焊接较小元件时,时间不宜过长,以免因热损坏元件。

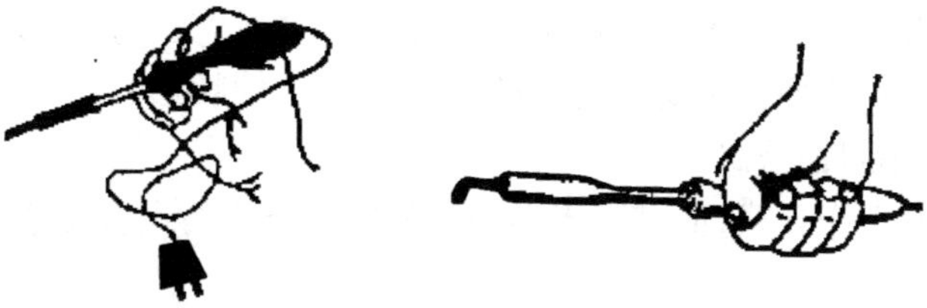

(a)　　　　(b)

图2-15　电烙铁的握法

(a)笔握法;(b)拳握法

(6)焊接完毕,应拨去电源插头,将电烙铁置于金属支架上。

六、手电钻、冲击钻

手电钻和冲击钻都是电工常用的电动钻孔工具。

1. 手电钻

手电钻的种类较多,常见的有手枪式和手提式,主要用来钻削金属、塑料及木材等构件上的孔洞,如图2-16所示。使用手枪钻时应注意以下几点。

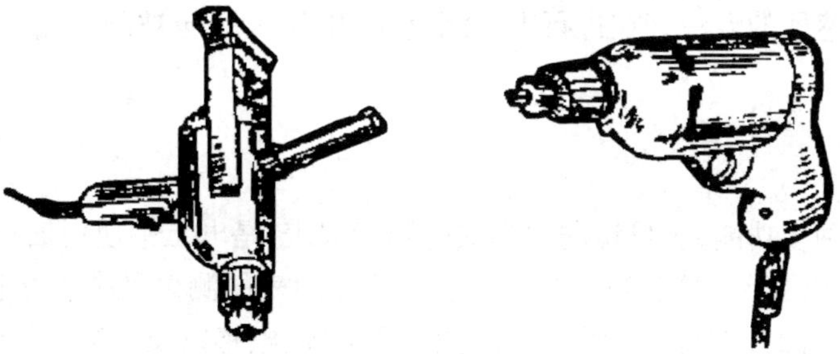

(a)　　　　(b)

图2-16　手　电　钻

(a)手提式;(b)手枪式

(1)较长时间未用的手枪钻在使用前应用摇表测量其绝缘电阻,一般不应小于0.5 MΩ。

(2)使用220 V的手枪钻时,应戴绝缘手套;潮湿环境应使用36 V的安全电压。

(3)根据所钻孔的大小,合理选择钻头尺寸;钻头装夹要合理、可靠。

(4)钻孔时,不要用力过猛;当转速较低时,应放松压力,以防电钻过热或堵转。

(5)被钻孔的构件应固定可靠,以防随钻头一并旋转,造成构件的飞甩。

2. 冲击钻

冲击钻主要用来对混凝土、砖墙等进行钻孔,其外形如图2-17所示。冲击钻一般有两种工作

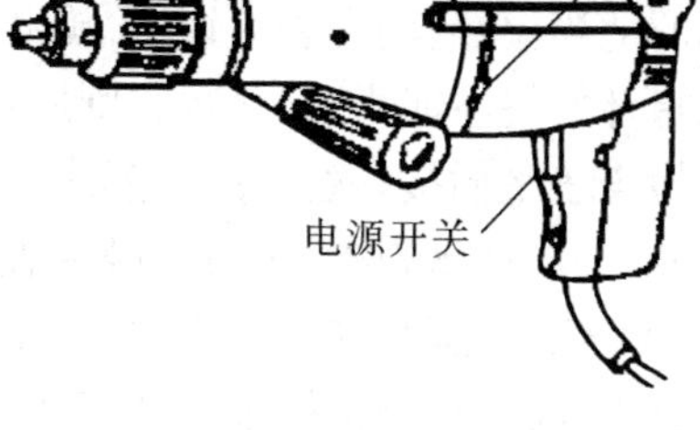

图2-17　冲　击　钻

方式:将开关调至“钻”位置时,可作电钻使用;将开关调至“锤”位置时,即可实现冲钻作用。

冲击钻的钻头有直柄式和锥柄式两种,13 mm 以上的钻头一般制成锥柄式。锥柄式钻头需用钻头套,安装时,要使钻头矩形舌的长向与主轴上的腰形孔中心方向一致,利用冲力一次装接。拆卸时,用斜铁顶出。

若需调速或改变工作方式,应在冲击钻停转的情况下进行。开凿墙孔时,必须配专用冲击钻头。

第二节　常用电工仪表的使用

一、电压表

电压表也称伏特表,用于测量电路中的电压。按其工作原理不同,可分为磁电式、电磁式和电动式三种;按被测电压的种类,可分为直流和交流两种;按其结构形式,可分为便携式和开关板式。

在使用电压表前,必须正确选择其量程与精度等级。量程的选择应遵循“由大到小,以指针居中或偏右为准”的原则。如需扩大量程,直流电压表可串联分压电阻,交流电压表可采取加接电压互感器的方法。在进行电压测量时,电压表应与被测电路并联;若是直流,还须注意其极性。

二、万用表

万用表是一种多功能、多量程的便携式电测量仪表,是电工中使用最频繁的仪表。常用的万用表有模拟式(指针式)和数字式两种。一般万用表的测量种类有交直流电压、直流电流和直流电阻等;有的万用表还能测量交流电流、电容、电感以及三极管的电流放大系数等。

1. 模拟式万用表

模拟式万用表的型号繁多,图 2－18 为常用的 MF－47 型万用表的面板和表盘外观图示例。

(1)使用前的检查与调整　在使用万用表进行测量前,应进行下列检查、调整:外观应完好无破损,当轻轻摇晃时,指针应摆动自如。旋动转换开关,应切换灵活无卡阻,挡位应准确。水平放置万用表,转动表盘指针下面的机械调零螺丝,使指针对准标度尺左边的 0 位线。

测量电阻前应进行电调零(每换挡一次,都应重新进行电调零),即将转换开关置于欧姆挡的适当位置,两支表笔短接,旋动欧姆调零旋钮,使指针对准欧姆标度尺右边的 0 位线。如果指针始终不能指向 0 位线,则应更换电池。

检查表笔插接是否正确。黑表笔应接“－”极,红表笔应接“＋”极。检查测量机构是否有效,即应用欧姆挡,短时碰触两表笔,指针应偏转灵敏。

(2)直流电阻的测量　首先应断开被测电路的电源及连接导线。若带电测量,将损坏仪表测量,将影响测量结果。合理选择量程挡位,以指针居中或偏右为最佳。测量半导体器件时不应选用 R1 挡和 R10K 挡。测量时表笔与被测电路应接触良好;双手不得同时接触表

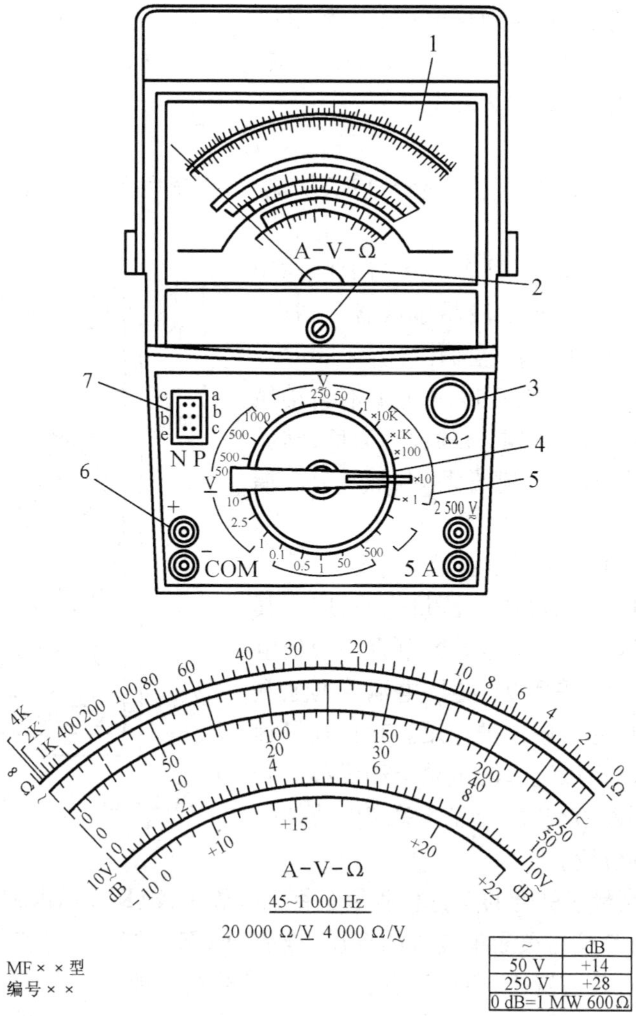

图 2-18　MF-47 型万用表面板图

1—表盘;2—机械调零螺栓;3—电气调零旋钮;4—转换开关旋钮;
5—测量种类和量程;6—表笔插孔;7—晶体管插座

笔的金属部分,以防将人体电阻并入被测电路造成误差。正确读数并计算出实测值。切不可用欧姆挡直接测量微安表头、检流计、电池内电阻。

(3)电压的测量　测量电压时,表笔应与被测电路并联。测量直流电压时,应注意极性。若无法区分正、负极,则先将量程选在较高挡位,用表笔轻触电路,若指针反偏,则调换表笔。合理选择量程。若被测电压无法估计,首先应选择最大量程,视指针偏摆情况再作调整。测量时应与带电体保持安全间距,手不得接触表笔的金属部分。测量高电压时(500 ~ 2 500 V),应戴绝缘手套,且站在绝缘垫上使用高压测试笔进行。

(4)电流的测量　测量电流时,应与被测电路串联,切不可并联;测量直流电流时,应注意极性,合理选择量程;测量较大电流时,应先断开电源然后再撤表笔。

(5)使用模拟式万用表时的注意事项

①测量过程中不得换挡;

②读数时，应三点成一线（眼睛、指针及指针在刻度中的影子）；

③根据被测对象，正确读取标度尺上的数据；

④测量完毕应将转换开关置空挡或OFF挡或电压最高挡；

⑤若长时间不用，应取出内部电池。

2. 数字万用表

数字万用表具有测量精度高、显示直观、功能全、可靠性好、小巧轻便以及便于操作等优点。

（1）面板结构与功能　图2－19为DT－830型数字万用表的面板图，包括液晶显示器（LCD）、电源开关、量程选择开关和表笔插孔等。

液晶显示器最大显示值为1999，且具有自动显示极性功能。若被测电压或电流的极性为负，则显示值前将带“－”号。若输入超量程时，显示屏左端出现“1”或“－1”的提示字样。

电源开关（POWER）可根据需要，分别置于“ON”（开）或“OFF”（关）状态。测量完毕，应将其置于“OFF”位置，以免空耗电池。数字万用表的电池盒位于后盖的下方，采用9V叠层电池。电池盒内还装有熔丝管，以起过载保护作用。旋转式量程开关位于面板中央，用以选择测试功能和量程。若用表内蜂鸣器作通断检查时，量程开关应停放在标有“·)))”符号的位置。

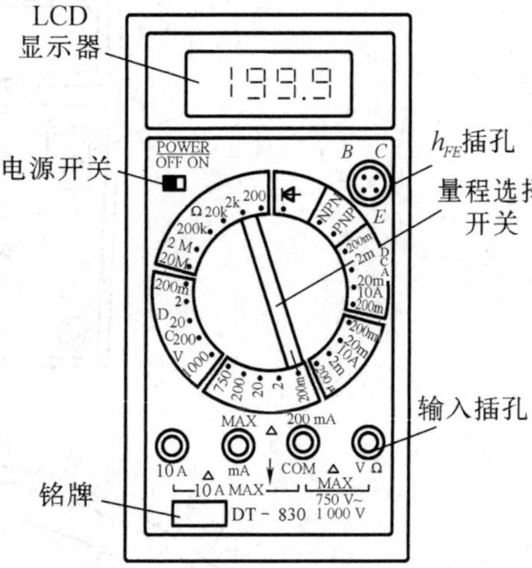

图2－19　DT－830型数字万用表

h_{FE}插孔用以测量三极管的h_{FE}值，测量时将三极管B、C、E极插入相应的插孔中。输入插孔是万用表通过表笔与被测量连接的部位，设有“COM”、“V－Ω”、“mA”及“10 A”四个插孔。使用时，黑表笔应置于“COM”插孔，红表笔依被测量种类和大小置于“V－Ω”、“mA”或“10A”插孔。在“COM”插孔与其他三个插孔之间分别标有最大（MAX）测量值，如10 A、200 mA、交流750 V、直流1 000 V。

（2）使用方法　测量交、直流电压（ACV、DCV）时，红、黑表笔分别接“V－Ω”与“COM”插孔，旋动量程选择开关至合适位置（200 mV、2 V、20 V、200 V、700 V或1 000 V），红、黑表笔并接于被测电路（若是直流，注意红表笔接高电位端，否则显示屏左端将显示“－”）。此时显示屏显示出被测电压数值。若显示屏只显示最高位“1”，表示溢出，应将量程调高。

测量交、直流电流（ACA、DCA）时，红、黑表笔分别接“mA”（大于200 mA时应接“10 A”）与“COM”插孔，旋动量程选择开关至合适位置（2 mA、20 mA、200 mA或10 A），将两表笔串接于被测回路（直流时，注意极性），显示屏所显示的数值即为被测电流的大小。

测量电阻时，无须调零。将红、黑表笔分别插入“V－Ω”与“COM”插孔，旋动量程选择开关至合适位置（200、2 K、200 K、2 M或20 M），将两笔表跨接在被测电阻两端（不得带电测量），显示屏所显示数值即为被测电阻的阻值。当使用200 MΩ量程进行测量时，先将两表笔短路，若该数不为零，仍属正常，此读数是一个固定的偏移值，实际数值应为显示数值减去该偏移值。

进行二极管和电路通断测试时，红、黑表笔分别插入“V－Ω”与“COM”插孔，旋动量程开关至二极管测试位置。正向情况下，显示屏即显示出二极管的正向导通电压，单位为 mV（锗管应在 200～300 mV 之间，硅管应在 500～800 mV 之间）；若显示“000”，则表明二极管短路；若显示“1”，则表明断路。反向情况下，显示屏应显示“1”，表明二极管不导通，否则表明此二极管反向漏电流大。在测量线路或器件的通断状态时，若检测的阻值小于 30 Ω，则表内发出蜂鸣声，表示线路或器件处于导通状态。

进行晶体管测量时，旋动量程选择开关至“h_{FE}”位置，将被测三极管依 NPN 型或 PNP 型将 B、C、E 极插入相应的插孔中，显示屏所显示的数值即为被测三极管的“h_{FE}”参数。

进行电容测量时，将被测电容插入电容插座，旋动量程选择开关至“CAP”位置，显示屏所示数值即为被测电荷的电荷量。

(3) 使用数字式万用表时的注意事项

①当显示屏出现“LOBAT”或“”时，表明电池电压不足，应予更换；

②若测量电流时，没有读数，应检查熔丝是否熔断；

③测量完毕，应关上电源；若长期不用，应将电池取出；

④不宜在日光及高温、高湿环境下使用与存放(工作温度为 0～40 ℃)；

⑤使用时应轻拿轻放。

三、钳形表

钳形表是电工在日常维修工作中常用的电测仪表之一，尤其是随着其测量功能的不断完善与扩展，日益受到使用者的关注。最初的钳形表是指针式的，通常只能用来测电流，现已发展到能进行常规电参数测量的数字式钳形表，部分数字式钳形表还带有微处理器。钳形表的最大特点就是能够在不影响被测电路正常工作的条件下进行电参数的测量。钳形表的外形、原理及使用方法如图 2－20 所示。

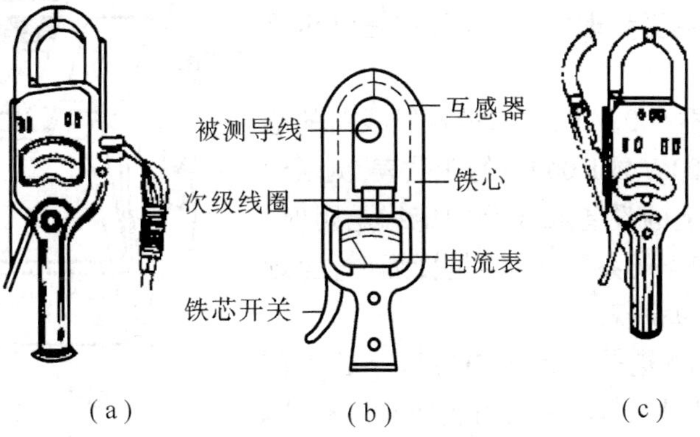

图 2－20　钳　形　表

(a)外形；(b)原理；(c)张开图

1. 钳形表的使用方法

钳形表的最基本用途是测量交流电流，虽然准确度较低(通常为 2.5 级或 5 级)，但因为在测量时无须切断电路，所以使用仍很广泛。如需测量直流电流，则应选用交直流两用钳形表。

使用钳形表测量前，应先估计被测电流的大小以合理选择量程，被测载流导线应放在钳口内的中心位置,以减小误差;钳口的结合面应保持接触良好,若有明显噪声或表针振动,可将钳口重新开合几次或者转动手柄;在测量较大电流后,为减小剩磁对测量结果的影响,应立即测量较小电流,并把钳口开合数次;测量较小电流时,为使结果较准确,在条件允许的情况下,可将被测导线多绕几圈后再放进钳口进行测量(此时的实际电流值应为仪表的读数除以导线的圈数)。使用时,将量程开关转到合适位置,手持胶木手柄,用食指勾紧铁芯开关,打开铁芯,将被测导线从铁芯缺口引入到铁芯中央,然后放松食指,铁芯即自动闭合。被测导线的电流在铁芯中产生交变磁通,表内感应出电流,即可直接读数。

在较小空间内(如配电箱等)测量时,要防止因钳口的张开而引起相间短路。

2. 注意事项

(1)使用前应检查外观是否良好,绝缘有无破损,手柄是否清洁、干燥。

(2)测量时应戴绝缘手套或干净的线手套,并注意保持安全间距。

(3)测量过程中不得切换挡位。

(4)钳形电流表只能用来测量低压系统的电流,被测线路的电压不能超过钳形表所规定的使用电压。

(5)每次测量只能钳入一根导线。

(6)若不是特别必要,一般不测量裸导线的电流。

(7)测量完毕应将量程开关置于最大挡位,以防下次使用时,因疏忽大意而造成仪表意外损坏。

四、兆欧表

兆欧表又称摇表,是一种专门用来测量绝缘电阻的便携式仪表,应用十分广泛,其外形如图 2-21 所示。

1. 兆欧表的选用

兆欧表的选用主要考虑两个方面,一是电压等级,二是测量范围。

测量额定电压在 500 V 以下的设备或线路的绝缘电阻时,可选用 500 V 或1 000 V的兆欧表;测量额定电压在 500 V 以上的设备或线路的绝缘电阻时,可选用1 000 ~2 500 V的兆欧表;测量瓷瓶时,应选用2 500 ~5 000 V的兆欧表。

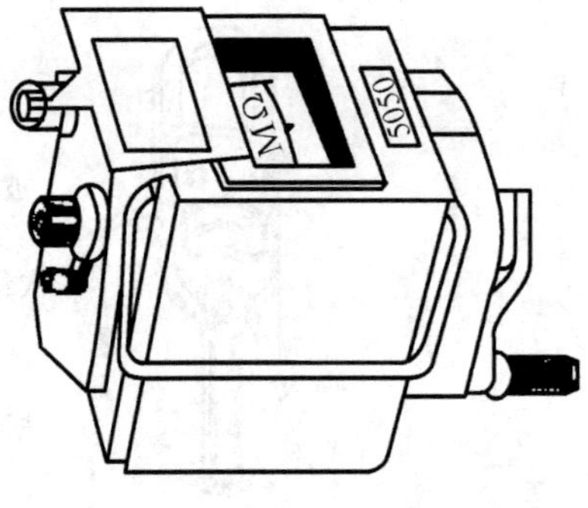

图 2-21　兆欧表

兆欧表测量范围的选择主要考虑两点,一方面,测量低压电气设备的绝缘电阻时可选用 0 MΩ ~200 MΩ 的兆欧表,测量高压电气设备或电缆时可选用 0 MΩ ~2 000 MΩ的兆欧表;另一方面,因为有些兆欧表的起始刻度不是零,而是 1 MΩ 或 2 MΩ,这种仪表不宜用来测量处于潮湿环境中的低压电气设备的绝缘电阻,因其绝缘电阻可能小于 1 MΩ,造成仪表上无法读数或读数不准确。

2. 兆欧表的使用

兆欧表上有三个接线柱,两个较大的接线柱上分别标有 E(接地)、L(线路),另一个较小的接线柱上标有 G(屏蔽)。其中,L 接被测设备或线路的导体部分,E 接被测设备或线路的外壳或大地,G 接被测对象的屏蔽环(如电缆壳芯之间的绝缘层上)或不需测量的部分。

兆欧表的常见接线方法如图 2－22 所示。

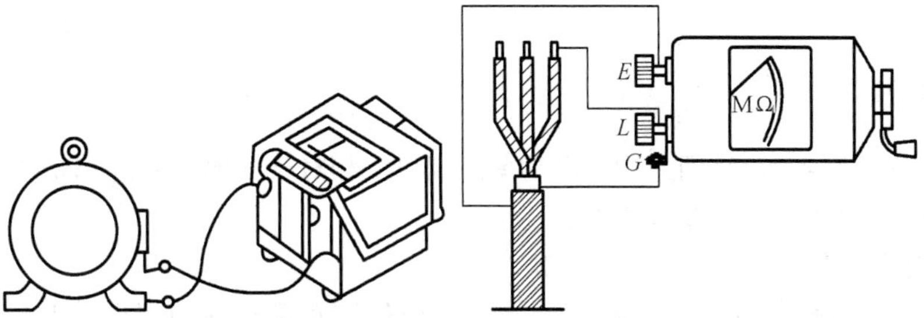

(a)　　　　(b)

图 2－22　兆欧表的接线方法

(1)测量前,要先切断被测设备或线路的电源,并将其导电部分对地进行充分放电。用兆欧表测量过的电气设备,也须进行接地放电,才可再次测量或使用。

(2)测量前,要先检查仪表是否完好,将接线柱 L、E 分开,由慢到快摇动手柄约 1 分钟,使兆欧表内发电机转速稳定(约 120 转/分),指针应指在“:”处;再将 L、E 短接,缓慢摇动手柄,指针应指在“0”处。

(3)测量时,兆欧表应水平放置平稳。测量过程中,不可用手去触及被测物的测量部分,以防触电。

兆欧表的操作方法如图 2－23 所示。

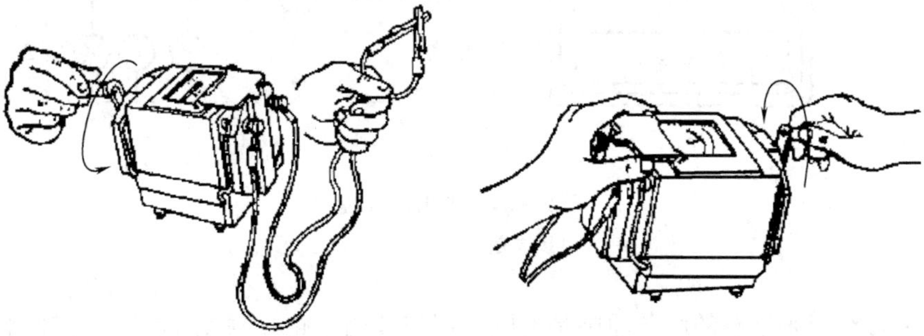

(a)　　　　(b)

图 2－23　兆欧表的操作方法

(a)教试摇表的操作方法;(b)测量时摇表的操作方法

3. 注意事项

(1)仪表与被测物间的连接导线应采用绝缘良好的多股铜芯软线,而不能用双股绝缘线或绞线,且连接线不得绞在一起,以免造成测量数据不准。

(2)手摇发电机要保持匀速,不可忽快忽慢地使指针不停地摆动。

(3)测量过程中,若发现指针为零,说明被测物的绝缘层可能击穿短路,此时应停止继续摇动手柄。

(4)测量具有大电容的设备时,读数后不得立即停止摇动手柄,否则已充电的电容将对兆欧表放电，有可能烧坏仪表。

(5)温度、湿度及被测物的有关状况等对绝缘电阻的影响较大，记录数据时应反映上述情况。

五、功率表

功率表又称瓦特表，是用来测量电功率的仪表。相对于其他仪表，功率表的使用较为复杂，其复杂性主要体现在接线方法上。

1. 单相功率表

(1)选择　功率表的选择主要是指量程的选择，即正确选择功率表的电流量程和电压量程。其原则是电流量程能允许通过负载电流，电压量程能承受负载电压。但若被测电路的功率因数特别低(如变压器的空载损耗的测量，其仅 $\cos\theta$ 为 0.2 左右)，则应选用低功率因数的功率表。

(2)接线方法　功率的测量必须反映电压、电流两个物理量，因而在表内分别设有电压线圈和电流线圈。这两个线圈在表的板面上各有两组接线柱，且其中均有一端标有“※”符号，如图 2－24 所示。

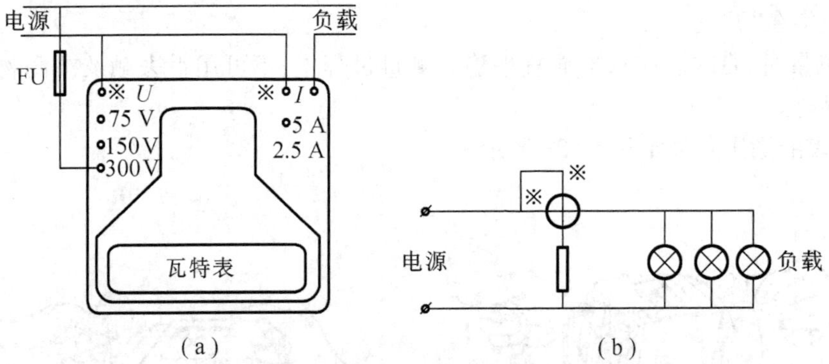

图 2－24　单相功率表

(a)接线方法；(b)接线原理

功率表接线必须把握的两条原则是电压线圈与被测电路并联，电流线圈与被测电路串联(切不可与负载并联)；带有“※”符号的电压、电流接线柱必须同为进线。具体做法是：有“※”号的电流接线柱应接电源端，另一接线柱接负载端；标有“※”号的电压接线柱一定要接在带有“※”号的电流接线柱所接的那根电源线上，无符号的接线柱接在电源的另一根线上。

为减小测量误差，根据负载大小，功率表的正确接线有两种方式可供选择。电压线圈前接方式和电压线圈后接方式，如图 2－25 所示。当负载电阻较大(电流较小)时，选择电压线圈前接方式；当负载电阻较小(电流较大)时，应选用电压线圈后接方式。

接线时，应合理选择电压、电流的量程，并正确读取数据，所选择的电压、电流量程的乘积为功率表的满偏数值。

当所测电路的功率较大，电流超过了功率表的量程时，应加接电流互感器，如图 2－26 所示。为使功率表的电流线圈和电压线圈的电源端处在同一电位上，应将电流互感器的二次绕组 L_2 和一次绕组 L_1 连接。

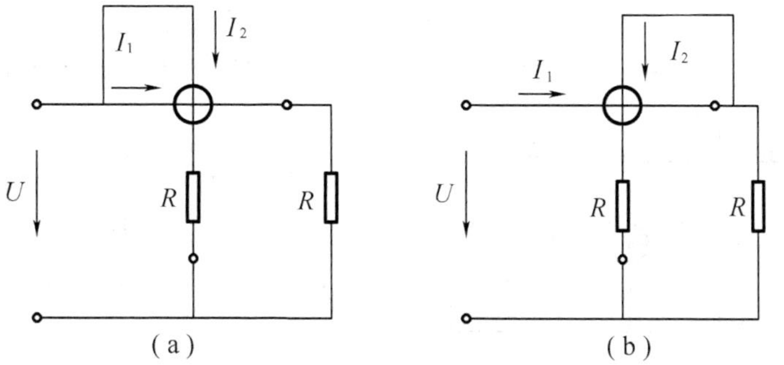

图 2－25　功率表的两种接线方式

(a)电压线圈前接方式;(b)电压线圈后接方式

2. 三相功率的测量

三相有功功率的测量,视三相负载的对称情况,可采取不同的测量方法,但从功率表的选择情况看,不外乎单相功率表或三相功率表。

(1)单相功率表测三相有功功率

当三相负载对称时,可采用如图 2－27 所示的“一表法”测量三相有功功率,将功率表的读数乘以 3 即为三相有功功率。在图 2－27(a)、(b)所示的接线方式中,功率表电压线圈、电流线圈所反映的是负载的相电压和相电流。当星形连接负载中点不能引出或三角形连接负载不能拆开引线时,采用图(c)所示的人工中点法的接线方式。其中 R_N 的阻值应等于电压线圈回路的总电阻,以保证人工中点 N 的电位为零。

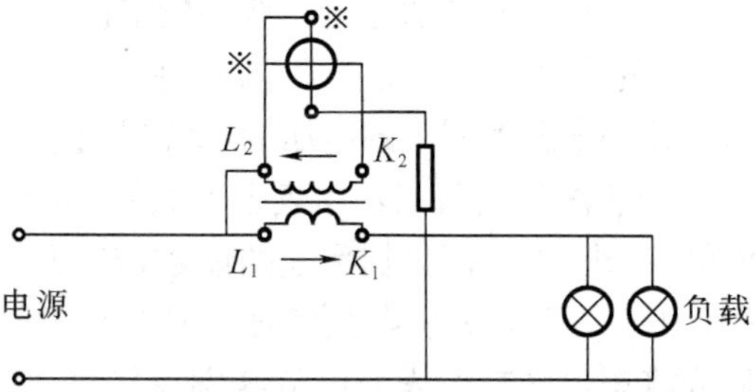

图 2－26　带电流互感器的单相功率表的接线方法

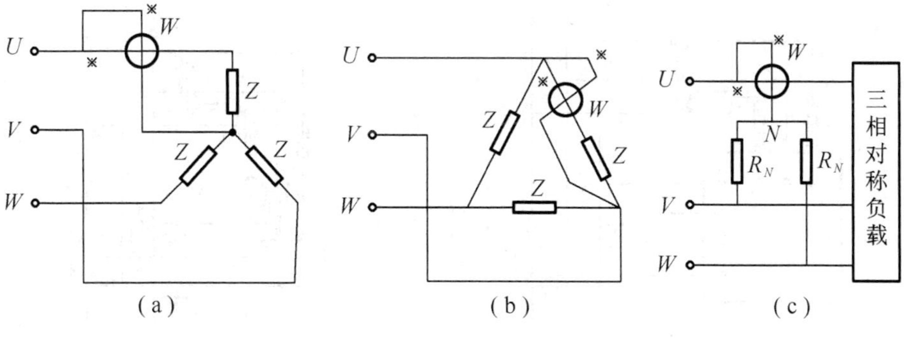

图 2－27　“一表法”测三相对称负载的功率

当三相负载不对称时,若是三相四线制,应采用如图 2－28 所示的“三表法”,三只单相功率表的读数之和即为三相有功功率。

当三相负载采用三相三线制时,则不论其对称与否,均可采用如图 2－29 所示的“两表法”测量三相有功功率。

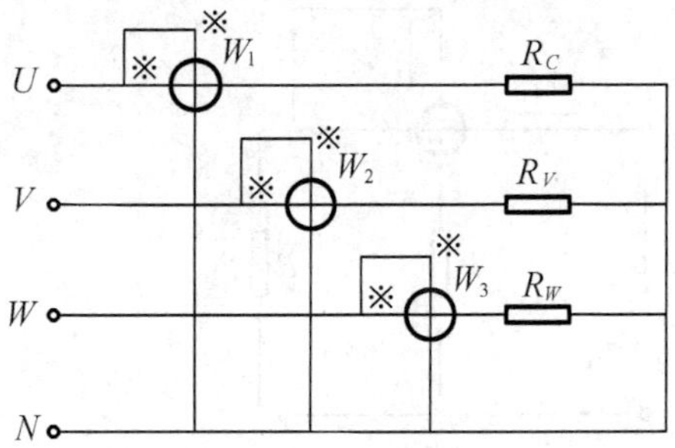

图 2-28 "三表法"测三相四线不对称负载的功率

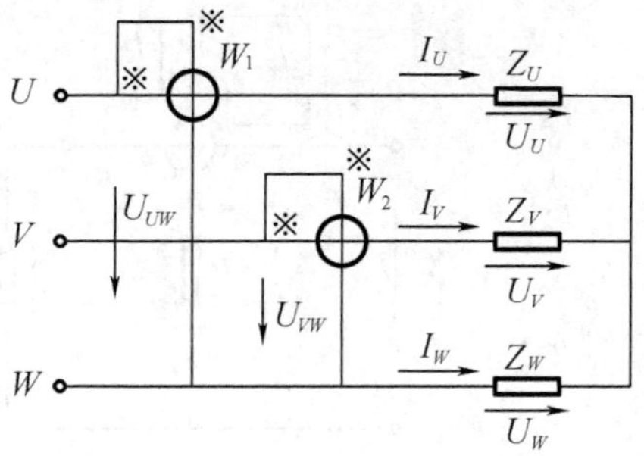

图 2-29 "两表法"测三相三线制负载的功率

在"两表法"中，两只功率表的电流线圈应串接在不同的两相线上，并将标有"※"号的接线柱接至电源侧，使通过电流线圈的电流为三相电路的线电流；两只功率表的电压线圈标有"※"号的接线柱应接至各自电流线圈所在的相上，而另一端均接到没有电流线圈的第三相上，以使得电压线圈上的电压为电源的线电压。

在"两表法"中，每只功率表上的读数本身是没有具体的物理意义的，所测三相电路的有功功率大小为：若两只功率表的读数（P_1、P_2）为正，则三相有功功率 $P=P_1+P_2$；若两只功率表中有一只读数为零，则三相有功功率 $P=P_1$ 或 $P=P_2$；若两只功率表中有一只读数为负，则先将该反转功率表的电流线圈反接以读取数值（设为 P_2）。此时，三相有功功率 $P=P_1-P_2$。

(2)三相功率表测三相有功功率　三相功率表是利用"两表法"或"三表法"测量三相功率的原理，将两只或三只单相功率表的测量机构有机地合为一体而构成的。

用三相功率表测量有功功率时，通常因电压、电流较高，必须加接电压互感器和电流互感器。图 2-30 为三相二元件功率表加接电流、电压互感器的接线图。

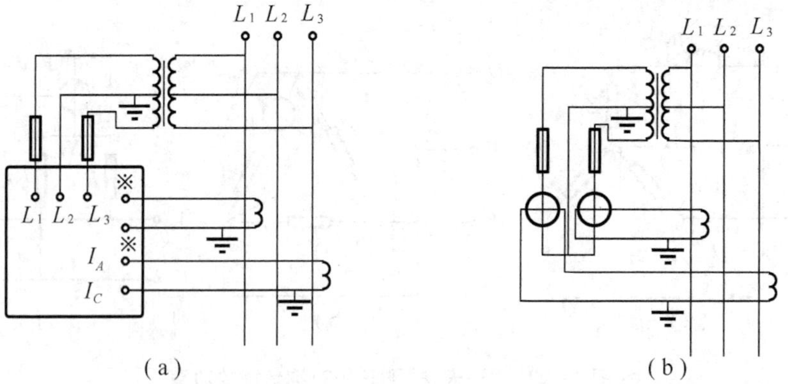

图 2-30 功率表加接电流、电压互感器的接线图

(a)接线方法；(b)接线原理

六、电度表

电度表又称电能表或千瓦时表，是用来统计用电设备进行电能的消耗对的仪表，因此电能的测量不仅应反映负载的功率大小（电压线圈、电流线圈），还应能反映电能随时间的积累（计数表值）。

1. 单相电度

（1）单相电度的选用　选用单相电度表时，应考虑“表后”各负载的功率之和，计算出负载的总电流。单相电度表的额定电流应大于“表后”各负载的总电流，额定电压应不小于工作电压。

（2）单相电度的安装与接线　单相电度表一般应安装在配电盘的上方或左边，“表前”接电源进线，“表后”接开关和熔断器。安装时，电度表应与地面垂直，否则影响计数的准确性。

常用单相电度表的接线盒内有 4 个接线端，自左往右按 1，2，3，4 编号。接线时，一般而言，1，3 端接电源（其中“1”接相线），2，4 端接负载（其中“2”为负载的相线），如图 2－31 所示。具体接线时应以电度表所附接线图为准，其接线原则与功率表相同，即电压线圈与负载并联以反映负载电压的大小，电流线圈与负载串联以反映负载电流大小。

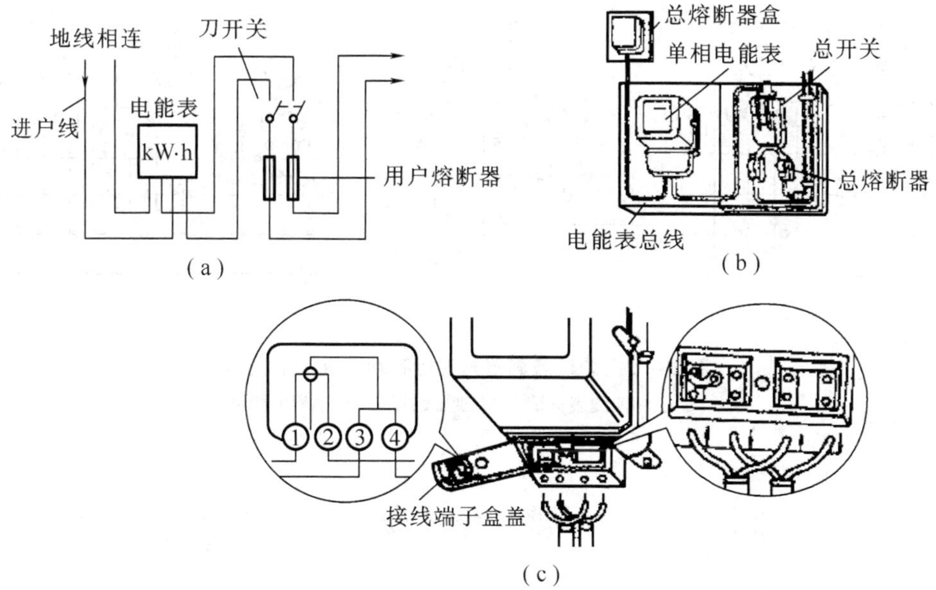

图 2－31　单相电度表

（a）配电盘电路；（b）电度表位置；（c）电度表位置

2. 三相电度表

三相电度表按用途分为有功和无功两种，分别累积有功功率和无功功率。按接线方式，分为三相三线和三相四线两种，分别与三相三线制和三相四线制电路相连接。三相有功电度表的规格按额定电流划分，常用的规格有 3 A、5 A、10 A、25 A、50 A、70 A 和 100 A 等，额定电压有 100 V 和 380 V 两种。图 2－32 所示为三相有功电度表的直接接线图。

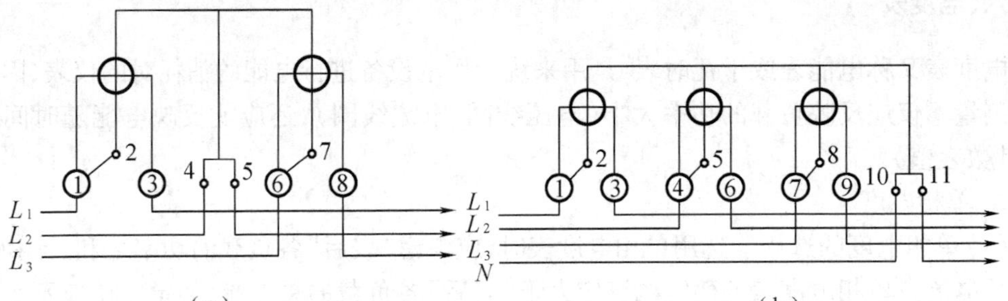

图 2-32　三相有功电度表的接线

(a)三相三线表；(b)三相四线表

若负载电流较大，三相电度表应和电流互感器配合使用。电流互感器的一次绕组接线端分别标有“L_1”（或“+”）和“L_2”（或“—”），其中 L_1 必须接主回路的进线，L_2 接主回路的出线。电流互感器的二次绕组接线端标有“K_1”（或“+”）的端子必须与三相电度表进线端子连接，不可接反。电流互感器的二次绕组不可开路。具有电流互感器的测量三相有功功率的接线如图 2-33 所示。

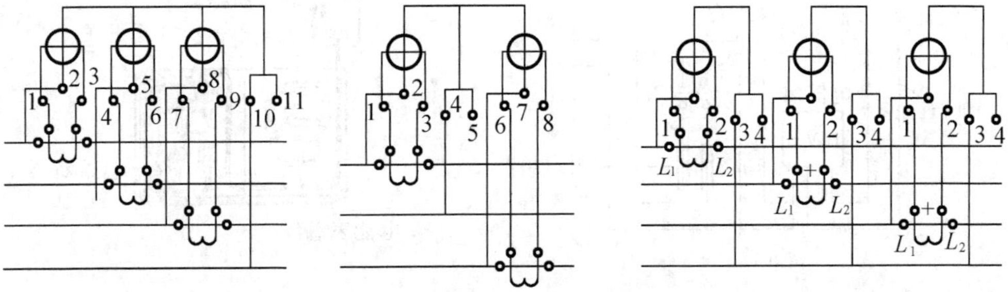

图 2-33　电流互感器与三相有功电度表的接线

(a)三相四线表；(b)三相三线表；(c)三只单相电能表

思　考　题

2-1　简述低压试电笔的使用方法。

2-2　使用电工刀时应注意哪些问题？

2-3　使用螺钉旋具的安全注意事项有哪些？

2-4　用活络扳手起旋大小不同的螺母时，操作上有何区别？

2-5　钢丝钳在电工作业时有哪些作用，应注意的事项有哪些？

2-6　使用电烙铁时应注意哪些问题？

2-7　手电钻和冲击钻有何不同，使用时应注意哪些问题？

2-8　如何扩大电压表的量程？

2-9　若将电压表与被测电路串联，其结果如何？

2-10　如何扩大电流表的量程？

2-11　若将电流表与被测电路并联，其后果如何？

2-12　用伏安法测量电阻时，电压表有“前接法”和“后接法”两种接法，各适用于何种情况？

2-13　在万用表中，何谓机械调零，何谓电调零，有何区别？若在电调零时不能将指针调至“0”位置，应如何处理？

2-14　使用数字式万用表时应注意什么事项？

2-15　使用钳形表时应注意什么问题？

2-16　为什么测量绝缘电阻要用兆欧表而不用万用表？

2-17　使用兆欧表时，L、E、G 三端应分别怎样连接？

2-18　在功率表和电度表中，电流线圈和电压线圈与负载间应是何种连接方式？

2-19　电度表可用来测量直流电能吗？

2-20　用“两表法”测量三相有功功率时，在接线和读数时应注意哪些问题？

2-21　电流互感器二次绕组边可以开路吗，为什么？

2-22　测量电功率或电能时，使用电流互感器应注意哪些问题？

实训考核课题

实训 2-1　验电笔、剥线钳、尖嘴钳与钢丝钳的正确使用

一、实训目的

1. 掌握正确使用验电笔的方法。
2. 能够分别使用剥线钳与钢丝钳进行剥线。

二、实训内容

1. 验电笔使用前的检查，确定验电笔能正常验电；使用验电笔进行验电。
2. 使用剥线钳、钢丝钳进行剥线；对废旧导线作剥削练习。
3. 用尖嘴钳将单股导线弯成直径为 4~5 mm 的圆弧接线鼻。

三、考核评分标准（表 2-1）

表 2-1　验电与剥线

序号	评分标准	配分	得分
1	1. 没有进行验电笔使用前的检查，扣 20 分； 2. 检查不正常，扣 20 分； 3. 操作不正确，每次扣 10 分。	20	
2	1. 不能正常使用验电笔区分相线与零线，扣 10 分； 2. 不能区分直流电与交流电，扣 10 分； 3. 不能区分直流电的正负极，扣 10 分。	30	

表 2－1(续)

序号	评 分 标 准	配分	得分
3	使用钢丝钳剥线 5 根： 1. 按规定长度进行剥线，长度误差大于 20%，扣 5～10 分； 2. 导线线芯无划伤，扣 10～15 分； 3. 导线钳断，每次扣 10 分； 4. 动作规范，扣 15 分。	30	
4	使用剥线钳剥线 5 根： 1. 刀口选择不合，扣 5 分； 2. 导线钳断，扣 10 分； 3. 导线划伤扣，5～10 分。	10	
5	1. 发生伤及手指等事故，扣 10 分； 2. 物品随意乱放，扣 5～10 分。	10	
6	没有规定时间内完成，每超时 5 分钟扣 10 分。		

实训 2－2　手电钻与冲击钻的正确使用

一、实训目的

掌握正确使用手电钻与冲击钻的方法。

二、实训内容

1. 使用手电钻在木板上进行插座的定位钻孔(2 个)。
2. 能使用手电钻在薄铁板上进行接触器定位钻孔(2 个)。
3. 使用冲击钻在混凝土墙体钻出符合要求的孔(2 个)。
4. 使用冲击钻在砖墙上钻出符合要求的孔(2 个)。

三、考核评分标准(表 2－2)

表 2－2　使用手电钻与冲击钻钻孔

序号	评 分 标 准	配分	得分
1	动作不规范，扣 10 分。	10	
2	定位孔不符要求，每个扣 5 分。	80	
3	1. 发生事故，视其情节扣 5～10 分直至取消考试资格。 2. 物品乱放，场地凌乱，扣 2～10 分。	10	
4	没有规定时间内完成，每超时 5 分钟扣 10 分。		

实训 2－3　与钳形表、兆欧表的使用

一、实训目的

1. 掌握钳形表的使用方法。

2. 学会利用兆欧表测量绝缘电阻。

二、实训内容

1. 使用钳形表测量三相电动机的空载电流。

2. 用 500 V 兆欧表测量相 – 相、相 – 地间的绝缘电阻。

3. 用 1 000 V 兆欧表测量电缆芯、壳之间的绝缘电阻。

三、考核评分标准(表 2 – 3)

表 2 – 3　钳形表、兆欧表的使用

序号	评 分 标 准	配分	得分
1	测量三相电动机的空载电流: 1. 方法不正确,扣 20 分; 2. 数据不准,扣 5 ~ 20 分。	25	
2	测量绝缘电阻: 1. 接线错误,扣 40 分; 2. 动作不规范,扣 10 ~ 20 分; 3. 数据不准确,扣 5 ~ 20 分	60	
3	1. 发生触电事故,取消考试资格; 2. 损坏仪表,取消考试资格; 3. 不能轻拿轻放,场地凌乱,扣 2 ~ 5 分。	10	
4	每超时 5 分钟(不足 5 分钟以 5 分钟计)扣 5 分。		

实训 2 – 4　功率表与电度表的使用

一、实训目的

1. 学会利用功率表测量电功率。

2. 掌握电度表的使用方法。

二、实训内容

1. 利用功率表对直流电路中功率进行测量。

2. 利用功率表对单相交流电路中有功功率的测量。

3. 利用功率表对“两表法”测量三相有功功率。

4. 单相电度表的接线。

5. 三相四线电度表具有电流互感器的三相四线电度表的接线。

三、考核评分标准(表 2 – 4)

表2-4　电功率的测量

序号	评 分 标 准	配分	得分
1	利用功率表测量功率： 1. 接线不能一次完成，扣10分；始终不能完成，扣20分； 2. 量程选择不合理，扣10分。	50	
2	电度表的接线： 1. 不能一次完成，扣10分；始终不能完成接线，扣25分； 2. 接线不可靠，每处扣3分。	30	
3	1. 未经老师许可擅自通电，扣20分； 2. 发生触电事故，取消考试资格； 3. 损坏仪表，取消考试资格； 4. 动作不文明，现场凌乱，扣2～10分。	20	
4	没有在规定时间内完成，每超时10分钟（不足10分钟以10分钟计）扣5分。		

第三章　电工基本技能的训练

学习目的

1. 通过本章内容的学习和有关的训练，能够使学生了解常用电工材料，掌握导线的选型、墙孔的錾打、木榫的削制与安装，学会登高作业。

2. 掌握导线的常用连接方法、电缆的敷设与连接等。

内容提要

本章主要介绍导线的连接、焊接及绝缘的恢复；墙孔的錾打及木榫的制作与安装；用梯子、脚踏板、脚扣登高训练等内容。

第一节　导线的选型与连接

一、导线的选择与线径的测量

1. 导线的选择

在生产、生活实践中，经常要对所使用的导线进行截面积的选择，其方法与步骤如下：

（1）根据设备容量，计算出导线中的电流 I

对直流单相电热性负载 $$I=\frac{P}{U}$$

对单相电感性负载 $$I=\frac{P}{U\cos\theta}$$

对三相负载 $$I=\frac{P}{\sqrt{3}\,\eta\cos\theta}$$

式中 P 为负载的额定功率；U 为（线）电压；η 为效率；$\cos\theta$ 为功率因数。负载电流大小也可从产品说明书或使用手册中查询。

（2）根据使用环境，合理选择导线截面积　导线截面积的选择取决于导线的安全载流量，影响导线安全载流量的因素很多，如导线线芯材料、绝缘材料、敷设方式及环境条件等。每一种导线在不同使用条件下的安全载流量均可在各有关手册中查到。一般来说，可按下列经验公式选取允许电流密度，进而确定导线截面积。铜导线：5 ~ 8 A/mm^2；铝导线：3 ~ 5 A/mm^2。若导线细小，环境散热条件好，可取上限值；反之，取下限值。

（3）综合考虑其他因素，进一步确定所选导线的型号　根据设备的载流量初步选定了导线的截面积后，导线型号的最后确定还需考虑以下因素：

①用途　是专用线还是通用线，是户内还是户外，是固定还是移动。

②环境　环境的温度、湿度及散热条件；有无腐蚀性气体、液体、油污；设备的工作方式：根据受力情况考虑机械强度；是否要防电磁干扰；是否需要较好的柔软性。

③电压　导线的额定电压必须不小于其工作电压；线路的总电压损失不应超过5%。

④性价比　从经济指标考虑，提倡优先选用铝芯线。

2. 导线线径的测量

(1)测量用具　导线线径的测量一般采用钢尺、游标卡尺及千分尺等。

钢尺主要用于测量精度要求不高的工件或导线，主要规格有150 mm、300 mm、500 mm及1 000 mm等，其外形如图3－1所示。

使用钢尺时，尺边缘应与被测体平行，刻度线垂直于测量线；0数字刻度线应与被测物体的测量起点对齐；读数时一般可估测到0.1 mm。

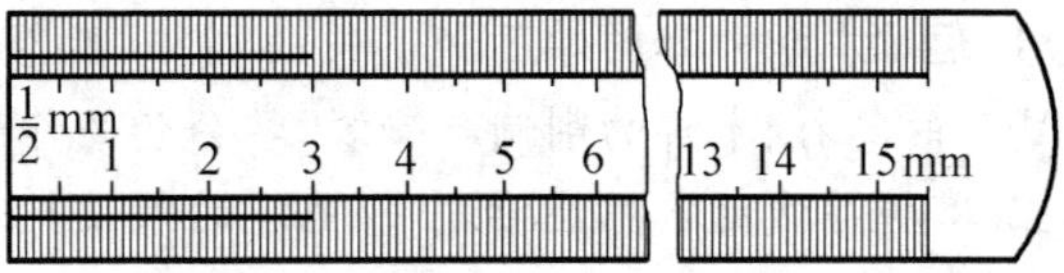

图3－1　钢　尺

游标卡尺可用于测量工件的内径、外径、长度及深度等，也可直接用来测量导线的线径，具有较高的测量精度，其外形如图3－2所示。

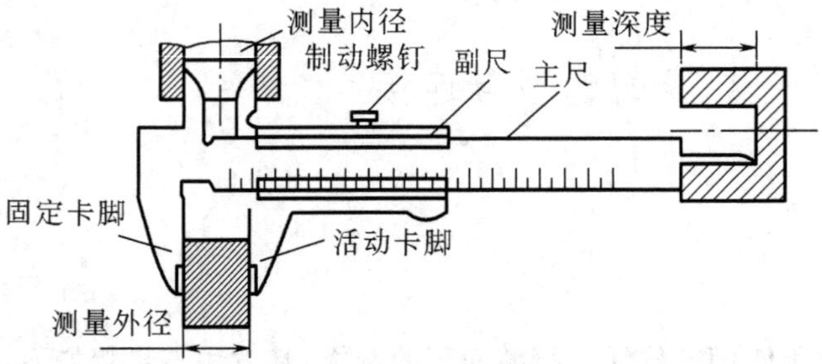

图3－2　游标卡尺

使用游标卡尺时，先要看清规格，确定精度；测量前校准零位；测量时卡脚两侧应与工件贴合、摆正；读数时要看清主、副尺相对齐的刻度线，实测值包括主尺和副尺两部分。

千分尺可用于导线线径的直接测量，具有较高的测量精度，如图3－3所示。

使用千分尺时，测量前应将测砧和测微螺杆端面擦干净，并校准零位；测砧接触工件后再转动微分筒，当测微螺杆端面接近工件时改用转动棘轮，当听到"咯咯"声时便停止转动，不可再用力旋转。实测值包括基准线上方值、基准线下方值和微分筒上刻度值。

(2)测量方法　由于导线的线径通常较小，又为保证测量精度，可采用以下方法中的一种。

①直接测量法　对于线径在4 mm以上的粗导线，可采用游标卡尺或千分尺直接测量的方法，按不同的径向测量3～4次后取平均值。

②多匝并测法　对于线径在内4 mm以下的细导线，先将导线平铺紧绕在铅笔等柱形物体上(圈数在10匝以上)，然后用钢尺或游标卡尺或千分尺测量平铺后的宽度，再除以导线的匝数，即为每根导线的线径。

③拆分测量法　对于多股绞线，先将每股拆开，清除绝缘并拉直，再采用上述的多匝并测法。

二、导线的连接

导线的连接包括导线与导线、电缆与电缆、导线与设备(元件)、电缆与设备(元件)及导线与电缆的连接等，其连接方式与导线的材质、面积、部位、电流、电压及结构形式及敷设方式等有关。

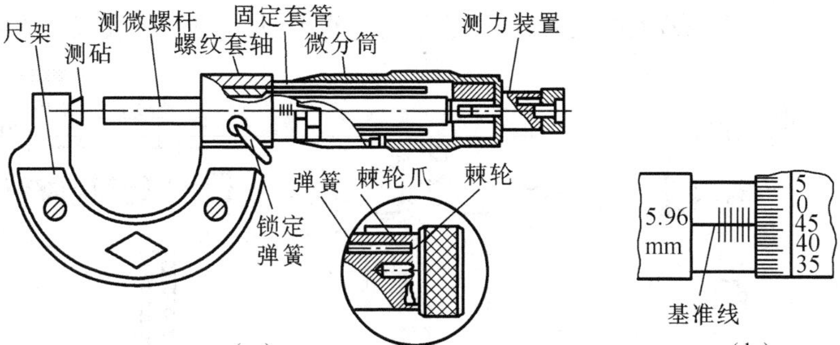

(a)
(b)

图3-3　千　分　尺

(a)外形图;(b)读数示例

1. 导线连接的要求

(1)总体来说,必须符合国标有关电气装置安装工程施工及验收标准规程的要求。一般场合,连接导线的芯线要采用焊接、压接或套管连接;低压系统导线截面较小时,可采用绞接、缠接的连接方式。

(2)在剖削导线绝缘层,线芯截面不超过4 mm^2 时一般用钢丝钳或剥线钳进行剖削,线芯截面大于4 mm^2 时用电工刀;塑料软线的绝缘层用剥线钳或钢丝钳剖削;塑料护套线的绝缘层用电工刀剖削。

(3)剖削导线绝缘层时,不得损伤线芯;若损伤较多,则应重新剖削。

(4)导线的绝缘层剖削或破损后必须恢复绝缘,恢复后的绝缘强度不应低于原有绝缘层的绝缘强度。

2. 导线的连接方法

(1)铜芯导线的连接方法　单股芯线的直线连接方法:先将两线端X形相交,互相绞合2~3圈,然后扳直两线端,再将细线圈在线芯上紧贴并绕6圈,最后剪去余线并钳平切口毛刺,如图3-4所示。

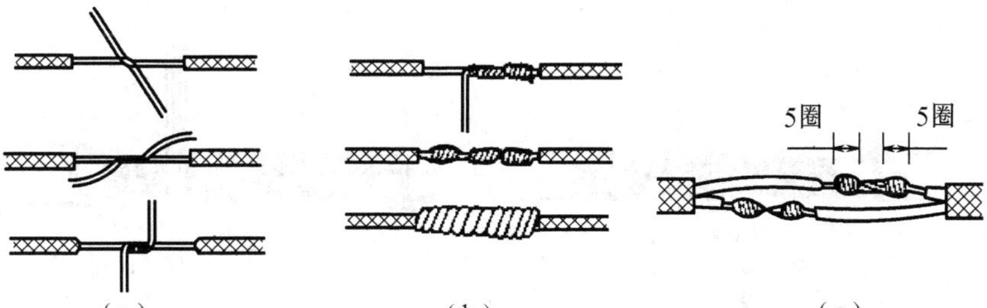

(a)
(b)
(c)

图3-4　单股铜芯导线的直线连接

(a)绞合2~3圈;(b)并绕6圈;(c)双芯线连接

①单股导线的T字分支连接方法　先将支线芯线线头(截面积较小)与干线芯线(截面积较大)作十字相交,使支线留出约3~5 mm根部。当支线截面较小时,将其环绕成结状,

再把支线线头抽紧、扳直，然后密缠6~8圈，最后剪去多余芯线并钳平切口毛刺，操作方法如图3-5所示。当支线截面较大时，因绕成结后不易平服，可在十字交叉后直接并绕8圈。

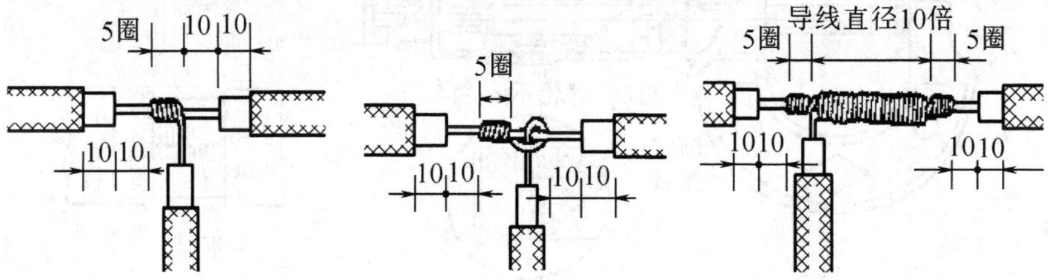

图3-5　单股铜芯导线的T字分支连接

(a)小截面分线连接；(b)分线打结连接；(c)大截面分线连接

②7股芯线的直线连接方法　先将芯线头拉直，将芯线全长的1/3自根部绞紧(图3-6(a))，其余部分分散成伞骨状并将每股芯线拉直，接着将两伞骨状线头隔股对叉(图3-6(b))，捏平两端每股芯线(图3-6(c))，然后将一端的7股芯线按2、2、3股分成第一、二、三组，扳起第一组芯线并垂直于芯线(图3-6(d))，按顺时针方向紧贴并缠二圈，并缠后再扳成与芯线平行的直角(图3-6(e))；依次紧缠第二、三组芯线，但后一组芯线扳起时，应把芯线紧贴住前一组芯线已弯成直角的根部(图3-6(f)、(g)、(h))，其中第三组芯线应紧缠三圈；最后剪去余线，并钳平切口毛，另一端的连接方法相同。

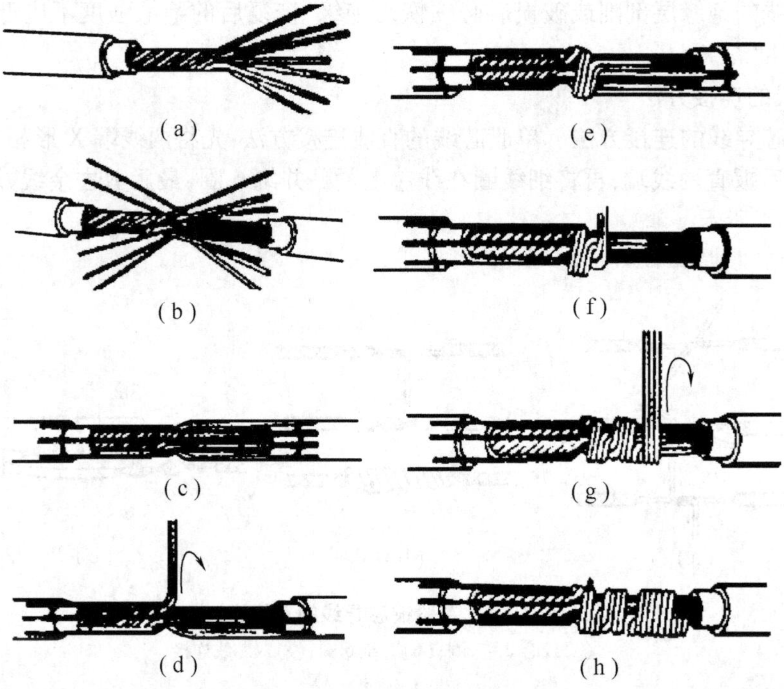

图3-6　7股芯线的直线连接

③7 股芯线的 T 字分支连接方法　先将分支芯线线头的 1/8 处根部绞紧，再把其余部分的 7 股芯线分成两组，接着用螺丝刀将干线芯线撬分成两组，把支线中的 4 股芯线组插入干线的两组芯线间，然后将三股芯线组往干线一边按顺时针紧缠 3 ~4 圈并钳子切口，最后将 4 股芯线组按逆时针紧缠 4 ~5 圈并剪去两端的多余部分，如图 3 –7 所示。

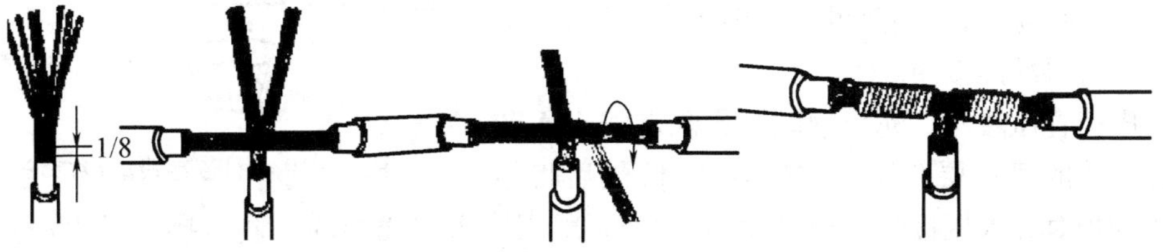

图 3 –7　7 股芯线的 T 字分支连接

④瓷接头的连接方法　对于芯线截面积在 10 mm² 以下的导线，还可采用瓷接头进行直线或分支连接，如图 3 – 8 所示。连接时，线头两端不可更换位置，以免接错相位。连接后，需用绝缘胶布将瓷接头的螺钉端面绑扎封住。

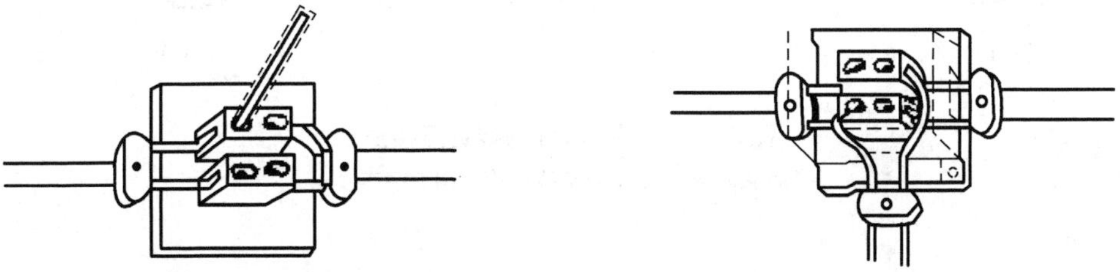

图 3 –8　瓷接头连接

(a)直线连接；(b)T 字分支连接

⑤U 形轧连接方法　对于芯线截面积较大的导线（≥25 mm²），可采用 U 形轧压接的方法，如图 3 –9 所示。U 形轧的规格必须与导线截面积相适应，每两副 U 形轧相隔距离 150 ~200 mm；每个导线接头使用 2 ~4 副 U 形轧。

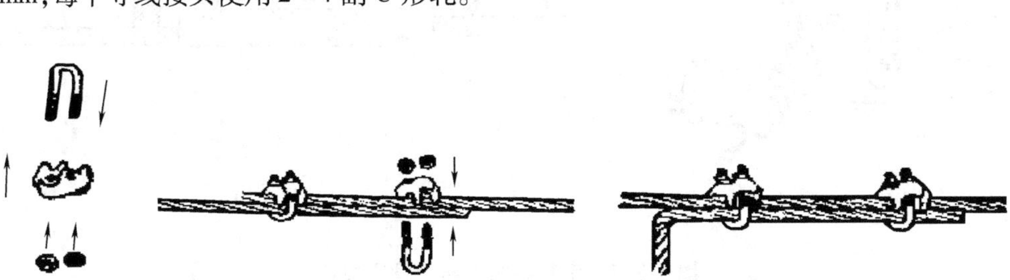

图 3 –9　U 形轧连接

⑥锡焊的连接方法　包括烙铁锡焊、蘸锡焊接及浇焊等，其中烧焊的方法如图 3 –10 所示。

(2)铝芯导线的连接方法　因铝极易氧化且氧化铝的电阻率很高,因而铝芯导线常采用与铜芯导线不同的连接方法:压接法。

①螺钉压接法　先用钢丝刷去除氧化层,并立即涂上中性凡士林,然后进行螺丝压接,如图3－11所示。因铝线易断,连接前可将芯线卷2～3圈,以免线头断裂后再次连接用。

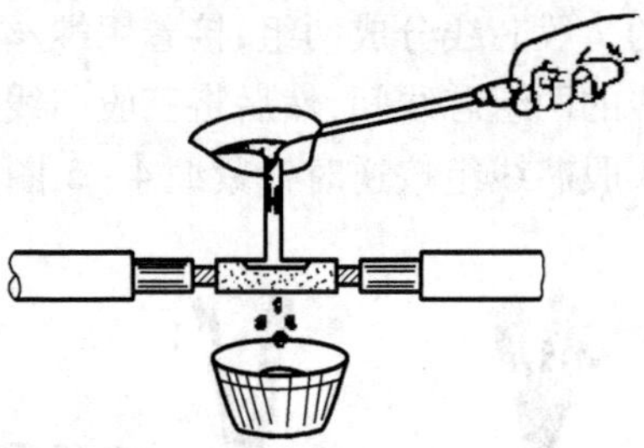

图3－10　铜芯导线的浇焊法

②压接管压接法　先用钢丝刷去除芯线表面和压接管内壁的氧化层并涂上中性凡士林,然后将导线的线端相对穿入压接管并伸出25～30 mm,用压接钳在线端的一侧压接完后再压接另一侧,如图3－12所示。压接过程中,应合理选择压接管、压接坑的距离和数量。

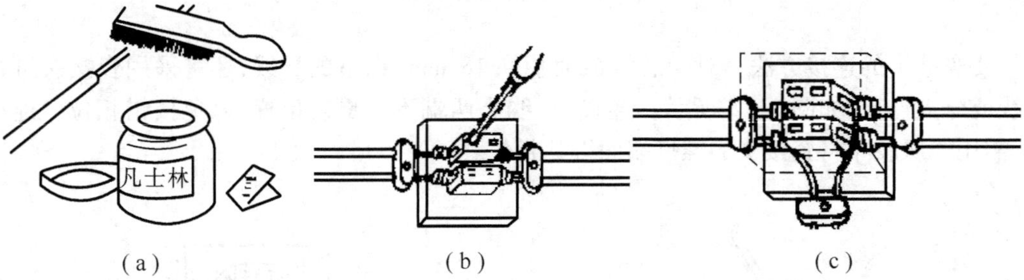

图3－11　铝芯导线的螺钉压接法

(a)去除氧化层;(b)直线连接;(c)T字连接

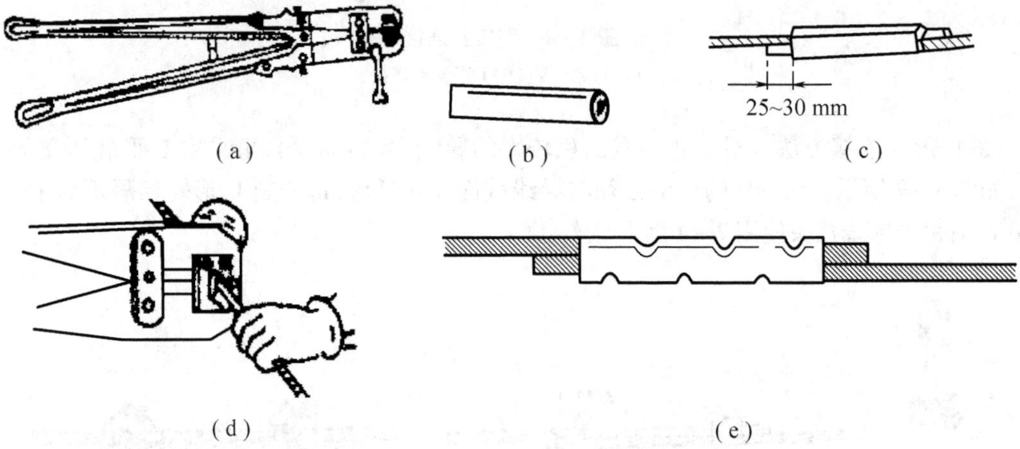

图3－12　铝芯导线的压接管压接法

(a)手动冷挤压接钳;(b)压接管;(c)穿进压接管;(d)进行压接;(e)压接后

③沟线夹压接法　当导线截面较大时,可采用此方法。铝芯导线的沟线夹压接法如图3－13所示。

(3)导线与设备的连接方法

①针孔式　若单股芯线较细，则应折成双根后再插入针孔；若多股细线，可先在线端装上针式轧头并压紧，然后再插入针孔进行连接，其操作方法如图3－14所示。

②平压式　如图3－15所示，在进行平压式连接时，羊眼圈的弯曲方向应与螺钉拧紧方向一致，不可“反圈”。如有必要，可加装平垫圈；当导线截面积较大时，应采用线鼻子连接，如图3－16所示。

导线与设备连接时，必须留有可供再剖削2～3次线头的长度，将留出的余量导线，盘成图3－17所示的弹簧状。若有两个压紧螺钉，均需压住线头，且松紧程度一致；芯线裸露不可过长，压紧螺钉不可压在绝缘层上。

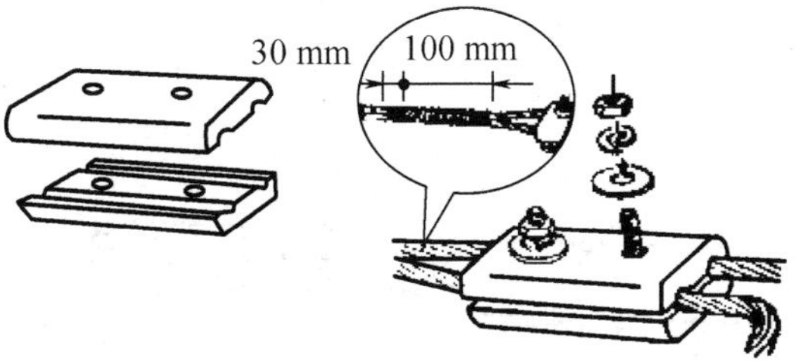

(a)

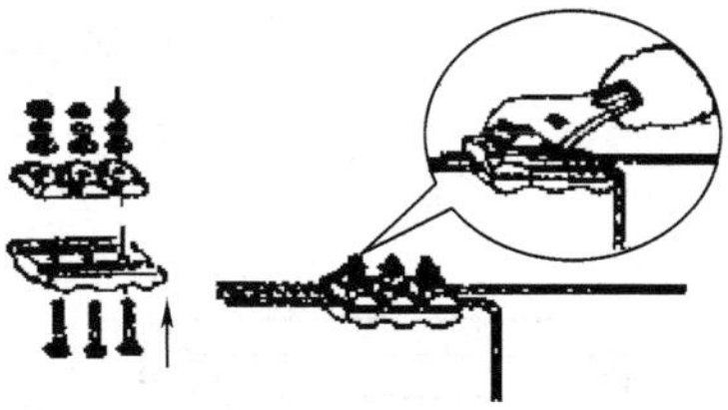

(b)

图3－13　铝芯导线的沟线夹压接法

(a)小型沟线夹；(b)大型沟线夹

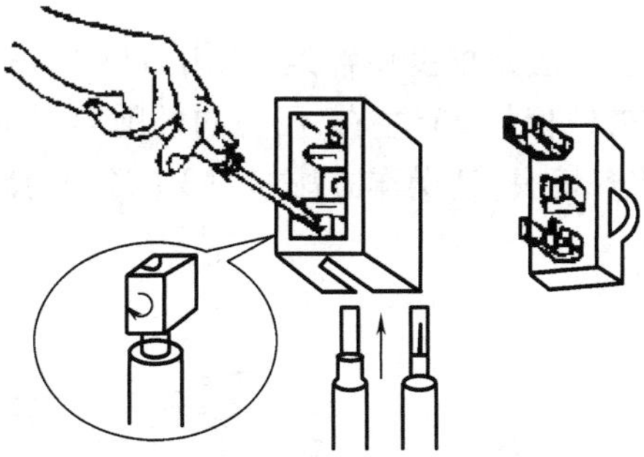

图3－14　在针孔式接线端子上接线

3. 导线的剖削与绝缘的恢复

(1)导线的剖削　除用剥线钳剥削导线外，还必须学会用电工刀或钢丝钳剖削导线的绝缘层。对于不同截面、不同材质的导线，应选用合适的剖削方法。

①塑料线的剖削　当芯线截面积不超过4 mm^2 时，用钢丝钳剥削。具体方法是根据线头所需长度，用钳头刀口轻切塑料层(不可切着芯线)，然后右手握住钳子头部用力向外勒去塑料层。与此同时，左手反向用力配合，其操作方法如图3－18所示。

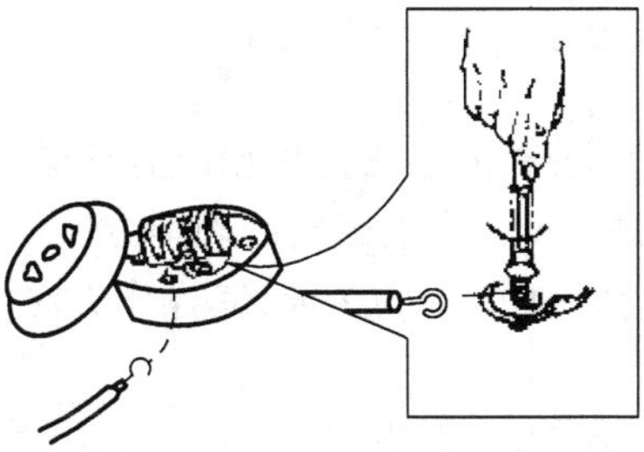

(a)

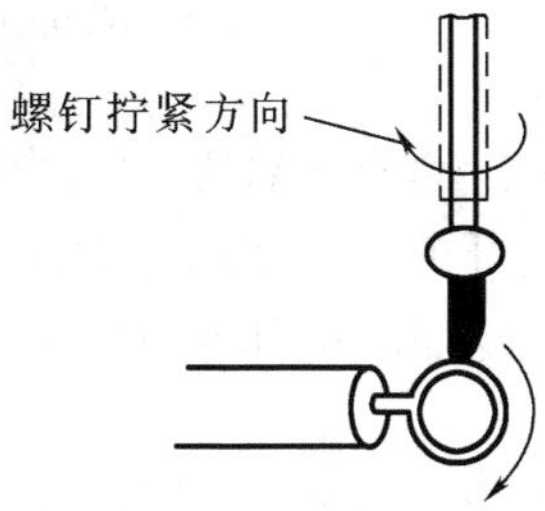

(b)

图3－15　平压式连接

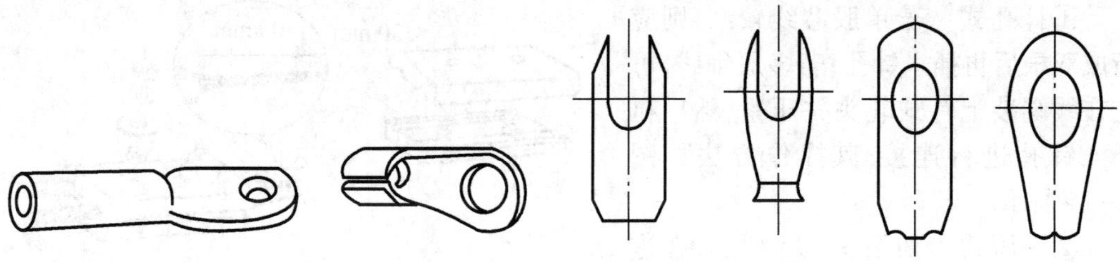

图3-16　线　鼻　子

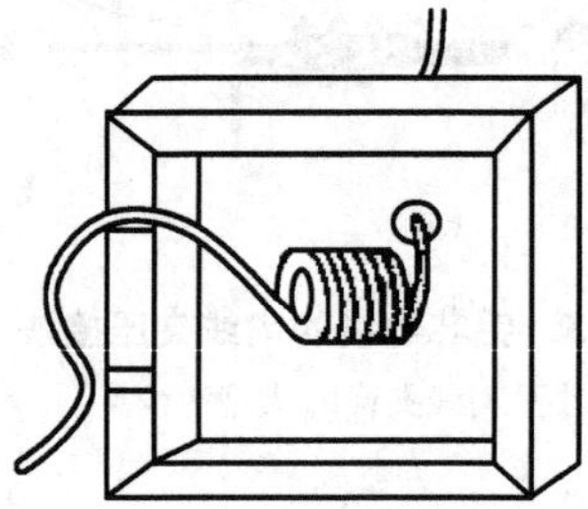

图3-17　余量导线盘成弹簧状

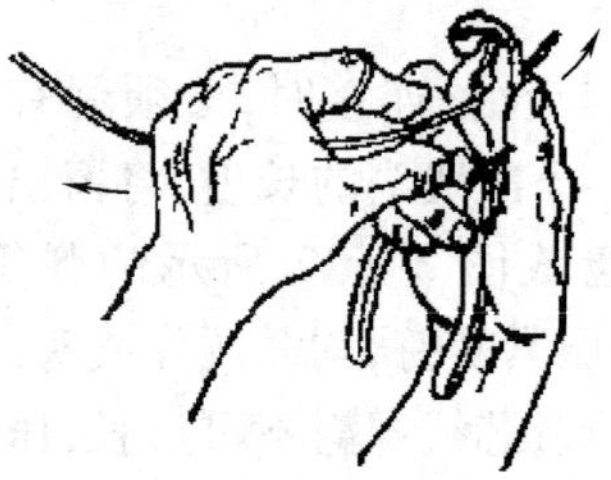

图3-18　钢丝钳剥离塑料绝缘层

规格较大的塑料线,可用电工刀进行剖削。具体方法是根据所需线长,用刀口以45°倾斜角切入塑料绝缘层(不可切入芯线),接着刀面与芯线保持25°左右,用力向外削出一条缺口,然后将其余绝缘层向后扳翻剥离,并用电工刀取齐切去,其操作方法如图3-19所示。

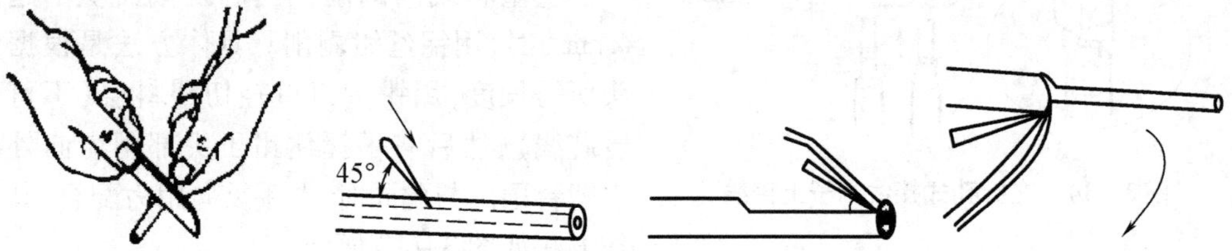

图3-19　电工刀剖削塑料绝缘层

(a)握刀姿势;(b)45°切入;(c)25°推削;(d)扳转并切去根部

②塑料护套线的剖削　先用电工刀剥离护套层,具体方法是根据所需长度用刀尖在线芯缝隙间划开护套层,接着扳翻并用刀口切齐,护套线芯线绝缘层的剥削方法如同塑料线,只不过在绝缘层的切口与护套层的切口间应留有5~10 mm的距离,其操作方法如图3-20所示。

③橡皮线的剖削　先用电工刀刀尖划开编织保护层,其方法与剥离护套层雷同,然后用剥削塑料线的方法剥去橡胶层,棉纱层至根部并用电工刀切去。

④花线的剖削　先用电工刀将棉纱织物的四周切割一圈后拉去,然后按剖削橡皮线的

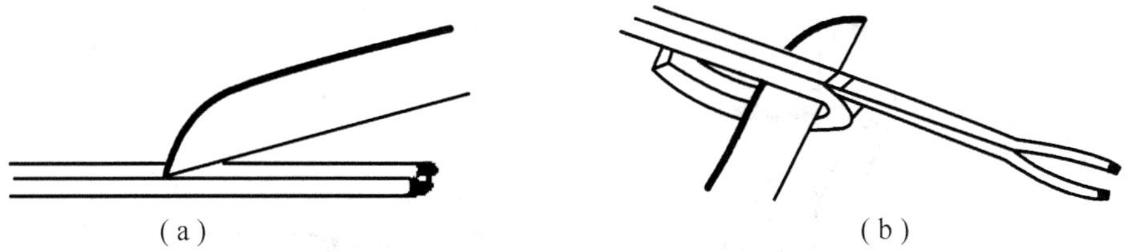

图 3-20 电工刀剥离护套层

(a)线缝间划开护套层；(b)扳转护套层并切去根部

方法进行剖削。

⑤铅包线的剖削　先用电工刀将铅包层切割一刀，然后用双手来回扳动切口处以使铅层沿切口折断并将铅层套拉去，如图 3-21 所示。绝缘层的剖削方法同塑料线。

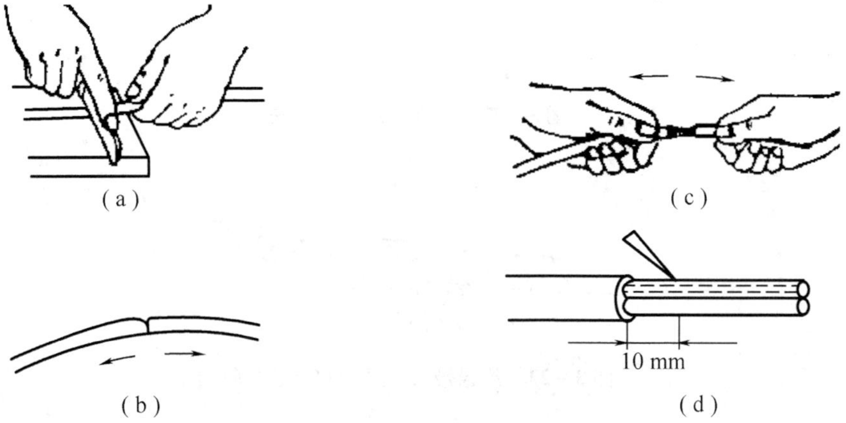

图 3-21 铅包层的剥离方法

(2)绝缘的恢复

导线剖削或破损后，必须恢复其绝缘。恢复后的绝缘强度不应低于原有绝缘层。常用的恢复绝缘层的材料有黄蜡带、涤纶薄膜带和黑胶带，规格一般选用 20 mm 宽。恢复导线绝缘的常用方法与步骤如下。

先将黄蜡带从导线左边完整的绝缘层上包缠两个带宽后再进入无绝缘层的线芯部分(图 3-22(a))；包缠时，黄蜡带与导线保持约 55°的倾斜角，并为每圈叠压带宽的 1/2(图 3-22(b))；黄蜡带包缠完毕后，其末端用纱线绑扎牢固或自身套结扎紧(图 3-22(c)、(d))。

在 380 V 的线路上恢复绝缘时，需先包缠 1~2 层黄蜡带，然后再包缠一层黑胶带；在 220V 的线路上恢复绝缘时，先包缠一层黄蜡带，然后再包缠一层黑胶带，也可只包缠两层黑胶带。绝缘带层与层间的包缠方向应相反，如图 3-23 所示。

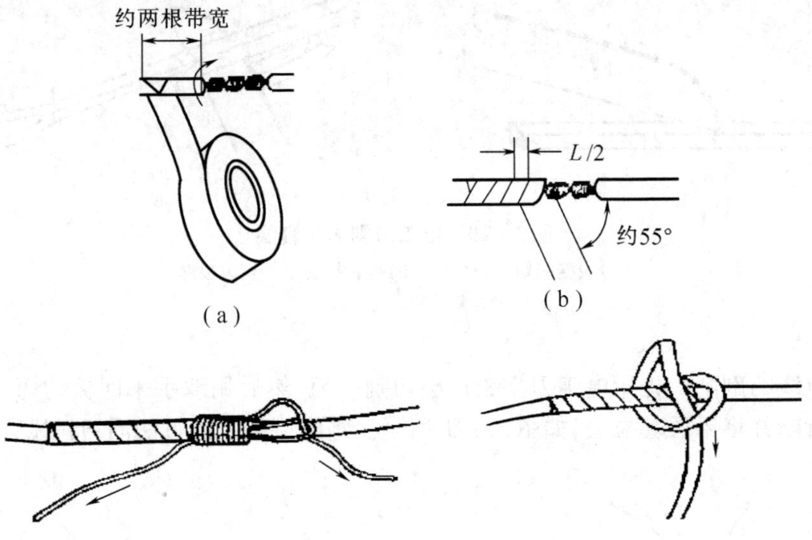

图 3－22　绝缘带的包缠方法

图 3－23　绝缘带层与层间的包缠方向

第二节　墙孔的錾打及木榫的削制与安装

一、墙孔的錾打

根据施工要求与现场特点，布线时常常发生导线穿越墙壁或固定在墙面的情况。墙孔的开启既可使用冲击钻钻孔，也可使用錾子錾打。这里介绍的是錾打的方法。

1. 导线穿墙孔的錾打

导线穿越墙壁时，需要錾打穿墙孔，同时必须配有穿墙套管。穿墙套管有瓷管、钢管和硬塑管三种。錾打砖墙孔时，一般使用如图 3－24(a)所示的无缝钢管制成的长凿；錾打水泥墙孔时，一般使用如图 3－24(b)所示的中碳圆钢制成的长凿。

在进行导线穿墙孔錾打时，穿墙孔应平直(户内外之间的穿墙孔，其户外侧应略倾于地面)、孔径大小要合适(应配合穿墙套管的外径和数量)；穿墙套管应尽可能做到一管一孔，水平均匀排列，管内导线的总截面(含绝缘层)不应大于管子有效截面的40%。穿墙套管埋入墙孔后，应用水泥注封，固定位置，尤其是穿越楼板的套管。

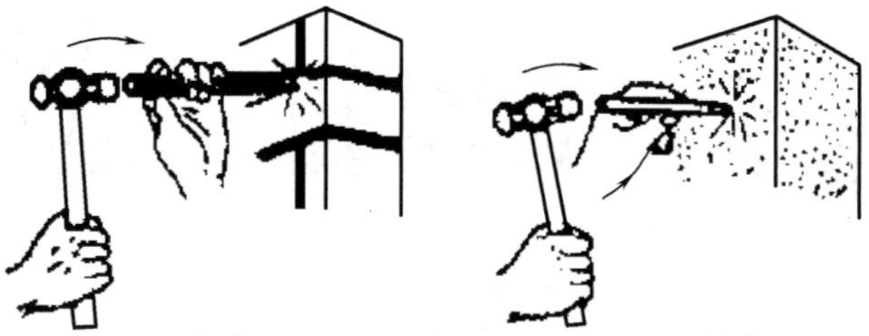

(a)　　　　　　　　(b)

图 3-24　导线穿墙孔的錾打

2. 木榫孔的錾打

当在墙面或楼板上安装线路或电气装置时，均需用木榫来作支持点，同时木榫必须牢固地嵌进木榫孔内。

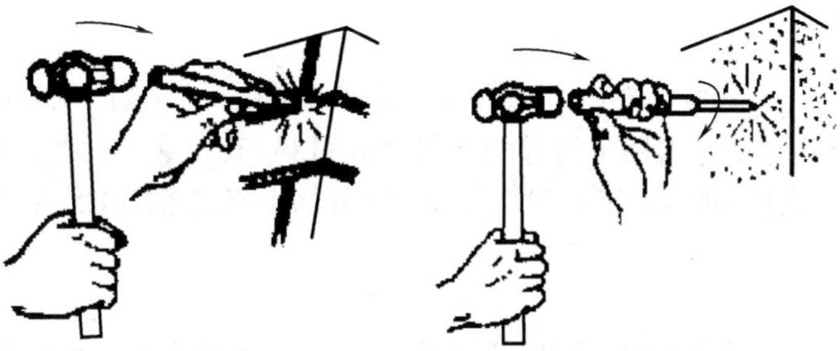

(a)　　　　　　　　(b)

图 3-25　木榫墙孔的錾打

錾打砖墙木榫孔时，可用小扁凿，如图 3-25(a)所示，木榫孔应錾打在砖与砖之间的夹缝中并成矩形。錾打水泥墙木榫孔时，可用麻线凿，如图 3-25(b)所示，其孔为圆形。

錾打木榫孔时，孔的大小应略小于木榫 1~2 mm，孔的深度应大于木榫长度约 5 mm；为保证支持点挡距均匀，木榫孔应严格地錾打在标划的位置上；木榫孔应与墙面保持垂直，不可左右或上下歪斜，同时孔径的口底应一致，不可出现口大底小的喇叭状。

二、木榫的削制与安装

1. 木榫的削制

木榫通常采用干燥的细皮松木制成，也可用塑料胀块，如图 3-26 所示。

木榫的头尾粗细相同，头部呈倒角。砖墙的木榫一般为矩形，水泥墙的木榫一般为八角形。图 3-26 所示为木榫的形状。

2. 木榫的安装方法

把木榫头部塞入木榫孔，先用手锤轻击几下，待木榫进入孔内的 1/3 后，检查其与墙面是否垂直，松紧是否适当。如不直，则应纠正；如过紧，则木榫尾将被打烂；如过松，木榫就会松动不牢固。木榫完全安装后，其尾部应与墙面齐平，不可凸起，也不应凹陷太多。

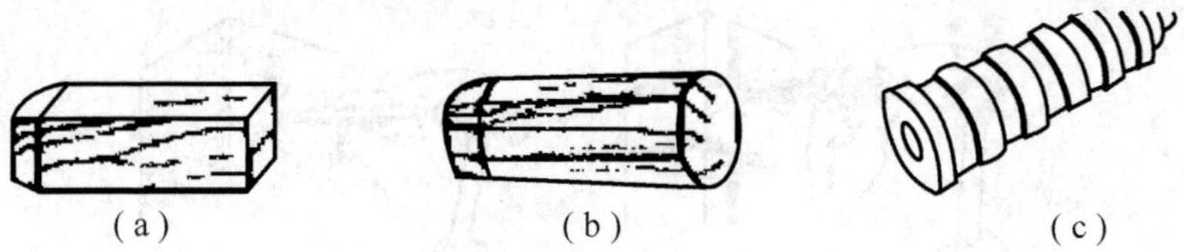

图3-26　木榫的形状
(a)方形榫;(b)圆形榫;(c)塑料胀块

第三节　电工材料的识别与性能测试

电工材料种类繁多,且新材料不断涌现,这给电气工作人员的选材、用材带来了不少困难。但电工材料的选择与使用,对电气设备与线路的正常运行,起着至关重要的作用。电工常用材料包括导电材料、绝缘材料和磁性材料。此外,还有半导体材料、超导材料及压电材料等。

一、导电材料

导电材料分为一般导电材料(如电线电缆)和特殊导电材料(如熔体、电刷、电热及触头等)。一般导电材料是指专门用于传导电流的金属材料,其中最常见的是铜和铝。按其性能、结构、制造工艺及使用特点,可分为裸导线、电磁线、电气装备用电线电缆、电力电缆和通信电缆等。

1. 裸导线

裸导线只有导体部分,没有绝缘和护层结构,按其形状和结构可分为圆单线、软接线、型线和裸绞线四种,主要用于电力、交通、通信及电机制造等,图3-27为裸绞线的常见截面形式。

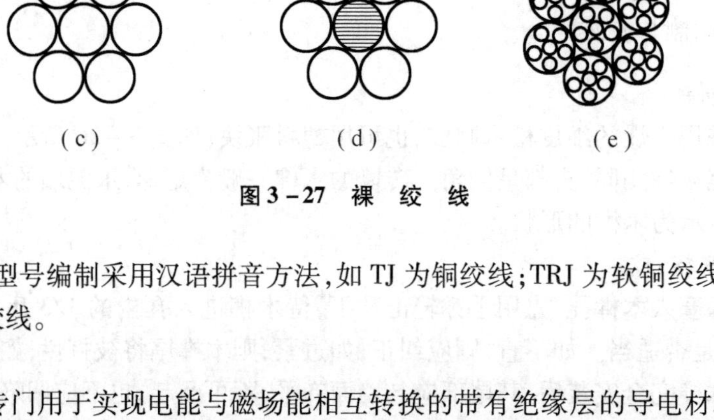

图3-27　裸　绞　线

裸导线的型号编制采用汉语拼音方法,如TJ为铜绞线;TRJ为软铜绞线;LJ为铝绞线;LGJ为钢芯铝绞线。

2. 电磁线

电磁线是专门用于实现电能与磁场能相互转换的带有绝缘层的导电材料,主要用于电器的制造。按其绝缘特点和用途,可分为漆包线、绕包线、无机绝缘线和特种电磁漆包线的绝缘层是漆膜，绕包线的绝缘层是紧密绕包在导电芯线上的玻璃丝、绝缘纸或合成树脂薄膜等。图3－28为绕包线结构图。

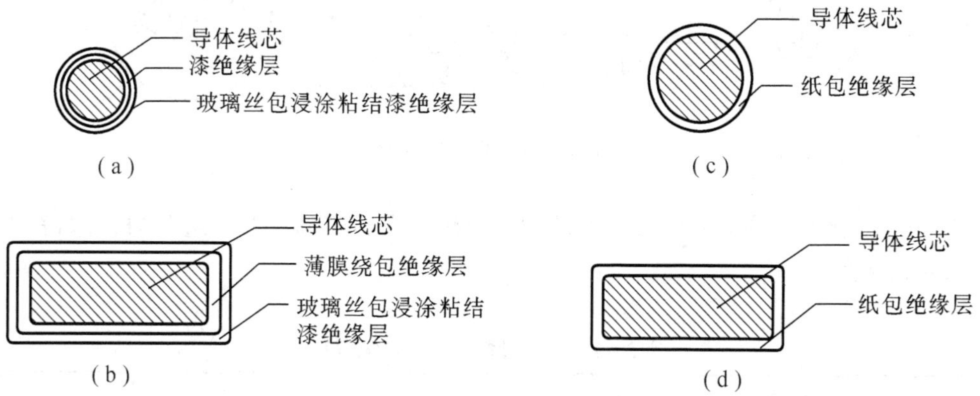

图3－28　绕包线结构

常用电磁线的型号有Q为油性漆包线；QA为聚氨酯漆包线；QZ为聚酯漆包线。

3. 电气设备用电线电缆

电气设备用电线电缆品种繁多，用途广泛，分类方法不一。按其用途分类，可分为通用电线电缆和专用电线电缆。

(1) 电线电缆结构　电线电缆的结构差异较大，有的仅有线芯与绝缘层，而有的除具有线芯、绝缘层和护层外，还有屏蔽层、加强芯及外护层等，图3－29～图3－32为常用电线电缆的外形图(或截面)。

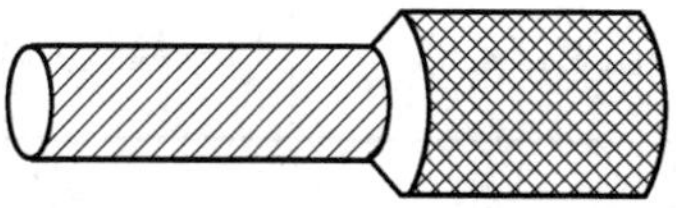

图3－29　橡皮绝缘电线

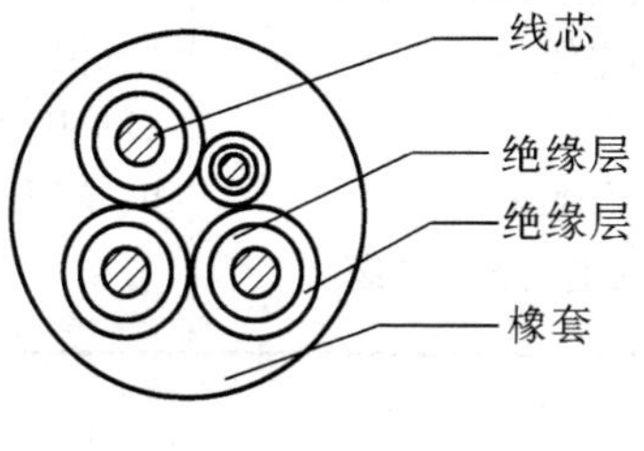

图3－30　通用橡套电缆

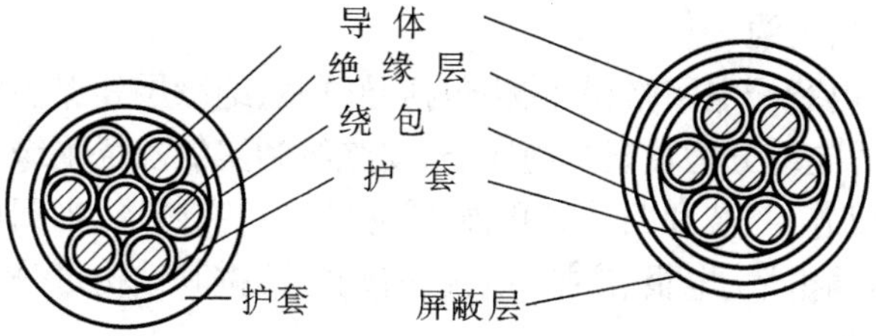

图3－31　屏 蔽 电 缆

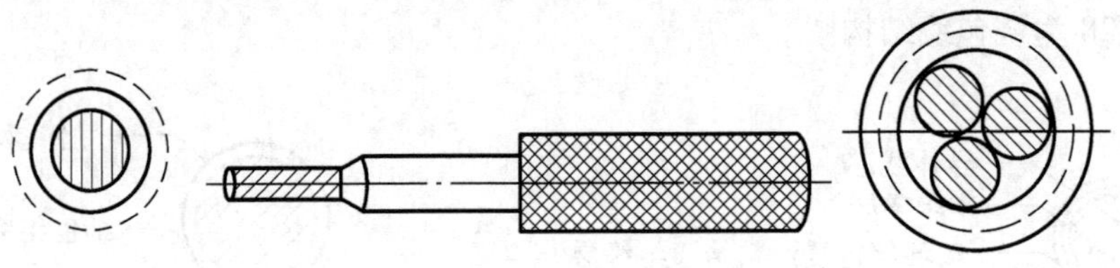

图3-32 控制电缆

(2)型号、规格与命名　电线电缆的型号由汉语拼音字母和数字组合构成,如表3-1和表3-2所示。

表3-1　电气设备用电线电缆型号

次序	类别、用途(特性)	导体	绝缘	护层	其他特性	外护层	派生
字母数	0或1或2	0或1	0或1	1	0或1或2	2个数字6	数字
项	1	2	3	4	5		7

表3-2　电气设备用电线电缆型号中字母含义

分类代号或用途	绝　缘	护　套	派　生
A—安装线	Z—纸	V—聚氯乙稀	P—屏蔽
B—布电线	V—聚氯乙烯	H—橡套	R—软
Y—一般工业移动电器用线	Y—聚乙烯	B—编织套	S—双绞
K—控制电缆	X—橡皮	L—腊克	B—平行
T—天线	YZ—阻燃聚氯乙烯	N—尼龙套	D—带形
HR—电话软线	B—聚丙烯	SK—尼龙丝	T—特种
SB—无线电装置用电缆		VZ—阻燃聚乙烯	P1—缠丝屏蔽

在型号组成中,如导体材料为铜(T)、导体结构形式为圆形(Y)可省略不标,型号的组成不一定七项全有。如BV—铜芯聚氯乙烯绝缘电缆(电线)、BLVV—铝芯聚氯乙烯绝缘聚氯乙烯护套圆型电缆(电线)和RVS—铜芯聚氯乙烯绝缘绞型连接用软电线。

4. 电力电缆与通信电缆

电力电缆用于输电和配电网络,其结构包括导电芯、绝缘层和保护层,如图3-33所示。按绝缘材料不同,电力电缆分为油浸低绝缘、橡皮绝缘和聚氯乙烯绝缘三类;按线芯数不同,电力电缆分为单芯、双芯、三芯和四芯等几种;线芯的形状有圆形、半圆形、扇形和椭圆形等。

通信电缆用于传输电话、电报、广播、电视和数据等,按其结构可分为对称电缆和同轴电缆两种。

5. 导线电阻的测量

由于导线电阻很小,万用表法和伏安法无法精确测量其电阻值。导线阻值的测量通常采用单臂电桥或双臂电桥进行。

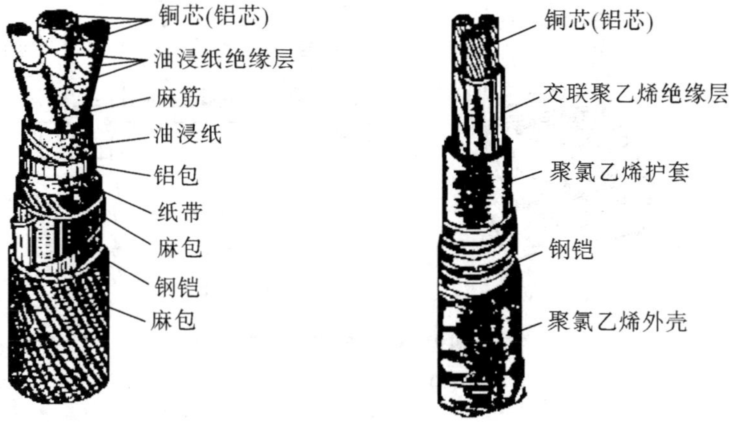

(a) (b)

图 3－33 电 力 电 缆

(a)油浸绝缘电力电缆;(b)交联聚乙烯绝缘电力电缆

(1)单臂电桥　单臂电桥又叫“惠斯通”电桥,用于精确测量中值电阻(1 ~ 100 kΩ)。图 3－34 为 QJ23 型便携式直流单臂电桥的外形及面板。

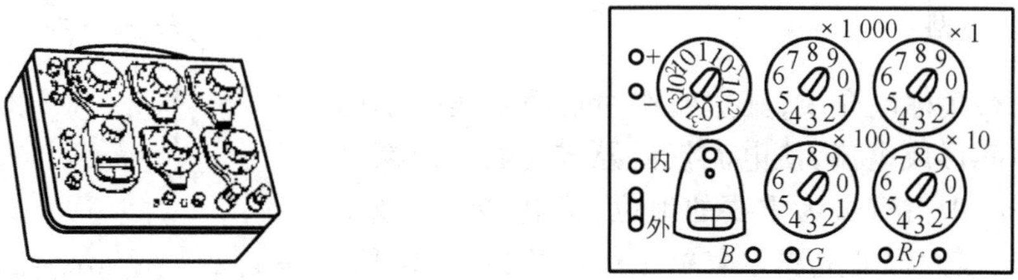

(a) (b)

图 3－34 单 臂 电 桥

(a)单臂电桥外形;(b)单臂电桥面板示意图

将被测电阻接入 R_X 端,适当选取比率臂和比例臂(应按接全部电阻),按下检流计按钮,当指针为零时,被测电阻即比率臂与比例臂的积。测量过程中,应按接通电源再按检流计;断开时,应先断开检流计再断开电源;测量完毕,应将检流计锁住。

单臂电桥还可用于判断电缆的断线故障,如图 3－35 所示。测量时,电缆应有一条完好的芯线,否则必须另接其他线以组成测量回路。当电桥平衡时,故障点与测试点的距离为

$$X = \frac{C}{A + C} \times 2L$$

式中 A、C 为电桥每臂电阻值(Ω);L 为所测电缆芯线长度(m);L 为故障点与测试点的距离。

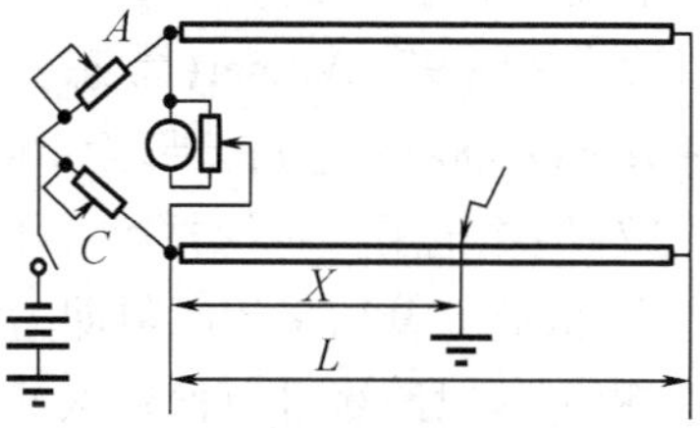

图 3－35 单臂电桥测故障点

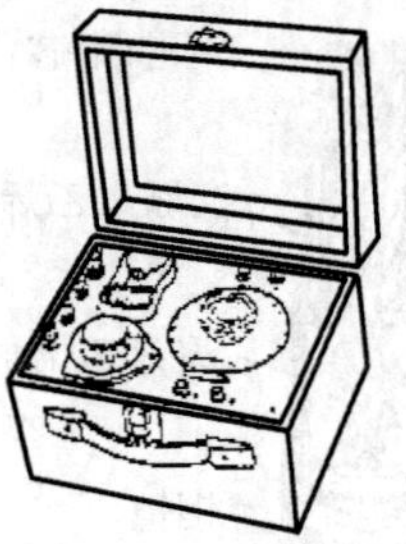

(a)

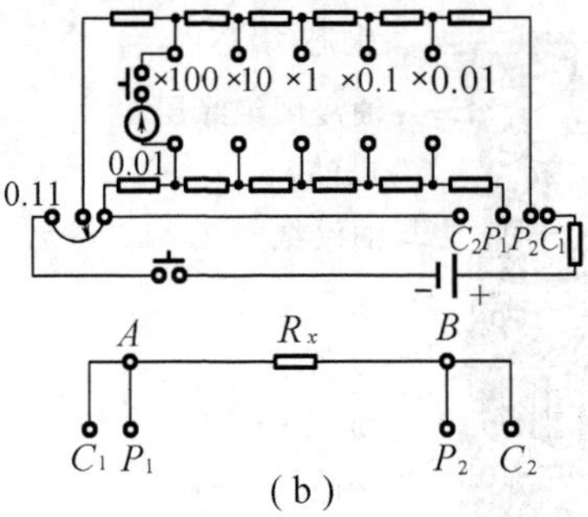

(b)

图3-36 双臂电桥

(a)外形图;(b)原理图

(2)双臂电桥 双臂电桥又叫"凯尔文"电桥,用于精确测量低值电阻(0.000 1~10 Ω)。图3-36为QJ103型便携式直流双臂电桥的外形及工作原理图。

测量时,要从被测电阻引出四根线,如图3-37所示,其中从内侧引两根线至电位端钮 P_1、P_2,外侧引两根线至电流端钮 C_1、C_2,其余事项与单臂电桥相同。

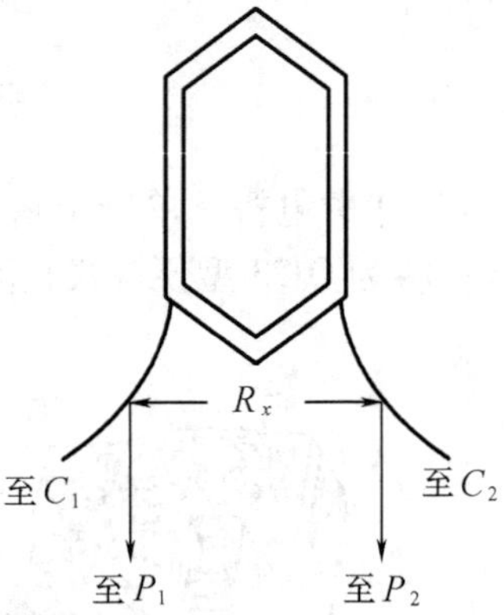

图3-37 双臂电桥与被测电阻接法

二、绝缘材料

绝缘材料又称电介质,其主要作用是用来隔断不同电位的导体间形成电流,使电流仅沿导体流通。绝缘材料在电工产品中占有极为重要的地位,其电、热、机械及理化等性能,很大程度上决定着电工产品的性能、体积、质量、价格和寿命。绝缘材料按其物理状态,可分为气体绝缘材料、液体绝缘材料和固体绝缘材料。

1. 绝缘材料的基本性能

绝缘材料的基本性能包括电气性能、热性能、理化性能和机械性能,主要包括下述几项。

(1)击穿强度 绝缘材料在高于某一临界值的电场强度作用下,将失去其绝缘性能,这种现象称之为击穿,使绝缘材料击穿的最低电压称之为击穿电压,其电场强度称之为击穿强度。

空气的击穿强度为3~3 kV/mm(直流电状态下);沥青漆为55~90 kV/mm(常态);环氧脂漆为70~95 kV/mm(常态);硅钢片漆为(60~100)×103 kV/mm(常态);纤维纸为20~22 kV/mm(常态);云母为160 kV/mm。

(2)绝缘电阻 绝缘材料并不是绝对不导电的材料,在一定的电压作用下仍会有漏电流产生,依此计算出来的电阻即为绝缘电阻。影响绝缘电阻的主要因素有温度、水分和杂质等,工程上常以绝缘电阻值的大小来判断设备的受潮程度,以决定其能否运行。一般情况下,当绝缘电阻大于0.5MΩ时,说明绝缘良好,可以使用。

(3)耐热性 电气设备在运行时,导体和磁性材料(即由它们组成电路与磁路)因有损耗(即通常所说的铜损和铁损)而发热,同时也因绝缘材料(介质)本身也存在介质损耗,或者整个电气设备就处在高温环境下，因此电气设备的绝缘材料长期在热态下工作。耐热性是指绝缘材料承受高温而不改变介电、机械等特性的能力。对低压设备而言，绝缘材料的耐热性是决定绝缘材料性能的主要因素。使用耐热性好的绝缘材料，可使设备的体积、质量减小，而技术经济指标、寿命提高。

绝缘材料的耐热性，按其长期正常工作所允许的最高温度，分为7个耐热等级，如表3－3所示。绝缘材料的实际工作温度若超过极限工作温度，则会大大降低绝缘材料的使用寿命。如A级每超过8 ℃，B级每超过12 ℃，其使用寿命会降低一半。

（4）机械性能　机械性能主要包括硬度和强度。硬度表示绝缘材料表面层受压后不变形的能力；强度包括抗拉、抗弯、抗压以及抗冲击等强度。在选用绝缘材料时，要求其具有一定的机械性能。

表3－3　绝缘材料的耐热性

等级代号	0	1	2	4	5	6	7
级别	Y	A	E	B	F	H	C
极限工作温度/℃	90	105	120	130	155	180	180以上
绝缘材料类别	木材、棉花、纸、纤维等纺织品；以醋酸纤维和聚酰胺为基础的纺织品；塑料等	工作于矿物油中的Y级材料；用油或油树脂复合胶浸过的Y级材料；漆包线、漆布、油性漆、沥青漆等	聚脂薄膜和A级材料复合；玻璃布、油性树脂漆；聚乙烯醇缩高强度漆包线等	聚脂漆、聚脂漆包线、聚脂薄膜；经合适树脂粘合或浸涂的云母、玻璃纤维、石棉等	以有机（或无机）纤维材料补强和石棉带补强的云母制品、玻璃丝、石棉、玻璃漆布等	无补强或以无机材料为补强的云母制品、加厚的F级材料、硅有机漆、复合薄膜、复合玻璃布等	不采用任何有机粘合剂及浸渍剂的无机物，如石英、石棉、云母、玻璃和电瓷材料等

2. 绝缘材料的老化

在使用过程中，由于热、电、光、氧化、机械、辐射及微生物等各种因素的作用，使绝缘材料发生一系列缓慢的、不可逆的物理、化学变化，引起其电气性能与机械性能的恶化，最后丧失绝缘性能，称为老化。老化的主要形式有环境老化、热老化和电老化，其主要因素是过热、局部放电和氧化。为此，在使用绝缘材料的过程中，常采用避免阳光直接照射、避免与空气中的氧接触、加强散热、防电晕、防局部放电等方法防止其老化。

3 常用绝缘材料

绝缘材料品种繁多，就其形态而言，常见的气体绝缘材料有空气（氧气、氮气、氢气及二氧化碳等气体的混合物）、六氟化硫（SF_6）。

液体绝缘材料有矿物油类（如变压器油、开关油、电容器油及电缆油）、漆类（如浸渍漆、漆包线漆、覆盖漆和硅钢片漆）、胶类（电器浇铸胶、电缆浇铸胶）。

固体绝缘材料有绝缘纸（如电缆纸、电话纸、电容器纸）、绝缘纱（如玻璃纤维纱）、浸渍纤维制品（如漆布、绑扎带）、橡胶、塑料、绝缘薄膜、玻璃、云母及石棉等。

三、磁性材料

磁性材料具有磁导率大的特点，是电气设备中不可缺少的组成磁路的重要材料。了解磁性材料的基本知识，有利于电气设备的运行与维护。

1. 磁性材料的分类与基本性能

（1）磁性材料的分类　磁性是物质的基本属性之一，其导磁能力的大小用磁导率μ表示。物质的磁导率μ与真空中的磁导率μ_0（4×10^{-7} H/m）之比，称为该物质的相对磁导率，以μ_γ表示。自然界的物质其导磁性能按μ_γ的大小分为三类：当μ_γ稍小于1时，称为反磁物质，如铜、银、金等；当μ_γ稍大于1时，称为顺磁物质，如空气、铝、锡等；当μ_γ远远大于1时，称为铁磁物质。反磁物质、顺磁物质，都属于弱磁性物质，其磁导率与真空相近似；电气设备中组成磁路的最主要材料，均为铁磁物质。

磁性材料（铁磁物质）按其磁特性与应用情况，可分为软磁材料、硬磁材料和特殊磁材料三类；按其组成，又可分为金属（合金）磁性材料和非金属磁性材料（铁氧体磁性材料）两大系列。

（2）磁性材料的基本性能　磁化曲线和磁滞回线是反映磁性材料基本磁性能的特性曲线，如图3－38和图3－39所示。

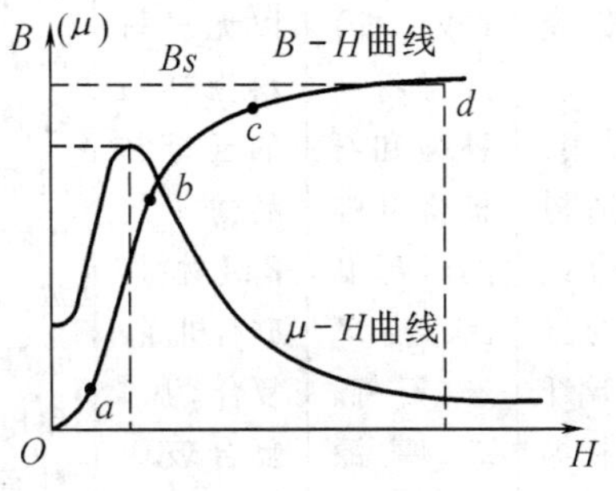

图3－38　B－H、μ－H曲线

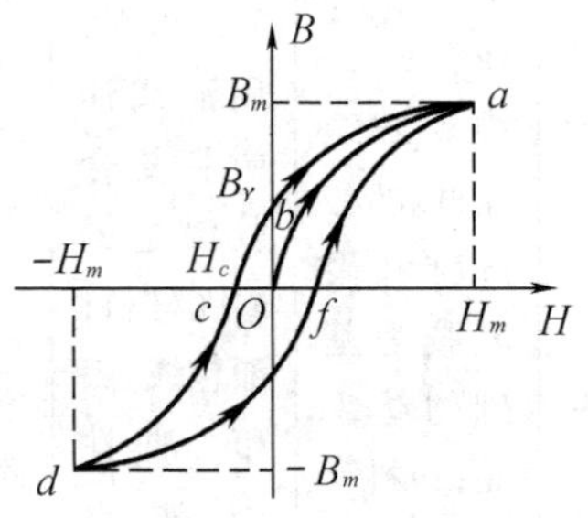

图3－39　磁滞回线

①磁化性　原来不具有磁性的材料，在外磁场作用下产生磁性，这个过程称为磁化，所具有的这种特性称之为磁化性。凡铁磁物质都能被磁化，且易于磁化。磁化时$B-H$（或$\Phi-I$）关系曲线如图3－38中的$B-H$曲线所示。

②高导磁性　磁性材料都具有很高的磁导率，亦即都具有很强的导磁能力。表3－4中有常用磁性材料的相对磁导率大小。$B-H$曲线中的斜率即为磁性材料的μ。显然，磁性材料的磁导率μ不是常数。

③磁饱和性　在图3－38所示$B-H$曲线中，过c点后曲线变得很平坦，即当$H(I)$增加时，$B(\Phi)$基本不再增加，亦即磁场趋于饱和。磁性材料的这种特性称为磁饱和性，图中的B_S为饱和磁感应强度。

④剩磁性与矫顽力　在图3－39所示磁滞回线中，当B随H沿曲线Oa上升后，若将H减小，B不再沿“老路”aO返回，而是沿ab曲线变化，当$H=0$时，$B=B_\gamma$，此即剩磁。即当外磁场去除后，磁性材料仍保持一定的磁性，这就是磁性材料的剩磁性。为消除剩磁，使得B

=0,必须反方向加 H_c,此即矫顽力。

⑤磁滞性与磁滞损耗　磁性材料在反复磁化的过程中,B 的变化总是之后于 H 的变化,这种现象称之为磁滞现象,磁性材料所具有的这种特性称之为磁滞性,由此引起的损耗称之为磁滞损耗。磁滞损耗与磁滞回线的面积成正比。

⑥铁损　磁性材料(铁磁材料)在交变磁场作用下所引起的损耗称为铁损,它主要包括磁滞损耗和涡流损耗两部分。铁损的大小与磁场变化的频率、磁感应强度的大小有关,其值越大,铁损也越大。

2. 常用磁性材料　(1)软磁材料

软磁材料的磁滞回线狭长,具有 μ 很高、B_γ 很小、H_c 很小的特点。目前常用的软磁材料可分为金属软磁材料和铁氧体软磁材料两大类,其主要品质、特点和应用范围如表 3－4 所示。

表 3－4　软磁材料的主要品种、特点与应用范围

品　种	主 要 特 点	应 用 范 围
电工用纯铁	含碳量在 0.04% 以下,饱和磁感应强度高,冷加工性能好,但电阻率低,铁损高	一般用于直流磁场
硅钢片	含硅量为 0.8% ~4.5% 的硅钢;与电工纯铁比,电阻率增高,铁损降低,但导热系数降低,硬度提高,脆性增大	作电机、电器等产品的铁芯
铁镍合金	在低磁场下,磁导率高,矫顽力低,但对应力比较敏感	用作 1 MHz 以下低磁场中工作的
铁铝合金	和铁镍合金比,电阻率高、密度小,但磁导率低,硬度和脆性大,素性差	用于制作高、低磁场下工作的器件
软磁铁氧体	烧结体,电阻率非常高,但饱和磁感应强度低,温度稳定性也比较差	用于制作高频或较高频的电磁元件
铁钴合金	饱和磁感应强度很高,但电阻率低	用作航空器件的铁芯,电磁铁磁极等

(2)硬磁材料　硬磁材料又称永磁或恒磁材料,其磁滞回线形状宽厚,具有较大的 B_γ 和 H_γ,被广泛地应用于磁电系测量仪表、扬声器、永磁发电机及通信设备中。表 3－5 为硬磁材料的常见品种与用途。

(3)特殊磁性材料　为满足科技高速发展的需要,磁性材料工业也不断开发并生产出许多具有特殊磁性能的磁性材料。

①恒导磁合金　当磁感应强度、温度和频率在较大范围内变化时,其磁导率基本不变。一般用来制作恒电感、精密电流互感器和中等功率的单极性脉冲变压器等的铁芯。

②磁温度补偿合金　又称热磁合金,其特点是磁感应强度具有负的温度系数,多用于电度表、里程速度表等。

③高饱和磁感应合金　它是目前软磁材料中饱和磁感应强度最高的一种,用它制作的

空间技术器件(如微电机、电磁铁、继电器等)可以满足磁感应强度高、体积小、质量轻等特殊要求。

④磁记性材料　因其磁滞回线呈矩形状,故也称矩磁材料,这种材料极易磁化并达饱和,且具有记忆的特点,主要用作计算机内存储元件的磁心。

⑤磁记录材料　主要用作记录、存储和再现信息,有磁头材料和磁性媒质等。

表3－5　硬磁材料的常见品种与用途

硬磁材料品种		应用举例
铸造铝镍钴	铝镍钴13	TKmc转速表、636转速表、2 500 V兆欧表;三相电度表、微电机、G75－200汽车发电机
	铝镍钴20	CD－Z1话筒、MF14. MF15型万用表、单相标准电度表、电压表、电流表、质谱仪
	铝镍钴32	200 W扬声器组、手提3 W扬声器、SC6示波器
粉末烧结铝镍钴、铝镍钴9、铝镍钴25		解放牌汽车电流表、受话器、GL－20直流继电器、ZY02－1直流电机、T301钳形表
铁氧体硬磁材料　钡铁氧体		仪表阻尼元件、扬声器、磁电机、磁性软水器
稀土钴硬磁材料		行波管、小型电机、拾音器、精密磁电式仪表、磁推轴承、医疗设备
塑性变形硬磁材料		里程表、罗盘仪、计量仪表、微电机、继电器

第四节　电缆的连接敷设

电力系统中,电缆线路有电力电缆和控制电缆两种,其中以10 kV及以下的电力电缆最为常见。尽管电缆线路工程较为复杂,价格较贵,维修也较麻烦,但因其通常埋设在地下,不易遭受外界的破坏和环境的影响,故障少,安全可靠,因而在城市电力网中(尤其是人口密集的地区),在车间、仓库、矿井中,或需跨越水域的地方,通常都采用电缆线路。

一、概述

1. 电缆的种类

电缆以芯线分,有单芯和多芯的,有铝芯的和铜芯的;以绝缘分,有油浸纸绝缘、橡皮绝缘和塑料绝缘的;以内护层分,有铅包、铝包、橡套和塑料护套的;以外护层分,有铠装的和无铠装的,其中铠装的又分为钢带铠装和钢丝铠装;以封包结构分,有统包的、屏蔽型的和分相铅包的。

2. 电缆的型号

电力电缆的型号一般由7部分组成,表示形式为

$$\boxed{A}\,\boxed{B}\,\boxed{C}\,\boxed{D}-\boxed{E}-\boxed{F}\times\boxed{G}$$

其中A为绝缘代号;B为导体代号;C为内护层代号;D为外护层代号;E为额定电压;F为芯线数;G为芯线截面。各代号及其含义如表3－6所示。

表 3-6　电力电缆型号中代号的含义

型号组成	绝缘代号	导体代号	内护层代号	派生代号	外护层代号
代号含义	Z—纸绝缘 X—橡皮绝缘 V—聚氯乙烯绝缘 YZ—交联聚乙烯绝缘	T—铜芯 L—铝芯	H—橡套 Q—铅包 L—铝包 V—聚氯乙烯护套	P—干绝缘 D—不滴溜 F—分相铅包	1—麻被护层 2—钢带铠装麻被护层 3—细钢带铠装麻被护层 4—粗钢带铠装 10—防腐护层 11—钢带铠装有防护层 20—裸钢带铠装 30—裸细钢带铠装 120—裸钢带铠装有防护层

3. 电缆的选用

10 kV 及以下电缆线路，通常采用如图 3-40所示的三芯统包电缆。选用电力电缆时，应考虑下列因素：

（1）电缆的额定电压　应等于或大于电网的额定电压。

（2）电缆的埋设方式　直埋的，应选用铠装电缆；沟埋的，可选用无铂裹电缆。

（3）电缆的安装环境　直埋在有腐蚀性土壤中的，应采用涂有沥青麻包层的或有塑料护套层的电缆；垂直安装且线路两端高度差较大时，应采用橡皮绝缘或塑料绝缘或纸包干绝缘的电缆。

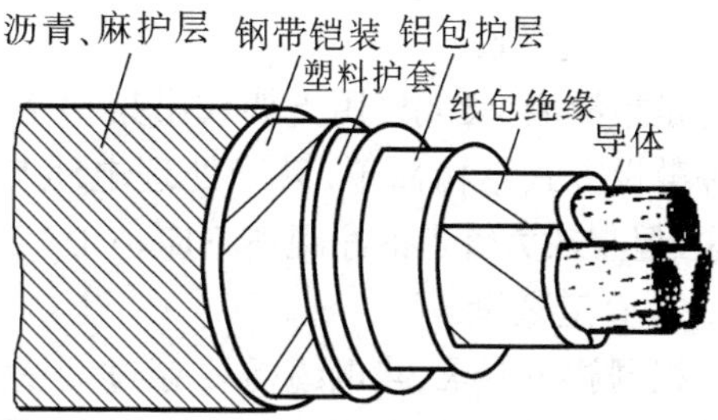

图 3-40　常用电力电缆结构

二、电缆的敷设方式

选择敷设方式时，应根据供配电的需要，保障运行安全并便于维修；充分考虑地面环境、土壤状况和地下其他管道等设施的情况；同时还应考虑节约投资、方便施工等因素。

1. 直埋敷设

先挖好电缆沟，电缆直埋其中（深度不应小于0.7 m），上下铺细沙（厚度不小于0.1 m），盖上砖或其他类似保护套，然后用土将沟填满（一般应高出地面0.2 m左右），如图3-41 所示。电力电缆直埋时，电缆之间（多根并列）、电缆与其他管道、道路、建筑物之间应保持安全间距。

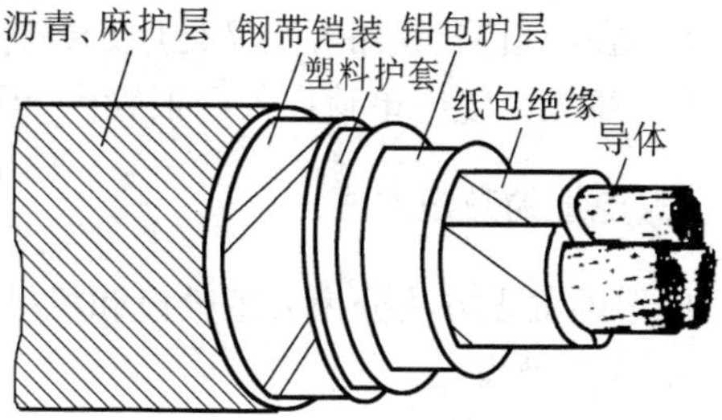

图 3-41　电缆直埋敷设

2. 电缆沟敷设

电缆沟有室内、室外和厂区之分，如图 3-42 所示。

3. 隧道敷设

相对于其他敷设方式，隧道敷设能容纳较多的电缆，且检修、维护方便，但造价高，用料多。隧道敷设如图 3-43 所示。

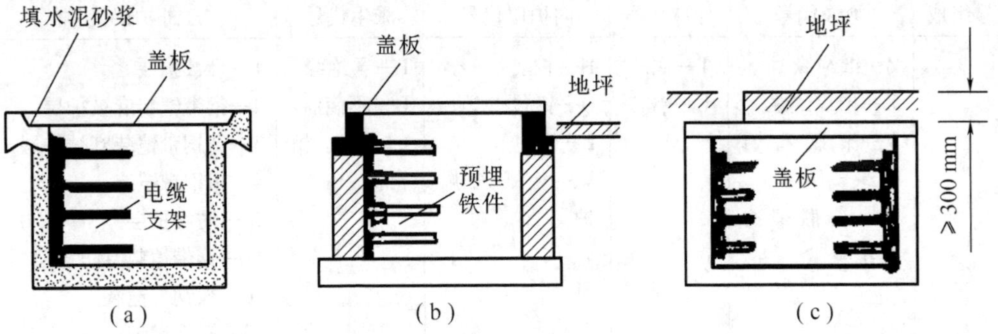

图 3-42　电缆的缆沟埋设

(a)室内电缆沟;(b)室外电缆沟;(c)厂区电缆沟

4. 架空敷设

是指沿墙、梁或柱用支架或吊架架空电缆的敷设方式。这种敷设方式结构简单,易于处理电缆与其他管线的交叉问题,但与热力管道的净距离不应小于 1 m。

5. 管道敷设

根据施工要求,当电缆需要穿过墙壁、楼板、道路、铁路或从建筑物、从电缆沟引出时,均应加管道敷设。

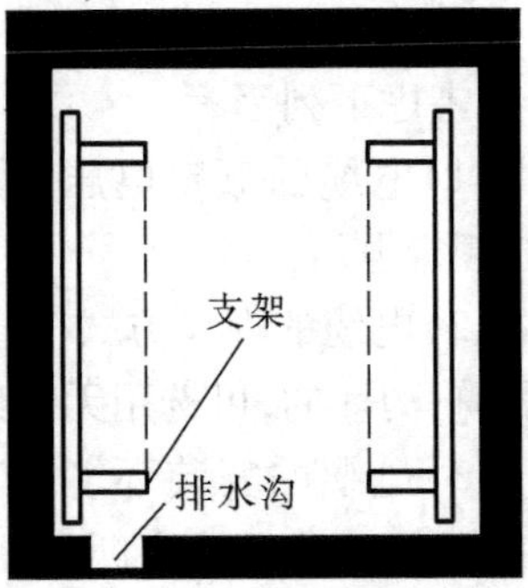

图 3-43　电缆的隧道敷设

电缆敷设时还应注意以下几点:

(1)电缆埋地时应呈 S 形,以防地面变形时使电缆受到拉伸。

(2)直埋地下的电力电缆,在地面上应设置明显的方位标志。

(3)具有金属外皮的电缆,其金属外皮和铠甲应可靠地接地或接零。

(4)非铠装电缆不得直接埋设。

(5)电缆埋设时应在建筑物的散水之外。

(6)在与道路、铁路等交叉处应加保护管,且保护管应伸出路基两侧各 1 m。

(7)每根电缆应单独穿入一根管内,但交流单芯电力电缆不得单独穿入钢管内。

三、电缆的敷设方法

电缆的敷设方法分为人工敷设和机械牵引敷设两种。

1. 人工敷设

适用于规格较小和线路较短的电缆。敷设时,将施工人员分成两组站在电缆沟的两边,抬着电缆盘沿敷设方向缓慢前进,同时将电缆渐渐放出线盘,落入沟底。也可将电缆盘搁在放线架上,用人工把电缆从盘中拉出,沿沟敷下。

2. 机械牵引敷设

在电缆沟底,每隔 2 m 左右放置一副滚轮;在电缆沟一端安设放线架,在另一端放置牵引设备(如卷扬机或绞盘);将电缆端头用钢丝绳系在牵引设备上,以每分钟 8 ~ 10 m 的速度把电缆从盘中拉出，并落在滚轮上；放足长度后，撤去滚轮，并将电缆放入沟底（呈S形）。操作方法如图3－44所示。

图3－44 机械牵引敷设电缆

四、电缆的连接

连接前，清理场地，用木板垫起两电缆连接头，使其水平调直，用摇表测量绝缘电阻，以检查是否受潮，并核对相序，做好记录，根据连接件大小，确定剥切尺寸。

1. 电缆中间接头的连接

电缆中间接头的连接必须采用专用的接头盒，以环氧树脂接头盒最为常见，它具有工艺简单、机械强度高、电气和密封性能好等优点，其外行结构如图3－45所示。

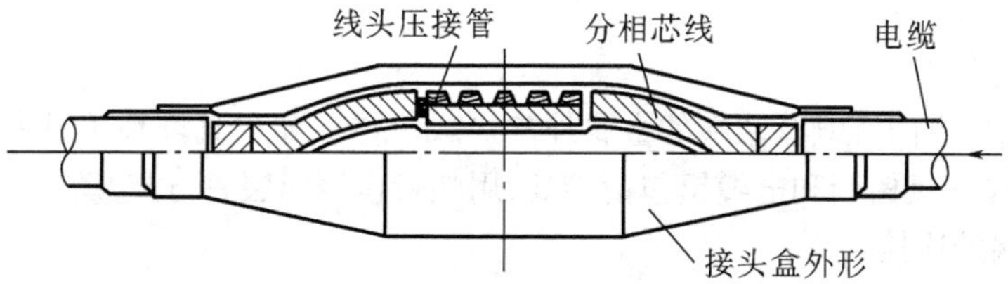

图3－45 环氧树脂电缆接头盒

油浸纸绝缘电力电缆用环氧树脂接头盒进行中间接头连接的具体方法如下。

（1）剥削电缆端头 用手锯锯割铠装层，在剥铅包时，使包层形成喇叭口（图3－46），去除统包纸层分开线芯，并用汽油洗净（图3－47）。

（2）连接芯线按连接管长度的1/2加5 mm剥削每根芯线线端部的绝缘，并把芯线线端插入接线盒进行压接。

2. 恢复绝缘层

芯线压好后，先将连接管表面用锯条或钢丝刷拉毛，然后用汽油或酒精洗净，拆去塑料带，最后用玻璃丝带在每一根芯线上包缠。要求芯线上包两层，连接套管上包四层，再涂以环氧树脂。包、涂结束后，用红外线灯泡或电吹风对准涂包处加热，以促使涂料干固。

3. 安装环氧树脂中间接头模具

装模具前应先在模具内壁涂一层硅油脱模剂，两端包上塑料带，以防环氧树脂渗出，最后装上模具。装模具时，应将三根芯线放在模具中间，芯线之间保持对称的距离。

4. 浇注环氧树脂

将环氧树脂从模具浇注口一次浇入，不可间断，浇满为止。约半小时后，环氧树脂干固，即可脱去壳模。

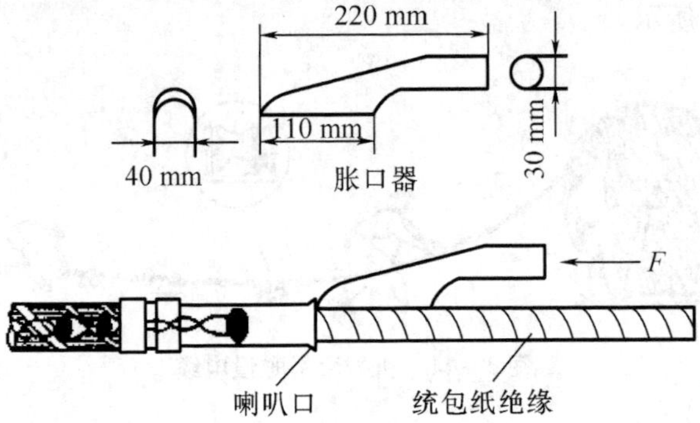

图 3-46 胀喇叭口

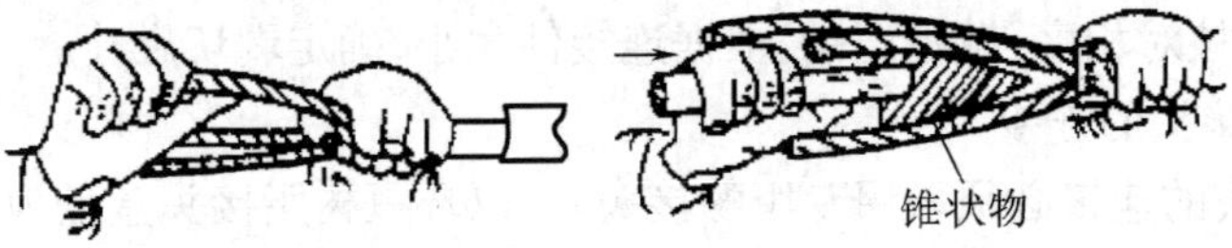

图 3-47 线芯的分开

5. 焊接地线

用裸铜导线将中间接线盒两端的金属外皮焊成一体。如果直埋地下,则应在接头表面涂一层沥青,并在环氧树脂和电缆铅包衔接处,用塑带包缠四层,一边包缠,一边涂上沥青。

6. 电缆终端的连接

电缆终端是指电缆始端和终端的电源接线端。电缆终端必须装在专用的电缆终端盒(也称电缆头)内。电缆终端盒有户内式和户外式,户内式又可分为漏斗式、干封端和环氧树脂式等,如图 3-48 所示为户内漏斗式示意图;户外式又可分为鼎足式和并列式等,图

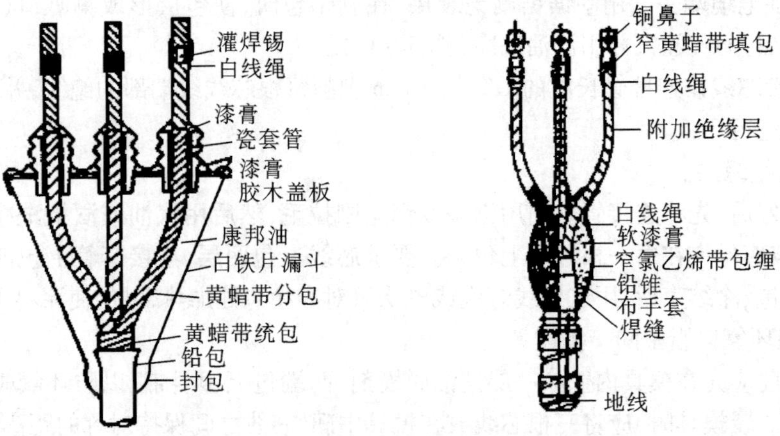

图 3-48 户内电缆终端盒

(a)户内漏斗式示意图;(b)户外干封端式示意图

3－49所示为户外干封端式示意图。

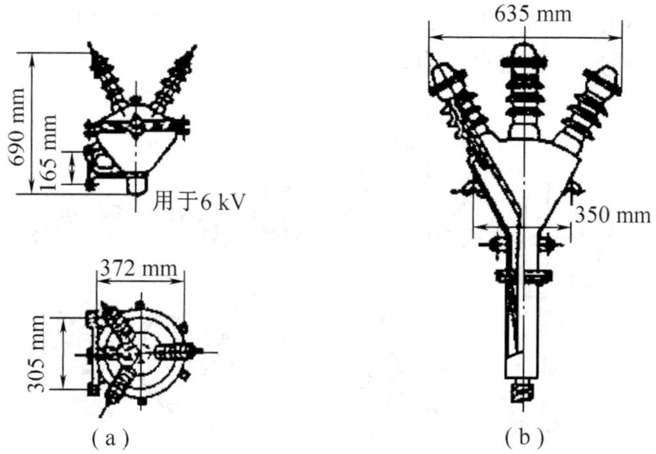

图3－49　户外电缆终端盒

(a)鼎足式;(b)并列式

第五节　登高作业

登高作业是电工尤其是外线电工的基本操作之一。电工在登高作业时,要特别注意人身安全,未经训练或患有精神病、严重高血压、心脏病或癫痫等疾病者,均不得进行登高作业。

一、登高工具

登高作业必须借助登高工具,登高工具必须牢固可靠,登高人员必须训练有素。

1. 梯子

电工常用的梯子有直梯和人字梯,如图3－50所示。直梯常用于户外登高作业,人字梯常用于户内登高作业。直梯的两脚应各绑扎胶皮之类防滑材料,人字梯应在中间绑扎两道防自动滑开的安全绳。

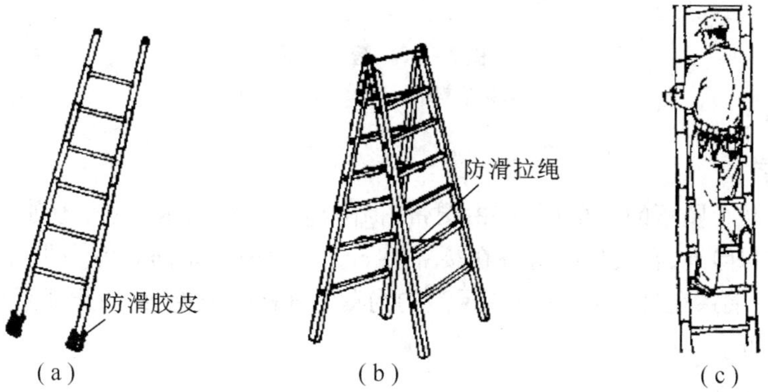

图3－50　电工用梯

(a)直梯;(b)人字梯;(c)作业姿势

2. 脚扣

脚扣又叫铁脚，分木杆脚扣和水泥秆脚扣两种如图 3－51 所示。木杆用脚扣的半圆形环上及根部均有向内凸出的小齿，以刺入木杆起防滑作用；水泥杆用脚扣的半圆形环上及其根部装有橡胶套或橡胶垫起防滑作用。

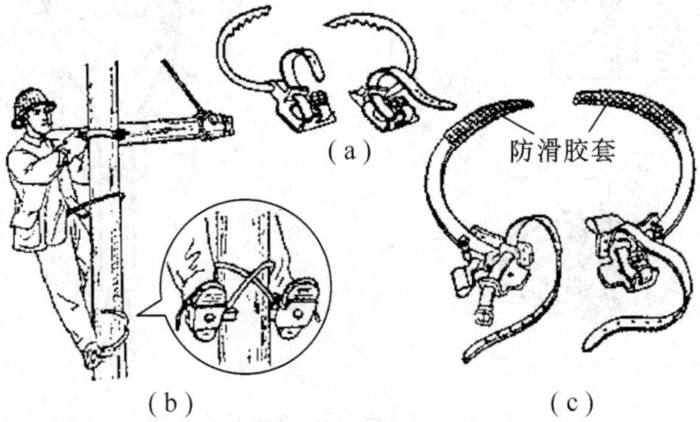

图 3－51　脚　　扣

(a)登木杆用；(b)杆上操作时两脚扣的定位方法；(c)登混凝土杆用

3. 蹬板

蹬板又称踏板，由板、绳索和挂钩组成，其外形如图 3－52 所示。蹬板中的板由质地坚硬的木条制成；绳索一般采用结实的三股白棕绳，绳长应约等于身高加臂长，以方便操作。

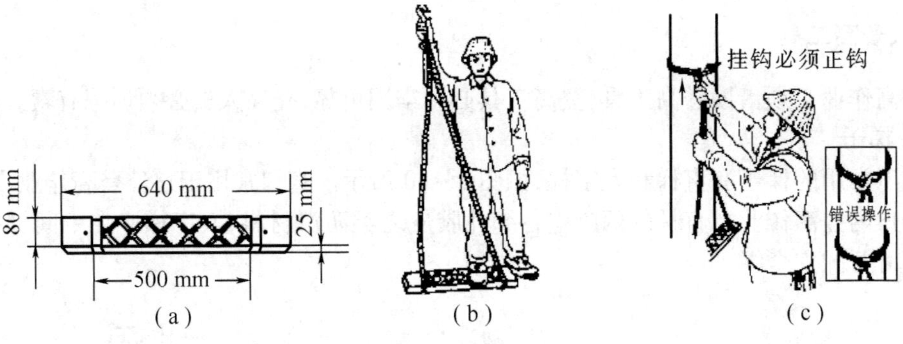

图 3－52　蹬　　板

(a)蹬板规格；(b)蹬板；(c)挂钩

4. 安全带

安全带是防止坠落的安全用具，由腰带、保险绳和腰绳组成，其外形如图 3－53 所示。腰带用来系挂保险绳，在使用时应系在腰部偏下。保险绳用来防止万一失足人体下落时不致坠地摔伤，一端系在腰带上，一端用保险钩钩在电杆横担或抱箍上；腰绳系在电杆上，用来固定身体的下部。

5. 电工工具夹

电工工具夹是室内外登高作业时的必备品，用来插装活络扳手、钢丝钳、螺丝刀及电工刀等电工常用工具，如图 3－54 所示。

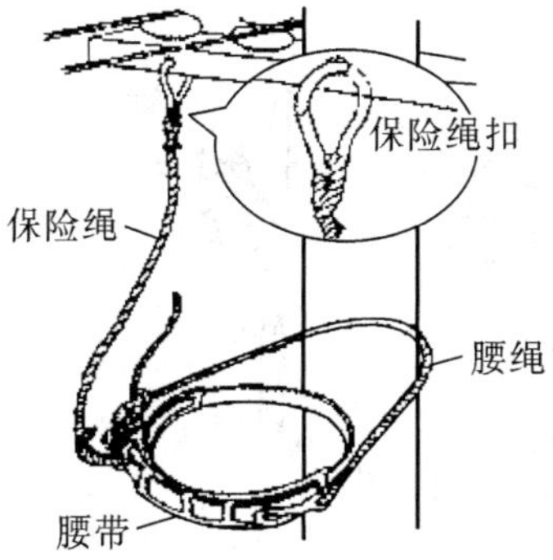

图3－53　腰带、保险绳、腰绳

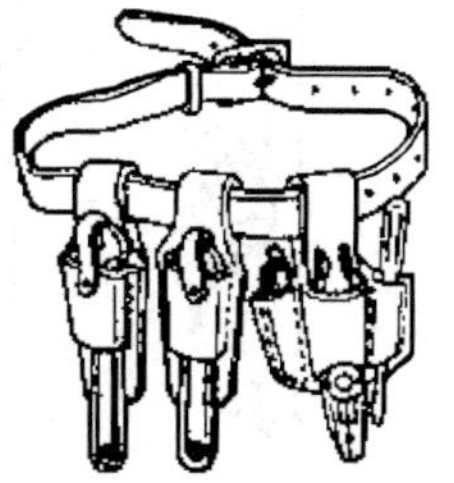

图3－54　电工工具夹

6. 其他登高用具

吊绳和吊篮用于杆上作业时，传递零部件和工具；背包由登高者随身携带，内装锤、錾之类工具和零星材料等。另外，登杆操作时，必须戴安全帽、防护手套，穿电工绝缘胶鞋。

二、登高的基本操作

登高作业危险性较大，要特别注意人身安全，除必须满足主、客观条件外，还需养成登高前严格检查登高工具安全性的良好习惯，切勿“见着梯子就往上爬”。

1. 梯子登高

登高前，应检查梯子是否有虫蛀、折裂等现象，两脚是否绑扎有防滑材料，人字梯中间有无绑扎安全绳。

放置直梯时，为防止其翻倒，梯脚与墙之间距离不应少于梯长的1/4；为防止滑落，其间距离又不应大于梯长的1/2；梯子的倾向角约为60°～75°之间；梯子的安放应与带电部分保持安全距离；扶梯人应戴好安全帽；梯子不准放置在箱子或桶等不稳固的物体上。

在梯子上作业时，身体要站稳，动作要轻松自然，不要来回晃动。为保证不致用力过度而站立不稳，应按图3－50(c)所示方法站立。在人字梯上作业时，切不可采取骑马式的方式站立，以防人字梯两脚自动分开时，造成严重工伤事故。

2. 用踏脚板登高训练

踏脚板由脚板、绳索、套环及钩子组成，只有一种规格，登高还需要绝缘手套、绝缘鞋保险带等工具。具体操过程如下：

(1)准备　检查安全带和登高板是否完好，穿好工作服，戴好手套，系好安全带。

(2)上杆　站于杆前，举手将登高板 *A* 绳索上端自左至右绕过电杆，钩子朝上钩好，抓住绳索靠近钩子处，左手抓住左边绳索靠近脚板处。弓腰收腹，往上一纵，使右脚踏三板，左脚横踏于电杆上，然后左手移至绳索上部，两手用力往上拉，使全身向上移，身至渐伸直。左脚从左边绳索与电杆之间插入，踏于脚板上，左脚小腿紧靠在左边绳索上(此时人体的平稳是依靠左脚围绕住左边棕绳来维持的)，两脚掌前端夹紧电杆。取下另一只登高板 *B*、用上述方法继续往上爬，只是在从板 *A* 跳上板 *B*，左手取下板 *A* 之后，如图3－55(a)、(b)所示，才上移去抓住板 *B* 绳索的上部。

图 3－55　踏板的上杆操作方法

(3)作业　将安全带系于电杆上,两脚并拢站于脚板上,即可进行杆上作业。

(4)下杆　解开安全带披于肩上,将另一只登高板在胸前杆上钩好。右手抓住所站板 *A* 绳索,弓腰收腹,左脚移至板 *A* 脚板下方,横踏于杆上,左手将板 *B* 下移,然后双手抓住两根绳索,双脚下跳至板 *B*。站好后双手也移至板 *B*,举右手将板 *A* 绳索握住朝上甩动,即可取下板 *B*,再钩好板 *A* 下移,一步一步往下爬,如图 3－56 所示。

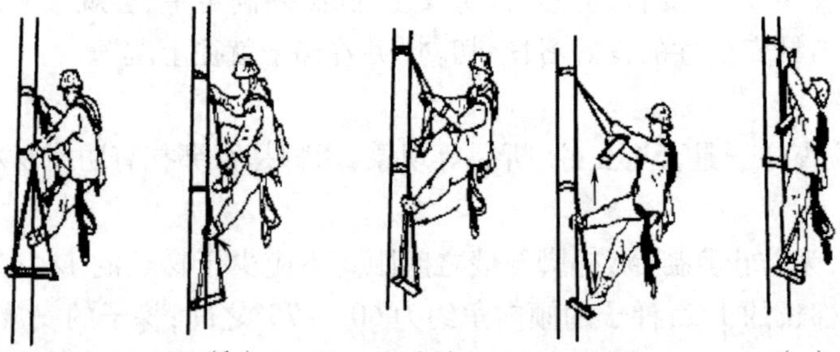

图 3－56　踏板的下杆操作方法

3. 用脚扣登高训练

脚扣登高时,除了脚扣工具外,同样还需要绝缘手套,绝缘鞋和保险带等;作业工具还有电工皮带和工具套。用脚扣登高操作过程如下:

(1)准备　检查安全带(保险带)和脚扣是否完好,穿好工作服、戴好手套、系好安全带、穿好脚扣。

(2)上杆　双手搂杆,两臂略弯曲,使上身远离电杆;腿蹬直,小腿与电杆成一角度张开臀部向后下方坐式,使身体成弓形。左脚蹬实后,身体重心移至左脚,右脚抬起向上移一步。手随之向上移动,两脚交替上移。

(3)作业　将两脚靠近,将安全带绕过电杆系好,即可进行杆上作业。

(4)下杆　解开安全带,一步一步往下移。

杆上作业安全规程:

(1)杆上作业,必须把安全带可靠地系在电杆上;

(2)上下传送器材必须用绳子吊运,不许手扔;

(3)杆上作业时,杆下方不许有人靠近,以免掉落器材时砸伤;

(4)地面必须有人监护,以防意外;

(5)雷雨时或附近有雷雨时,不许在架空线杆上作业;

(6)不许带病、酒后或过于疲劳时进行杆上作业。

思 考 题

3－1　影响导线截面积选取的因素有哪些?

3－2　导线线径的测量方法有哪些?

3－3　铝导线和铜导线的连接方法有何区别?

3－4　简述7股铜芯线作直线连接和T字连接的方法与步骤。

3－5　导线与设备连接时应注意哪些问题?

3－6　简述用电工刀剖削塑料护套线的方法与步骤。

3－7　錾打穿墙孔与木榫孔有何异同?

3－8　錾打木榫孔时有何技术要求?

3－9　安装木榫时应注意哪些问题?

3－10　举出你所用过(或见过)的四种导电材料、四种绝缘材料及三种磁性材料,并说明它们的型号。

3－11　单、双臂电桥各适应于何种场合,使用中应注意哪些问题?

3－12　影响绝缘材料老化的主要因素有哪些?

3－13　磁性材料的磁导率是常数吗,为什么?

3－14　两个完全相同的线圈,一个放铁芯,另一个放铜芯,当通以相同的电流时,其内部的磁感应强度哪一个大?,什么?

3－15　制作变压器铁芯、天线铁芯、电磁极的磁极,应分别选用何种磁性材料?

3－16　简述电缆型号的组成与意义。

3－17　选用电缆时应考虑哪些因素?

3－18　电缆的敷设方式有哪些,敷设时应注意什么问题?

3－19　简述电缆连接的工艺过程。

3－20　电工登高作业时对身体有何要求?

3－21　常见的登高用具有哪些,使用时应注意哪些事项?

实训考核课题

实训3－1　导线的选择与连接

一、实训目的

掌握导线各种连接方法。

二、实训内容

1. 单股异直径铜芯导线T字分支连接(2个)。

2. 多股铜导线的直连接(2个)。

3. 多股铝芯导线的压接管压接操作(2个)。

三、考核评分标准(表3－7)

表3－7 导线的连接

序号	评 分 标 准	配分	得分
1	1. 长度不合适,扣5分; 2. 剖削时伤及线芯,扣2～10分; 3. 连接不正确、不整齐、不紧密,扣5～15分。	55	
2	1. 使用压接钳不正确,扣10分; 2. 选用钳接管不合理,扣5分; 3. 压接坑点形状、深度不合要求,扣5～10分; 4. 芯线表面和压接管内壁氧化层未作处理,扣10分。	35	
3	1. 发生触电事故,取消考资格; 2. 损坏仪表,取消考试资格; 3. 动作不文明,现场凌乱,扣2～10分。	10	
4	没有在规定时间内完成,每超时10分钟(不足10分钟以10分钟计)扣5分。		

实训3－2 木榫孔的錾打及木榫的削制与安装

一、实训目的

1. 掌握正确砖墙上錾打木榫孔方法。
2. 掌握木榫的削制与安装的方法。

二、实训内容

1. 砖墙上錾打木榫孔(2个)。
2. 木榫的削制(2个)。
3. 木榫的安装(2个)。

三、考核评分标准(表3－8)

表3－8 木榫孔的錾打及木榫的削制与安装

序号	评 分 标 准	配分	得分
1	砖墙上錾打木榫孔: 1. 动作不规范,扣10分; 2. 出现歪斜、喇叭口等,每处扣10分; 3. 位置偏差,扣2～10分。	40	
2	木榫的削制,每一处尺寸不合要求扣5分。	20	
3	木榫的安装: 1. 步骤不正确,扣5～10分; 2. 方法不正确,扣10分; 3. 整体质量不好,视情况扣2～20分。	30	

表 3 -8(续)

序号	评 分 标 准	配分	得分
4	1. 操作时伤及手指,扣 20 分; 2. 发生其他安全事故,扣 5 ~ 20 分; 3. 现场凌乱,扣 2 ~ 10 分。	10	
5	没有在规定时间内完成,每超时 10 分钟(不足 10 分钟以 10 分钟计)扣 5 分。		

实训 3 -3 电缆的连接敷设

一、实训目的

掌握电缆的正确连接敷设方法及步骤。

二、实训内容

1. 剥切外护层、剖铅、胀铅;剥统包绝缘层和芯线纸绝缘层。
2. 绑扎、压接、成型操作;焊地线。

三、考核评分标准(表 3 -9)

表 3 -9 电缆的连接敷设

序号	评 分 标 准	配分	得分
1	1. 准备不充分,影响操作扣 5 分; 2. 不测试或测试不正确,扣 5 分。	10	
2	1. 剥切方法正确,工艺符合要求; 2. 不损失线芯,不损坏绝缘。	40	
3	1. 绑扎、压接、成型操作方法与步骤正确,符合工艺要求; 2. 焊点牢固、光滑。	40	
4	1. 操作时伤及手指,扣 10 分; 2. 违反其他规定,扣 5 ~ 10 分; 3. 现场凌乱,扣 2 ~ 10 分	10	
5	没有在规定时间内完成,每超时 10 分钟(不足 10 分钟以 10 分钟计)扣 5 分。		

第四章　电气照明与室内线路

学习目的

1. 掌握常用照明灯具的安装与检修。
2. 掌握船舶航行信号灯具的安装与检修。
3. 掌握室内配线与接地装置的安装与检修。

内容提要

船舶照明系统包括正常照明、应急照明、小应急照明以及探照灯、低压行灯、航行灯、信号灯等。照明光源除采用白炽灯、日光灯外，现在还广泛采用高压水银灯、高压钠灯、汞氙灯、长弧氙灯、短弧氙灯等新光源。

本章在介绍照明电路常见电器设备基础上，要求掌握常用照明灯具电路的安装、船舶照明灯具的基本原理与安装、室内配线的基本操作（要求和工序、绝缘子配线、套线配线、线管配线和线槽配线的操作方法等）、接地装置的安装等内容。

第一节　常用照明灯具与安装

一、开关与灯座

1. 开关的种类和结构

(1)外观与种类　照明电路的开关，其结构与性能，依环境的不同而有较大的差异。常用电灯开关的外形结构如图4-1所示。

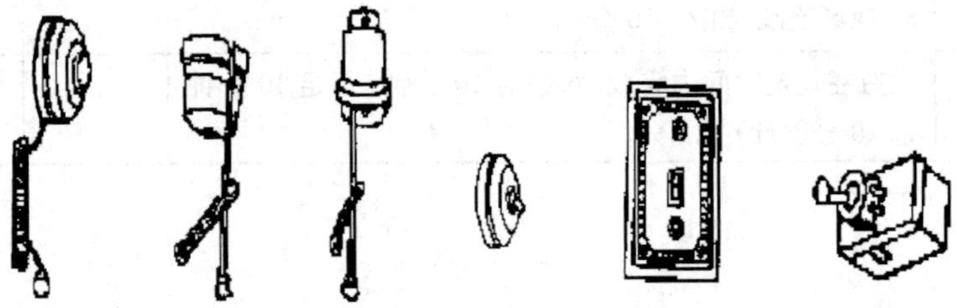

(a)　(b)　(c)　(d)　(e)　(f)

图4-1　常用电灯开关

普通拉线开关（图4-1(a)）适用于一般场所；顶装式拉线开关（图4-1(b)）适用于吊装式灯座；防水拉线开关（图4-1(c)）适用于户外一般场所或户内有水汽、有漏水等严重潮湿的场所；平开关（图4-1(d)）用来做台灯开关（也称钮子开关）；暗装开关（图4-1

(e))适用于采用暗敷管线的建筑物;图4-1(f)适用于手能触及的户内一般场所。

(2)开关的内部接线　电灯开关的内部接线桩如图4-2所示。电灯开关接线时,一个接线桩与电源的相线相连,另一个接至灯座的接线桩。安装拉线开关时,拉线口必须与拉向保持一致,否则容易磨断拉线;安装平开关时,应使操作柄向下时接通电路,扳向上时切断电路。

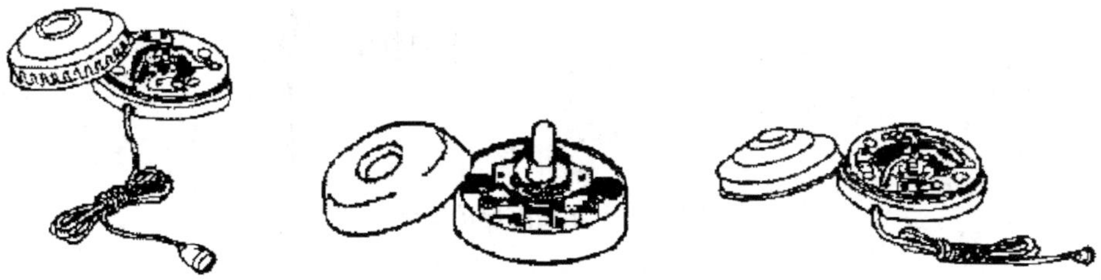

(a)　(b)　(c)

图4-2　电灯开关内部接线桩

(a)接线式单联开关;(b)平式单联开关;(c)接线式双联开关

2.灯座的种类和结构

(1)外观与种类　灯座又称灯头,用以固定、接通灯具,常用灯座的外形结构如图4-3所示。

(a)　(b)　(c)　(d)　(e)　(f)

图4-3　常用灯座

插口吊灯座(图4-3(a))、插口平灯座(图4-3(b))、螺口吊灯座(图4-3(c))、螺口平灯座(图4-3(d))适用于户内一般场合的吊式灯和平装灯;防水吊灯座(图4-3(e))、防水平灯座(图4-3(f)适用于户外或户内潮湿的场所。

(2)灯座的内部接线　灯座上的两个接线桩,一个与电源的零线相连,另一个与来自开关的相线相连。螺口灯座接线时,零线必须接在连通螺纹圈的接线桩上,来自开关的相线必须接在连通中心簧片的接线桩上,如图4-4所示。吊灯灯座必须采用塑料软线(或花线)作为电源的引线;在灯座接线桩的近端和灯座座罩盖的近端均应打结,如图4-5所示。吊灯的挂线盒和平灯座均应安装在本台上。

安装照明电路必须遵循的总的原则是火线必须进开关;开关灯具要串联;照明电路间要并联。

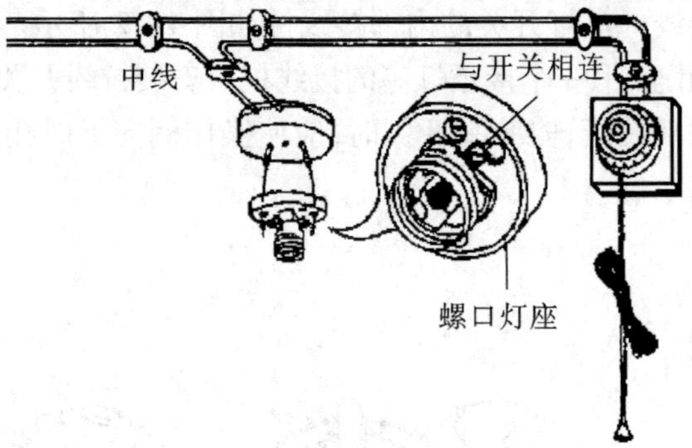

图4-4　螺口灯座的安装

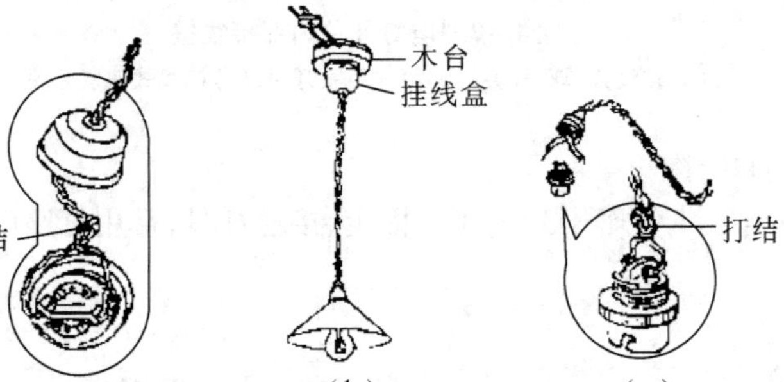

图4-5　吊灯灯座的安装

(a)挂线盒安装;(b)装成的吊灯;(c)灯座安装

二、普通白炽灯与安装

1. 种类与原理

普通白炽灯(钨丝灯)结构简单,使用可靠,价格低廉,其相应的电路也简单,因而应用较广,其主要缺点是发光效率较低,寿命较短。白炽灯泡由灯丝、玻壳和灯头三部分组成,其灯丝一般都是钨丝制成的,玻壳由透明或不同颜色的玻璃制成。40 W 以下的灯泡,将玻壳内抽成真空;40 W 或以上的灯泡,在玻壳内充有氩气或氮气,使钨丝不易挥发,以延长灯泡寿命。

按灯泡的灯丝分,有单灯丝和双灯丝两种。双灯丝适用于船舶航行灯,船用白炽灯具有耐振动、耐冲击、耐潮湿的性能。按灯泡的灯头分,有插(卡)口和螺口两种。功率超过300 W 的灯泡,一般采用螺口式灯头,其余各式灯泡一律采用螺口式,以防振动,图4-6为白炽灯泡外形。

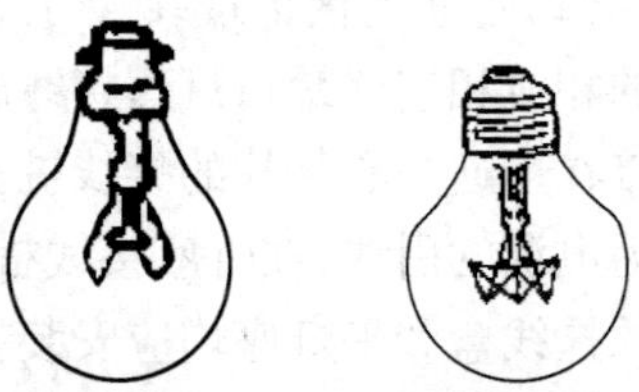

图4-6　白炽灯泡

(a)插口式;(b)螺口式

白炽灯的规格很多,按其工作电压可分为6 V、12 V、24 V、36 V、110 V 和 220 V 六种。按其功率可分为 25

W、40 W、60 W、100 W、300 W、500 W、1 000 W等多种功率。安装使用时,必须注意工作电压与线路电压一致、灯泡功率与灯具功率一致。一般白炽灯的寿命为1 000 h以上,但如电压不稳、开关次数频繁、散热不良和剧烈振动都会影响白炽灯的寿命。如电压超过额定电压5%,寿命减少50%;电压低于额定电压5%,寿命虽然有所增加,但发光效率就会大为降低。

白炽灯的工作原理是当钨丝通以电流时,因发热至炽而发光。

2. 普通白炽灯的安装

白炽灯照明电路较为简单,安装白炽灯照明电路时,必须遵循前面讲述的有关灯座、开关等的接线规则。就其控制方式而言,有单联开关控制和双联开关控制两种方式,如图4－7所示。双联开关两地控制一盏灯的安装图如图4－8所示。

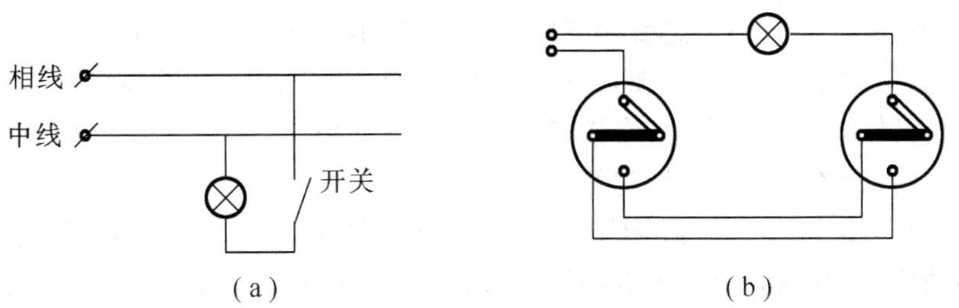

图4－7 白炽灯电路

(a)单联开关控制;(b)双联开关控制

二、日光灯与安装

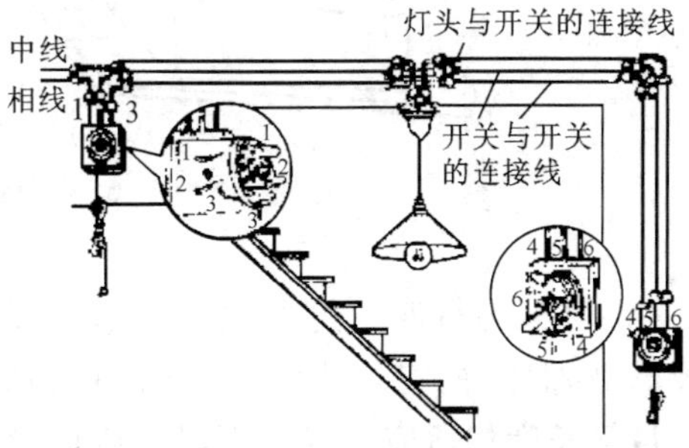

图4－8 双联开关安装方法

1. 结构与原理

日光灯是船舶照明中应用最广的灯具。其灯管有直管形、圆管形和U字形等。目前使用的镇流器分为电感式镇流器和电子式镇流器。日光灯由灯管、起辉器、镇流器、灯架及灯座(脚)等组成。

(1)灯管　灯管由玻璃管、灯丝及引出脚(灯脚)等组成,如图4－9所示。玻璃管内抽成真空,并充入少量的水银和氩等惰性气体,管壁涂有荧光粉,灯丝涂有电子粉。

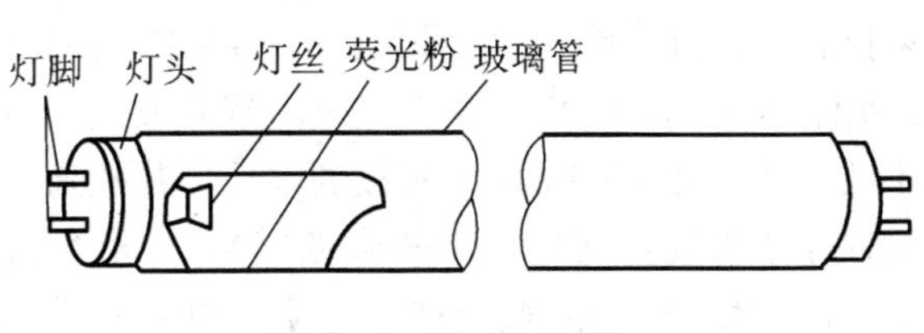

图4－9 日光灯管

(2)起辉器　起辉器由氖泡、纸介电容、出线脚及外壳等组成,如图4－10所示。氖泡内装有U形双金属片,根据氖泡放电发热情况而通断。纸介电容是为了减少火花保护触头,消除日光灯对无线电设备的干扰。起辉器的作用是在开灯时能自动接通电路,使镇流器产生高压让灯管起辉。

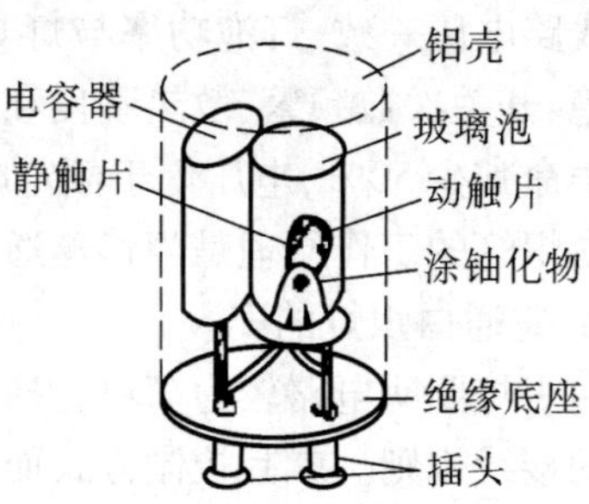

图4－10　起　辉　器

(3)镇流器　镇流器(电磁型)主要由铁芯和线圈等组成,如图4－11所示。镇流器线圈与灯管串连产生脉动高压,使灯管起辉,工作时限制电流。因为日光灯灯管较长,冷态阻抗较大,所以在启动时必须有一较高的电动势来击穿管内气体,形成冲击电弧,促使灯管内水银蒸汽游离。当水银游离后,灯管阻抗变小,这时必须限制灯管内通过的电流,镇流器便起到了上述作用。镇流器线圈匝数及铁芯气隙的大小,直接影响到灯管的起辉、亮度和寿命。由于气隙大小与镇流器的功率有关,镇流器功率必须与灯管功率相一致。

镇流器(电磁型)可分为单线圈镇流器和双线圈镇流器两种。单线圈镇流器适用于电压波动较小的场合;双线圈镇流器启动性能好,适用于电压波动较大的场合。另外,除了电磁型之外,另一类型的电子镇流器也被广泛地使用。

图4－11　镇　流　器

(4)灯架与灯座　灯架用于支撑、安装灯管及起辉器座等,有木质和铁质两种,其规格应与灯管长度相适应。灯座用以卡接灯管,有开启式和弹簧式(插入式)两种,其中弹簧式灯座如图4－12所示。

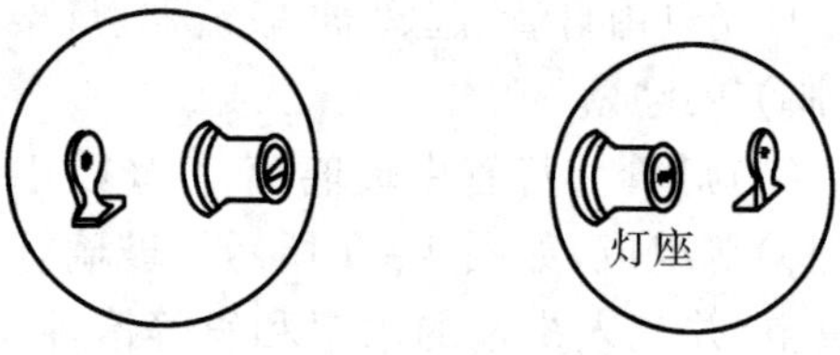

图4－12　日 光 灯 座

灯座规格有大型的和小型的两种,大型的适用于15 W或以上的灯管,小型的适用于6 W、8 W及12 W的灯管。

(5)电容器　用来提高日光灯线路的功率因数。图4－13为日光灯的工作原理图。接通电源后,电源电压经镇流器、起辉器、灯丝并引起氖泡辉光放电。氖泡内双金属U形片因辉光放电发热而向外伸胀,至一定程度后U形片接通。U形片接通后,组成电流的回路,灯丝预热并发射电子(此时灯管两端发红光而中间未点燃)。U形片接通后因无电压而停止辉光放电,并因逐渐冷却而收缩,至一定程度分断,电流的回路断开。断开瞬间,在镇流器两端产生高压并加至灯管两端,使灯管内惰性气体被电离而引起弧光放电,汽化水银,水银蒸汽发射出紫外线,紫外线激发管壁的荧光粉,发出近似日光的灯光。

2. 日光灯的安装

日光灯线路的安装方法如图4-14所示。具体安装时,起辉器座上的两个接线桩分别与两个灯座中的各一个接线桩连接;两个灯座中各余下的接线桩,一个与中线相连,另一个与镇流器的一个线端相连;镇流器的另一个线端与开关的一端相连;开关的另一端与电源的相线(火线)相连。

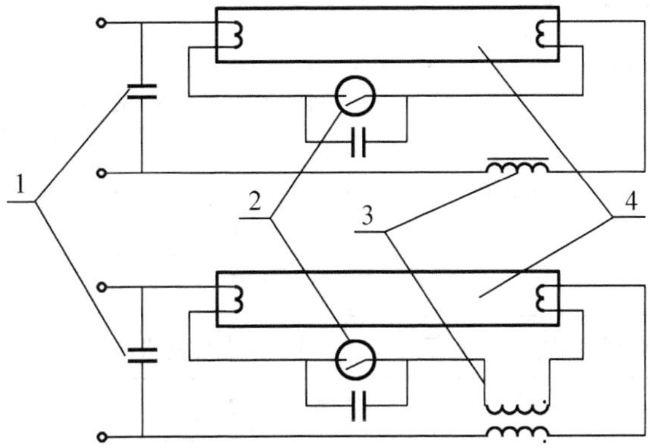

图4-13 日光灯原理图

1—电容器;2—起辉器;3—镇流器;4—灯管

如果起辉器上的电容被击穿,则将电容剪去后仍可使用;若完全损坏,可暂时借用开关或导线代替,同样可起到触发作用。如果灯管一端灯丝断裂,将该端的两只引出脚并接后仍可使用一段时间。

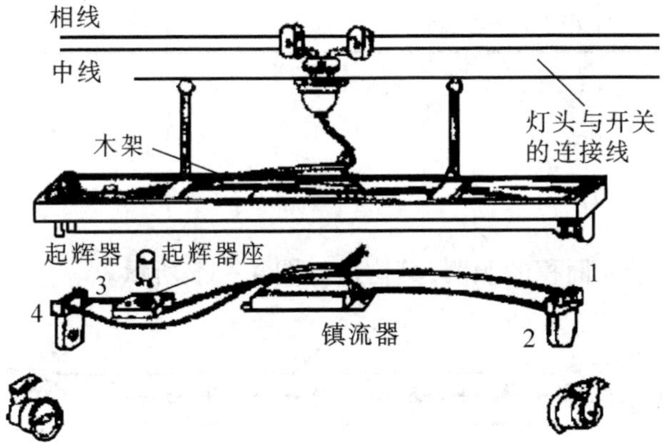

图4-14 日光灯线路的安装

3. 日光灯常见故障及处理办法

日光灯常见故障及处理办法见表4-1。

表4-1 日光灯常见故障及处理办法

故障现象	可能原因	处理方法
灯管不亮	无电压	检查电源
	灯座触点接触不良	重新安装灯管
	启辉器故障	转动启辉器,若不行则更换
	镇流器故障	用万用表测量并排除

表 4－1(续)

故障现象	可 能 原 因	处 理 方 法
启辉困难	启辉器损坏或不配套	更换配套的启辉器
	电压太低	检查电源
	镇流器不配套	更换镇流器
	灯管老化	更换新灯管
灯管两端亮,中间不亮	启辉器触点短路或电容击穿	更换启辉器
镇流器有噪声	铁心片松动	紧固铁心
	铁心质量差	更换镇流器
	电源电压太高	调整电压
镇流器过热	镇流器质量不佳	更换镇流器
	启辉器不佳,长时间触发	更换启辉器
	电源电压太高	检查电源

三、碘钨灯与安装

1. 结构与原理

碘钨灯广泛地用于大面积的照明,其构造如图 4－15 所示。

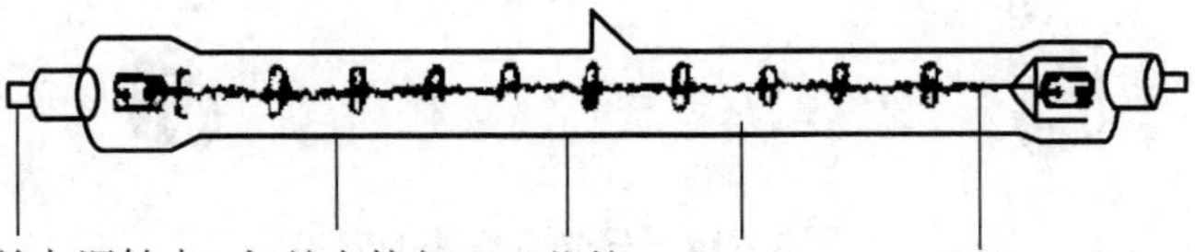

图 4－15　碘　钨　灯

碘钨灯一般制成圆柱状玻璃管,两灯脚为电源接点,管内螺旋状灯丝放置在灯丝支架上。碘钨灯的工作原理与白炽灯类似,发光体均为灯丝,所不同的是在碘钨灯管内充有碘。当管内温度升高后,碘与灯丝上蒸发出来的钨化合成碘化钨,碘化钨在靠近灯丝的高温处又分解为碘和钨,钨积留在灯丝上,而碘又回至温度较低的位置。如此循环,提高了发光效率,延长了灯丝寿命。碘钨灯原理图如图 4－16 所示。

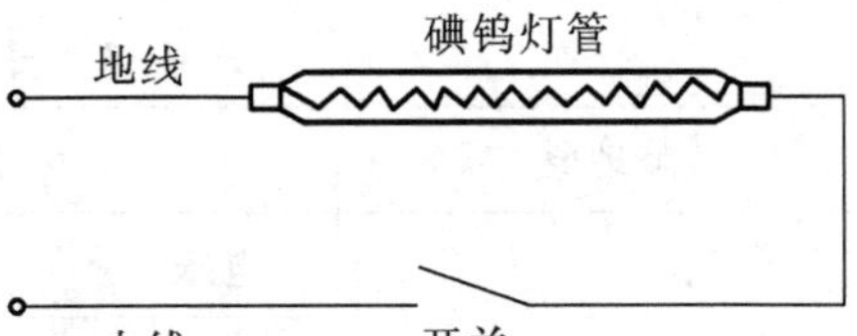

图 4－16　碘钨灯原理图

2. 碘钨灯的安装

方法如图 4－17 所示。安装碘钨灯时必须注意以下几点。

(1)碘钨灯必须保持水平(水平线偏角小于4),否则将缩短灯管寿命。

(2)灯管必须装在专用的金属灯架上,切勿安装在易燃的木质灯架上;同时,灯管周围不得放置易燃物品,以免发生火灾。

(3)碘钨灯不可装在墙上,以免散热不畅而影响灯管的寿命。

(4)碘钨灯如若装在室外,应有防雨措施。

(5)功率较大(1 000 W 或以上)的碘钨灯,应采用闸刀开关控制,而不是普通的电灯开关。

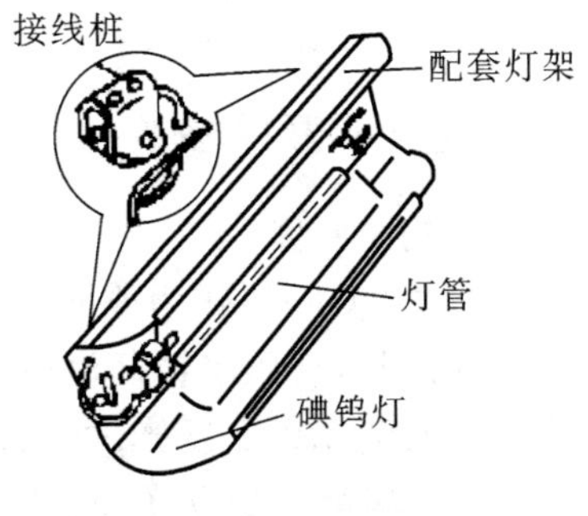

图 4-17　碘钨灯的安装

四、高压钠灯与安装

1. 结构与原理

高压钠灯具有发光效率高、用电省和透雾能力强的特点,适用于街道、机场、车站、港口码头及体育馆等场所的照明。

高压钠灯的结构如图 4-18 所示,其主要由灯丝、双金属热继电器、放电管及玻璃外壳等组成。接通电源后,电流经镇流器、热电阻及双金属片常闭触头而形成回路(此时放电管内无电流)。经一段时间,热电阻发热,双金属片断开,在镇流器内产生高压,促使放电管内氙气因电离而放电,温度升高,继而蒸发水银而放电。当管内温度进一步升高后,钠也因蒸发而放电,产生出较强的可见光。

高压钠灯的原理如图 4-19 所示。

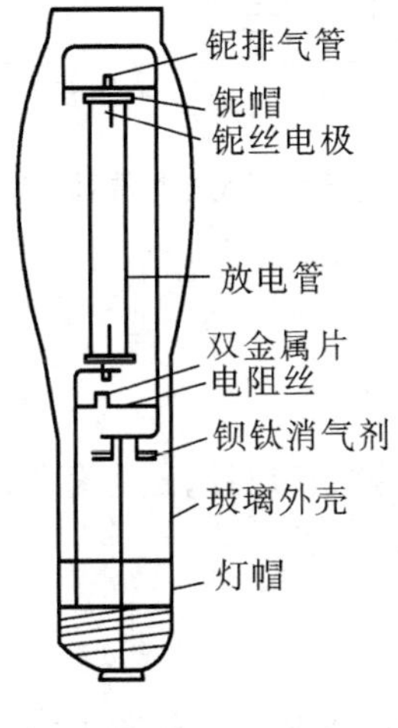

图 4-18　高压钠灯的结构

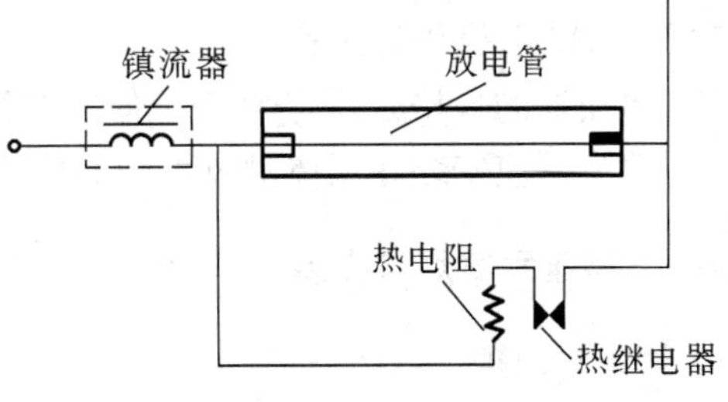

图 4-19　高压钠灯原理图

2. 高压钠灯的安装

接线按图 4-19 进行。高压钠灯在具体安装时必须注意以下问题:

(1)必须选配规格一致的镇流器,否则将造成灯泡损坏;

(2)灯泡熄灭后,必须冷却一段时间,待管内水银气压降低后,才可启动使用;

(3)所配套的灯具应有利于灯泡散热,其反射光不宜通过放电管;

(4)灯泡若破碎,应及时处理,以防汞害。

五、高压水银灯与安装

1. 结构与原理

高压水银灯一般作为舱面装卸作业和机舱照明灯具,利用高压水银蒸汽中电弧放电激发管壁内涂的荧光粉而发光,所以也称为高压水银荧光灯。其特点是发光强、省电、耐用,主要由放电管、玻璃外壳及灯头等组成,如图 4 – 20 所示。

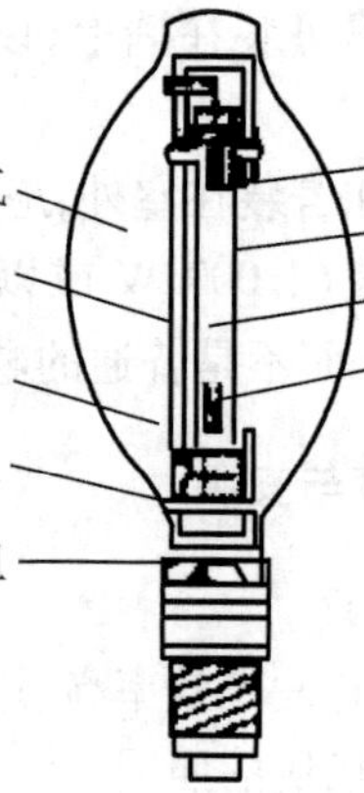

图 4 – 20　高压水银荧光灯

高压水银荧光灯如图 4 – 21 所示,其工作原理为接通电源后,电压加在引燃极和相邻的下电极之间的同时也加在上、下电极之间;引燃极和下电极间产生辉光放电,放电管温度上升,接着上、下电极间产生弧光放电,放电管内水银汽化而产生紫外线,紫外线激发玻璃壳内壁上的荧光粉,从而发出近似日光的光线。因灯泡工作时放电管内水银蒸汽的压力很高,故而称之为高压水银荧光灯。高压水银荧光灯需点燃 8 ~ 10 分钟才能正常放光。

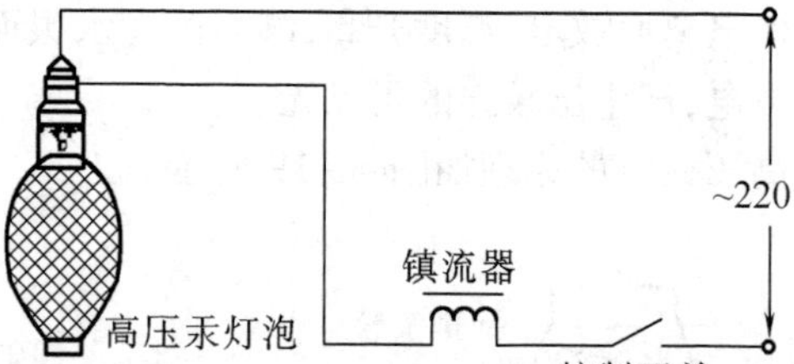

图 4 – 21　高压水银荧光灯原理图

2. 高压水银荧光灯的安装

按图 4 – 21 接线。高压水银荧光灯在具体安装时,还应注意以下问题:

(1)若其功率在 125 W 或以下,应配用 E27 型瓷质灯座;若功率在 125 W 以上,应配用 E40 型瓷质灯座;

(2)镇流器的规格必须与荧光灯泡的功率一致;

(3)镇流器应安装在人体触及不到的位置,且应覆盖防护物;在户外,还应有防雨措施。

六、超高压汞氙灯与安装

1. 结构与原理

超高压汞氙灯的特点是光色好、发光效率高、更接近于太阳光色。一般用于船舶夜航等强光照明场合。它是利用灯泡内充入高压氙气,并加入适量的水银经高电压触发而发光的,使用时必须要有一套专用的触发装置,其结构如图 4 – 22 所示。

工作原理:合上 QS,按下按钮 SA,则 T_1 次级得到近4 000 V的高压,使 EL 的火花间隙被击穿放电,C_3 与 T_2 产生串联谐振,即形成阻尼振荡,在 T_2 次级得到 40 ~ 50 kV 的高频电压,经 C_4 使灯泡产生弧光放电,持续一定时间,松开 SA,加到灯泡两端的 220 V 交流电压维持其继续发光。原理图如图 4 – 23 所示。

2. 超高压汞氙灯的安装

按图4－23接线。超高压汞氙灯在具体安装时，还应注意以下问题：

(1)灯泡应垂直点燃，角度偏差不大于15°；

(2)灯泡正常工作时内部压力达十几个大气压，所以必须有安全防护；

(3)灯泡必须与相应的镇流器和触发器配套使用；

(4)安装灯泡时避免用手直接接触，以免影响亮度。

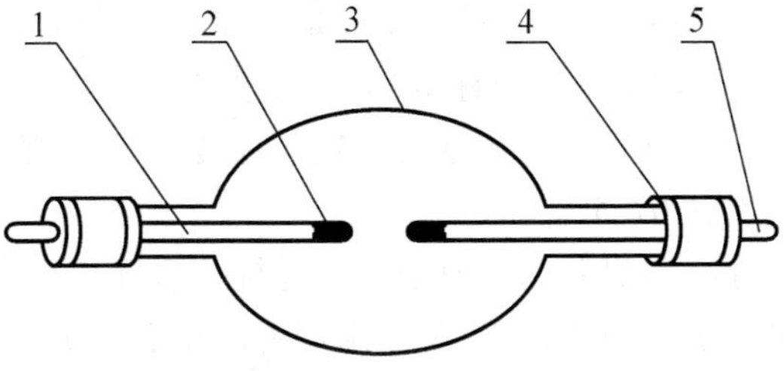

图4－22　超高压汞氙灯结构图

1—导电体；2—电极；3—石英玻璃；4—灯座；5—接触极

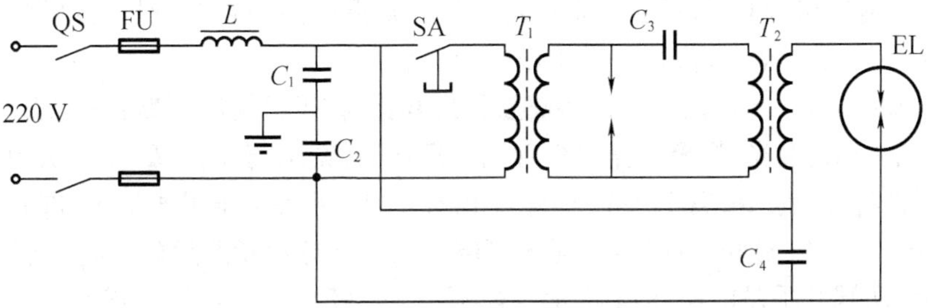

图4－23　超高压汞氙灯原理图

L—镇流器；SA—启动按钮；T_1—升压变压器；T_2—脉冲变压器；

C_3—谐振电容；C_4—耦合电容；EL—灯泡

第二节　船舶航行信号灯具与安装

船舶除了照明用灯外，还有其他一些特种灯具。这些灯具是为船舶在夜间航行时，提供表明船舶位置、船舶性质、工作状态、拖带情况和船舶之间联络信号等。必须按照有关船舶避碰规则配置各种航行灯、信号灯和闪光信号灯等灯具，以保证夜航的安全。

一、航行灯

又称“号灯”。一切航行于公海(包括能与公海连通的水域、江河、湖泊)的船舶必须严格按照《国际海上避碰规则》和我国《海轮信号设备规范》所规定的数量和类型设置各种航行灯。航行灯用于表示夜间本船的航行方向和本船的大小。它是由驾驶室内的航行灯控制器来控制的。航行灯包括桅灯、舷灯、艉灯及桅顶灯。

(1)桅灯　白光，装于前桅及后桅的前方，当船长小于45.75 m时，只在主桅上设桅灯。当有前、后桅灯时，两具桅灯前后相距不小于14～71 m，高低相距不小于4.57 m。最低一盏桅灯必须高出水面6.1 m。灯光向前照射，水平照射角度从船首向左右各112.5°。

(2)左舷灯　红光，装于左舷舷侧。灯光向左前方照射，照射角度从船首向左舷112.5°。

（3）右舷灯　绿光，装于右舷舷侧。灯光向右前方照射，照射角度从船首向右舷112.5°。

红、绿舷灯一般安装在驾驶甲板两侧舷边。舷灯内侧有一道向前伸出0.91 m的挡板，1982年《国际海上避碰规则》规定挡板为黑色，而在此以前，挡板的颜色与舷灯一致。

（4）艉灯　白光，装在后桅或上层建筑或艉旗杆的后方。灯光向艉照射，照射角度自艉向左右各67.5°。

在小型船舶上一般是一座灯具一盏灯。现代较大的船舶则采用两盏灯联装的航行灯，一旦一盏灯损坏，另一盏备用灯可以马上启明。

（5）桅顶灯　也称“锚灯”。白光，装于桅杆顶端，水平照射角度360°，环照。

航行灯的控制箱应有两路馈电线路供电。一路来自主配电板或应急配电板，一路可由附近照明配电板供应。两路馈电线路的转换开关装设在驾驶室内的控制箱，每只航行灯均由航行控制箱引出的独立分路供电，并在箱内设熔断器及控制开关。

每一航行灯都与声光报警和故障指示器相连，能及时准确地发出声光报警信号，以便在故障时能迅速地作出判断，并能及时地进行切换。常见的晶闸管航行灯控制器原理电路如图4－24所示，并采用双灯丝灯泡，其工作原理如下：

合上电源开关QS、SA_8及相应的各路航行灯开关，在正常情况下航行灯EL_1～EL_7及工作指示灯EL_8～EL_{14}发光，报警电路三极管V_8得到正电源，由于R_1～R_7上有大电流流过，产生大于1 V的电压，使二极管V_1～V_7两端反相截止，V_8基极高于1.4 V，V_8饱和导通，其集电极电位小于1 V，V_9截止不能导通，无报警声。某一路灯丝断路后（如第2路），第二路主电路不通，R_2两端几乎没电流，EL_2指示灯熄灭，V_2阴极接地，使得二极管V_2导通，三极管V_8基极电位小于1 V，V_8截止集电极输出高电平，触发晶闸管V_9控制极，使其导通，电流流过扬声器HA，发出报警声，值班人员根据熄灭得指示灯，将双灯丝控制开关切换到另一位置，航行灯继续工作。

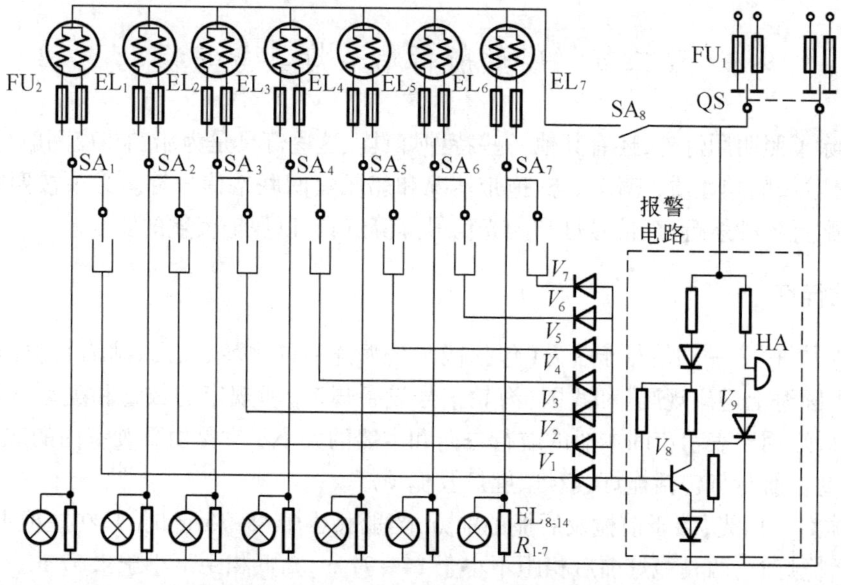

图4－24　晶闸管航行灯控制器原理图

二、信号灯

信号灯一般分为环照信号灯,莫氏信号灯和闪光信号灯。船舶在夜间航行时,为了表明船舶火灾、失控、转弯、通过狭窄水道的状态,进行船舶之间联系,必须安装各种信号灯具。为了保证信号灯工作得可靠性,必须采用两路独立的电源供电,并且信号灯控制器上应有表明信号灯工作状态正常与否的指示灯。

信号灯全都为360°环照灯,安装在雷达桅两侧或独立的信号灯杆两侧,有白光、红光和绿光,用于表示船舶的作业状态。例如船舶夜间在黄浦江苏州河口调头,必须按规定在同一垂线上开启红、绿、白信号灯各一盏,而这些规定又因地而异,所以信号灯杆两侧通常装上红、绿、白环照灯多盏,以满足各种规定的需要。

船舶夜航时开启桅灯、艉灯及舷灯。有拖带时,开启两盏桅灯以及艉灯及舷灯。若拖带长度超过183 m时,则要开启3盏桅灯。锚泊时,关闭航行灯而开启锚灯。搁浅时,在开启锚灯同时再开启两盏红信号灯。若是白天,则升挂三个黑球。船舶失控时,在夜间应开启航行灯,并同时开启两盏红信号灯,白天则悬挂两个黑球。拖网渔船作业时,在夜间,除开启航行灯外,还开启一白一绿信号灯;在白天是悬挂黑色双锥体。

对信号灯的控制要求:

(1)必须采用两路供电;

(2)信号灯控制箱应设在驾驶室进行集中控制;

(3)失控灯要求能由应急电源供电,或直接由电池供电;

(4)锚灯可由附近照明供电箱供电。

1. 环照信号灯控制器

环照信号灯有红、黄、绿、紫、白等色灯组成,安装于信号桅杆上,其控制器安装于驾驶室内,控制器面板上有与信号灯布置相对应的指示器,环照信号灯接成原理如图4-25所示。信号灯与一电阻串联连接,电阻上并联连接指示灯,当信号灯正常时,则对应的指示灯亮。如信号灯故障,则指示灯灭。因为信号灯与电阻串联连接,则信号灯泡功率与电阻应相配套使,灯泡功率换大则会使指示灯烧坏,如灯泡功率换小,则指示灯不亮,造成误指示。

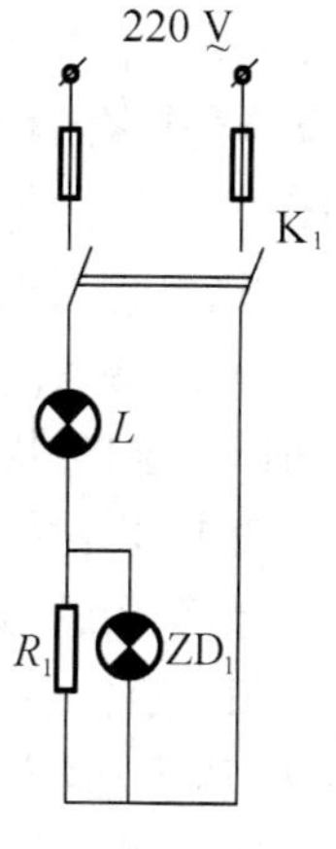

图4-25 环照信号灯原理图

2. 莫氏信号灯

莫氏信号灯作为船舶与船舶、船舶与港口等联络之用。莫氏信号灯一般有两种,一种是安装在桅顶或桅横桁两端,它是由装在驾驶台附近的电键来操作的,也可叫做电键式信号灯,这种信号灯灯光强度较差,向四周照射,仅能在夜间使用,并且受桅灯灯光的干扰,不易看清。另一种是有百叶遮板的莫氏信号灯,它用遮板的开闭来拍发,灯后有反射镜,使灯光集中一个方向照射,灯体有装置在固定位置的或手提式的。固定装置的信号灯,灯光强,通常在1 000~1 500 W,灯体可以上下左右转动。还有一种手提式信号灯,灯泡外套有一圆筒管,灯泡玻璃正前面被涂上不透光的黑颜色,然后利用圆管的前后移动,使反光镜反射出来的光束成不同角度照射,使用时必须对准目标,一般附有望远镜。使用百叶式莫氏信号灯发送信号时,必须把扣柄按到底,使百叶板水平张开,以便让最大的光量通过。相互距离较近时,灯光的照射方向不可直接对准对方的驾驶台,以免对方眩眼而妨碍收读和航行。用完后要养成随手关灯和检查的习惯，防止灯泡烧坏。

3. 闪光信号灯

船舶夜间航行于长江和其他内河，还应装置自动闪光灯。闪光灯分为红灯，绿灯和白灯。按其工作方式可分为有触点式（继电器控制）和无触点式（电子元件控制）两种。

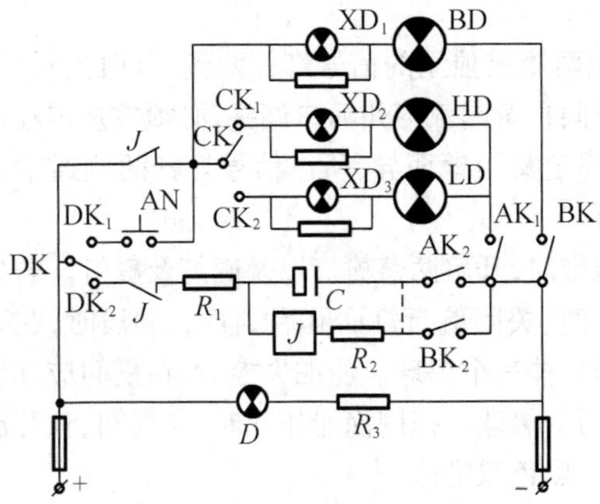

图 4-26　FSGQ 型闪光灯

BD—白灯；HD—红灯；LD—绿灯；XD—指示灯；
AK、BK、CK、DK—转换开关；J—继电器

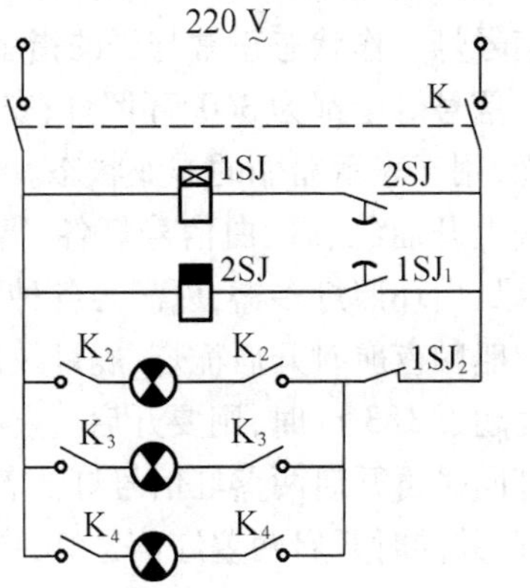

图 4-27　交流延时继电器闪光灯

1SJ、2SJ—时间继电器

（1）FSGQ 型闪光灯　采用直流电源，利用电容器作为贮能延时元件，调整其充放电回路的 *RC* 值和继电器的释放电压和动作电压值即可确定其闪光的燃熄时间。工作原理如图 4-26 所示，当合上开关 AK_1 和 AK_2，DK 置于自动信号 DK_2，CK 置于 CK_1 位置，继电器 *J* 通电动作，其常闭触头打开，切断电源；常开触头闭合，此时 XD_2、HD（红灯）点燃。当继电器了常闭触头断开，电源切断后，继电器 *J* 并不马上释放，这是因为电容器 *C* 还要向继电器线圈放电，当电容器电压下降到继电器释放值时，继电器释放，常开触头打开，XD_2 和 HD 断电而熄灭，常闭触头闭合，电容 *C* 再行充电，直到电容器电压达到继电器了的吸动值时，继电器 *J* 又动作。这样，周而复始，XD_2 和 HD 发出闪光信号。调节 R_1 和 R_2 可以调节闪光的燃灭时间。图中 BK_1 为 XD_1、BD（白灯）的控制开关。DK_1 为用手动控制闪光接点，AN 为手动按钮，可作莫氏信号灯用。

（2）交流延时继电器控制闪光灯　是利用交流延时继电器作为闪光控制，其原理如图 4-27 所示。当合上电源开关 K_1，则电流通过 $1SJ_1$ 的线圈及常闭触头 2SJ，使 $1SJ_2$ 瞬时闭合；任一闪光灯亮，同时触头 1SJ，延时闭合，当闭合后，电流通过 2SJ 线圈，使其常闭触头瞬时断开，因而使 1SJ 线圈失电，使其触头 $1SJ_2$ 瞬时断开，闪光灯熄灭。触头 $1SJ_1$ 断开使 2SJ 线圈失电，其触头 2SJ 延时闭合。当其闭合后 1SJ 线圈又通电，使 $1SJ_2$ 闭合，闪光灯又亮，如此就使闪光灯一亮一熄，燃灭时间可通过调整继电器，控制在 0.4～40 s 之间。

有触点式闪光灯结均简单，造价低廉，但由于控制燃灭的时间继电器动作时发出机械响声对驾驶值班人员工作有影响，而且长期工作，触头易发生故障，维护工作量大，也不太可靠，所以目前已在逐步采用无触点式可控硅闪光灯。

（3）可控硅直流闪光灯　由于有触点的控制继电器动作响声对驾驶值班人员工作有影响，而且长期工作，触头易损坏，维护工作量大，且不可靠，故目前船舶已开始采用无触点控

制。图4－28所示为由可控硅控制的直流闪光灯电路，其工作原理如下：

BG_1、BG_2、C_1、C_2、R_5、R_6、R_7、R_8 组成多谐振荡电路。BG_3、BG_4、$R_9 \sim R_{12}$、$R_1 \sim R_4$ 各自组成两个开关电路。闪光灯由开关 K_1、K_2、K_3 控制。当将转换开关 K 转到自动位置，合上要用的闪光灯开关，多谐振荡器通过分压器 R_{13}、R_{14} 取得工作电压（为 R_{14} 两端压降），则 BG_1、BG_2 轮流产生方波脉冲，触发开关电路，使 BG_3、BG_4 轮流导通、截止。分别在 R_3、R_4 上获得触发脉冲，使可控硅 SCR_1、SCR_2 轮流导通。

假定 BG_1 先导通，使电容 C_2 电位突然升高，则 BG_2 射、基极反向偏置而截止。由于 BG_1 导通，使 BG_4 的射极、基极同电位而截止，且无输出；BG_2 截止使 BG_3 的射极、基极正向偏置而导通有电流通过集电极电阻 R_3，使 SCR_1 的控制极 g 的电位高于阴极 c 的电位，从而使 SCR_1 触发导通，因此电流通过闪光灯泡而发光。同时对电容 c 进行充电，充成左正右负。

这时电容 C_2 通过 R_8、电源、BG_1 进行放电，当 C_2 放电完后，BG_2 射极、基极正向偏置而导通，使 BG_2 的集电极电位升高，通过电容 C_1 偶合到 BG_1 的基极，因而 BG_1 的基极电位升高，而使 BG_1 截止。电路实现翻转，翻转所需的时间为放电电阻 R_8 及电容量 C_2 的乘积。这时 BG_2 导通使 BG_3 射极、基极同电位而截止，故无输出；BG_1 截止使 BG_4 导通，促使 SCR_2 触发导通。电容 C 放电，电流由 C 左（正）流经 SCR_2 的 a、c 而加到 SCR_1 上，这时 SCR_1 的阴极 c 为正，阳极 a 为负使 SCR_1 关断，闪光灯熄灭。电容 C 放完电后继续被充成右正左负。

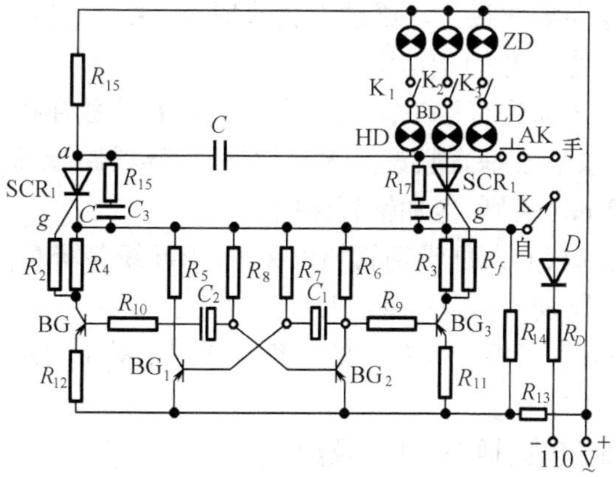

图4－28　可控硅直流闪光灯

4. 船舶航行灯、信号灯的安装要求

（1）应适应的环境温度指标　国际航行船舶的信号灯在温度－30～＋50 ℃下正常工作；国内航行船舶的信号灯在温度－25～＋40 ℃下正常工作；极区航行船舶则应特殊考虑。信号灯的温度不得超过50 ℃。灯具的连接电缆应符合相应规范的要求。

（2）电气信号灯应是防水式的。

（3）电气信号灯的绝缘电阻，在常态时应为100 MΩ，湿态时应为5 MΩ。其绝缘强度在电源电压100 V以下时，应能承受50 Hz、500 V交流电，历时1 min；在电源电压100 V或100 V以上时，应能承受50 Hz、2 000 V交流电，历时1 min，其结果均击穿与闪烁现象。

（4）信号灯应采用耐海水腐蚀的材料制成，若用钢制材料，则应涂以有效的保护层。经常启闭的零件，不得采用铝合金。信号灯灯壳内部宜涂以无光黑漆，外部涂以灰漆。

(5)灯壳外部应有铭牌,内容包括灯名、能见距离、灯泡(或灯芯)规格、电源电压、厂名、厂号及出厂日期;小型号灯因条件不许可时,可用制造厂标志代替铭牌。

(6)航行灯、信号灯的安装位置、高度及具体要求,应符合规范的规定。

(7)信号灯的电键的安装位置,应设在驾驶室两翼的前沿,如果装有三只的话,另一只应设在驾驶室的前沿。其安装高度应便于操纵,一般为距甲板1 m左右。

第三节　室内配线的基本操作

一、室内配线的要求与主要工序

1. 室内配线的要求

安装室内线路时,或因环境的状况不同,或因技术要求的不同,必须采用不同的配线方式以满足不同的要求。室内配线时,不仅要使电能传送安全、可靠,并且线路的布置要正确、规范、牢固、合理、整齐。

(1)所选用导线的额定电压应不小于线路的工作电压。导线的绝缘应符合线路的安装方式和敷设环境的条件。

(2)所选用导线的截面积应满足安全载流量和机械强度的要求。

(3)配线时应尽量避免导线接头。必须有接头时,应采用压接或焊接,并用绝缘胶布,将接头缠好,接头处不应受机械力的作用。

(4)穿在管内的导线不允许有接头,必要时尽可能把接头放在接线盒或灯头盒内。

(5)配线时,应保持水平或垂直敷设。水平敷设时,导线距地面不小于2 m;垂直敷设时,导线距地面不小于2 m。否则,应加钢管保护。

(6)当导线穿过楼板时,必须加设钢管加以保护;当导线穿墙时,必须加设瓷管保护;当导线交叉时,必须在每根导线上套塑料管或其他绝缘管。

(7)导线敷设时,与其他管线或设备间的距离必须满足最小间距的要求。

2. 室内配线的主要工序

(1)按设计要求确定灯具、插座、开关及配电箱等设备的位置。

(2)确定导线在建筑物上敷设的路径以及穿越墙壁或楼板时的具体位置。

(3)在土建未抹灰前,将配线所需固定点打好孔眼,并预埋木砖或绕有铁丝的木螺钉,如图4-29所示。

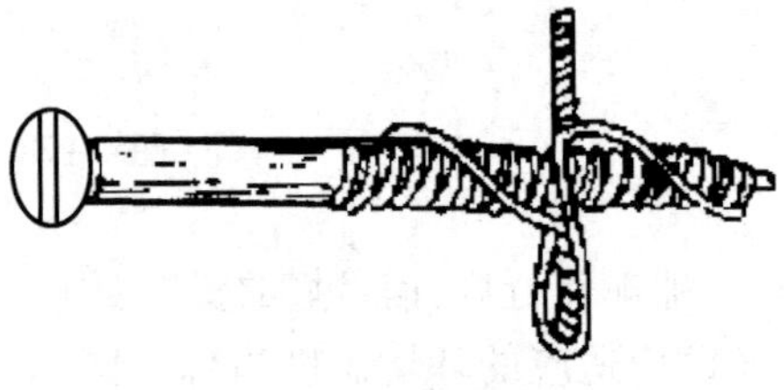

图4-29　绕有铁丝的木螺钉

(4)装设绝缘支持物或管子等。

(5)敷设导线。

(6)完成导线的连接。

二、常见配线方式

1. 瓷瓶配线

瓷瓶具有机械强度大、绝缘性能好且价格低廉的特点,瓷瓶配线主要用于电压较高、电量较大及比较潮湿的明线或室外配线场所。常用瓷瓶的外形如图 4－30 所示。

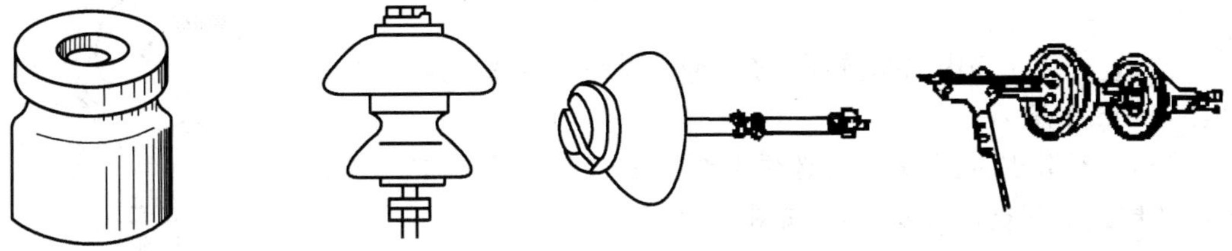

(a)　　(b)　　(c)　　(d)

图 4－30　瓷瓶的外形

(a)鼓形;(b)蝶形;(c)伞形;(d)悬式

瓷瓶配线的步骤与工艺要求为:

(1)定位　首先确定灯具、开关等设备的安装位置,然后确定导线的敷设位置、穿孔位置、在确定导线的走向时,应尽可能沿屋檐、线脚、墙角等处敷设;在确定放置位置时,应考虑在设备附近 50 mm 处安装一副瓷瓶。

(2)画线　按线路实际走向,使用铅笔、带刻度的木板条或粉线袋等进行画线,要求清晰、整洁、美观、规范,并在设备固定点的中心处划上×以做记号。

(3)凿眼　按前已述及的凿孔方法,对画线的定位点进行凿眼。安装木榫或埋设绕有铁丝的木螺钉时,先在孔眼内洒水淋湿,然后将该木螺钉用水泥灰浆嵌入凿好的孔中,当灰浆凝固变硬后,以后安装瓷瓶时使用。埋设穿墙瓷管或过楼板钢管。此项工作应在土建时预埋。

(4)固定瓷瓶　如是固定在木质结构上,可用螺钉直接拧入,如图 4－31(a)所示;若是砖墙,可利用预先埋设的木榫和木螺钉来固定鼓形瓷瓶,如图 4－31(b)所示,也可用预先埋设支架和螺栓的方法来固定,如图 4－31(c)所示:若是混凝土墙,还可采用环氧树脂粘接剂来固定瓷瓶,如图 4－31(d)所示。

(5)导线的敷设与绑扎　先将导线的一端按要求绑扎在瓷瓶上,再将导线向另一端拉直,固定在另一只瓷瓶上,在确定导线不弯曲的情况下,最后将中间导线固定。对终端导线的绑扎,如图 4－32 所示。对直线段导线的绑扎,若导线截面在 6 mm^2 或以下,可采用如图 4－33(a)所示的单绑法;若导线截面在 10 mm^2或以上,可采用双绑法,如图 4－33(b)所示。

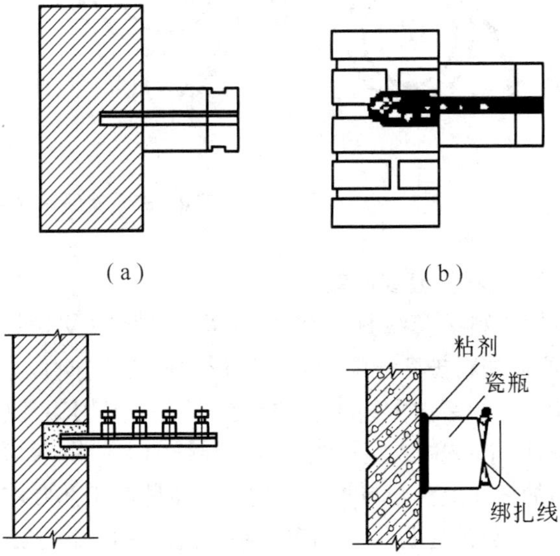

(a)　　(b)　　(c)　　(d)

图 4－31　瓷瓶的固定

进行瓷瓶配线时注意如下：

(1)为配线的工作面为侧面或斜面时，导线应绑扎在瓷瓶的上方，如图4－34所示。

(2)在同一平面内，如有转弯，瓷瓶应装设在导线曲折角的内侧，如图4－35所示。

(3)导线分支时，在分支点必须放置瓷瓶；如有交叉，则在靠近建筑物的导线上套瓷管加以保护，如图4－36所示。

(4)在不同平面上转弯时，应在凸角处的两个面上各装设一个瓷瓶，如图4－37所示。

(5)平行敷设的两根导线，应在两瓷瓶的同一侧或外侧，而不应同为内侧。

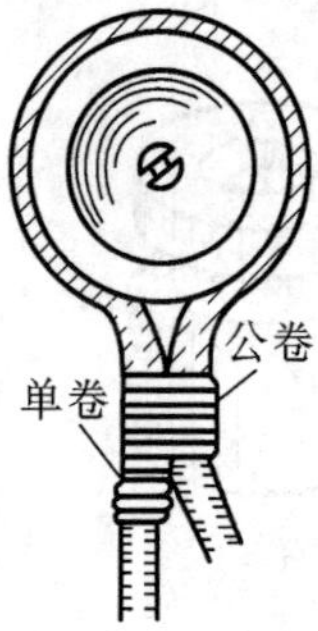

图4－32　终端导线的绑扎

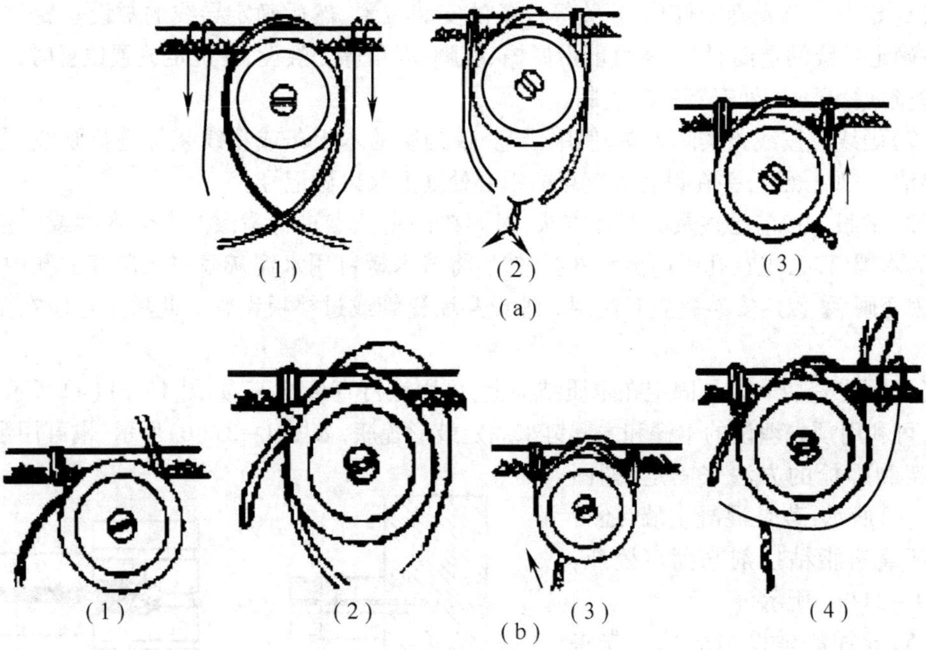

图4－33　直线段导线的绑扎

2. 塑料护套线配线

因塑料护套线具有防潮、耐酸、耐腐蚀及安装方便等优点，所以塑料护套线配线方式广泛地应用于家庭、办公场所等负荷较小的室内配线中。塑料护套线一般用铝片(俗称钢精轧头，图4－38)或塑料线卡作为导线的支持物，直接敷设在建筑物的表面上。塑料护套线配线的步骤与工艺要求如下。

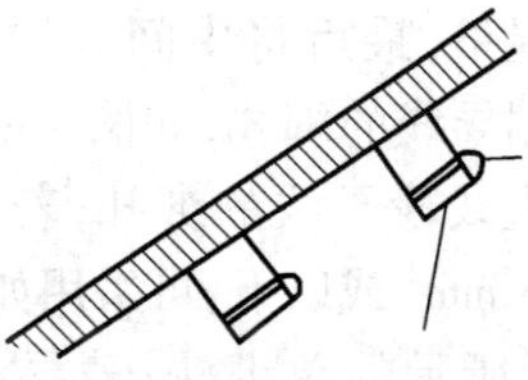

图4－34　瓷瓶在斜面上图

(1)画线定位　先确定线路的走向和电器的安装位置，然后用弹线袋画线，同时每隔150～300 mm画出固定线卡的位置。在距开关、插座、灯具等的木台50 mm处都需设置线卡的固定点。

(2)固定铝片卡或塑料卡　在木质结构或涂灰层的墙上，选择适当的小铁钉或小水泥钉即可将线卡钉牢；在砖墙和混凝土结构上，可用小水泥钉钉牢或用环氧树脂粘接固定，也可用木榫固定。

(3)敷设导线　为使护套线敷设平直，可在直线部分各装一副瓷夹。敷设时，先把护套线一端固定在瓷夹内，然后拉直固定在另一副瓷夹中，最后把护套线依次夹入线卡中。

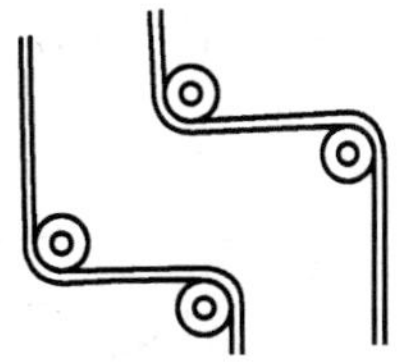

图4-35　瓷瓶在转弯处的作法

进行塑料护套线配线时的注意事项：

(1)室内配线时，铜芯线截面不小于0.5 mm^2，铝芯线截面不小于1.5 mm^2；室外配线时，铜芯线截面不小于1.0 mm^2，铝芯线不小于2.5 mm^2。

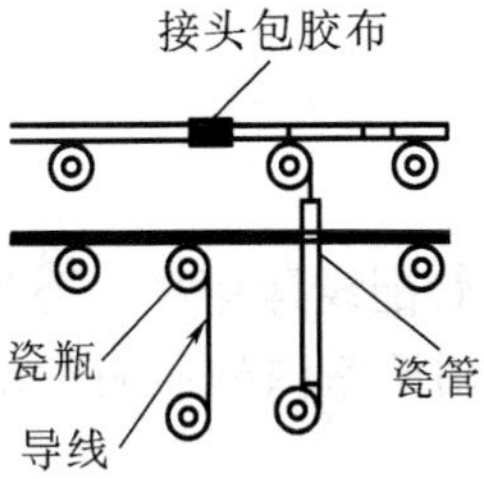

图4-36　瓷瓶在分支、交叉处的作法

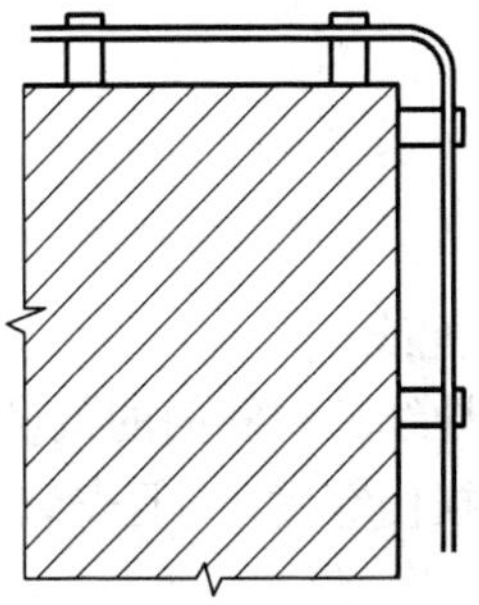

图4-37　瓷瓶在不同平面转弯处的作法

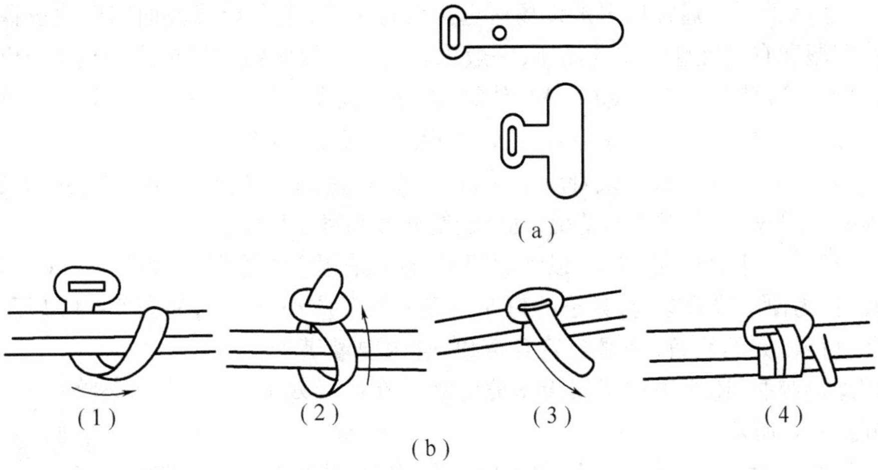

图4-38　铝片及其绑扎装

(a)铝片线卡

(2)线路上不可直接连接，确需连接时，必须通过瓷接头或接线盒或其他电器的接线桩来连接线头。

(3)转弯时，应弯成一定的弧度，不能用力强扭成直角，且转弯前后各用一线卡夹住，如图4-39(a)所示。

(4)进入木台前,应安装一个线卡,如图4-39(b)所示。

(5)尽量避免护套线交叉,确有必要交叉时,应用四个线卡夹住,如图4-39(c)所示。

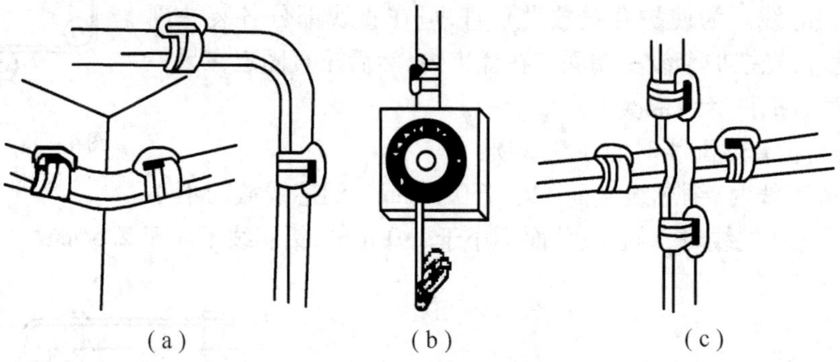

图4-39　线卡的安装

3. 线管配线

将绝缘导线穿在管内的敷设方式,称之为线管配线。线管配线具有耐潮、耐腐且导线不易遭受机械损伤等优点,但安装、维修不便且造价较高,适用于室内外照明和动力线路的配线。

线管配线有明装和暗装两种。采用明装时,线管沿墙壁或其他支撑物的表面敷设,要求线管横平竖直、整齐美观;采用暗装时,线管埋入地下墙体或吊顶上,隐蔽,要求线管短、弯头少。

线管配线的步骤与工艺要求如下:

(1)线管的选择　通常根据敷设场所选择线管类型,根据导线截面和根数选择线管的直径。在潮湿和有腐蚀性气体的场所,一般采用管壁较厚的镀锌管或高强度的PVC线管;在干燥场所,一般采用管壁较薄的PVC线管;腐蚀性较大的场所,一般采用硬塑料管。一般要求穿管导线的总截面(含绝缘层)不超过线管内空截面的40%。

(2)落料　落料前应检查线管质量,如有无裂缝、瘪陷,管内有无杂物等,然后两个接线盒之间为一个线段,并考虑弯曲情况,确定线管根数和弯曲部位。

(3)弯管　对于直径在50mm以下的管子,通常采用弯管器弯管,如图4-40所示。

弯管时,为便于线管穿越,管子的弯曲角度一般不应小于90°,如图4-41所示。对于管壁较薄直径较大的线管,为避免钢管弯瘪,管内要灌满沙;如果采用加热弯曲,还应采用干燥无水分的沙并在两头塞上木塞,如图4-42所示。

有缝管弯曲时,应将接缝处放在弯曲的侧边,作为中间层,以防焊缝裂开。

硬塑料管弯曲时,先用电炉或喷灯对塑料管加热,然后放在木坯上弯曲成型,如图4-43所示。

(4)锯管、套丝　按实际长度,锯割所需钢管,并锉去毛刺和锋口。为使线管与线管间、线管与接线盒间进行连接,应在管子端部进行套丝。

图4-40　弯管器弯管

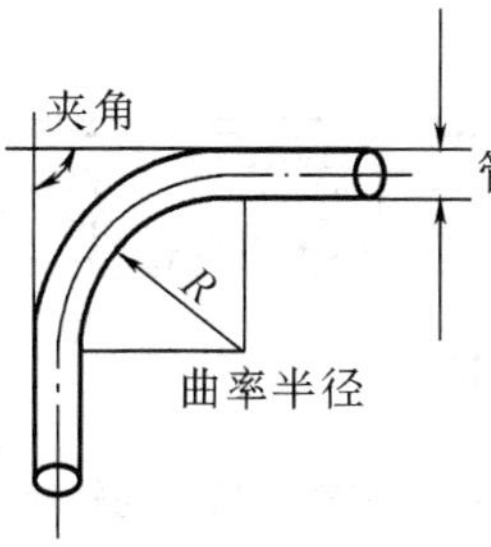

图 4-41　线管的弯曲

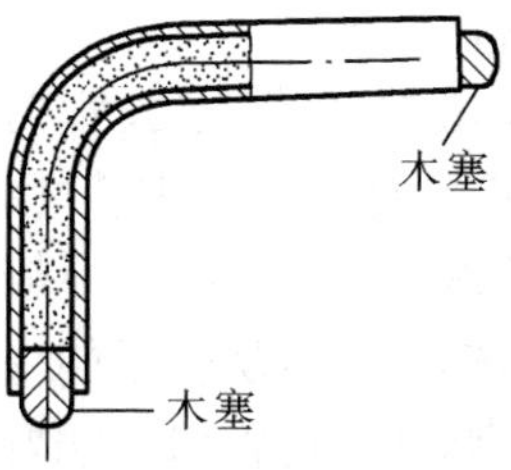

图 4-42　钢管灌沙弯曲

(5)线管连接　钢管与钢管间的连接,最好采用管箍连接,如图 4-44 所示。钢管与接线盒或配电箱间的连接,采用锁紧螺母连接,如图 4-45 所示。硬塑料管的连接,可采用插入法或套接法连接,如图 4-46 所示。

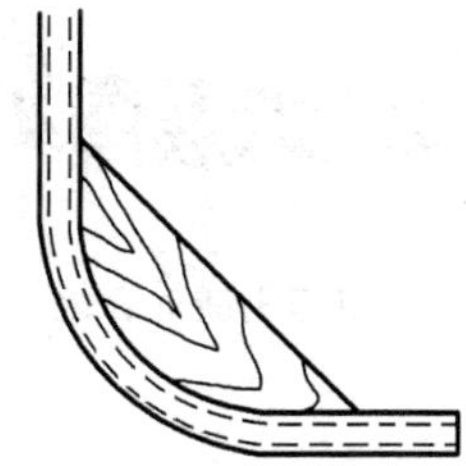

图 4-43　硬塑料管弯曲

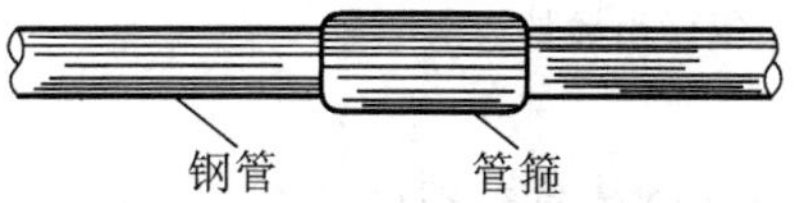

图 4-44　钢管的管箍连接

(6)线管的固定　线管明敷时,应采用管卡固定。线管暗装时,若布在现场浇制的混凝土构件内,可用铁丝将管子绑扎在钢筋上,也可将管子用垫块垫起,铁丝绑定,用钉子将垫块固定在木模上;若布在砖墙内,一般应在土建砌砖时预埋,否则应先在砖墙上留槽或开槽。

对于硬塑料管,由于其膨胀系数较大,因此在敷设时,直线部分每隔 30 m 左右要装设一个温度补偿盒。

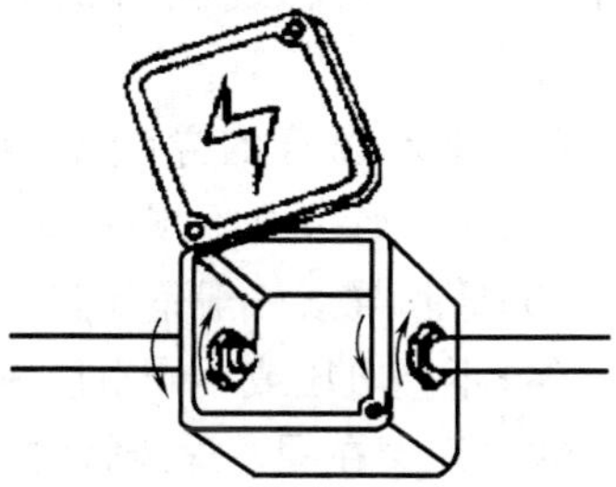

图 4-45　线管与接线盒的连接

(7)线管的接地　线管配线的钢管必须可靠接地,因此在钢管与钢管、钢管与配电箱及接线盒等连接处,用直径 6 ~ 10 mm 圆钢制成的跨接线连接(图 4-47),并在干线始末两端和分支管上分别与接

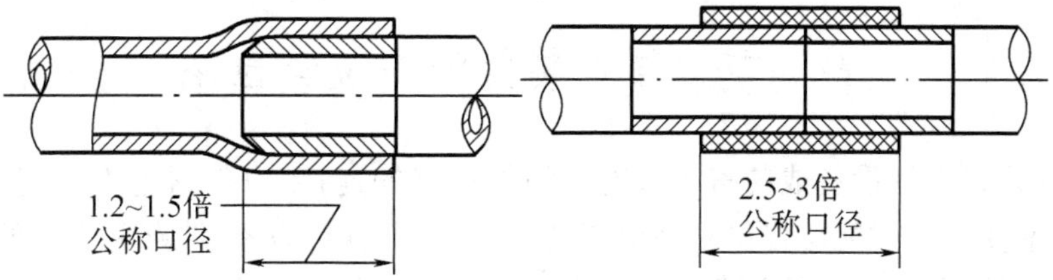

图 4-46　硬塑料管的连接

地体可靠连接

(8)穿线　穿线工作一般在土建工作结束后进行。

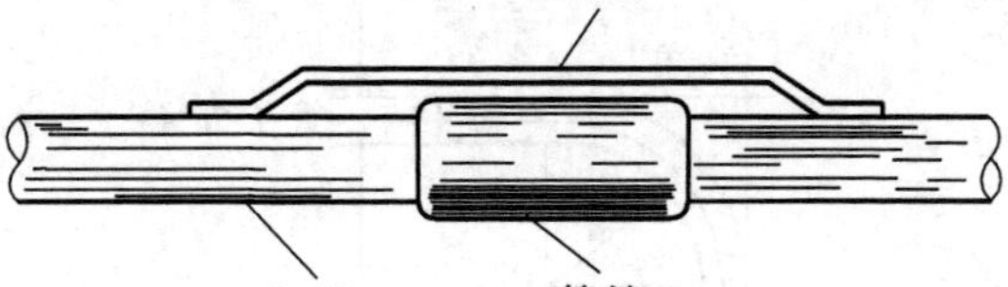

图 4－47　线管连接处的跨接线

穿线前,先清扫线管,除去管内杂物和水分。穿线时,可选用直径为1.2 mm的钢丝做引线,如若线管较长或弯头较多,将钢丝引线从管子的一端穿入另一端有困难时,可将引线端弯成小钩,从管子的两端同时穿入钢丝引线,如图 4－48 所示。当钢丝引线在管中相遇时,用手转动引线使其钩在一起,然后把引线从一端拉出,即可将导线从另一端牵引入管。

导线穿入线管前,两端要做好标记,并按图 4－49 所示方法与钢丝引线缠绕。穿线时,一人将导线理成平行束往线管内送,另一人在另一端缓慢地抽拉钢丝引线,如图 4－50 所示。

图 4－48　钢丝引线从管两端穿入

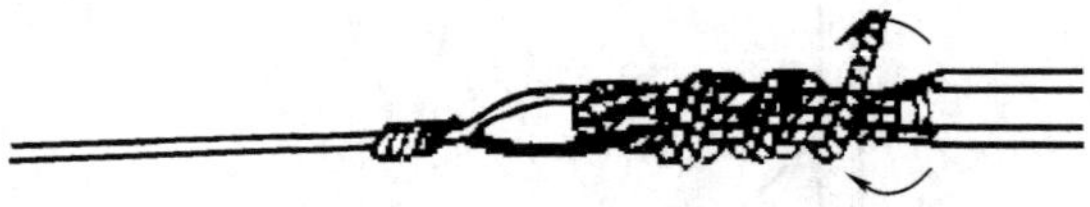
图 4－49　导线与引线的缠绕

进行线管配线时的注意事项:

(1)对穿管导线的要求,其额定电压不低于 500 V,铜芯线截面积不小于 1 mm^2,铝芯线截面积不小于 2.5 mm^2。

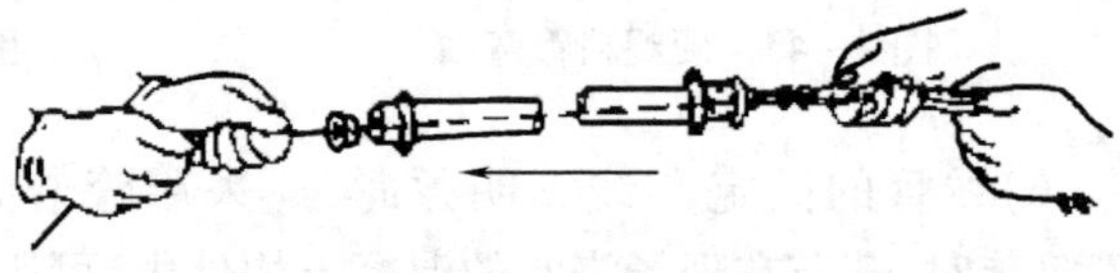
图 4－50　导线穿入管内的方法

(2)穿入线管的导线不准有接头;如果导线绝缘损坏,则不准穿入线管,即使绝缘破损后经过包缠恢复。

(3)管里导线一般不超过 10 根。

(4)不同电压或不同电度表的导线不得穿在同一根线管内,但同一台电动机或同设备的导线允许穿在同一根线管内。

(5)除直流回路导线和接地线外,不得在钢管内穿单根导线。

(6)为便于穿线,当线管较长或转弯较多时,必须加装接线盒。

(7)混凝土内敷设的线管,必须使用壁厚为 3 mm 的电线管。当电线管的外径超过混凝土厚度的 1/3 时,不准将电线管埋设在混凝土内,以免影响混凝土的强度。

第五节　接地装置的安装与检修

接地,就是将电气设备或装置与大地之间作良好的连接,以使得电力系统在正常运行、发生故障或遭受雷击时能够提供对地电流的回路,从而保证设备、线路和人员的安全。接地可分为工作接地(如配电变压器低压侧中性点接地、避雷装置的接地)和保护接地(如各种电器设备的金属外壳接地)等。

一、接地装置的分类和技术要求

1. 接地装置的分类

接地装置广泛地存在于电气设备、线路和建筑物中，在图 4－51 中，(a)为电动机保护接地，(b)为避雷针工作接地，(c)为避雷线工作接地。接地装置由接地体和接地线两部分组成。按接地体的多少，接地装置分为单极接地、多极接地及接地网络等三种形式。

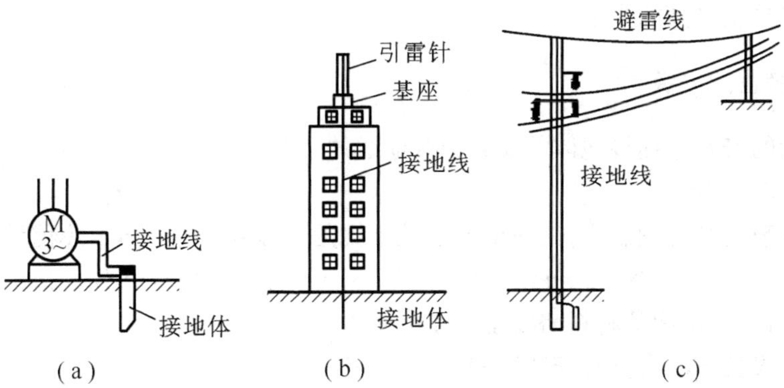

图 4－51　接 地 装 置

(1)单极接地　由一支接地体构成，接地线一端与接地体相连接，另一端与设备的接地点直接连接，如图 4－52 所示。单极接地适用于接地要求不太高和设备接地点较少的场合。

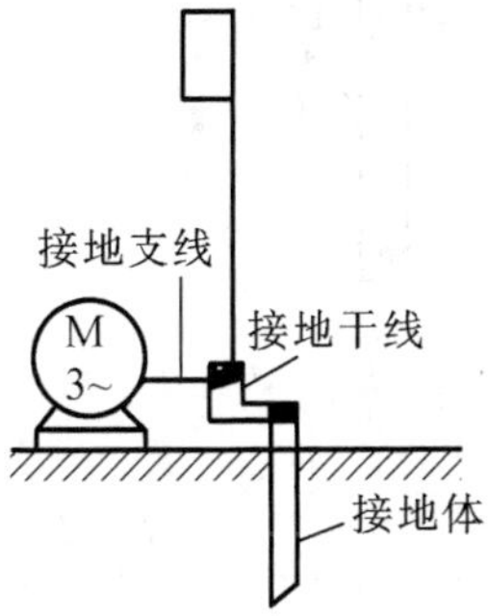

图 4－52　单 极 接 地

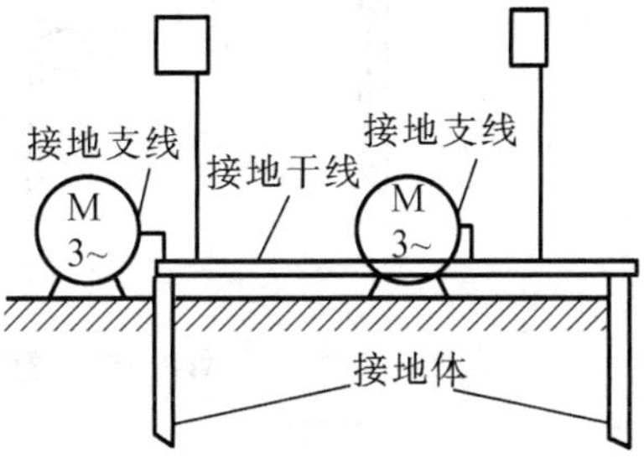

图 4－53　多 极 接 地

(2)多极接地　由两支或以上接地体构成，各接地体之间用接地干线连成一体，接地支线一端与接地干线相连接，另一端与设备的接地点直接连接，如图 4－53 所示。多极接地适用于接地要求较高而设备接地点较多的场合。

(3)接地网络　用接地干线将多支接地体相互连接所形成的网络称为接地网络。图 4－54所示为接地网络的常见形状。接地网络适用于配电场所及接地点较多、接地要求较高的场合。

2. 接地装置的技术要求

接地装置的技术要求主要体现在接地电阻上，原则上是越小越好，但考虑到经济性，以不超过规定值为准。对接地电阻的要求如下：

(1)避雷针和避雷线单独使用时的接地电阻不应超过10 Ω;

(2)配电变压器低压侧中性点接地电阻应在0.5~10 Ω之间;

(3)保护接地的接地电阻应不超过4 Ω;

(4)若几个设备共用一个接地装置,接地电阻应以要求最高的为准。

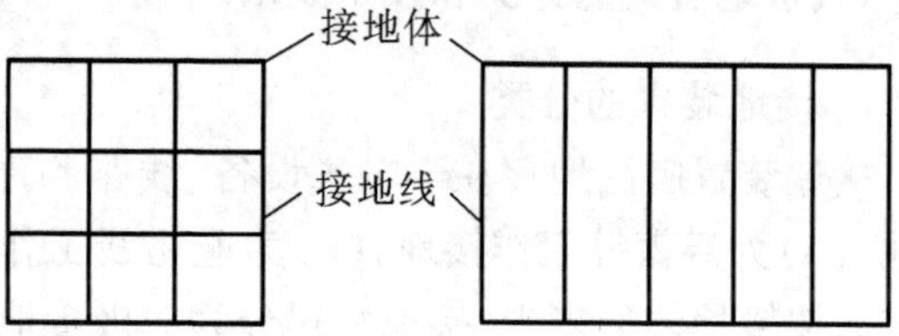

图4-54 接地网络

二、接地装置的安装

接地装置的安装包括接地体的安装和接地线的安装。

1. 接地体的安装

接地体一般用结构钢制成,其规格要求是角钢的厚度不小于4 mm,钢管的壁厚不小于4~5 mm,圆钢的直径不小于8 mm,扁钢的厚度不小于4 mm,截面积不小于48 mm^2。同时,材料不应严重锈蚀,弯曲的材料需校正后才可使用。

接地体的安装方法有垂直安装法和水平安装法。

(1)垂直安装法　先制作好接地体。垂直安装时,接地体通常用角钢或钢管制成,长度其下端加工成尖形,其上端若用螺钉连接,应先钻好螺钉孔,如图4-55所示。

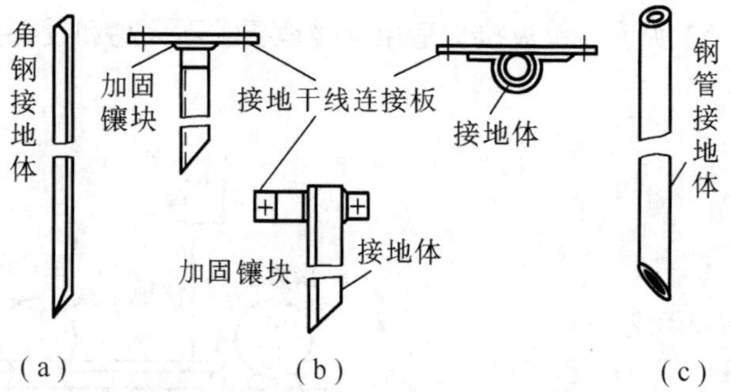

图4-55 垂直安装时的接地体

接地体制作好后,采用打桩法将其打入地下,并要求接地体与地面垂直,不可歪斜;打入地面的有效深度不小于2 m;多极接地或接地网的接地体与接地体之间在地面下应保持2.5 m以上的直线距离,如图4-56所示。

为减小接地电阻,接地体的四周要填土夯实。若土质情况较差,可采取换土、深埋(接触地下水)、添加食盐等方法以改善土壤环境。

(2)水平安装法　水平安装接地体的方法一般只适用于土层浅薄的地方。此时,接地体常用扁钢或圆钢制成,一端弯成直角向上,以便于连接。若与接地线采用螺钉连接,则应先钻好螺钉孔。接地体的长度由安装条件和接地装置的结构形状而定。

具体安装时,采用挖沟填埋法。接地体应埋入0.6 m以下的土壤中;若是多极接地或接地网,则接地体间的相隔距离应在2.5 m以上,如图4-57所示。

2. 接地线的安装

接地线是指接地干线与接地支线的总称，接地干线是指接地体之间的连接导线，接地支线是接地干线与设备接地点间的连接线。

接地线可选用铜芯线或铝芯线，绝缘线或裸线，也可选用扁钢、圆钢或镀锌铁丝绞线，其所选导线的截面积不应低于具体接地装置的有关规定。同时，装于地下的接地线，得采用铝芯线；移动电具的接地支线，必须采用铜芯绝缘软线。

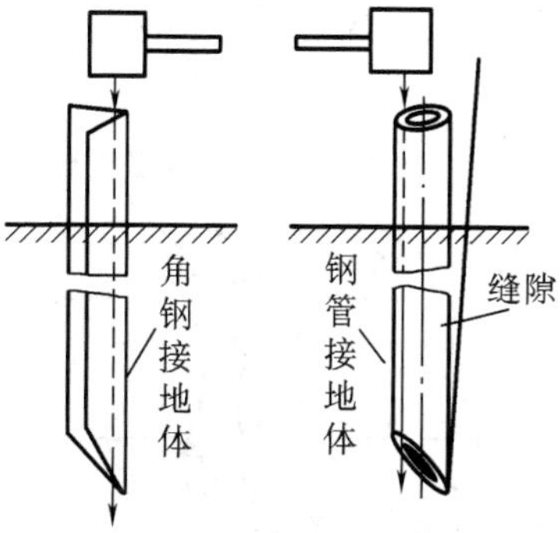

图 4－56　接地体的垂直安装

(1) 接地干线的安装

①与接地体的连接处要加镶块，如图 4－55 所示。

②尽可能采用电焊焊接。若采用螺钉压接，连接处必须作防锈处理，接触面必须保持平整、严密；在振动场所，螺钉应加装弹簧垫圈。

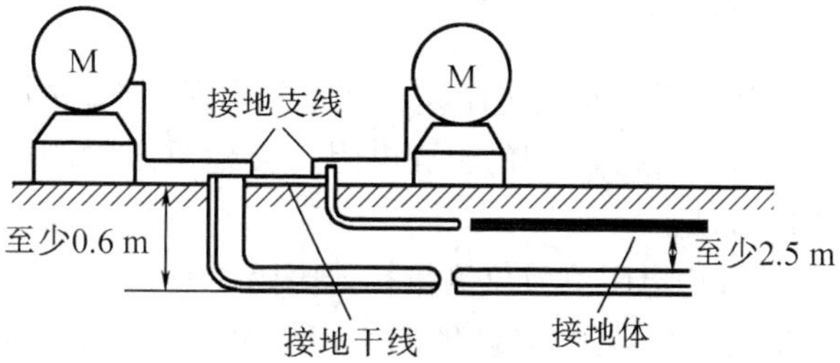

图 4－57　接地体的水平安装

③配电变压器的接地干线与接地体的连接点应如图 4－58 所示埋入地下 100～200 mm，在接地线引出地面 2～2.5 m 处断开，再用螺钉重新压接接牢。

④接地平线明敷时，应涂以黑色标明；穿墙或楼板时，应穿管保护；若为多股线连接，应采用接线鼻。

⑤接地干线若利用已有的金属构件和设施时，应保证具有良好的导电连接，如图 4－59 利用金属管道作为接地线时所采用的过渡方法。

(2) 接地支线的安装

①每一台设备的接地点必须用单独的一根接地支线与接地干线进行连接，不允许用一根接地支线把几台设备的接地点串起来，也不允许几根接地支线并接在接地干线的同一个连接点上。

②在容易被人体触及的地方，接地支线必须采用多股绝缘绞线，连接处必须恢复绝缘。

③移动工具的接地支线应采用铜芯绝缘软线，且中间不允许有接头；常用的三芯或四芯橡胶电缆或塑料护套线中，具有黑色或绿/黄双色绝缘层的那根导线应作为接地支线。

④接地支线与接地干线或与设备的连接点进行连接时，必须采用接线进行螺钉压接。

⑤在电动机保护接地中，可利用电动机与控制开关之间的导线保护钢管作为控制开关外壳的接

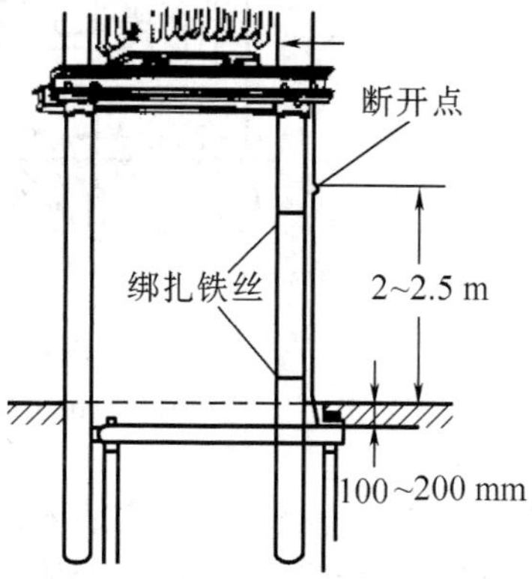

图 4－58　配电变压器的接地干线安装

地线。

⑥接地支线的每个连接点,都应处于明显部位,且便于检修。

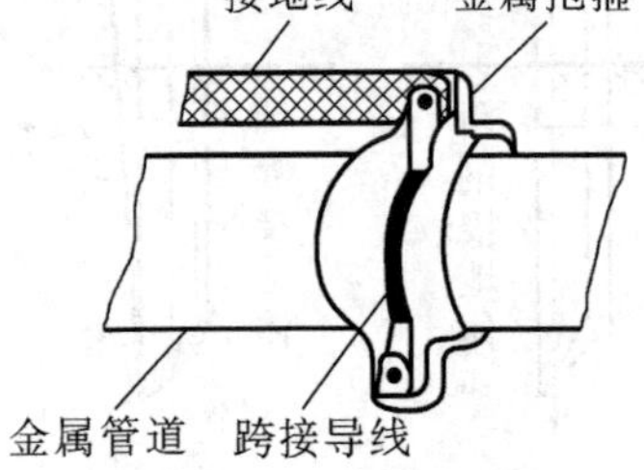

图 4-59　金属管道的过渡电连接

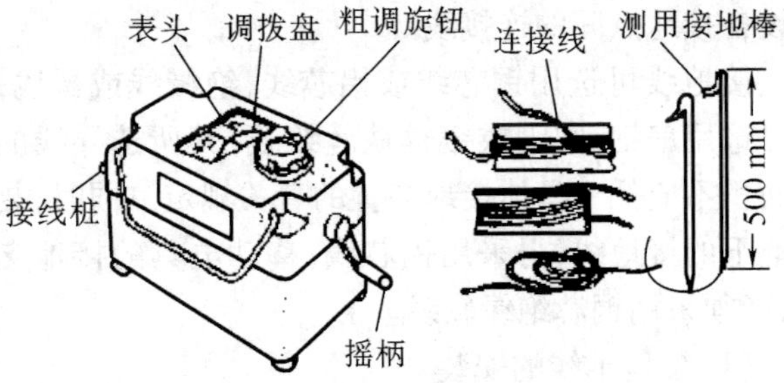

图 4-60　ZC-8 型接地电阻测量仪

三、接地电阻的测量

接地装置的接地电阻包括接地线电阻、接地体电阻、接地体与土壤的接触电阻及接地体与零电位点(大地)间的土壤电阻。接地电阻的测量可采用接地电阻测量仪或电压表-电流表的方法。

1. 接地电阻测量仪测量接地电阻

采用接地电阻测量仪(图 4-60 为 ZC-8 型接地电阻测量仪)测量接地电阻时:

(1)先将仪表调零。

(2)拆开接地干线与接地体的连接点。

(3)对于三端钮测量仪,其接线方法如图 4-61(a)所示,将电位探针 P,插在被测接地极 E,和电流探针 C'之间,三者成一直线,且彼此间相距 20 m;对于四端钮测量仪,其接线方法如图 4-61(b)所示。

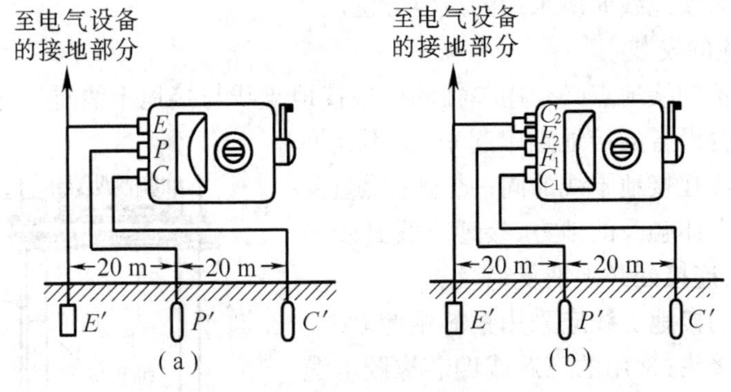

图 4-61　接地电阻测量仪的接线

(a)三端钮式测量仪的接线;(b)四端钮式测量仪的接线

(4)两个接地极均应垂直插入地下 400 mm 深。

(5)先将倍率开关置于最大值,一面缓慢摇动发电机手柄,一面转动“测量标度盘”,使检流计指针处于中心红线位置。当检流计接近平衡时,加快摇动手柄,使发电机转速到其额定转速(120 转/分钟),再转动“测量标度盘”使指针稳定地指在红线位置。

(6)微调拨盘的位置×粗调定位倍数,即为被测接地体的接地电阻值。

(7)图 4-62 为配电变压器接地体接地电阻测量的具体的方法。

2. 电压表-电流表法测量接地电阻

采用电压表-电流表法测量接地电阻的接线如图 4-63 所示。

(1)测量电源应为不接地的交流电源或经过隔离变压器的电源。

(2)所用电压表、电流表的准确度要比较高,以减小测量误差。

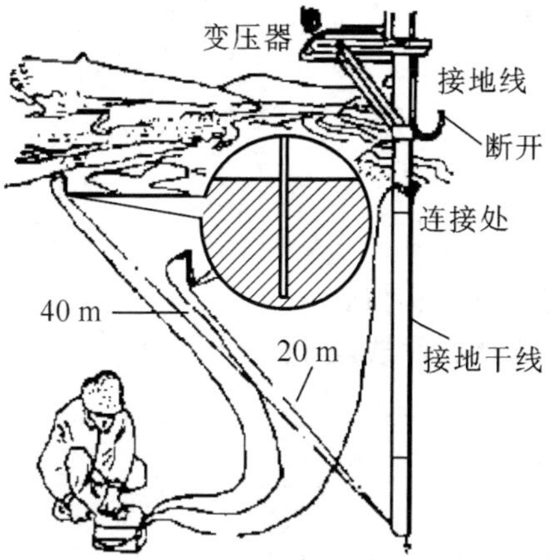

图 4-62 配电变压器接地电阻的测量

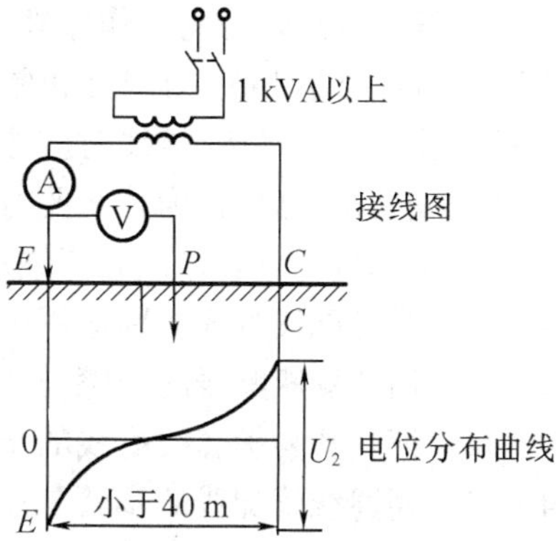

图 4-63 电压表-电流表法测量接地电阻

(3)测量时电流表的测量电流不应小于 4~5 A。

(4)测量人员应戴绝缘手套,穿绝缘靴,以防触电或跨步电压伤人。

(5)所测接地体的接地电阻为

$$R=\frac{U}{I}$$

四、接地装置的检查与维护

接地装置能否正常工作,关系到配电系统及系统内相关设备能否正常工作,关系到设备及人员的安全,因而接地装置必须勤检查,常维护。

1. 检查

(1)工作接地的接地电阻每隔半年或一年检查一次;保护接地的接地电阻每隔一年或二年检查一次。

(2)接地装置的每个连接点,尤其是螺钉压接的连接点,应每隔半年或一年检查一次,发现松动,随即拧紧。

(3)接地线的每个支持点应定期检查,发现松动或脱落应及时固定好。

(4)定期检查接地体与接地干线有无严重锈蚀,若有,应及时修复或更换。

2. 维护

(1)应经常维护接地装置,使其可靠接地,接地电阻小于规定的数值。

(2)发现连接点松散或脱落,不可勉强使用,应及时修复。

(3)在设备维修或更新重装后,应按要求及时将接地装置连接好。

思 考 题

4-1 简述安装开关、灯座时应注意的事项。
4-2 简述日光灯的工作原理。
4-3 简述碘钨灯的工作原理。
4-4 简述高压汞灯的工作原理。
4-5 简述高压钠灯的工作原理。
4-6 火线不进开关,灯具能正常工作吗?
4-7 安装螺口灯座,接线时应注意哪些问题?
4-8 安装吊灯座时,为什么要将导线打结?
4-9 碘钨灯、高压汞灯、高压钠灯安装时,应注意哪些问题?
4-10 常见配线方式分别适用于何种场所,各有什么优缺点?
4-11 简述瓷瓶配线的步骤与注意事项。
4-12 简述塑料护套线配线的步骤与注意事项。
4-13 简述线管配线的步骤与注意事项。
4-14 若变压器中性点接地电阻过大,其造成的不良后果是什么?
4-15 观察你所见的接体装置,查看其接地是否符合规范。
4-16 如何减小接地装置在接地电阻?
4-17 接地装置在安装时应注意哪些问题?
4-18 简述测量接地电阻的方法与步骤。

实训考核课题

实训4-1 室内照明线路的安装

一、实训要求
1. 接线正确、可靠、美观。
2. 掌握线路原理与安装及故障排除方法。
二、实训内容
1. 分析室内照明线路的原理。
2. 按照图4-64所示的线路图接线。
三、考核评分标准(表4-2)

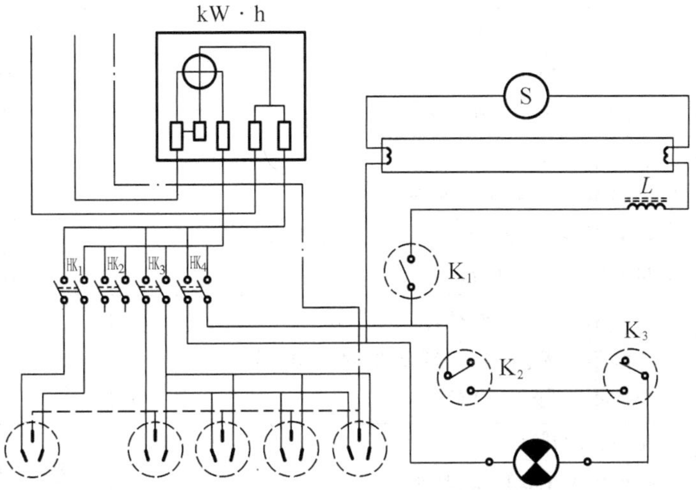

图4－64　室内照明线路原理图

表4－2　照明线路的安装

序号	评　分　标　准	配分	得分
1	1. 不能一次完成，扣20分，始终不能完成，扣30分； 2. 火线未进开关，扣10分； 3. 不可靠、不合理，扣2～10分。	70	
2	1. 发生短路，扣5～15分； 2. 现场凌乱，扣5～15分。	30	
3	不得延时操作。		

实训4－2　小容量配电板的安装

一、实训要求

1. 合理选择，正确安装。
2. 布局合理，安装牢固，端正导线。
3. 线盘整体美观，导线敷设平直、牢固、整齐，转弯无死角。

二、实训内容

1. 熟悉接线方法，画出原理图。
2. 电器安装。
3. 配线工艺。
4. 选择导线截面及熔丝。

三、考核评分标准（表4－3）

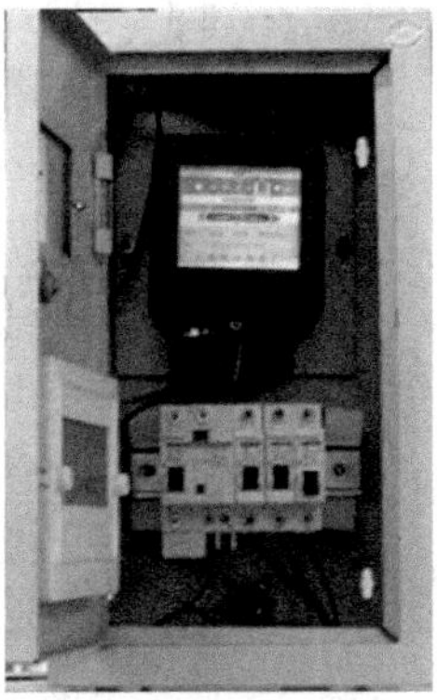

图4－65　小容量配电板的安装

表4－3　小容量配电板的安装

序号	评　分　标　准	配分	得分
1	1. 画不出原理图,扣10分; 2. 原理图每错一处扣2分。	10	
2	1. 布局不合理,扣15分; 2. 安装不牢固,每处扣5分; 3. 电表歪斜,扣10分; 4. 接线错误,扣30分。	35	
3	1. 导线不平直,扣20分; 2. 导线不牢固、不整齐、有死角,每处扣5分; 3. 整体不美观,扣10分。	35	
4	1. 不会选择扣5分; 2. 熔丝安装不合要求,扣5分。	10	
5	1. 违反规定,扣2分至10分; 2. 损坏电表等,扣20分直至取消资格。	10	
6	不得延时操作。		

实训4－3　接地电阻的测量

一、实训要求

1. 正确选择测试点。
2. 装接距离符合要求。
3. 选择合适的挡位。
4. 测试操作熟练。
5. 读数正确,并判别接地装置状况。

二、考核评分标准(表4－4)

表4－4　接地电阻的测量

序号	评　分　标　准	配分	得分
1	1. 测试点选择不合适,扣10分; 2. 测试接地棒距离不合要求,每支扣10分;若歪斜,每支扣5分; 3. 挡位选择不当,扣5分; 4. 操作方法不正确,扣20分;不熟练,扣5分。	50	
2	1. 读数错误,扣25分; 2. 测不出数值,扣40分; 3. 接地状况判别不正确,扣10分。	40	
3	1. 发生操作事故,扣10分; 2. 损坏仪表,扣10分; 3. 测试件回收不全,扣10分。	10	
4	超时不评分。		

第五章　基本控制线路的安装及故障检查

学习目的

1. 掌握低压电器的拆装知识。
2. 掌握电动机以及常用机床基本的控制电路知识。
3. 掌握电气控制线路的故障检查的方法。
4. 掌握船舶电气传动的相关知识。

内容提要

机械中的常用设备一般是由电动机拖动的，电动机则是通过某种自动控制方式控制的。多数都是由继电器－接触器控制方式来实现对其的控制。电气控制线路是由接触器、继电器、按钮、行程开关等组成的控制线路。其作用是实现对电力拖动系统的启动、反转、制动和调速等运行性能的控制，从而实现对拖动系统的保护，满足生产工艺要求，实现生产加工自动化。

第一节　常用低压电器的拆装

一、按钮的拆装

1. 结构

按钮是一种结构简单、应用广泛的主令电器。手压动作在松开的情况下一般均能自动复位。主要应用于 5 A 以下的小电流电路，以控制电路的通断。按触头形式，可分为启动按钮、停止按钮和复合按钮。为避免误操作，按钮帽常做成红、黄、蓝、黑或白等颜色，有的甚至需插入钥匙才能进行操作。常用按钮的外形如图 5－1 所示。

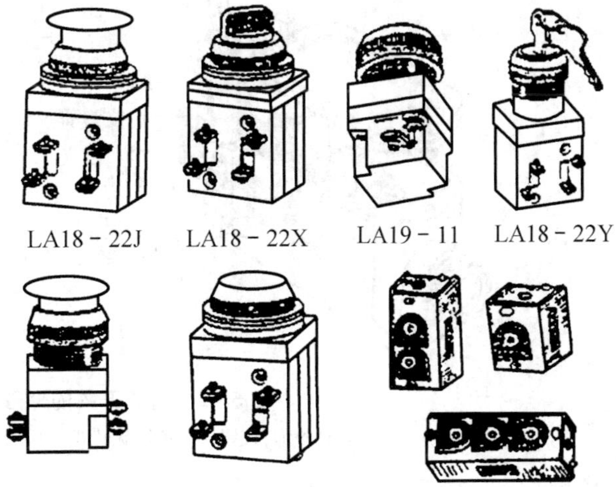

图 5－1　常用按钮的外形

2. 拆装

按钮拆装时，由外到内，边拆边记录各部件的名称、外形、特点及位置等，以便复原拆卸弹簧时，用手按住按钮帽，待螺丝松动后，缓慢释放，以免弹簧因蹦跳而丢失。按钮装配时，先将按钮帽装好，再用镊子稳住弹簧，待螺丝旋入后再松开弹簧；用手试按几下按钮帽，无卡阻时再旋紧螺丝。最后，用手轻压按钮帽，以检查是否灵活，并用万用表检查触点接触是否良好。

3. 调整

按钮操作较为频繁，容易造成弹簧和触头的变形，因而按钮的故障检修主要是检查触头是否接触良好，弹簧能否灵活复位。其方法是拆开按钮，调整弹簧和触头；若无法调整，则必须更换。

二、行程开关的拆装

1. 结构

行程开关也叫限位开关或位置开关。与按钮相比，其动作原理相同，只是触头的动作方式不同；行程开关的动作由生产机械的运动部件碰撞滚轮或推杆来完成。

行程开关主要用来控制生产机械的运动方向、行程大小，以实现位置的控制与保护等。

按其结构可分为按钮式（直动式）和旋转式（滚轮式）等。图 5－2 为常用行程开关的外形与结构。

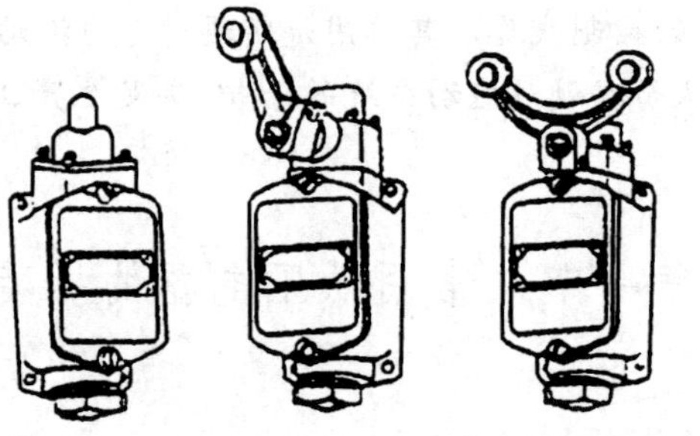

（a）

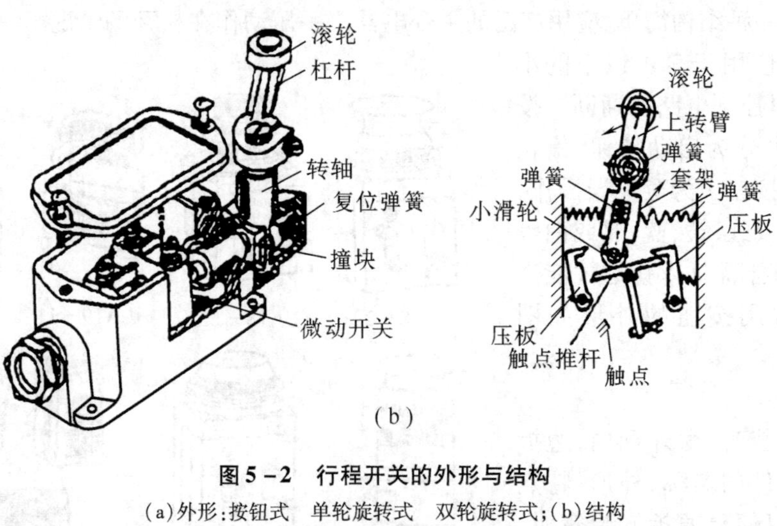

（b）

图 5－2　行程开关的外形与结构

（a）外形：按钮式　单轮旋转式　双轮旋转式；（b）结构

2. 拆装

在拆卸单轮行程开关时，由于复位弹簧较多，要防止弹簧飞出。装配时，先要将撞块推到位，再装入推杆和滚轮；行程开关的安装方向应与机械运动方向一致，位置要准确，以保证撞击时灵活、到位。

三、熔断器的拆装

1. 结构

熔断器主要由熔体和安装熔体的熔器（也称熔座）组成，使用时串接在被保护的电路中，以实现短路和过载保护。常用熔断器的外形与结构如图 5－3 所示。

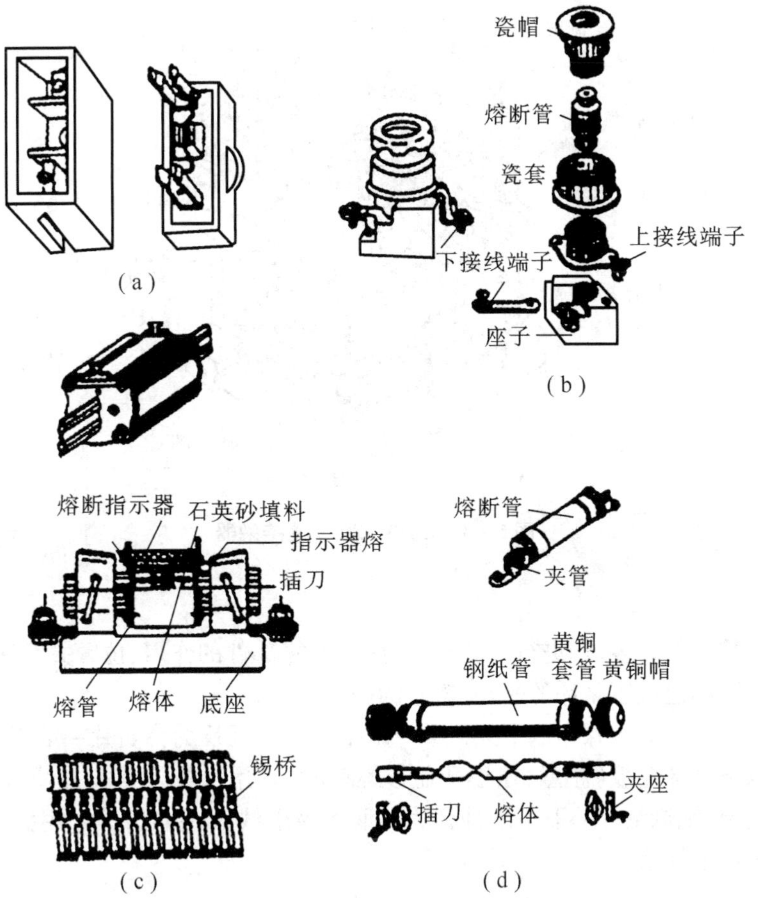

图 5－3　常用熔断器的外形

2. 拆装

螺旋式熔断器广泛地应用于机床设备中，在对其进行拆卸时，要注意各部件间的上、下位置关系。安装时，与金属螺纹壳相连的上接线端应和负载相连接，电源线应与瓷底座上的下接线端相连接，以保证更换熔芯时的安全。安放熔芯时，带有红点的一端应朝外以方便查看熔芯是否熔断。

四、接触器的拆装

1. 结构

接触器是一种自动的、电磁式开关，利用电磁力作用下的吸合和反向弹簧力作用下的释放，使触头闭合和分断，从而控制电路的通断。接触器还具有失压、欠压保护作用。接触器的结构较为复杂，主要包括电磁系统、触头系统和灭弧装置。电磁系统由吸引线圈、静铁芯和动铁芯（也叫衔铁）组成。为减小振动和噪声，铁芯上装有短路环。

触头系统按动作方式分，有常开与常闭两种；按所允许的电流大小来分，有主触头和辅助触头之分。

灭弧装置是接触器的重要组成都分，用以减小分断电流时电弧对主触头的伤害，并避免造成相间短路。图5-4为CJ10-20交流接触器的外形。

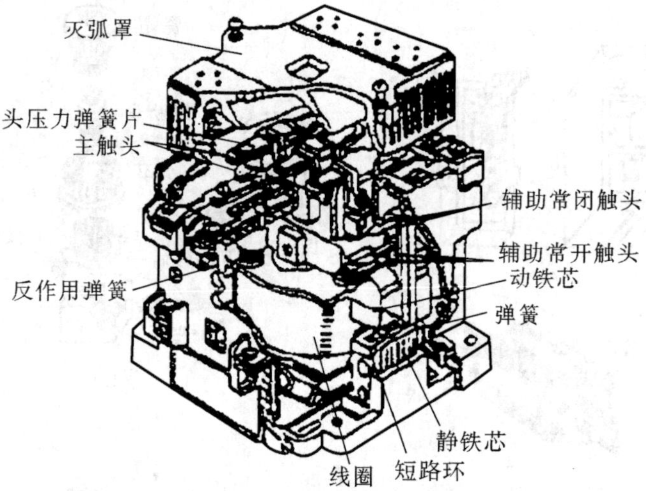

图5-4　CJ10-20交流接触器

2. 拆装

接触器的零部件较多，在进行拆装时，要注意各零部件的作用、位置关系和结构特点，不要伤及吸引线圈和造成短路环的断裂、铁芯的破损。

拆卸接触器的一般步骤为取下灭弧罩→取下主触头及压力弹簧片→取下辅助触头的常开静触点→取下底部盖板（注意：在松开盖板螺钉时，要用手按住盖板并慢慢放松）→取下静铁芯及其支架、绝缘纸片→取下缓冲弹簧→取下吸引线圈→取出反作用弹簧→抽出衔铁及其支架和缓冲绝缘纸片。

3. 修整

触头是接触器的易磨损件，吸合时必须保持压力适当，接触良好。若触头表面有油污、灰尘等，可用汽油进行擦洗；若触头氧化生成绿色氧化铜，应用小刀轻轻刮去（注意：不得用砂纸进行打磨）；如若触头表面烧毛，形成坑点，应用小锉或小刀修整毛面，但触头不得磨削过多，也不必锉得过分光滑。当触头发生熔焊或磨损到只剩下原厚度的2/3～1/2时，就需要更换触头。

为保证触点接触良好，触头动作灵活，动、静触头间的弹簧必须有合适的初压力和终压力。压力过大，衔铁不能完全吸合；压力过小，复位性能差。在调整触头压力时，可用纸条凭经验来测定触头的压力，如图5-5所示。

将一张比触头稍宽的纸条夹在动触头与支架之间，如图5-5(a)所示。纸条在弹簧作用下被压紧，这时在动触点上装一弹簧杆，一手拉弹簧秤，一手轻轻拉纸条，当纸条刚可拉出

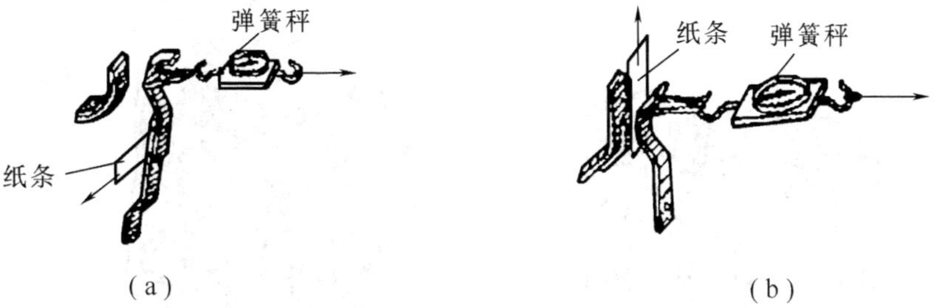

图 5-5　触头压力的测定

(a)初压力测定;(b)终压力测定

时,弹簧秤的读数即是初压力。

当触点在电器通电吸合后,将纸条夹在动、静触点间,用同样的方法拉弹簧秤和纸条,如图 5-5 所示,当纸条可拉出时,弹簧秤的读数即是终压力。正常情况下,若触头额定电流较小,稍微用些力即可拉出;若触头容量较大,纸条被拉出后有撕裂现象。若纸条很易被抽出,说明触头压力不够;若纸条被拉断,说明触头压力太大。

触头的初、终压力应符合下式计算值

$$F_{初} = 0.5F_{终}(\text{N}) \quad F_{终} = 22.5I_N/100(\text{N})$$

其中 I_N 为触头的额定电流。

接触器工作时,如噪音大,则应检查动、静铁芯的接触面是否良好或歪斜,运动部件是否受卡阻使衔铁不能完全吸合,短路环是否损坏,电源电压是否过低等等。造成吸引线圈过热的原因有匝间短路,动、静铁芯间因有间隙而不能完全密合;频繁启动等。

五、热继电器的拆装

1. 结构

热继电器主要由热元件、触头、动作机构、复位按钮和整定电流装置等几部分组成,图 5-6为常用的 JR 系列热继电器的外形和结构。

热继电器主要用于电动机的过载保护。接线时,热元件与电动机串联,其常闭触头串接于控制电路中。

2. 拆装

拆装热继电器时,要特别注意动作机构、复位按钮和整定电流装置,要求动作灵活、可靠且准确。热继电器动作后,如自动复位,应有一个延时,一般为 3 分钟;如需手动复位,可按手动复位按钮。

六、时间继电器

1. 结构

时间继电器实现的是触点延时动作。按其工作原理可分为电磁式、电动式、空气阻尼式(图 5-7(a))和晶体管式(图 5-7(b))等;按延时方式可分为通电延时和断电延时。空气阻尼式时间继电器结构简单,延迟时间长,广泛地应用于机床电气控制系统中。

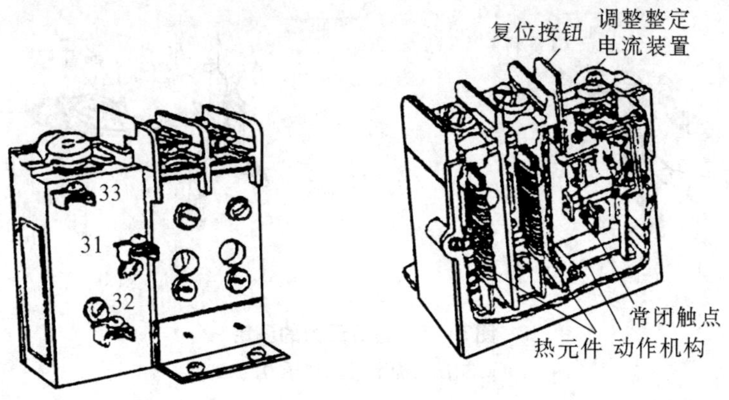

(a) (b)

图5-6 热继电器外形与结构

(a)外形;(b)结构

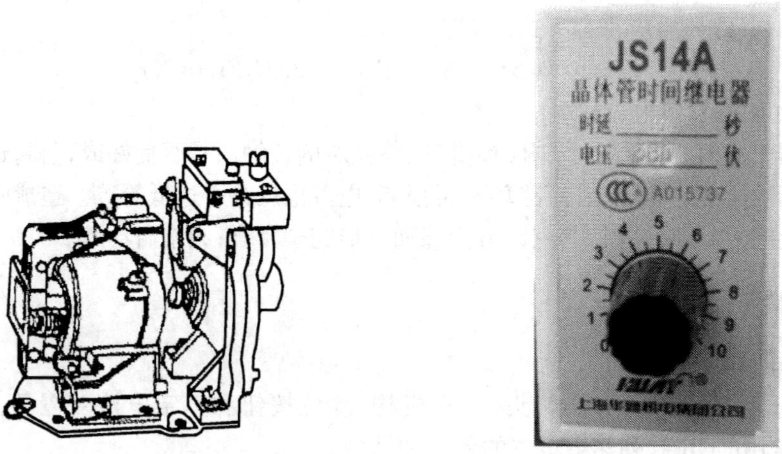

(a) (b)

图5-7 时间继电器的外形

(a)空气阻尼式;(b)晶体管

2. 拆装

拆装时间继电器的方法与其他继电器相似,所不同的是要注意气室的密封,不可漏气。使用前,应检查各可动部分有无卡阻,紧固件有无松脱。时间整定要准确,使用一段时间后应定期检查调整。

第二节 电机基本控制电路

任何复杂的电气设备或系统都是由基本控制线路组成的。在电工操作和设备维修中,继电器-接触器控制线路是最常见的。本节主要介绍三相交流异步电动机常用的几种控制线路以及继电器－接触器控制线路的故障检查与分析方法，并以几种常用的控制线路为例，训练其安装调试工艺和故障排除技能。

一、电动机全压启动控制线路

电动机启动时，电源电压全部加在定子绕组上，这种启动方式称为全压启动，也称作直接启动。因为全压启动时，电动机的启动电流达到额定电流的 4 ~7 倍，容量较大的电动机的启动电流对电网具有较大的冲击，影响其他用电设备的正常运行，因此这种启动方式主要用于小容量电动机的启动。

这里以最常用的电动机单向运转控制线路、按钮和接触器连锁正、反转控制线路为例进行分析。

1. 电动机单向运转控制线路

电动机单向运转控制线路如图 5 －8 所示。从图可见，这是一个具有自锁和过载保护功能的单向运转控制线路，电动机M的启动、停止由接触器KM控制。三相电源经隔离开关 QS、主电路熔断器 FU_1、交流接触器（简称接触器）KM 的主触头、热继电器 FR 的加热元件到电动机 M 构成主电路。控制电路经熔断器 FU_2 提供 380 V 交流电给接触器 KM 线圈，SB_1 为停止按钮，SB_2 为启动按钮。

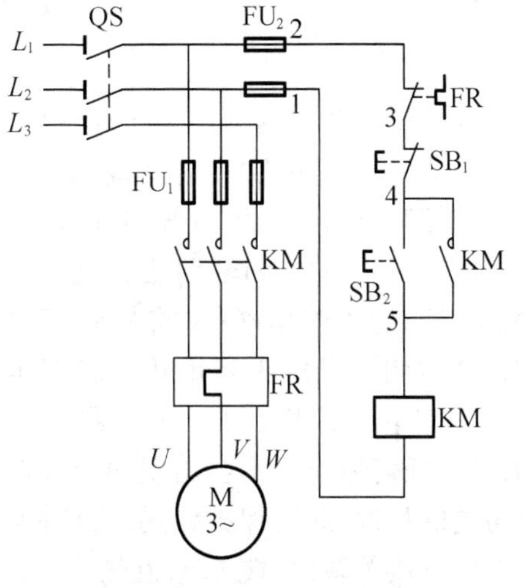

图 5 －8　电动机单旋转控制线路

在控制电路中，串接了热继电器的过载保护触点，当电动机在运行中负载过重、频繁启动或频繁正反转、电源缺相时，都将使通过电动机绕组的电流增大而使其过热，导致绝缘老化甚至烧毁电动机。有了热继电器，在绕组电流超过允许值时，热元件温度升高，烘烤双金属片使其弯曲变形，将串联在控制电路中的常闭触头 FR 分断，接触器线圈断电，其主触头释放，切断主电路，使电动机断电停转，从而起到过载保护作用。线路工作原理如下：

合上电源开关 QS。

（1）启动控制

按下启动按钮 SB_2 －KM 线圈得电 →KM 自锁触头闭合；→KM 主触头闭合 → 电动机 M 通电持续运转

（2）停车控制

按下停车按钮 SB_1 －KM 线圈得电 →KM 自锁触头断开；→KM 主触头断开 → 主电路断电，电动机 M 停转

2. 按钮和接触器连锁正、反转控制线路

具有按钮和接触器连锁的电动机正、反转控制线路如图 5 －9 所示。从图可以看出，电动机的正、反转控制是通过两个同型号、同规格、同容量的接触器 KM_1、KM_2 实现的。线路工作原理如下：

合上电源开关 QS。

(1)正转控制

按下正转按钮 SB_1 – KM_1 线圈得电
- →KM_1 自锁触头闭合
- →KM_1 主触头闭合 → 电动机 M 正转
- →KM_1 互锁触头断开

(2)反转控制

按下反转按钮 SB_2
- →KM_1 线圈失电
  - →电动机 M 断电
  - →KM_1 互锁触头闭合
- →KM_2 线圈得电
  - →KM_2 自锁触头闭合
  - →KM_2 主触头闭合 → 电动机 M 正转
  - →KM_2 互锁触头断开

为了避免正转和反转两个接触器同时动作造成相间短路,在两个接触器线圈所在的控制电路上加了电气连锁,即将正转接触器 KM_1 的常闭辅助触头与反转接触器 KM_2 的线圈串联;又将反转接触器 KM_2 的常闭辅助触头与正转接触器 KM_1 的线圈串联。这样,两个接触器互相制约,使得任何情况下不会出现两个线圈同时得电的状况,起到保护作用。这种互相制约的连接关系称为连锁或互锁。

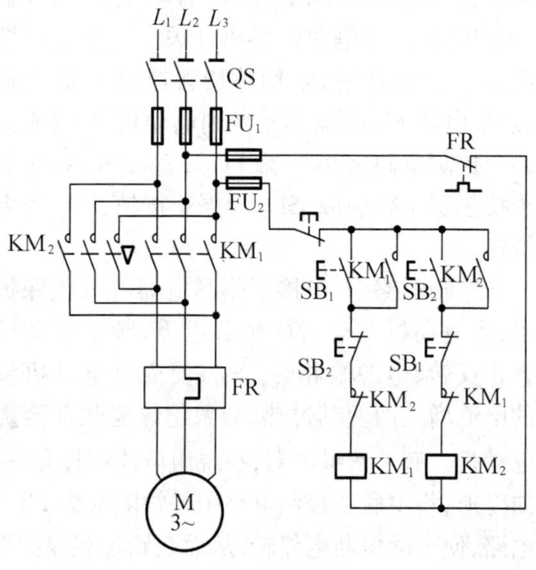

图 5 – 9 铵钮和接触器复合连锁控制电路

复合启动按钮 SB_1、SB_2 也具有电气连锁作用。SB_1 的常闭触头串接在 KM_2 线圈的供电线路上,SB_2 的常闭触头串接在 KM_1 线圈的供电线路上,这种互锁关系能自动保证一个接触器断电释放后,另一个接触器才能通电动作,从而避免因操作失误造成电源相间短路。由于采用了按钮互锁,需要改变电动机转向时,直接按正转按钮 SB_1 或反转按钮 SB_2 就可实现。按钮和接触器的复合连锁使电路更加安全,运行更加可靠,操作更加方便。这种线路常用于机床电力拖动系统中,如 Z35 摇臂钻床立柱松紧、电动机的电气控制线路和 X62W 型万能铣床的主轴反接制动控制均采用了这种控制线路。

二、电动机降压启动控制线路

降压启动是将电源电压适当降低后,再加到电动机定子绕组上进行启动,启动完毕后,再将电压恢复到额定值运行,以减小启动电流对电网和电动机本身的冲击,常用于容量较大的笼形异步电动机的启动。

常用的降压启动方式有串电阻启动、Y – D 换接启动、自耦变压器启动。本节以机床上常用的串电阻降压启动、Y – D 降压启动为例进行分析。

1. 串电阻降压启动

电动机启动时，在三相定子电路上串接电阻，使加在电动机绕组上的电压降低，启动完成后再将电阻断开，电动机加额定电压正常运行。这种启动方式不受电动机接线形式限制，设备简单，在中小型机床中时有应用。机床中常用这种方法限制点动调整时电动机的启动电流，如C650型车床、T68型卧式镗床等。其典型控制线路如图5－10所示。线路工作原理如下：

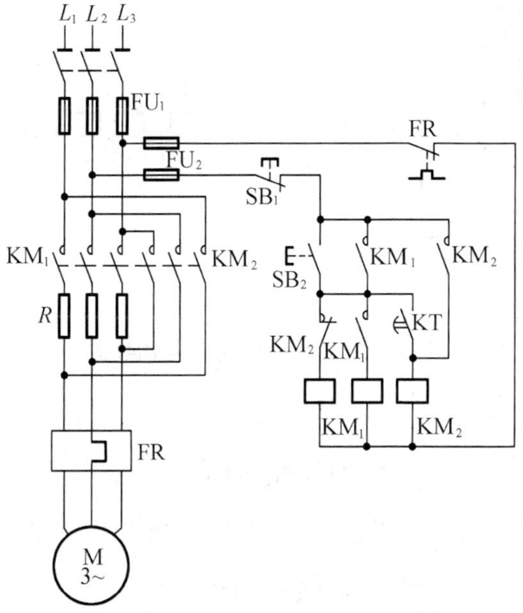

图5－10　电动机定子串电阻降压启动控制线路

合上电源开关QS。

按下 SB_2－KM_1 线圈得电
- →KM_1 自锁触头闭合
- →KM_1 主触头闭合 → 电动机串联电阻 R 后启动
- →KM_1、KT线圈得电

KM_2 线圈得电
- →KM_2 自锁触头闭合
- →KM_2 主触头闭合 → 电动机M全压运行
- →KM_2 常闭触头断开 → KM_1、KT线圈断电释放

启动电阻一般采用 ZX_1、ZX_2 系列铸铁电阻，功率大，能过较大电流，三相电路中每相所串电阻值相等。

2. Y（星形）－△（三角形）降压启动

本节介绍一种常用的Y－△降压启动控制线路。本线路只适用于正常工作时定子绕组作为三角形连接的电动机。启动时先把定子绕组接成星形，使每相绕组电压降 $1/\sqrt{3}$，启动完成再恢复成三角形接法，使三相绕组在额定电压下运行。它的优点是启动设备成本低，方法简单，容易操作，但启动转矩只有额定转矩的1/3。控制线路如图5－11。所示线路工作原理如下：

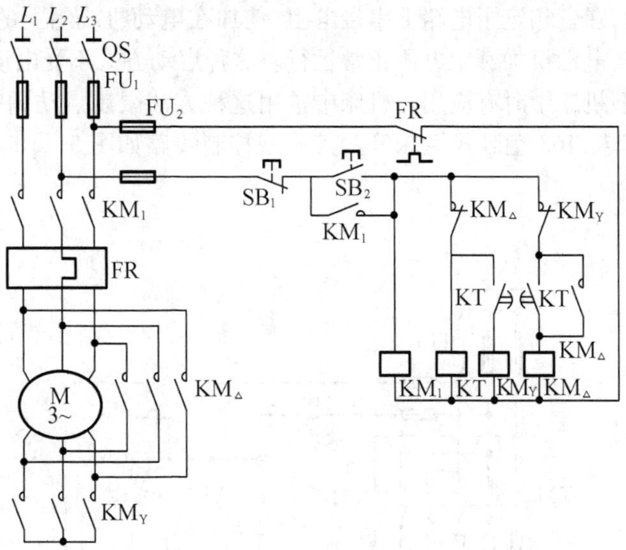

图 5－11　Y－△降压启动控制线路

合上电源开关 QS。

按下 SB_2－KM_1 线圈得电
- →KM_1 自锁触头闭合
- →KM_Y 线圈得电，主触头闭合 → 电动机星形启动
- →KM_1 主触头闭合
- →KT 线圈得电
  - →KM_Y 失电
  - →$KM_\triangle$ 得电
  - →KM_1 继续得电 → M 结成 △ 运行

三、电气制动

所谓电气制动，就是电动机需要制动时，通过电路的转换或改变供电条件使其产生与实际转向相反的电磁转矩－制动转矩，迫使电动机迅速停止转动的制动方式。常用的电气制动方式反接制动和能耗制动，它们在万能铣床、卧式镗床、组合机床中时有应用。回馈制动在起重机中用到。

1. 反接制动

反接制动的实质是改变异步电动机定子绕组中的三相电源相序，产生与转子转动方向相反的转矩，迫使电动机迅速停转。现以单向运行的反接制动控制线路为例进行分析，线路如图 5－12 所示。线路工作原理如下：

合上电源开关 Q。

(1)启动过程

按下 SB_2 - KM_1 线圈得电
→ KM_1 自锁触头闭合
→ KM_1 主触头断开
→ KM_1 主触头闭合 → 电动机 M 正转运行，KS 常开

（2）制动停车过程

按下停车按钮 SB_1
→ KM_1 线圈断电 → KM_1 主触头释放 → 电动机 M 断电
→ KM_2 线圈得电
→ KM_2 自锁触头闭合
→ KM_2 互锁触头断开
→ KM_2 主触头闭合，串入电阻 R 反接制动

当电动机转速 $n \approx 0$ 时，KS 复位，KM_2 断电，制动结束。显然，速度继电器 KS 在控制中起着十分重要的作用，利用它来"判断"电动机的停与转。在结构上，速度继电器与电动机同轴连接，其常开触头串联在电动机控制电路中。当电动机转动时，速度继电器的常开触头闭合；电动机停止时，其常开触头打开。

由于电动机在反接制动时旋转磁场的相对速度很大，制动力矩大，因而制动效果显著但它对传动部件的冲击大，能量消耗也大，只适用于不经常启动、制动的设备，如铣床、镗床、中型车床主轴等的制动。

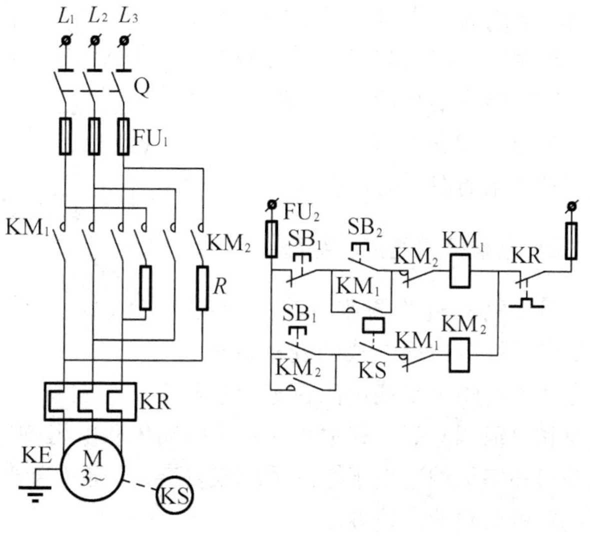

图 5-12　单向运行反接制动控制线路

2. 能耗制动

能耗制动是在运行中的三相异步电动机停车时，在切除三相交流电源的同时，将一直流电源接入电动机定子绕组中的任意两相，以获得大小和方向不变的恒定磁场，从而产生一个与电动机原转矩方向相反的电磁转矩以实现制动。当电动机转速下降到零时，再切除直流电源。控制线路就是为实现这一目标设计的，如图 5-13 所示。

图中整流装置由变压器和整流元件组成，提供制动用直流电。KM_2 为制动用接触器，KT 为时间继电器，控制制动时间的长短。线路工作过程如下：

先合上电源开关 QS。

（1）启动过程

按下启动按钮 SB_1 - KM_1 线圈得电并自锁
→ KM_1 常闭辅助触头断开连锁
→ KM_1 主触头闭合 → M 启动运行

（2）制动停车过程

按下停车按钮 SB_2
→KM_1 线圈断电
　→KM_1 主触头断开→M 断电，惯性运转
　→KM_2 线圈得电→KM_2 主触头闭合→M 能耗制动
→KT 线圈得电→KT 常闭触头延时断开→KM_2 线圈断电→
KM_2 主触头断开，切断电动机直流电源，制动结束

能耗制动的实质是把电动机转子储存的机械能转变成电能，又消耗在转子的制动上。显然，制动作用的强弱与通入直流电流的大小和电动机转速有关。调节可调电阻 R，可调节制动电流的大小，从而调节制动强度。相对反接制动方式，它的制动准确、平稳，能量消耗较小，一般用于对制动要求较高的设备，如磨床、龙门刨床等机床的控制线路中。

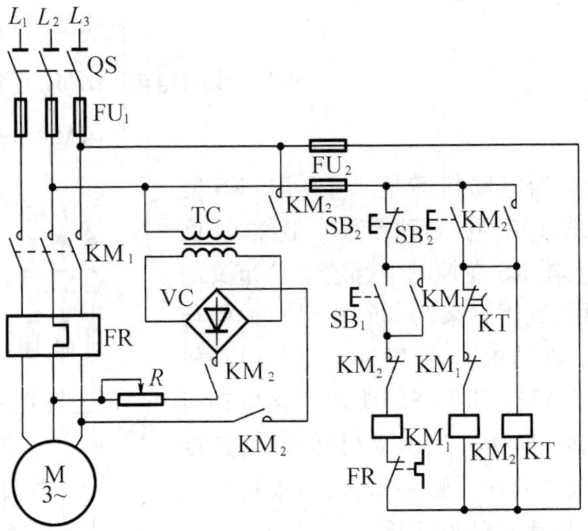

图 5－13　能耗制动控制线路

四、电动机调速控制线路

异步电动机的调速方法主要有改变定子绕组连接方式的变极调速、改变转子电路中串联电阻调速、变频调速和串级调速等。其中改变转子电路串联电阻调速方法只适用于绕线式异步电动机。变频调速和串级调速由于控制系统较复杂，目前尚未普及应用。本节介绍改变鼠笼式异步电动机磁极对数的调速方法。

在有些机床中，为了获行较宽的调速范围，采用了双速电机，如 T68 型卧式镗床的主轴机，有些车床、铣床、磨床中也有应用。下面分析两例双速异步电机的控制线路。

1. 用按触器控制的双速电动机高、低速控制电路

用接触器控制的双速电机高低速控制电路如图 5－14 所示，其控制电路主要有两个复合按钮和三个接触器线圈组成。SB_2 为低速启动按钮，SB_3 为高速启动按钮。在主电路中，电动机绕组接成三角形，从三个顶角处引出 U_1、V_1、W_1，与接触器 KM_1 主触头连接；在三相绕组各自的中间抽头引出 U_2、V_2、W_2 与接触器 KM_2 的主触头连接；在 U_1、V_1、W_1 三者之间又与接触器 KM_3 主触头连接。它们的控制电路由复合按钮 SB_2、SB_3 和接触器 KM_1、KM_3 的辅助常闭触头实现复合电气连锁。线路工

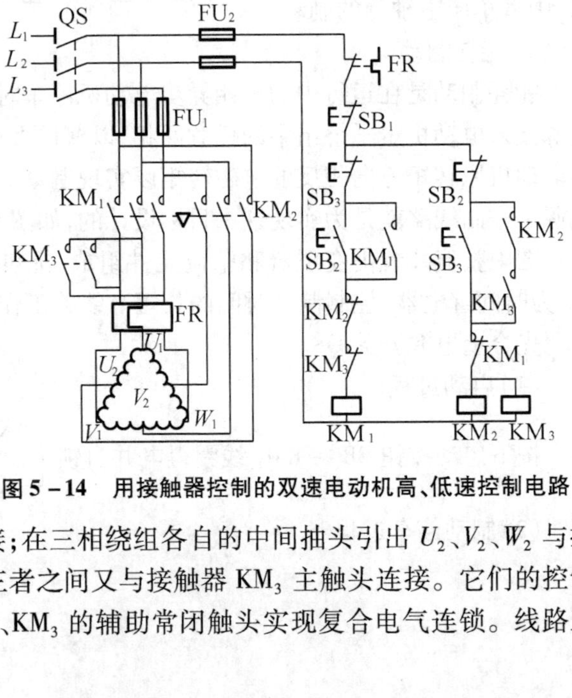

图 5－14　用接触器控制的双速电动机高、低速控制电路

作原理如下：

先合上电源开关 QS。

(1)低速运转

按下 SB_2 - KM_1 线圈得电
- → KM_1 自锁触头闭合自锁
- → KM_1 主触头闭合，电动机绕组接成 D，低速运转
- → KM_1 互锁触头分断，对 KM_2、KM_3 互锁

(2)高速运转

按下高速按钮 SB_3
- → KM_1 线圈失电
  - → 自锁触头释放断开
  - → KM_2 主触头分析 → 电动机惯性运转
  - → KM1 互锁触头复位闭合
- → KM_2 线圈通电
  - → KM_2 互锁触头分断，对 KM_1 互锁
  - → KM_2 主触头闭合
  - → KM_2 自锁触头闭合
- → KM_3 线圈通电
  - → KM_3 自锁触头闭合
  - → KM_3 主触头闭合，U_1、V_1、W_1 并成一点
  - → KM_2 互锁触头分断，对 KM_1 互锁

（KM_2 主触头闭合、KM_2 自锁触头闭合、KM_3 自锁触头闭合、KM_3 主触头闭合、KM_2 互锁触头分断）→ M 接成 YY 高速运行

用时间继电器控制的双速电动机高、低速控制电路如图 5 - 15 所示。

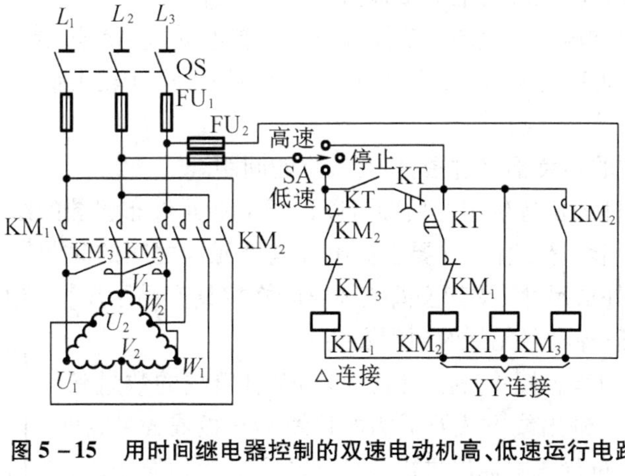

图 5 - 15　用时间继电器控制的双速电动机高、低速运行电路

图中用了三个接触器控制电动机定子绕组的连接方式。当接触器 KM_1 的主触点闭合，KM_2、KM_3 的主触点断开时，电动机定子绕组为三角形接法，对应“低速”挡；当接触器 KM_1 主触点断开，KM_2、KM_3 主触点闭合时，电动机定子绕组为双星形接法，对应“高速”挡。为了避免“高速”挡启动电流对电网的冲击，本线路在“高速”挡时，先以“低速”启动，待启动电流过去后，再自动切换到“高速”运行。

SA 是具有三个挡位的转换开关。当扳到中间位置时,为“停止”位,电动机不工作;当扳到“低速”挡位时,接触器 KMl 线圈得电动作,其主触点闭合,电动机定子绕组的三个出线端 U_1、V_1、W_1 与电源相接,定子绕组接成三角形,低速运转;当扳到“高速”挡位时,时间继电器 KT 线圈首先得电动作,其瞬动常开触点闭合,接触器 KM_1 线圈得电动作,电动机定子绕组接成三角形低速启动。经过延时,KT 延时断开的常闭触点断开,KM_1 线圈断电释放,KT 延时闭合的常开触点闭合,接触器 KM_2 线圈得电动作。紧接着,KM_3 线圈也得电动作,电动机定子绕组被 KM_2、KM_3 的主触头换接成双星形,以高速运行。

第三节　电气控制线路的安装

电器元件布置图及电气安装接线图设计的目的是为了满足电气控制设备的调试、使用和维修等要求。在完成电气原理图的设计及电器元件的选择之后,即可以进行电器元件布置图及电气安装接线图设计。

一、电器元件布置图的设计

1. 电器元件布置图的设计原则

(1)在一个完整的自动控制系统中,由于各种电器元件所起的作用不同,因此各自安装的位置也不同。在进行电子表器元件布置图绘制之前应根据电器元件各自安装的位置划分各组件(根据生产机械的工作原理和控制要求,将控制系统划分为几个组成部分称为部件;根据电气设备的复杂程度,每一部分又可划分为若干组件)。同一组件内,电器元件的布置应满足以下原则:

①体积大和较重的元件应安装在电器板的下面,发热元件应安装在发热板的上面;

②强电与弱电分开应注意弱电屏蔽,防止外界干扰;

③需要经常维护、检修、调整的电器元件安装位置不易过高或过低;

④电器元件的布置应考整齐、美观、对称,结构和外形尺寸较类似的电器元件应安装在一起,以利于加工、安装、配线;

⑤各种电器元件的布置不宜过密,要有一定的间距。

(2)各种电器元件的位置确定之后即可以进行电器元件布置图的绘制。电器元件布置图根据电器元件的外形进行绘制,并要求标出各电器元件之间的间距尺寸。其中每个电器元件的安装尺寸(即外形尺寸)及其公差范围应严格按其产品手册标准进行标注,以作为安装底板加工依据,保证各电器元件的顺利安装。

(3)在电器元件的布置图中,还要根据本部件进出线的数量和采用导线的规格,选择进出线方式及适当的接线端子板或插件,按一定顺序在电器元件布置图中标出进出线的接线号。为便于施工,在电器元件布置图中往往还留有 10% 以上的备用面积及线槽位置。

2. 电器元件布置图的设计举例

下面以图 5－16 电动机单向旋转控制线路为例,设计其电器布置图。

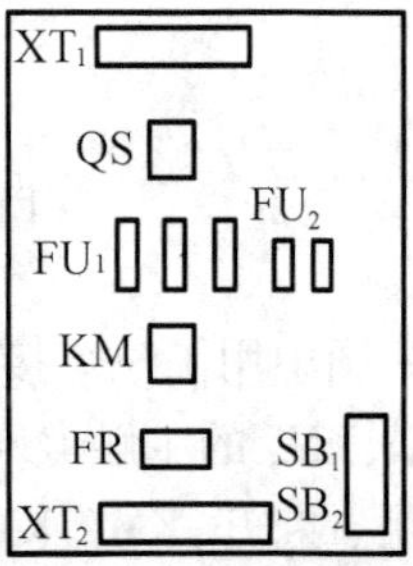

图 5－16　电动机单向旋转控制线路电器元件布置图

(1)根据各电器的安装位置不同进行划分。

(2)根据各电器的实际外形尺寸进行电器布置。如果采用线槽布线，还应画出线槽的位置。

(3)选择进出线方式，标出接线端子，由此设计出电器布置图，如图 5－18 所示。

二、电气安装接线图的设计

电气安装接线图是根据电气原理图和电器元件布置图进行绘制的。按照电器元件布置图最合理、连接导线最经济等原则来安排。为安装电气设备、电器元件间的配线及电气故障的检修等提供依据。

1. 电气安装接线图的绘制原则

(1)在接线图中，各电器元件的相对位置应与实际安装的相对位置一致。各电器元件按其实际外形尺寸以统一比例绘制。

(2)一个元件的所有部件画在一起，并用点划线框起来。

(3)各电器元件早凡需接线的端子均应予以编号，且与电气原理图中的编号必须一致。

(4)在接线图中，所有电器元件的图形符号、各接线端子的编号和文字符号必须与原理图中的一致，且符合国家的有关规定。

(5)电气安装接线图一律采用细实线。成束的接线可用一条实线表示。接线很少时，可直接画出电器元件间的接线方式；接线很多时，接线方式用符号标注在电器元件的接线端，标明接线的线号和走向，可以不画出两个元件间的接线。

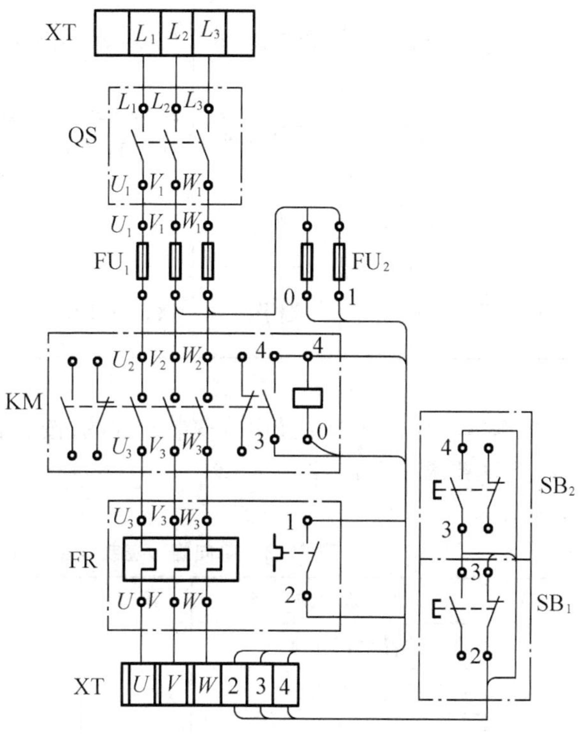

图 5－17　电动机单向旋转控制线路电气安装接线图

(6)在接线图中应当标明配线用的电线型号、规格、标称截面。穿管或成束的接线还应标明穿管的种类、内径、长度等及接线根数、接线编号。

(7)安装底板内外的电器元件之间的连线需通过接线端子板进行。

(8)注明有关接线安装的技术条件。

2. 电气安装接线图举例

同样以图 5－8 电动机单向旋转控制线路为例，根据电器布置图，绘制电气安装接线图，如图 5－17 所示。

3. 列出元件明细表

仍以图 5－8 电动机单旋转控制线路为例，列出其控制线路元件明细表 5－1。

表 5－1　单向旋转控制线路元件明细表

序号	代号	元件名称	型号与规格	数量	作用
1	QS	组合开关	HZ10－25/3 三级 25A	1	电源开关
2	FU_1	螺旋熔断器	RL1－60/20 配熔芯额定电流 20A	2	主回路短路保护
3	FU_2	螺旋熔断器	RL1－15/2 配熔芯额定电流 2 A	2	控制回路短路保护
4	KM	交流接触器	CJ10－20 线圈电压 380 V	1	电机运动控制
5	FR	热继电器	JR16－20/3 三级 20A，热元件 11 A，整定在 8.8 A	1	过载保护
6	SB_1、SB_2	按钮	LA102H	1	SB_2 启动 SB_1 停止
7	XT	端子板	JX2－1010	2	进出线连接

依据电器元件布置图及电气安装接线图，按接线工艺（见第三章）要求完成控制线路的安装，具体要求见表 5－2。

表 5－2　单向旋转控制线路安装考核配分及评分标准

项目	技术要求	配分	评分标准	得分
元件选择	合理选择电器元件	10 分	每错选一件，扣 1 分	
	正确填写元件明细表		每错填一处，扣 1 分	
元件安装	元件质量检查	15	因元件质量问题影响通电一次成功，扣 5 分	
	按元件布置图安装		不按元件布置安装，扣 5 分	
	元件固定牢固、整齐		元件松动，不整齐，少装固定螺钉，每处扣 1 分	
	保持元件完好无损		损坏元件，每件扣 5 分	
线路敷设	按图安装接线	35	不按安装图接线，扣 15 分	
	线路敷设整齐，横平竖直，不交叉，不跨接		每处不合格，扣 2 分	
	导线压接牢固、规范，不伤线芯		导线压接处松动，线芯裸露过长，压绝缘层管，每处扣 1 分	
	编码套管齐全		每处缺一个，扣 0.5 分	

表 5－2(续)

项目	技术要求	配分	评分标准	得分
通电试车	正确整定热继电器整定值	40	不会或未整定,扣5分	
	正确选配熔芯		错配熔芯,扣5分	
	通电前电源线和电动机线的接线和通电后拆线顺序规范正确		每错一次扣5分	
	通电一次成功		一次不成功,扣15分;二次不成功,扣30分;三次不成功本项不得分	
	安全文明操作		违反安全操作规程,扣10～40分	
时限	在规定时间内完成		每超时10分钟,扣5分	
合计		100分		

第四节　常用机床控制电路

根据各大、中专院校、技校、职校的电气自动化类专业及社会电工培训、各市、县维修电工、国家职业技术鉴定所(站)等单位的教学、实验、实习、考核职业技能鉴定的要求,同时提高了学生对机床设备的维修技能,借助常用机床控制电路,在前面所分析过的简单低压控制线路的基础上,对这些常用的机床控制电路的原理和常见的故障进行分析和介绍。本节介绍的机床线路是根据现有的职业技能鉴定设备装置,对X62W万能铣床、T68卧式镗床、TK－20/5t型桥式起重机、CA6140普通车床、Z3040B摇臂钻床等系列机床控制电路的原理进行讲解和分析,使学生学会对常用机床控制线路的电气原理和故障检修。

一、X62W万能铣床电气线路

1. 电气控制线路原理分析

图5－18所示为X62万能铣床的结构图,下面根据电气控制安装的位置和功能分析X62万能铣床的原理。原理图如图5－19所示。

(1)主电路

①要求有三台电动机,分别为主轴电动机(1M)、进给电动机(2M)和冷却泵电动机(3M)。

②由于加工时有顺铣和逆铣两种,所以要求主轴电动机能正反转及在变速时能瞬时冲动一下,以利于齿轮的啮合,并要求还能制动停车和实现两地控制。

主轴电动机1M通过换相开关SA_4与接触器KM_1配合,能实现正、反转控制,与接触器KM_2。

③制动电阻器R及速度继电器的配合,实现串电阻瞬时冲动和正、反转反接制司控制,并能通过机械机构进行变速。

工作台的三种运动形式、六个方向的移动是依靠机械的方法来达到的,对进给电动机要求能正反转,且要求纵向、横向、垂直三种运动形式相互间应有连锁,以确保操作安全。同时

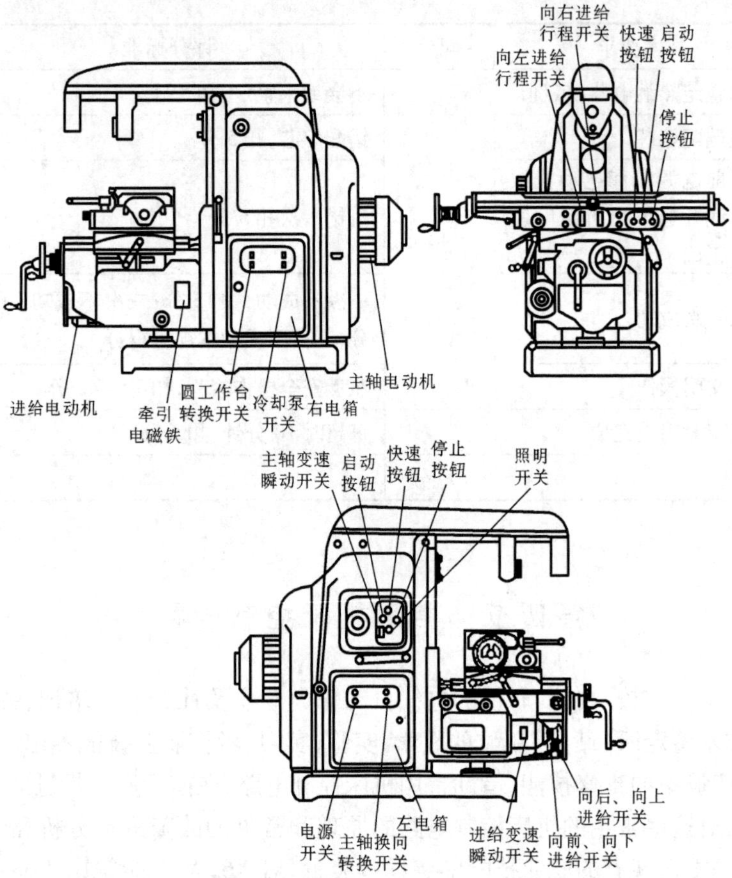

图 5－18　X62W 型万能铣床控制电器安装位置示意图

要求工作台进给变速时，电动机也能瞬间冲动、快速进给及两地控制等。

④冷却泵电动机只要求正转。

⑤进给电动机与主轴电动机需实现两台电动的连锁控制，即主轴工作后才能进行进给。

⑥电路中 FU_1 作机床总短路保护，也兼作 1M 的短路保护；FU_2 作为 2M、3M 及控制，照明变压器一次侧的短路保护；热继电器 FR_1、FR_2、FR_3 分别作 1M、2M、3M 的过载保护。

(2)控制电路

①主轴电动机的控制

a. 主轴电动机的两地控制由分别装在机床两边的停止和启动按钮 SB_1、SB_3 与 SB_2、SIM 完成。

b. KM_1 是主轴电动机启动接触器，KM_2 是反接制动和主轴变速冲动接触器，SQ_7 是与主轴变速手柄联动的瞬时动作行程开关。

c. 主轴电动机启动之前，要先将换相开关 SA_4 扳到主轴电动机所需要的旋转方向，然后再按启动按钮 SB_3 或 SB_4，完成启动。

d. 1M 启动后，速度继电器 KS 的一副常开触点闭合，为主轴电动机的停转制动做好准备。

e. 停车时，按停车按钮 SB_1 或 SB_2 切断 KM_1 电路，接通 KM_2 电路，进行串电阻反接调

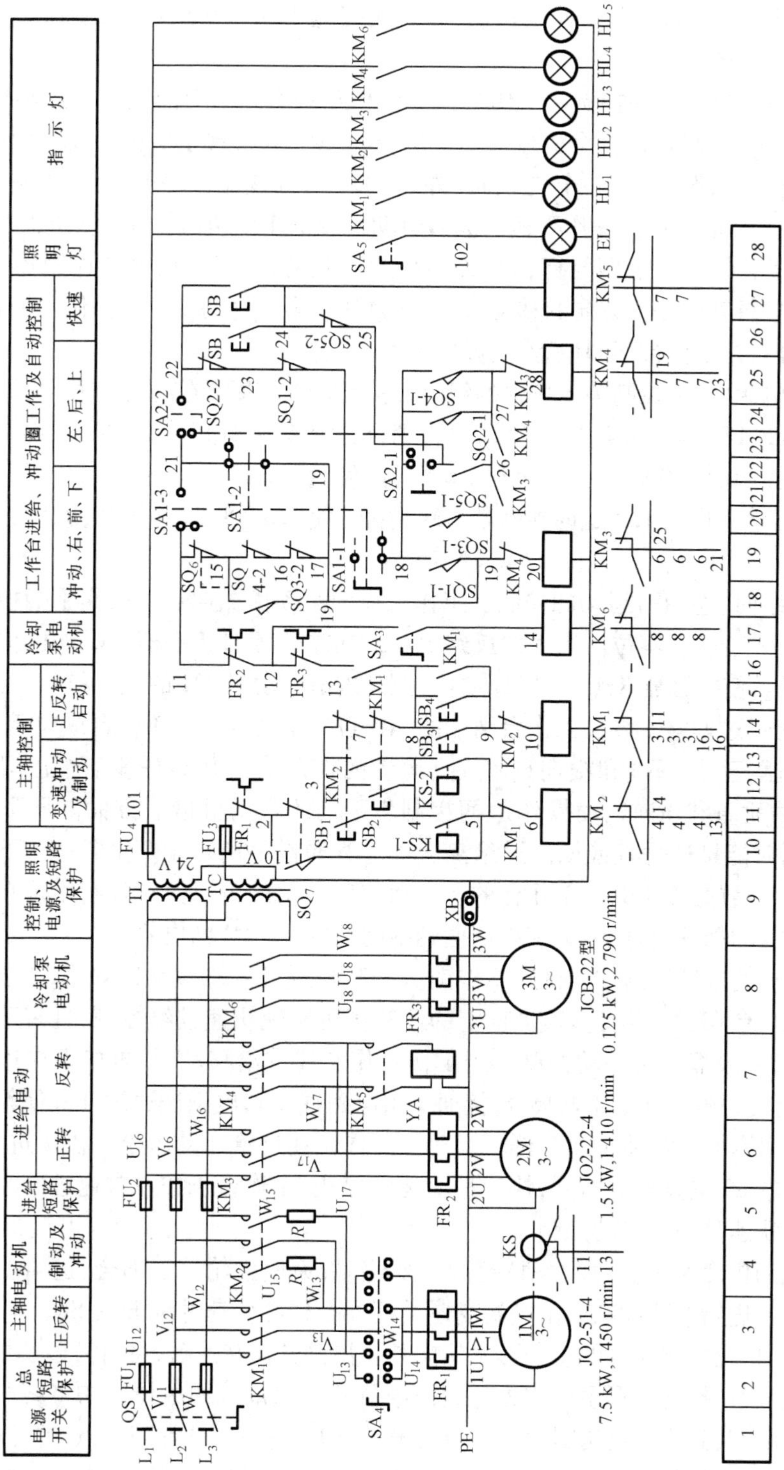

图 5-19 X62W 万能铣床电气原理图

动。当1M转速低于120 r/min时，速度继电器KS的一副常开触点恢复断开，切断KM_2电路，1M停转，完成制动。

f. 主轴电动机变速时的瞬时冲动控制，是利用变速手柄与冲动行程开关SQ_7通过机械上的联动机构完成的。

②工作台进给电动机的控制　工作台在三个相互垂直方向上的运动由进给电动机2M驱动，接触器KM_3和KM_4由两个机械操作手柄控制，使2M实现正反转，用以改变进给运动方向。这两个机械操作手柄，一个是纵向（左、右）运动机械操作手柄，另一个是垂直（上、下）和横向（前、后）运动机械操作手柄。纵向运动机械操作手柄与行程开关SQ_1、SQ_2联动，垂直及横向运动机械操作手柄与行程开关SQ_3、SQ_4联动，相互组成复合连锁控制，使工作台工作时只能进行其中一个方向的移动，以确保操作安全。这两个机械操作手柄各有两套，都是复式的，分设在工作台不同位置上，以实现两地操作。

机床接通电源后，将控制圆工作台的组合开关SA_1扳到断开位置，此时不需圆工作台运动，触点SA1－1(17－18)和SA1－3(11－21)闭合，而SA1－2(19－21)断开，再将选择工作台自动与手动控制的组合开关SA_2扳到手动位置，使触点SA2－1(18－25)断开，而SA2－2(21－22)闭合，然后启动1M，这时接触器KM_1吸合，使KM_1(8－13)闭合，就可进行工作台的进给控制。

a. 工作台纵向（左、右）运动的控制　工作台纵向运动由纵向运动操作手柄控制。手柄有三个位置：向左、向右、零位。当手柄扳到向右或向左位置时J手柄的联动机构压下行程开关SQ_1或SQ_2，使接触器KM_3或KM_4动作，控制进给电动机2M的正、反转。工作台左右运动的行程，可通过调整安装在工作台两端的挡铁位置来实现。当工作台纵向运动到极限

b. 工作台垂直（上、下）和横向（前、后）运动的控制　工作台的垂直（上、下）和横向（前、后）运动由垂直和横向运动操作手柄控制。手柄的联动机械一方面能压下行程开关SQ_3或SQ_4，同时能接通垂直或横向进给离合器。其操作手柄有五个位置：上、下、前、后和中间位置，五个位置是连锁的。工作台的上下和前后运动的极限保护是利用装在床身导轨旁与工作台座上的挡铁，将操纵十字手柄撞到中间位置，使2M断电停转。

c. 工作台快速进给控制　当铣床不作铣切加工时，为提高劳动生产效率，要求工作台能快速移动。工作台在三个相互垂直方向上的运动都可实现快速进给控制，且有手动和自动两种控制方式，一般都采用手动控制。当工作台作常速进给移动时，再按下快速进给按钮SB_5（或SB_6），使接触器KM_5通电吸合，接通牵引电磁铁YA，电磁铁通过杠杆使摩擦离合器合上，减少中间传动装置，使工作台按原运动方向作快速进给运动。松开快速进给按钮时，电磁铁YA断电，摩擦离合器断开，快速进给运动停止，工作台仍按原常速进给时的速度继续运动。可见快速移动是点动控制。

d. 进给电动机变速时瞬动（冲动）控制　变速时，为使齿轮易于啮合，进给变速也设有变速冲动环节。进给变速冲动是由进给变速手柄配合进给变速冲动开关SQ_T盒6实现的。需要进给变速时，应将转速盘的蘑菇形手轮向外拉出并转动转速盘，将所需透黎量的标尺数字对准箭头，然后再把蘑菇形手轮用力拉到极限位置并随即推回原位。在将蘑菇形手轮拉到极限位置的瞬间，其连杆机构瞬时压下行程开关SQ_6，使SQ_6的常闭触点SQ_6(11－15)断开，常开触点SQ_6(15－19)闭合，使KM_3通电，电动机2M正转。由于操作时只使SQ_6瞬时压合，所以KM_3是瞬时接通的，故能达到2M瞬时转动一下，从而保证变速齿轮易于啮合。由于进给变速瞬时冲动的通电回路要经过SQ_1～SQ_4四个行程开关的常闭触点，因此只有

当进给运动的操作手柄都在中间(停止)位置时,才能实现进给变速冲动控制,以保证操作时的安全。同时,与主轴变速时冲动控制一样,电动机的通电时间不能太长,以防止转速过高,在变速时打坏齿轮。

③圆工作台运动的控制　为铣切螺旋槽、弧形槽等曲线,X62W万能铣床附有圆形工作台及其传动机构,可安装在工作台上。圆形工作台的回转运动也是由进给电动机2M经传动机构驱动的。

圆工作台工作时,首先将进给操作手柄扳到中间(停止)位置,然后将组合开关SAl扳到接通位置,这时触点SA1-1(17-18)及SA1-3(11-21)断开,SA1-2(19-21)闭合。按下主轴启动按钮SB_3或SB_4,则接触器KM_1与KM_3相继吸合,主轴电动机1M与进给电动机2M相继启动并运转,进给电动机仅以正转方向带动圆工作台作定向回转运动。由于圆工作台控制电路是经行程开关$SQ_1 \sim SQ_4$的四个行程开关的常闭触点形成闭合回路的,所以操作任何一个长工作台进给手柄,都将切断圆工作台控制电路,实现了圆形工作台和长方形工作台的连锁。若要使圆工作台停止转动,可按主轴停止按钮SB_1或SB_2,则主轴与圆工作台同时停止工作。

④冷却泵电动机的控制与照明电路　冷却泵电动机3M通常在铣削加工时由转换开关SA_3操作。扳至接通位置时,接触器KM_6通电,3M启动,输送切削液,供铣削加工冷却用。

机床照明由照明变压器TL输出24V安全电压,由转换开关SA_5控制照明灯EL。

2. 常见的电气故障及其排除方法

从X62W万能铣床电气控制线路分析中可知,它与机械系统的配合十分密切,例如进给电动机采用电气与机械联合控制,整个电气线路的正常工作往往与机械系统正常工作是分不开的。因此,在出现故障时,正确判断是电气故障还是机械故障以及对电气与机械相配合情况的掌握,是迅速排除故障的关键。同时,X62W万能铣床控制电路连锁较多,这也是其易出现故障的一个方面。下面以几个实例来叙述X62W铣床的常见故障及其排除方法。

(1)主轴停车制动效果不明显或无制动　首先检查按下停止按钮SB_1或SB_2后,反接制动接触器KM_2是否吸合,如KM_2不吸合,可先操作主轴变速冲动手柄,若有冲动,则故障范围就缩小到速度继电器和按钮支路上。若KM_2吸合,则故障就可能是在主电路的KM_2、R制动支路上,可能是二相或三相断路,使主轴停车无制动;或者是速度继电器过早断开,使KM_2过早断开,造成主轴停车制动效果不明显。可见,这个故障较多是由于速度继电器KS发生故障引起的。速度继电器的两对常开触点是用胶木摆杆推动动作的,如果胶木摆杆断裂,将使KS常开触点不能正常闭合,造成主轴停车无制动。另外,KS轴伸端圆销扭弯、磨损或弹性连接件损坏,螺钉、销钉松动或打滑等,都会使主轴停车无制动。若KS常开触点过早断开,则可能是KS动触点的反力弹簧调节过紧或KS的永久磁铁转子的磁性衰减等,这些故障会使主轴停车效果不明显。

(2)主轴停车后短时反向旋转　一般是由于速度继电器KS动触点弹簧调整得过松,使触点复位过迟,导致在反接的惯性作用下主轴电动机出现短时反向旋转。

(3)主轴变速时无瞬时冲动　可能是冲动行程开关SQ_7在频繁压合下,开关位置改变以致压不上或触点接触不良。

(4)按下停止按钮后主轴不停　产生该故障的原因可能有接触器KM_1主触点熔焊;反接制动时两相运行;启动按钮SB_3或SB_4在启动后绝缘被击穿损坏。

(5)工作台不能快速进给　常见原因是牵引电磁铁 YA 电路不通,如线圈烧毁、线头脱落或机械卡死。如果按下 SB_5 或 SB_6 后接触器 KM_5 不吸合,则故障在控制电路部分;若 KM_5 能吸合,且牵引电磁铁 Y 也吸合正常,则故障大多为机械故障,如杠杆卡死或离合器摩擦片间隙调整不当。

(6)工作台控制电路的故障　这部分电路故障较多,现仅举一例说明。工作台能够纵向进给但不能横向或垂直逆给。从故障现象看,工作台能够纵向进给,说明进给电动机 2M、主电路、接触器 KM_3、KM_4 及与纵向进给相关的公共支路都正常,这样就缩小了故障范围。操作垂直和横向进给手柄无送给,可能是由于该手柄压合的行程开关 SQ_3 或 SQ_4 压合不上;也可能是 SQ_1 或 SQ_2 在纵向操纵手柄扳回中间位置后不能复位,引起连锁故障,致使 22－23－17 支路被切断,无法接通进给控制电路。

3. 实训考核设备原理图

上面我们对 X62 万能铣床的工作原理做了详细介绍,下面针对现有的考核设备给出相应原理图,请读者举一反三,自行分析工作流程。原理如图 5－20 所示。

二、T68 卧式镗床电气线路

1. 运动形式

(1)主运动　镗杆(主轴)旋转或平旋盘(花盘)旋转。

(2)进给运动　主轴轴向(进、出)移动、主轴箱(镗头架)的垂直(上、下)移动、花盘刀具溜板的径向移动、工作台的纵向(前、后)和横向(左、右)移动。

(3)辅助运动　有工作台的旋转运动、后立柱的水平移动和尾架垂直移动。

主体运动和各种常速进给由主轴电机 1M 驱动,但各部分的快速进给运动是由快速进给电机 2M 驱动。

2. 电气控制线路的特点

(1)因机床主轴调速范围较大,且恒功率,主轴与进给电动机 1M 采用 Δ/YY 双速电机。低速时,$1U_1$、$1V_1$、$1W_1$ 接三相交流电源,$1U_2$、$1V_2$、$1W_2$ 悬空,定子绕组接成三角形,每相绕组中两个线圈串联,形成的磁极对数 $P=2$;高速时,$1U_1$、$1V_1$、$1W_1$ 短接,$1U_2$、$1V_2$、$1W_2$ 端接电源,电动机定子绕组联结成双星形(YY),每相绕组中的两个线圈并联,磁极对数 $P=1$。高、低速的变换,由主轴孔盘变速机构内的行程开关 SQ_7 控制,其动作说明见表 5－3。

表 5－3　主电动机高、低速变换行程开关动作说明

位置 / 触点	主电动机低速	主电动机高速
SQ_7(11－12)	关	开

(2)主电动机 1M 可正、反转连续运行,也可点动控制,点动时为低速。主轴要求快速准确制动,故采用反接制动,控制电器采用速度继电器。为限制主电动机的启动和制动电流,在点动和制动时,定子绕组串入电阻 R。

(3)主电动机低速时直接启动。高速运行是由低速启动延时后再自动转成高速运行的,以减小启动电流。

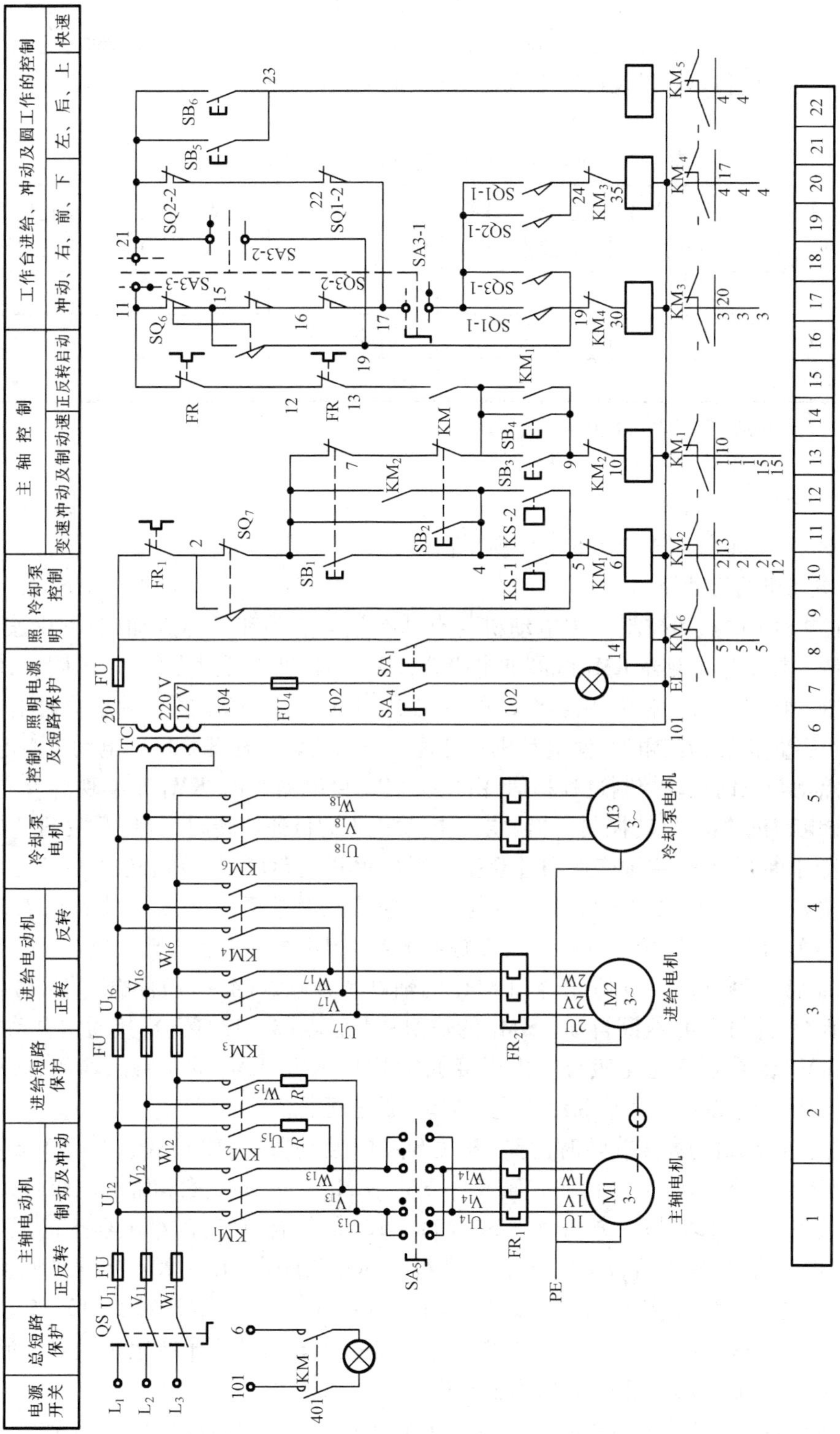

图5－20 X62W万能铣床考核设备电气原理图

(4)在主轴变速或进给变速时,主电动机需要缓慢转动,以保证变速齿轮进入良好啮合状态。主轴和进给变速均可在运行中进行,变速操作时,主电动机便作低速断续冲动,变速完成后又恢复运行。主轴变速时,电动机的缓慢转动是由行程开关 SQ_3 和 SQ_5,进给变速时是由行程开关 SQ_4 和 SQ_6 以及速度继电器 KS 共同完成的,见表 5-4。

表 5-4 主轴变速和进给变速时行程开关动作说明

触点 / 位置	变速孔盘拉出(变速时)	变速后变速孔盘推回	触点 / 位置	变速孔盘拉出(变速时)	变速后变速孔盘推回
SQ_3(4-9)	-	+	SQ_4	-	+
SQ_3(3-13)	+	-	SQ_4(3-13)	+	-
SQ_5(15-14)	+	-	SQ_6(15-14)	+	-

注:"+"表示接通;"-"表示断开。

3. 电气控制线路的分析

T68 卧式镗床电气原理如图 5-21 所示。

1. 主电动机的启动控制

(1)主电动机的点动控制　主电动机的点动有正向点动和反向点动,分别由按钮 SB_4 和 SB_5 控制。按 SB_4 接触器 KM_1 线圈通电吸合,KM_1 的辅助常开触点(3-13)闭合,使接触器 KM_4 线圈通电吸合,三相电源经 KM_1 的主触点,电阻 R 和 KM_4 的主触点接通主电动机 1M 的定子绕组,接法为三角形,使电动机在低速下正向旋转。松开 SB_4 主电动机断电停止。

反向点动与正向点动控制过程相似,由按钮 SB_5、接触器 KM_2、KM_4 来实现。

(2)主电动机的正、反转控制　当要求主电动机正向低速旋转时,行程开关 SQ7 的触点(11-12)处于断开位置,主轴变速和进给变速用行程开关 SQ_3(4-9)、SQ_4(9-10)均为闭合状态。按 SB_2,中间继电器 KA_1 线圈通电吸合,它有三对常开触点,KA_1 常开触点(4-5)闭合自锁;KA_1 常开触点(10-11)闭合,接触器 KM_3 线圈通电吸合,KM_3 主触点闭合,电阻 R 短接;KA_1 常开触点(17-14)闭合和 KM_3 的辅助常开触点(4-17)闭合,使接触器 KM_1 线圈通电吸合,并将 KM_1 线圈自锁。KM_1 的辅助常开触点(3-13)闭合,接通主电动机低速用接触器 KM_4 线圈,使其通电吸合。由于接触器 KM_1、KM_3、KM_4 的主触点均闭合,故主电动机在全电压、定子绕组三角形联结下直接启动,低速运行。

当要求主电动机为高速旋转时,行程开关 SQ_7 的触点(11-12)、SQ_3(4-9)、SQ_4(9-10)均处于闭合状态。按 SB_2 后,一方面 KA_1、KM_3、KM_1、KM_4 的线圈相继通电吸合,使主电动机在低速下直接启动;另一方面由于 SQ_7(11-12)的闭合,使时间继电器 KT(通电延时式)线圈通电吸合,经延时后,KT 的通电延时断开的常闭触点(13-20)断开,KM_4 线圈断电,主电动机的定子绕组脱离三相电源,而 KT 的通电延时闭合的常开触点(13-22)闭合,使接触器 KM_5 线圈通电吸合,KM_5 的主触点闭合,将主电动机的定子绕组接成双星形后,重新接到三相电源,故从低速启动转为高速旋转。

主电动机的反向低速或高速的启动旋转过程与正向启动旋转过程相似,但是反向启动旋转所用的电器为按钮SB_3、中间继电器 KA_2,接触器 KM_3、KM_2、KM_4、KM_5、时间继电器 KT。

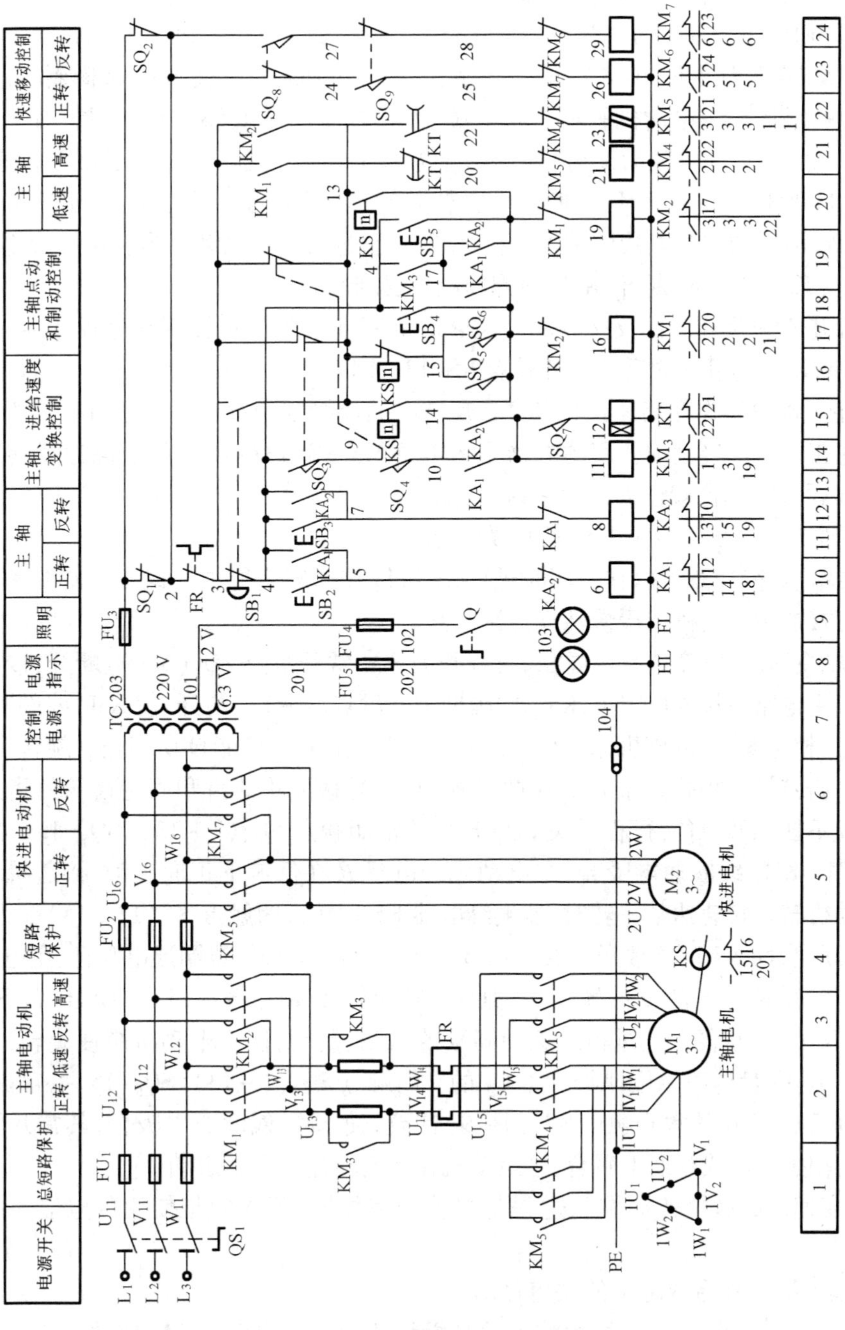

图 5－21　T68 卧式镗床电气原理图

2. 主电动机的反接制动的控制

当主电动机正转时，速度继电器 KS 正转，常开触点 KS(13－18)闭合，而正转的常闭触点 KS(13－15)断开。主电动机反转时，KS 反转，常开触点 KS(13－14)闭合，为主电动机正转或反转停止时的反接制动做准备。按停止按钮 SB_1 后，主电动机的电源反接，迅速制动，转速降至速度继电器的复位转速时，其常开触点断开，自动切断三相电源，主电动机停转。具体的反接制动过程如下所述：

(1)主电动机正转时的反接制动　设主电动机为低速正转时，电器 KA_1、KM_1、KM_3、KM_4 的线圈通电吸合，KS 的常开触点 KS(13－18)闭合。按 SB_1，SB_1 的常闭触点(3－4)先断开，使 KA_1、KM_3 线圈断电，KA_1 的常开触点(17－14)断开，又使 KM_1 线圈断电，一方面使 KM_1 的主触点断开，主电动机脱离三相电源，另一方面使 KM_1(3－13)分断，使 KM_4 断电；SB_1 的常开触点(3－13)随后闭合，使 KM_4 重新吸合，此时主电动机由于惯性转速还很高，KS(13－18)仍闭合，故使 KM_2 线圈通电吸合并自锁，KM_2 的主触点闭合，使三相电源反接后经电阻 R、KM_4 的主触点接到主电动机定子绕组，进行反接制动。当转速接近零时，KS 正转常开触点 KS(13－18)断开，KM_2 线圈断电，反接制动完毕。

(2)主电动机反转时的反接制动　反转时的制动过程与正转制动过程相似，但是所用的电器是 KM_1、KM_4、KS 的反转常开触点 KS(13－14)。

(3)主电动机工作在高速正转及高速反转时的反接制动过程可仿上自行分析。在此仅指明，高速正转时反接制动所用的电器是 KM_2、KM_4、KS(13－18)触点；高速反转时反接制动所用的电器是 KM_1、KM_4、KS(13－14)触点。

3. 主轴或进给变速时主电动机的缓慢转动控制

主轴或进给变速既可以在停车时进行，又可以在镗床运行中变速。为使变速齿轮更好的啮合，可接通主电动机的缓慢转动控制电路。

当主轴变速时，将变速孔盘拉出，行程开关 SQ_3 常开触点 SQ_3(4－9)断开，接触器 KM_3 线圈断电，主电路中接入电阻 R，KM_3 的辅助常开触点(4－17)断开，使 KM_1 线圈断电，主电动机脱离三相电源，所以该机床可以在运行中变速，主电动机能自动停止。旋转变速孔盘，选好所需的转速后，将孔盘推入。在此过程中，若滑移齿轮的齿和固定齿轮的齿发生顶撞时，则孔盘不能推回原位，行程开关 SQ_3、SQ_5 的常闭触点 SQ_3(3－13)、SQ_5(15－14)闭合，接触器 KM_1、KM_4 线圈通电吸合，主电动机经电阻 R 在低速下正向启动，接通瞬时点动电路；主电动机转动转速达某一转时，速度继电器 KS 正转常闭触点 KS(13－15)断开，接触器 KM_1 线圈断电，而 KS 正转常开触点 KS(13－18)闭合，使 KM_2 线圈通电吸合，主电动机反接制动。当转速降到 KS 的复位转速后，则 KS 常闭触点 KS(13－15)又闭合，常开触点 KS(13－18)又断开，重复上述过程。这种间歇的启动、制动，使主电动机缓慢旋转，以利于齿轮的啮合。若孔盘退回原位，则 SQ_3、SQ_5 的常闭触点 SQ_3(3－13)、SQ_5(15－14)断开，切断缓慢转动电路。SQ_3 的常开触点 SQ_3(4－9)闭合，使 KM_3 线圈通电吸合，其常开触点(4－17)闭合，又使 KM_1 线圈通电吸合，主电动机在新的转速下重新启动。

进给变速时的缓慢转动控制过程与主轴变速相同，不同的是使用的电器是行程开关 SQ_4、SQ_6。

4. 主轴箱、工作台或主轴的快速移动

该机床各部件的快速移动，由快速手柄操纵快速移动电动机 2M 拖动完成的。当快速手柄扳向正向快速位置时，行程开关 SQ_9 被压动，接触器 KM_6 线圈通电吸合，快速移动电动机 2M 正转。同理，当快速手柄扳向反向快速位置时，行程开关 SQ_8 被压动，KM_7 线圈通电吸合，2M 反转。

5. 主轴进刀与工作台连锁

为防止镗床或刀具的损坏，主轴箱和工作台的机动进给，在控制电路中必须互连锁，不能同时接通，它是由行程开关 SQ_1、SQ_2 实现。若同时有两种进给时，SQ_1、SQ_2 均被压动，切断控制电路的电源，避免机床或刀具的损坏。

4. T68 卧式镗床电气线路的故障与维修

这里仅选一些有代表性的故障作分析和说明。

(1)主轴的转速与转速指示牌不符　这种故障一般有两种现象,一种是主轴的实际转速比标牌指示数增加或减少一倍;另一种是电动机的转速没有高速挡或者没有低速挡。这两种故障现象,前者大多由于安装调整不当引起,因为 T68 镗床有 18 种转速,是采用双速电动机和机械滑移齿轮来实现的。变速后,1,2,4,6,8,…是电动机以低速运转驱动,而 3,5,7,9,…档是电动机以高速运转驱动。主轴电动机的高低速转换是靠微动开关 SQ_7 的通断来实现,微动开关 SQ_7 安装在主轴调速手柄的旁边,主轴调速机构转动时推动一个撞钉,撞钉推动簧片使微动开关 SQ_7 通或断,如果安装调整不当,使 SQ_7 动作恰恰相反,则会发生主轴的实际转速比标牌指示数增加或减少一倍。

后者的故障原因较多,常见的是时间继电器 KT 不动作,或微动开关 SQ_7 安装的位置移动,造成 SQ_7 始终处于接通或断开的状态等。如果 KT 不动作或 SQ_7 始终处于断开状态,则主轴电动机 1M 只有低速;若 SQ_7 始终处于接通状态,则 1M 只有高速。但要注意,如果 KT 虽然吸合,但由于机械卡住或触点损坏,使常开触点不能闭合,则 1M 也不能转换到高速挡运转,而只能在低速挡运转。

(2)主轴变速手柄拉出后,主轴电动机不能冲动,产生这一故障一般有两种现象,一种是变速手柄拉出后,主轴电动机 1M 仍以原来转向和转速旋转;另一种是变速手柄拉出后,1M 能反接制动,但制动到转速为零时,不能进行低速冲动。产生这两种故障现象的原因,前者多数是由于行程开关 SQ_3 的常开触点 SQ_3(4－9)由于质量等原因绝缘被击穿造成。而后者则由于行程开关 SQ_3 和 SQ_5 的位置移动、触点接触不良等,使触点 SQ_3(3－13)、SQ_5(14－15)不能闭合或速度继电器的常闭触点 KS(13－15)不能闭合所致。

(3)主轴电动机 1M 不能进行正反转点动、制动及主轴和进给变速冲动控制 产生这种故障的原因,往往在上述各种控制电路的公共回路上出现故障。如果伴随着不能进行低速运行,则故障可能在控制线路 13－20－21－0 中有断开点,否则故障可能在主电路的制动电阻器 R 及引线上有断开点,若主电路仅断开一相电源时,电动机还会伴有缺相运行时发出的嗡嗡声。

(4)主轴电机正转点动、反转点动正常,但不能正反转 故障可能在控制线路 4－9－10－11－KM_3 线圈－0 中有断开点。

(5)主轴电机正转、反转均不能自锁,故障可能在 4－KM_3(4－17)常开－17 中。

(6)主轴电机不能制动　可能原因有(1)速度继电器损坏,(2)SB_1 中的常开触点接触不良,(3)3、13、14、16 号线中有脱落或断开,(4)KM_2(14－16)、KM_1(18－19)触点不通。

(7)主轴电机点动、低速正反转及低速接制动均正常,但高、低速转向相反,且当主轴电机高速运行时,不能停机 可能的原因是误将三相电源在主轴电机高速和低速运行时,都接成同相序所致,把 $1U_2$、$1V_2$、$1W_2$ 中任两根对调即可。

(8)不能快速进给　故障可能在 2－24－25－26－KM_6 线圈－0 中有断路。

三、TK－20/5t 型桥式起重机电气线路

1. 原理图

如图 5－22 和图 5－23 所示。

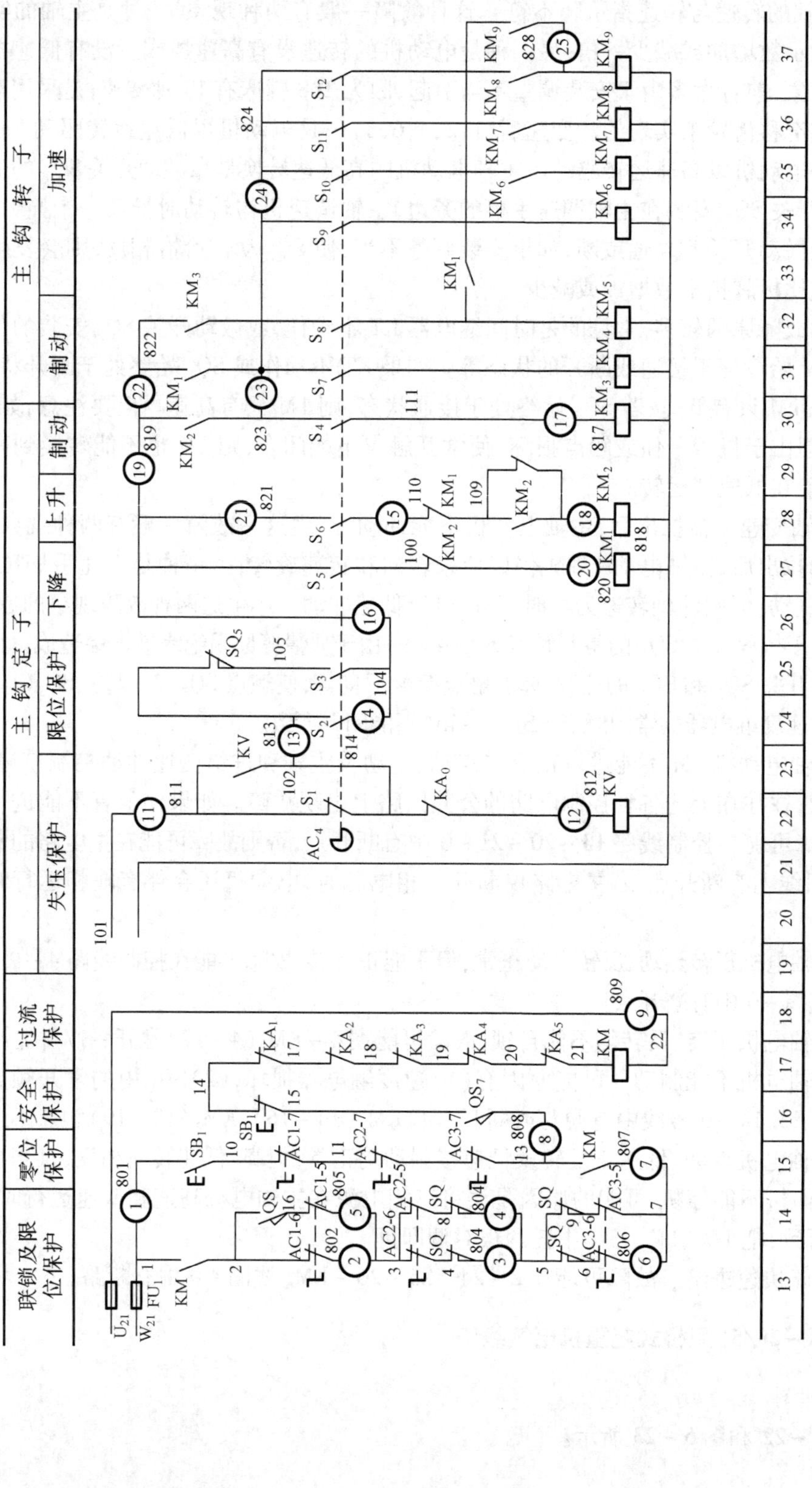

图 5－22 TK－20/5t 型桥式起重机电气原理与故障排除

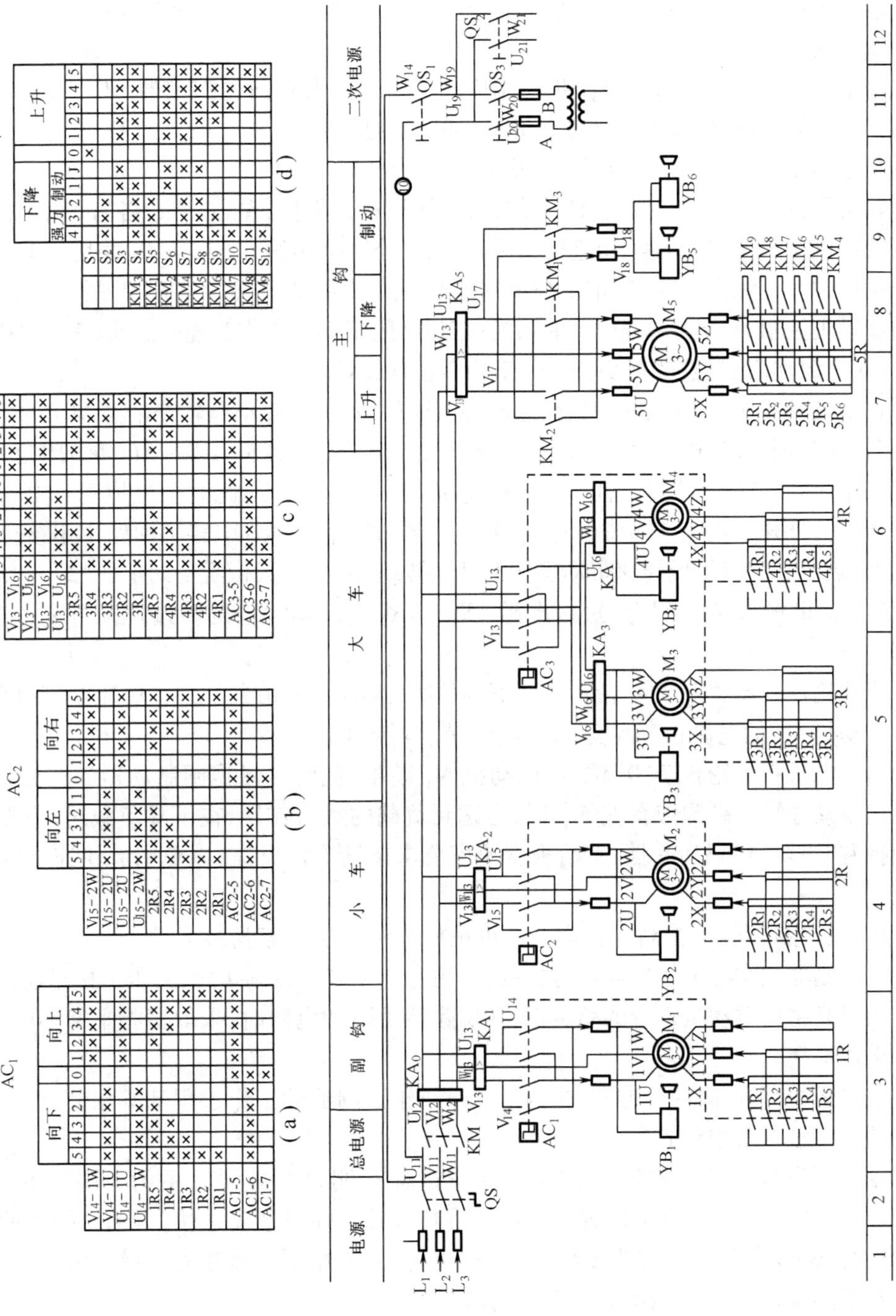

图 5-23　TK-20/5t 型桥式起重机电气线路主电路图

(a)副钩凸轮控制器触头分合表；(b)小车凸轮控制器触头分合表；

(c)大车凸轮控制器触头分合表；(d)主合控制器触头分合表(X—触头闭合；O—触头转向 0 时闭合)

2. 机床分析

(1)凸轮控制器的控制　起重机的大车、小车和副钩电动机容量都较小,一般采用凸轮控制器控制。

由于大车被两台电动机 M_3 和 M_4 同时拖动,所以大车凸轮控制器 AC_3 比 AC_1 和 AC_2 多用了5对常开触头,以供切除电动机 M_4 的转子电阻 $4R_1 \sim 4R_5$ 用。大车、小车和副钩的控制过程基本相同。下面以副钩为例,说明控制过程。

副钩凸轮控制器 AC_1 共有11个位置,中间位置是零位,左、右两边各有5个位置,用来控制电动机 M_1 在不同转速下的正、反转,即用来控制副钩的升、降。AC_1 共用了12副触头,其中4对常开主触头控制 M_1 定子绕组的电源,并换接电源相序以实现 M_1 的正反转;5对常开辅助触头控制 M_1 转子电阻 $1R$ 的切换;三对常闭辅助触头作为连锁触头,其中 AC1 -5 和 AC1 -6 为 M_1 正反转连锁触头,AC1 -7 为零位连锁触头。

在主接触器 KM 线圈获电吸合,总电源接通的情况下,转动凸轮控制器 AC_1 的手轮至向上的"1"位置时,AC_1 的主触头 V_{13} -1W 和 U_{13} -1U 闭合,触头 AC1 -5(8区)闭合,AC1 -6(7区)和 AC1 -7(9区)断开,电动机 M_1 接通三相电源正转(此时电磁抱闸)YB_1 获电,闸瓦与闸轮已分开),由于5对常开辅助触头(2区)均断开,故 M_1 转子回路中串接全部附加电阻 $1R$ 启动,M_1 以最低转速带动副钩上升。转动 AC_1 手轮,依次到向上的"2"~"5"位时,5对常开辅助触头依次闭合,短接电阻 $1R_5 \sim 1R_1$,电动机 M_1 的转速逐渐升高,直到预定转速。

当凸轮控制器 AC_1 的手轮转至向下挡位时,这时由于触头 V_{13} -1U 和 U_{13} -1W 闭合,接入电动机 M_1 的电源相序改变,M_1 反转,带动副钩下降。

若断电或将手轮转至"0"位时,电动机 M_1 断电,同时电磁抱闸制动器 YB_1 也断电,M_1 被迅速制动停转。副钩带有重负载时,考虑到负载的重力作用,在下降负载时,应先把手轮逐渐扳到"下降"的最后一挡,然后根据速度要求逐渐退回升速,以免引起快速下降而造成事故。

(2)主令控制器的控制　主钩电动机是桥式起重机中容量最大的一台电动机,一般采用主令控制器配合磁力控制器进行控制,即用主令控制器控制接触器,再由接触器控制电动机。为提高主钩电动机运行的稳定性,在切除转子附加电阻时,采取三相平衡切除,使三相转子电流平衡。

主钩运行有升、降两个方向,主钩上升与凸轮控制器的工作过程基本相似,区别仅在于它是通过接触器来控制的。

主钩下降时与凸轮控制器控制的动作过程有明显的差异。主钩下降有6挡位置。"J"、"1"、"2"挡为制动下降位置。防止在吊有重载下降时速度过快,电动机处于倒位反接制动运行状态;"3"、"4"、"5"挡为强力下降位置,主要用于轻负载时快速强力下降,主令控制器在下降位置时,6个挡次的工作情况如下:

①手柄板到制动下降位置"J"挡　由主令控制器 AC_4 的触头分合表(图5-23(d))可知,常闭触头 S_1(18区)断开,常开触头 S_3(21区)、S_6(23区)、S_7(26区)、S_8(27区)闭合。触头 S_3 闭合,位置开关 SQ_5(21区)串入电路起上升限位保护;触头 S_6 闭合,提升接触器 KM_2 线圈(23区)获电,KM_2 连锁触头(22区)分断对 KM_1 连锁,KM_2 主触头(13区)和自锁触头(23区)闭合,电动机 M_5 定子绕组通入三相正序电压,KM_2 常开辅助触头(25区)闭合,为切除各级转子电阻 $5R$ 的接触器 $KM_4 \sim KM_9$ 和为制动接触器 KM_3 接通电源作准备;触

头 S_7、S_8 闭合，接触器 KM_4（26 区）和 KM_5（27 区）线圈获电吸合，KM_4 和 KM_5 常开触头（13 区、14 区）闭合，转子切除两级附加电阻 $5R_6$ 和 $5R_5$。这时，尽管电动机 M_5 已接通电源，但由于主令控制器的常开触头 S_4（25 区）未闭合，接触器 KM_3（25 区）线圈不能获电，故电磁抱闸制动器 YB_5、YB_6 线圈也不能获电，制动器未释放，电动机 M_5 仍处于抱闸制动状态，因而电动机虽然加正序电压产生正向电磁转矩，电动机 M_5 也不能启动旋转。这一挡是下降准备挡，将齿轮等传动部件啮合好，以防下放重物时突然快速运动而使传动机构受到剧烈的冲击。手柄置于“J”挡时，时间不宜过长，以免烧坏电气设备。

②手柄板到制动下降位置“1”挡　此时主令控制器 AC_4 的触头 S_3、S_4、S_6、S_7 闭合。触头 S_3 和 S_6 仍闭合，保证串入提升限位开关 SQ_5 和正向接触器 KM_2 通电吸合；触头 S_4 和 S_7 闭合，使制动接触器 KM_3 和接触器 KM_4 获电吸合，电磁抱闸制动器 YB_5 和 YB_6 的抱闸松开，转子切除一级附加电阻 $5R_6$。这时电动机 M_5 能自由旋转，可运转于正向电动状态（提升重物）或倒拉反接制动状态（低速下放重物）。当重物产生的负载倒拉力矩大于电动机产生的正向电磁转矩时，电动机 M_5 运转在负载倒拉反接制动状态，低速下放重物；反之，则重物不但不能下降反而被提升，这时必须把 AC_4 的手柄迅速板到下一挡。

接触器 KM_3 通电吸合时，与 KM_2 和 KM_1 常开触头（25 区、26 区）并联的 KM_3 的自锁触头（27 区）闭合自锁，以保证主令控制器 AC_4 进行制动下降“2”挡和强力下降“3”挡切换时，KM_3 线圈仍通电吸合，YB_5 和 YB_6 处于非制动状态，防止换挡时出现高速制动而产生强烈的机械冲击。

③手柄板到制动下降位置“2”挡　此时主令控制器触头 S_3、S_4、S_6 仍闭合，触头 S_7 分断，接触器 KM_4 线圈断电释放，附加电阻全部接入转子回路，使电动机产生的电磁转矩减小，重负载下降速度比“1”挡时加快。这样，操作者可根据重负载情况及下降速度要求，适当选择“1”挡或“2”挡下降。

④手柄板到强力下降位置“3”挡　主令控制器 AC_4 的触头 S_2、S_4、S_5、S_7、S_8 闭合。触头 S_2 闭合，为下面通电作准备。因为“3”挡为强力下降，这时提升位置开关 SQ_5（21 区）失去保护作用。控制电路的电源通路改由触头 S_2 控制；触头 S_5 和 S_4 闭合，反向接触器 KM_1 和制动接触器 KM_3 获电吸合，电动机 M_5 定子绕组接入三相负序电压，电磁抱闸 YB_5 和 YB_6 的抱闸松开，电动机 M_5 产生反向电磁转矩；触头 S_7 和 S_8 闭合，接触器 KM_4 和 KM_5 获电吸合，转子中切除两级电阻 $5R_6$ 和 $5R_5$。这时，电动机 M_5 运转在反转电动状态（强力下降重物），且下降速度与负载重量有关。若负载较轻（空钩或轻载），则电动机 M_5 处于反转电动状态；若负载较重，下放重物的速度很高，使电动机转速超过同步转速，则电动机 M_5 将进入再生发电制动状态。负载越重，下降速度越大，应注意操作安全。

⑤手柄板到强力下降位置“4”挡　主令控制器 AC_4 的触头除“3”挡闭合外，又增加了触头 S_9 闭合，接触器 KM_6（29 区）线圈获电吸合，转子附加电阻 $5R_4$ 被切除，电动机 M_5 进一步加速运动，轻负载下降速度变快。另外 KM_6 常开辅助触头（30 区）闭合，为接触器 KM_7 线圈获电作准备。

⑥手柄板到强力下降位置“5”挡　主令控制器 AC_4 的触头除“4”挡闭合外，又增加了触头 S_{10}、S_{11}、S_{12} 闭合，接触器 KM_7 ~ KM_9 线圈依次获电吸合（因在每个接触器的支路中，串接了前一个接触器的常开触头），转子附加电阻 $5R_3$、$5R_2$、$5R_1$ 依次逐级切除，以避免过大的冲击电流，同时电动机 M_5 旋转速度逐渐增加，待转子电阻全部切除后，电动机以最高转速运行，负载下降速度最快。此挡若负载很重，使实际下降速度超过电动机的同步转速时，电动

机进入再生发电制动状态，电磁转矩变成制动力矩，保证了负载的下降速度不致太快，且在同一负载下，“5”挡下降速度要比“4”挡和“3”挡速度低。

电压继电器 KV 实现主令控制器 AC_4 的零位保护。

3. TK－20/5t 桥式起重机电气常见故障分析

桥式起重机的结构复杂，工作环境恶劣，某些主要电气设备和元件密封条件较差，同时工作频繁，故障率较高。为保证人身与设备的安全，必须坚持经常性的维护保养和检修。

(1)合上电源总开关 QS_1 并按下启动按钮 SB 后，主接触器 KM 不吸合　产生这种故障的可能原因：线路无电压，熔断器 FU_1 熔断，紧急开关 QS_4 或安全开关 SQ_7、SQ_8、SQ_9 未合上，主接触器 KM 线圈断路，各凸轮控制器没在零位，AC2－7、AC3－7 触头分断；过电流继电器 KA_1－KA_5 动作后没复位。

(2)主接触器 KM 吸合后，过电流继电器 KA_1－KA_5 立即动作　故障原因：凸轮控制器 AC_1－AC_3 电路接地，电动机 M_1－M_4 绕组接地，电磁抱闸 YB_1－YB_4 线圈接地。

(3)当电源接通转动凸轮控制器手轮后，电动机不启动　故障原因：凸轮控制器主触头接触不良。

四、TK－CA6140 普通车床电气线路

1. CA6140 普通车床电气线路的工作原理(图 5－24)

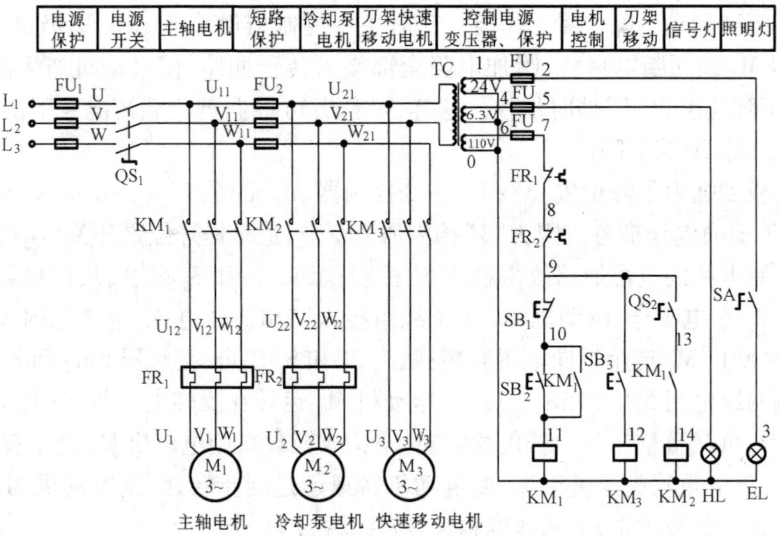

图 5－24　TK－CA6140 普通车床电气原理图

(1)主要结构及运动形式　图 5－25 是 CA6140 普通车床的外形图。

它主要由床身、主轴、进给箱、溜板箱、刀架、丝杆、光杆、尾座等部分组成。

车床的切削运动包括工件旋转的主运动和刀具的直线进给运动。根据工件的材料性质、车刀材料及几何形头、工件直径、加工方式及冷却条件的不同，要求主轴有不同的切削速度。

车床的进给运动是刀架带动刀具的直线运动。溜板箱把丝杆或光杆的转动传递给刀架部分，变换溜板箱外的手柄位置，经刀架部分使车辆做纵向或横向进给。

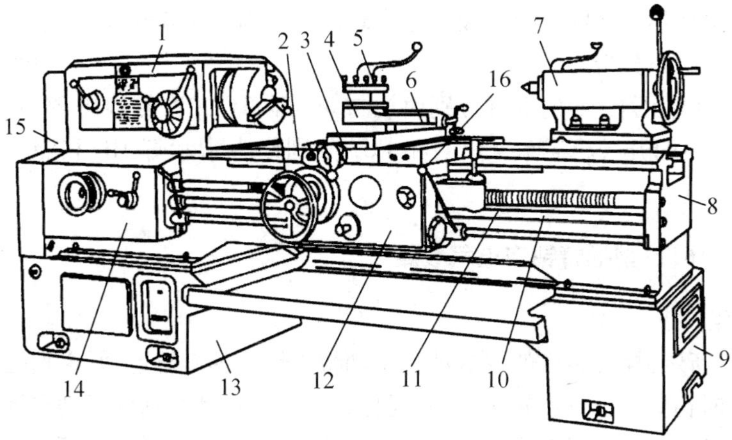

图 5-25　CA6140 普通车床的外形图

1—主轴箱;2—纵溜板;3—横溜板;4—转盘;5—主刀架;6—小溜板;
7—尾座;8—床身;9—右床座;10—光杠;11—丝杠;
12—溜板箱;13—左床座;14—进给箱;15—挂轮架;16—操纵手柄

车床的辅助运动为机床上除切削运动以外的其他一切必需的运动,如尾架的纵向移动,工件的夹紧与放松等。

(2)电力拖动特点及控制要求　CA6140 型普通车床是一种中型车床,除有主轴电动机 M_1 和冷却泵电动机 M_2 外,还设置了刀架快速移动电动机 M_3。它的控制特点如下:

①主拖动电动机一般选用三相笼型异步电动机,为满足调速要求,采用机械变速。

②为车削螺纹,主轴要求正、反转。采用机械方法来实现。

③采用齿轮箱进行机械有级调速。主轴电动机采用直接启动,为实现快速停车,一般采用机械制动。

④设有冷却泵电动机,且要求冷却泵电动机应在主轴电动机启动后方可选择启动与否;当主轴电动机停止时,冷却泵电动机应立即停止。

为实现溜板箱的快速移动,由单独的快速移动电动机拖动,采用点动控制。

2. 电气控制线路分析

(1)主电路分析　图中 QS_1 为电源开关;FU_1 为主轴电动机 M_1 的短路保护用熔断器;FR_1 为其过载保护用热继电器。由接触器 KM_1 的主触点控制主轴电动机 M_1。

图中 KM_2 为接通冷却泵电动机 M_2 的接触器,FR_2 为 M_2 过载保护用热继电器。KM_3 为接通快速移动电动机 M_3 的接触器,由于 M_3 点动短时运转,故不设置热继电器。

(2)控制电路分析　控制电路的电源由控制变压器 TC 的二次侧输出 110 V 电压提供。

(3)主轴电动机 M_1 的控制　当按下启动按钮 SB_2 时,接触器 KM_1 线圈通电,KM_1 主触点闭合,KM 自锁触头闭合,M_1 启动运转。KM 常开辅助触头闭合为 KM_2 获电作准备。停车时,按下停止按钮 SB_1 即可。主轴的正反控制采用多片摩擦离合器来实现的。

(4)冷却泵电动机 M_2 的控制　主轴电机 M_1 与冷却电机 M_2 两台电机之间实现顺序控制。只有当电机 M_1 启动运转后,合上旋钮开关 QS_2,KM_2 才会获电,其主触头闭合使电机 M_2 运转。

(5)刀架的快速移动电机 M_3 的控制　刀架快速移动的电路为点动控制，刀架移动方向的改变，是由进给操作手柄配合机械装置来实现的。如需要快速移动，按下按钮 SB_3 即可。

3. 照明、信号电路分析

照明灯 EL 和指示灯 HL 的电源分别由控制变压器 TC 二次侧输出 24 V 和 6.3 V 电压提供；开关 SA 为照明开关；熔断器 FU_3 和 FU_4 分别作为指示灯 HL 和照明灯 EL 的短路保护。

五、Z3040×16(Ⅰ)型摇臂钻床电气线路

1. 控制电路特点

如图 5－26 所示，摇臂钻床的主运动为主轴带着钻头的旋转运动；主轴的前进移动为进给运动，即钻孔时钻头一面作旋转运动，同时作纵向进给运动。辅助运动有摇臂连同外立柱围绕着内立柱的回转运动，摇臂沿外立柱的上升、下降运动，主轴箱在摇臂上的左右运动等。

下面以 Z3040×16(Ⅰ)型摇臂钻床为例分析其电气控制。它的控制特点如下：

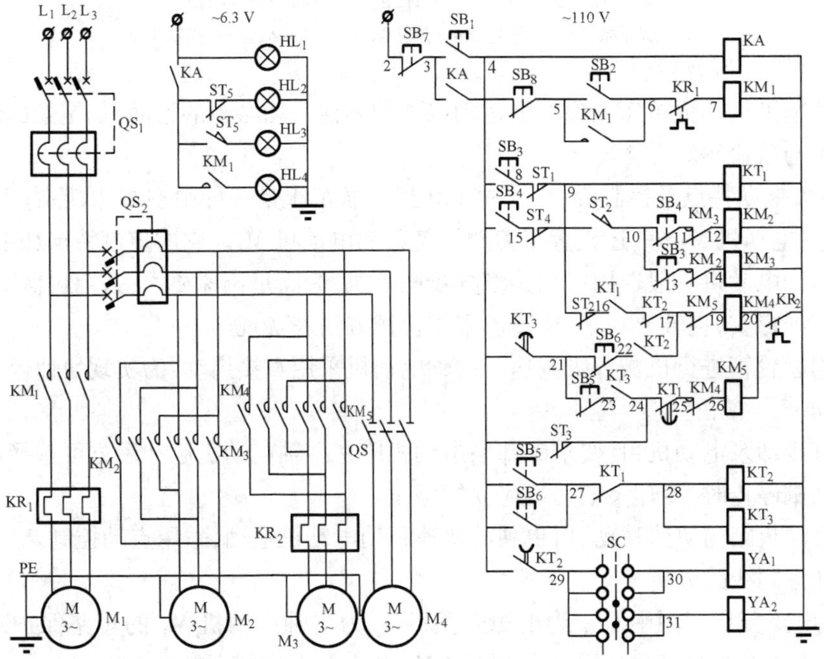

图 5－26　Z3040×16(Ⅰ)型摇臂钻床电气控制电路图

(1)控制电路设有总启动按钮 SB_1 和总停止按钮 SB_7，便于操纵和紧急停车。

(2)主电路由隔离开关 QS_1、QS_2 进行保护。隔离开关中的电磁脱扣作为短路保护，从而取代了熔断器。长期运转的主电动机 M_1 与液压泵电动机 M_3 设有热继电器 KR_1、KR_2 作长期过载保护。

(3)采用 4 台电动机拖动，它们是主电动机 M_1、摇臂升降电动机 M_2、液压泵电动机 M_3 及冷却泵电动机 M_4。液压泵电动机拖动液压泵供压力油，经液压传动系统实现立柱与主轴箱的放松与夹紧及摇臂的放松与夹紧，并与电气配合实现摇臂升降与夹紧放松的自动控制。

由于这4台电动机容量较小,故均采用直接启动控制。

(4)摇臂的移动严格按照摇臂松开→移动→摇臂夹紧的程序进行。为此,要求夹紧放松作用的液压泵电动机 M_3 与摇臂升降电动机 M_2 按一定顺序启动工作,由摇臂松开行程开关 ST_2 与夹紧行程开关 ST_3 发出控制信号进行控制。

(5)机床具有信号指示装置,对机床的每一主要动作做出显示,这样便于操作和维修。其中 HL_1 为电源指示灯;HL_2 为立柱与主轴箱松开指示灯;HL_3 为立柱与主轴箱夹紧指示灯;HL_4 为主轴电动机旋转指示灯。

(6)摇臂的夹紧放松与摇臂升降按自动控制进行,而立柱和主轴箱的夹紧放松可以单独操作,也可以同时进行,由转换开关 SC 和按钮 SB_5 或 SB_6 控制。

2. 控制电路分析

(1)开车前的准备　首先将隔离开关接通,同时将电气控制箱门关好,然后将电源引入开关 QS_1 扳到"接通"位置,引入三相交流电源,此时总电源指示灯 HL_1 亮,表示机床电气电路已进入带电状态。按下总启动按钮 SB_1,中间继电器 KA 线圈通电吸合并自保,为主电动机及其他电动机启动作准备,同时触点 KA 闭合,为其他3个指示灯通电作准备。

(2)主电动机的控制　主轴电动机 M_1 由启动、停止按钮 SB_2、SB_8 和接触器 KM_1 构成电动机单方向旋转控制电路。当 KM_1 线圈通电吸合,M_1 启动旋转时,主电动启动指示灯 HL_4 亮,当 M_1 停转时,HL_4 灭。

(3)摇臂升降控制　摇臂的移动必须先将摇臂松开再移动,移动到位后摇臂自动夹紧,因此摇臂移动过程是对液压泵电动机 M_3 和摇臂升降电动机 M_2 按一定程序进行自动控制的过程。下面以摇臂上升为例说明。按下摇臂上升按钮 SB_3,时间继电器 KT_1 线圈通电吸合。触点 KT_1(16-17)闭合,触器 KM_4 吸合,其主触点闭合,接通电源使液压泵电动机 M_3 正向旋转,供出压力油。压力油经分压阀进入摇臂的松开油腔,推动活塞移动,活塞推动菱形块,将摇臂松开。同时,活塞杆通过弹簧片压动行程开关 ST_2,使其触点 ST_2(9-16)断开,使 KM_4 线圈断电释放;另一触点 ST_2(9-10)闭合,使 KM_2 线圈通电吸合。前者使液压泵电动机 M_3 停止转动,后者使摇臂升降电动机 M_2 启动正向旋转,带动摇臂上升移动。当摇臂上升到所需位置时,松开摇臂上升按钮 SB_3,接触器 KM_2 和时间继电器 KT_1 线圈同时断电释放,摇臂升降电动机 M_2 停止,摇臂停止上升。但时间继电器 KT_1 为断电延时型,所以在摇臂停止上升后1~3 s其延时闭合触点 KT_1(24-25)闭合,接触器 KM_5 线圈才通电吸合,使液压泵电动机 M_3 通电反向旋转,供出压力油经分配阀进入摇臂的夹紧油腔,经夹紧机构将摇臂夹紧。在摇臂夹紧的同时,活塞杆通过弹簧片使行程开关 ST_3 压下,触点 ST_3(4-24)断开,切断接触器 KM_5 的线圈电路,KM_5 断电释放,液压泵电动机停止转动,完成了摇臂先松开,后移动,再夹紧的整套动作。

(4)摇臂下降的控制过程与上升相似。

(5)摇臂升降电动机的正反转接触器 KM_2、KM_3 采用电气与机械的双重互锁,确保电路的安全工作。由于摇臂的上升与下降是短时间的调整工作,所以采用点动控制方式。行程开关 ST_1 与 ST_4 常闭触点分别串接在按钮 SB_3、SB_4 常开按钮之后,起摇臂上升与下降的限位保护。

(6)立柱与主轴箱松开与夹紧的控制　立柱和主轴箱的松开与夹紧既可以同时进行又可以单独进行,由转换开关 SC 与按钮 SB_5 或 SB_6 控制。转换开关 SC 有3个位置,扳到中间位置时,立柱和主轴箱的松开与夹紧同时进行;扳到左边位置时,立柱被夹紧与放松;扳到右边位置时，主轴箱单独夹紧与放松。SB_5 为松开按钮，SB_6 为夹紧按钮。当转换开关 SC 置于中间位置时，触点 SC(29－30)与触点 SC(29－31)闭合，若使立柱与主轴箱同时松开，则按下 SB_5，时间继电器 KT_2、KT_3 线圈同时通电并吸合。KT_2 是断电延时型，KT_3 是通电延时型。触点 KT_2(4－29)在通电瞬间闭合，主轴箱松紧电磁铁 YA_1 和立柱松紧电磁铁 YA_2 同时通电吸合，为主轴箱与立柱同时松开作准备。而另一时间继电器 KT_3 的触点 KT_3(4－21)经 1～3 s 延时闭合，使接触器 KM_4 线圈通电吸合，液压泵电动机 M_3 通电正向旋转，压力油经分配阀进入立柱和主轴箱的松开油缸，推动活塞使立柱和主轴箱松开。同时活塞杆使行程开关 ST4 复位，触点闭合，立柱与主轴箱松开，指示灯 HL_2 亮。当立柱与主轴箱松开后，可在手动下使立柱回转或主轴箱作径向移动。当移动到位后，可按下夹紧按钮 SB_6，电路工作情况与松开时相似，故不再复述。至于主轴箱与立柱的单独松开与夹紧，只要将转换开关 SC 扳到相应位置，再控制 SB_5 与 SB_6 即可实现。

上述的放松与夹紧均系短时的调整工作，均采用点动控制。

机床安装后，接通电源，可利用立柱和主轴箱的夹紧放松来检查电源相序。当电源相序正确后，再调整摇臂升降电机的接线。

第五节　电气控制线路的故障检查

生产机械在日常使用过程中，或因人为因素，或因设备本身等原因。会产生故障。电气控制线路的故障排除，必须建立在掌握电气原理、熟悉电器位置的基础上，根据故障现象，采取适当方法，查明故障原因，最后将故障予以排除。在排查故障过程中，必须做到"有的放矢"，切不可盲目乱动，以致于没故障"查"出有故障，小故障"查"成大故障。

掌握各种故障检查方法，并在生产实践中合理运用，是高水平维修人员的技术体现。本节将介绍电气控制线路的常用故障检查方法。

一、直观检查法

直观检查法适用于各种"硬"故障。引起设备故障的原因不外乎机械和电气两方面。机械方面主要表现为磨损、破损、卡阻、不灵活等。电气方面的原因不外乎电压太高引起击穿或电流太大引起发热严重甚至烧毁。

直观检查法，就是根据故障发生后所具有的外部特征，进行故障排查，如根据冒烟、发黑、发烫、焦臭味、断裂、连接不可靠、不灵活等现象的检查，找出故障点，查明原因，予以排除。

二、电阻检查法

电阻检查法是利用万用表的欧姆挡，对电路进行断电后的电阻测查，进而找出故障所在。这是一种常用的、安全的、有效的排查故障的方法。

电阻的检查可用两种方法进行，图 5－27(a)所示为分段测量法，图 5－27(b)所示为分阶测量法。

测量前，先断开电源，然后按住启动按钮，在分段测量法中，依次测量 1－2、2－3、3－4、4－5 的电阻值，依测量结果找寻故障点；在分阶测量法中，依次测量 0－1、0－2、0－3、0－4、

0－5 间的电阻，依测量结果找寻故障点。正常情况下，只有接触器线圈上电阻较大。

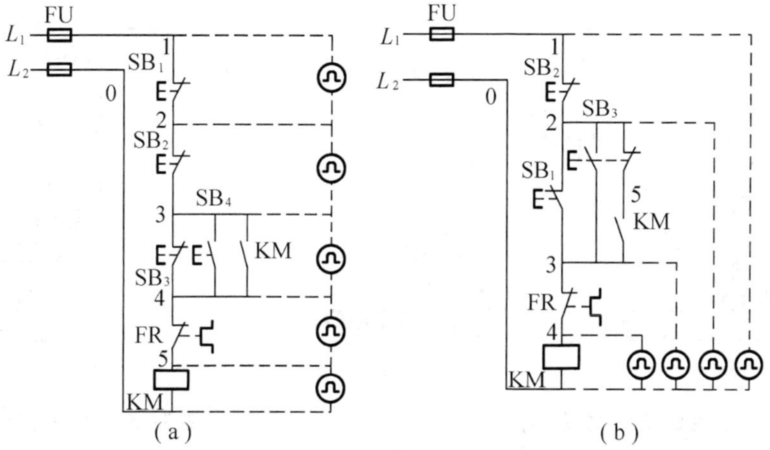

图 5－27　电阻分段测量法、分阶测量法

(a)电阻分段测量法；(b)电阻分阶测量法

在电阻检查法中，若两点间有并联电路，则在测一路电阻时，其余并联的电路应予断开。

三、电压检查法

电压检查法是利用万用表的交流电压挡对线路进行带电测量，根据测量结果找寻故障点。这是一种常用有效的方法。

与电阻检查法相同的是电压的测取点既可采用分阶测量法，也可采用分段测量法，如图 5－28、图 5－29 所示。

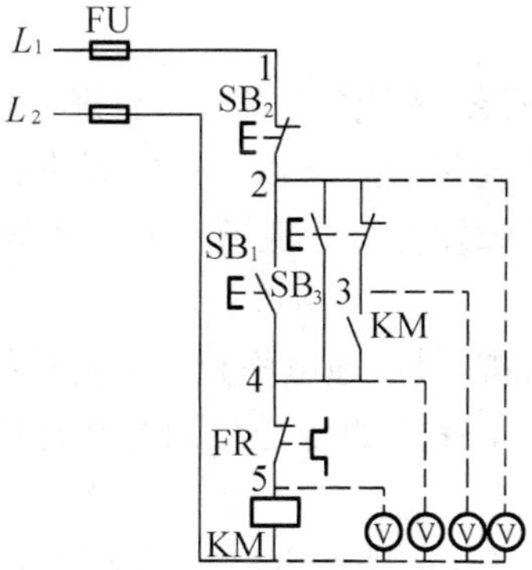

图 5－28　电压分阶测量法

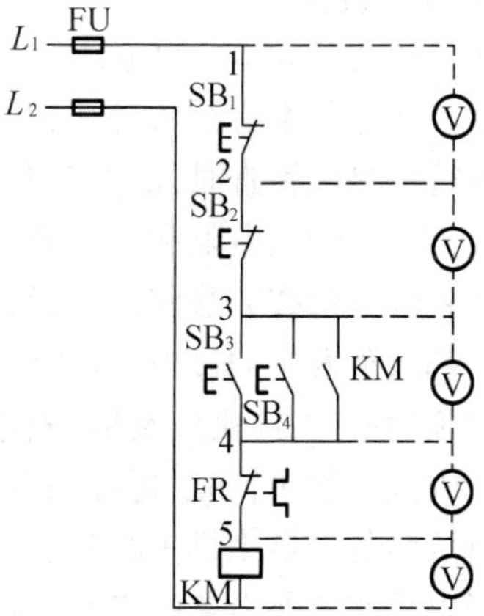

图 5－29　电压分段测量法

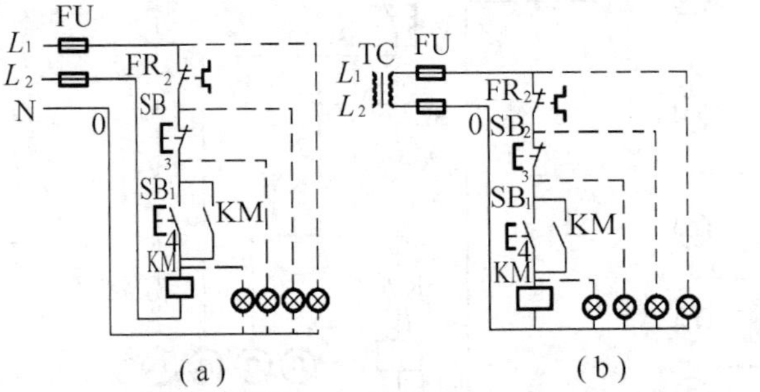

图 5 - 30　效 验 灯 法

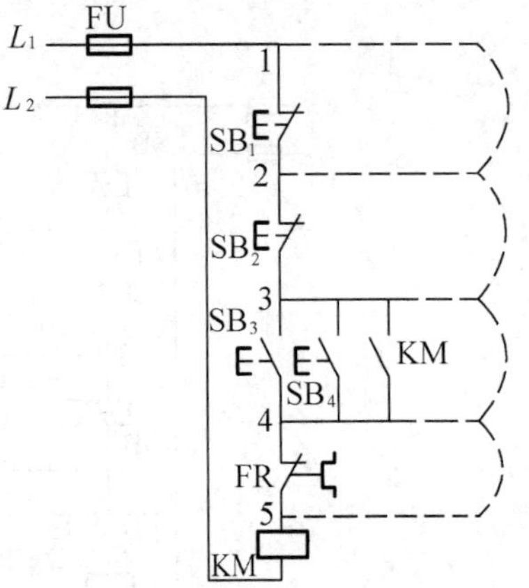

图 5 - 31　局部短接检查法

先断开主电路,接通控制电路的电源,按住万能表启动按钮。若接触器不吸合,则说明控制电路有故障断点。依次检查 0 点与 1、2、3、4、5 间的电压(图 5 - 28)或 1 - 2、2 - 3、3 - 4、4 - 5、5 - 0 间的电压(图 5 - 29),依测量结果分析、判断故障点所在。正常情况下,只有接触器线圈上有电压且应为控制电路的端电压。

四、其他检查法

1. 校验灯检查法

如图 5 - 30 所示,考虑到控制回路的电压正常为 380 V,校验灯的额定电压为 220 V,图 5 - 30(a)采用引入零线、图 5 - 30(b)采用变压器降压的方法解决两者电压不一致的问题。查寻故障时,依灯泡的亮、暗情况进行分析与排查。

2. 局部短接检查法

当怀疑某两点间本应接通闭合而实际未闭合时、可采用将该两点直接用导线短接的方法以判断该两点是否有故障,如图 5 - 31 所示。

在进行短接法检查时,由于带电操作并手持导线,必须特别注意安全。在进行短接排查故障时,不得将线圈、电阻和绕组等压降较大的部件(或元件)短接,以免造成短路故障。

在实施各种检查方法前,应询问设备的操作者或故障发生时的现场人员,了解发生故障时的现象和故障发生的过程,以便检查时更具针对性。

在实施检查时,应由外及里,先直观检查,再断电检查,最后通电检查。在上述检查方法因条件所限或不便进行时,还可采取“替代法”,即以一个完好的型号相同或相近的电器替代可能有故障的电器来排查故障。

在通电排查控制电路故障时,应将主电路的电源断开;在排查主电路的故障时,应将电动机断开;确需电动机运转时,应将电动机负载脱开。

实训考核课题

实训 5－1　设计与安装一个电机单向运转的电路

一、实练目的

1. 掌握电动机单向运转控制电路的原理和安装。

2. 训练电动机单向运转控制电路常见故障的分析与检修技能。

二、实训器材

万用表、螺丝刀、钢丝钳、尖嘴钳、电工刀、试电笔等常用电工工具 1 套，交流接触器、热继电器、熔断器、隔离开关、常开按钮、常闭按钮、电动机、导线等若干。

三、实训内容

1. 清理并检测所需元器件完好。

2. 根据元器件设计一个电动机单向运转启、停控制电路图，并设计布线示意图。

3. 在事先准备的配电板上，参照所设计图纸，接好线路。

4. 接好后自己检测，正确无误之后，通电测试、考核。

实训 5－2　设计与安装一个复合连锁的电机正、反转控制的电路

一、实训目的

1. 掌握按钮和接触器复合连锁的电机正、反转控制的电路的原理和安装。

2. 训练按钮和接触器复合连锁的电机正、反转控制的电路常见故障的分析与检修技能。

二、实训器材

万用表、螺丝刀、钢丝钳、尖嘴钳、电工刀、试电笔等常用电工工具 1 套，交流接触器、热继电器、熔断器、隔离开关、常开按钮、常闭按钮、电动机、导线等若干。

三、实训内容

1. 清理并检测所需元器件完好。

2. 根据元器件设计一个按钮和接触器复合连锁的电机正、反转控制的电路图，并设计布线示意图。

3. 在事先准备的配电板上，参照所设计图纸，接好线路。

4. 接好后自己检测，正确无误之后，通电测试、考核。

实训 5－3　设计与安装一个电动机反接制动控制电路安装

一、实训目的

1. 掌握电动机反接制动控制电路的原理和安装。

2. 训练电动机反接制动控制电路常见故障的分析与检修技能。

二、实训器材

万用表、螺丝刀、钢丝钳、尖嘴钳、电工刀、试电笔等常用电工工具 1 套，交流接触器、热继电器、熔断器、隔离开关、常开按钮、常闭按钮、电动机、导线等若干。

三、实训内容

1. 清理并检测所需元器件完好。

2. 根据元器件设计一个电动机反接制动控制电路图,并设计布线示意图。

3. 在事先准备的配电板上,参照所设计图纸,接好线路。

4. 接好后自己检测,正确无误之后,通电测试、考核。

实训5-4 设计与安装一个电动机自动往返的控制线路

一、实训目的

1. 掌握电动机自动往返的控制线路的原理和安装。

2. 训练电动机自动往返的控制线路常见故障的分析与检修技能。

二、实训器材

万用表、螺丝刀、钢丝钳、尖嘴钳、电工刀、试电笔等常用电工工具1套,交流接触器、热继电器、熔断器、行程开关、隔离开关、按钮、电动机、导线等若干。

三、实训内容

1. 清理并检测所需元器件完好。

2. 根据元器件设计一个电动机自动往返的控制线路图,并设计布线示意图。

3. 在事先准备的配电板上,参照所设计图纸,接好线路。

4. 接好后自己检测,正确无误之后,通电测试、考核。

实训5-5 设计与安装一个电动机定子串电阻降压启动控制线路

一、实训目的

1. 掌握电动机定子串电阻降压启动控制线路的原理和安装;

2. 训练电动机定子串电阻降压启动控制线路常见故障的分析与检修技能。

二、实训器材

万用表、螺丝刀、钢丝钳、尖嘴钳、电工刀、试电笔等常用电工工具1套,交流接触器、热继电器、熔断器、时间继电器、隔离开关、按钮、电阻、电动机、导线等若干。

三、实训内容

1. 清理并检测所需元器件完好。

2. 根据元器件设计一个电动机定子串电阻降压启动控制线路图,并设计布线示意图。

3. 在事先准备的配电板上,参照所设计图纸,接好线路。

4. 接好后自己检测,正确无误之后,通电测试、考核。

实训5-6 X62W型万能铣床的操作与故障检修

一、实训目的

1. 了解机床的各种工作状态以及操作手柄的作用,常握机床的操作方法;

2. 观察机床电器元件,特别是行程开关、转换开关的安装位置,接线情况以及操作手柄处于不同位置时,行程开关的工作状态;

3. 在机床上人为设置故障点,训练机床故障的检修及排除方法。

二、实训器材

万用表、螺丝刀、钢丝钳、尖嘴钳、电工刀、试电笔等常用电工工具1套,x62W铣床实训设备一台等。

三、实训内容

1. 对照第四节中所示的 X62W 型万能铣床控制电器安装位置示意图，观察机床电器元件，如电动机、行程开关、转换开关以及其他控制开关、操纵按钮的安装位置，以及操作手柄处于不同位置时，行程开关的工作状态；

2. 掌握万能铣床的工作原理和工作过程；

3. 在机床通电并能正常运行的基础上，人为设置故障（每次 1-2 个故障），观察故障现象，分析故障原因。然后，按照故障检修程序，分析排除故障。

实训 5-7　T68 卧式镗床的操作与故障检修

一、实训目的

1. 了解机床的各种工作状态以及操作手柄的作用，常握机床的操作方法；

2. 观察机床电器元件，特别是行程开关、转换开关的安装位置，接线情况以及操作手柄处于不同位置时，行程开关的工作状态；

3. 在机床上人为设置故障点，训练机床故障的检修及排除方法。

二、实训器材

万用表、螺丝刀、钢丝钳、尖嘴钳、电工刀、试电笔等常用电工工具 1 套，x62W 铣床实训设备一台等。

三、实训内容

1. 对照第四节中所示的 T68 卧式镗床控制电器安装位置示意图，观察机床电器元件，如电动机、行程开关、转换开关以及其他控制开关、操纵按钮的安装位置，以及操作手柄处于不同位置时，行程开关的工作状态；

2. 掌握 T68 卧式镗床控制电器的工作原理和工作过程；

3. 在机床通电并能正常运行的基础上，人为设置故障（每次 1-2 个故障），观察故障现象，分析故障原因。然后，按照故障检修程序，分析排除故障。

实训 5-8　TK-20/5t 桥式起重机的操作与故障检修

一、实训目的

1. 了解机床的各种工作状态以及操作手柄的作用，常握机床的操作方法；

2. 观察机床电器元件，特别是行程开关、转换开关的安装位置，接线情况以及操作手柄处于不同位置时，行程开关的工作状态；

3. 在机床上人为设置故障点，训练机床故障的检修及排除方法。

二、实训器材

万用表、螺丝刀、钢丝钳、尖嘴钳、电工刀、试电笔等常用电工工具 1 套，x62W 铣床实训设备一台等。

三、实训内容

1. 对照第四节中所示的 TK-20/5t 桥式起重机控制电器安装位置示意图，观察机床电器元件，如电动机、行程开关、转换开关以及其他控制开关、操纵按钮的安装位置，以及操作手柄处于不同位置时，行程开关的工作状态；

2. 掌握 TK-20/5t 桥式起重机控制电器的工作原理和工作过程；

3. 在机床通电并能正常运行的基础上，人为设置故障(每次1－2个故障)，观察故障现象，分析故障原因。然后，按照故障检修程序，分析排除故障。

实训5－9　TK－CA6140普通车床的操作与故障检修

一、实训目的

1. 了解机床的各种工作状态以及操作手柄的作用，常握机床的操作方法；

2. 观察机床电器元件，特别是行程开关、转换开关的安装位置，接线情况以及操作手柄处于不同位置时，行程开关的工作状态；

3. 在机床上人为设置故障点，训练机床故障的检修及排除方法。

二、实训器材

万用表、螺丝刀、钢丝钳、尖嘴钳、电工刀、试电笔等常用电工工具1套，x62W铣床实训设备一台等。

三、实训内容

1. 对照第四节中所示的TK－CA6140普通车床控制电器安装位置示意图，观察机床电器元件，如电动机、行程开关、转换开关以及其他控制开关、操纵按钮的安装位置，以及操作手柄处于不同位置时，行程开关的工作状态；

2. 掌握TK－CA6140普通车床控制电器的工作原理和工作过程；

3. 在机床通电并能正常运行的基础上，人为设置故障(每次1－2个故障)，观察故障现象，分析故障原因。然后，按照故障检修程序，分析排除故障。

第六章　船用电气设备的安装及故障检查

学习目的

掌握常用船用电气设备安装与检修。

内容提要

本章在介绍船用电气设备的安装与故障检查的基础上，要求掌握船用锚机电气原理和线路的安装与故障排除，以及船舶电站的原理和实验实训等内容。

第一节　船舶电气系统概述

进入21世纪后，我国船舶工业的电气自动化程度、性能和技术水平已有了很大程度的提高，不少设备通过引进、消化、吸收国外先进技术，有的已经达到国际先进水平。随着我国科技竞争力的提高，船舶自动化技术势必有不少新的突破。将会有越来越多的新建船舶配套船舶综合自动化系统，用计算机进行全船智能管理，其运行可靠，能预先检测故障，确定预防保养和维修，保证安全、经济地操作。

船舶电气系统总的分为三大部分：船舶电力网、船舶电站和电力负载。按照在系统中的作用和负载的性质，又可以分九大类：(1)舶电力系统；(2)船舶电力拖动装置；(3)船舶电力推进装置；(4)船舶照明系统；(5)船舶内部通信、联络装置；(6)船舶导航装置；(7)船舶无线电通信装置；(8)船舶自动化装置；(9)特种装置(如磁性防护和消磁装置)等。

一、船舶电力网

电能从主配电板(及应急、停泊配电板)通过电缆的传输，经过中间的分配电装置(区配电板、分配电箱等)，送往各电气用户，形成的电力网络即为船舶电力网。对船舶电力网的基本要求是在发生故障或局部破损等情况下，仍能保证对负载的连续供电，并限制故障的发展和将故障的影响限于最小范围之内。

船舶上各性质相近的用电设备都由相应的单独电网供电，可分为：(1)船舶电力网，由总配电板直接供电，供给各种船舶辅机的电动拖动；(2)照明电网，提供船舶内外照明；(3)弱电装置电网，包括电传令钟、舵角指示器、电话设备、火警信号及警铃等；(4)应急电网，包括应急照明、应急动力(如舵机电源)、助航设备电源等；(5)其他装置电网，如充电设备、手提行灯等。

二、船舶电站

船舶电站是由原动机、发电机和附属设备(组合成发电机组)及配电板组成的。发电机组是把化学能转化为电能的装置，通过配电板来进行控制及分配。带动发电机运转的原动机一般为柴油机、汽轮机或燃气轮机，相应的发电机组称为柴油发电机组、汽轮发电机组或燃气轮机发电机组。

为使船舶在各种不同工况下，如航行、作业、停泊、应急等情况下，都能连续、可靠、经济、合理地进行供电，船舶上常配置多种电站。

(1)主电站　正常情况下向全船供电的电站。

(2)停泊电站　在停泊状态又无岸电供应时，向停泊船舶的用电负载供电的电站。

(3)应急电站　在紧急情况下，向保证船舶安全所必需的负载供电的电站。

(4)特殊电站　如向全船无线电通信设备(如收发报机等)、各种助航设备(雷达、测向仪、测深仪等)、船内通信设备(如电话、广播等)以及信号报警系统供电的电源。这类用电设备的特点是耗电量不大，但对供电电源的电压、频率、稳压和稳频的性能有特殊的要求，因此船上有时需要设置专门的发电机组或逆变装置向全船弱电设备或专用设备供电。

三、船舶电气自动化系统发展的趋势

1. 系统监控的综合化

由于电气设备已经日趋通用化、模块化、系列化，可以做到组态灵活；计算机所有功能选择均能通过屏幕软件按钮直接完成，为系统监控的综合化提供了必要的基础。当然，根据需求不同仍旧存在着先进程度不同和性能要求不同的船舶，但是单机单控的系统必将逐步向综合监控的系统过渡。因为采用综合监控的形式，可以构成双重或多重冗余，对提高系统或者全船整体可靠性是有积极意义的。

2. 系统的网络化

当前，数字化技术和总线技术应用已经相当成熟。现场总线是一种互联现场设备(或模块)与控制系统之间的双向数字通信网络。通常采用双层网，第一层为数据采集与传送网，第二层为控制网。为保证系统的可靠性，控制网络可采用冗余结构。考虑到危险分散原则，按系统又分成若干子网，如推进系统、管道系统、电力监控系统等独立子网。通过系统的网络化，功能上集各子系统之众，从可靠性出发又是一个分布式系统；在数据采集和控制平台上各分系统密切结合，但在系统结构上又是一个主动性极强的系统，在平台某系统局部受损时不影响独立工作；采用网络冗余和设备冗余设计及不间断后备电源，生存能力很强；具有图像控制功能，人机界面和对话效果良好。

网络系统的优势在于采用数字化和高层次的自动化技术代替大量繁琐的人工操作，提高工作效率是显而易见的。它有助于减少频繁操作和减轻人员疲劳，把船员从环境恶劣的工作场合中解放出来。

四、船舶电气自动化领域展望

机电一体化使学科互相交叉渗透，电力与电子、强电与弱电更难分难解，人工智能和模糊技术的应用使船舶电气自动化领域将更加宽广，必将会对造船和航运业带来重大变革。

新一代大功率半导体电力电子器件，在材料、理论、机理、制造工艺和应用技术等方面的研究开发，将会取得突破性的进展，船舶设备将会进一步向高可靠、节能型方向发展，将会对船舶电力推进和辅机电力拖动技术带来重大变革；可编程序控制器和单片机将逐渐发展成为船舶控制中的一种普遍控制方式。计算机监控系统正在经历着从集中型计算机监控系统→分散型微机监控系统→集散型(分布式)多级、多微机监控系统→网络型(智能式)计算机监控系统。而这些技术的发展会使船舶工业向着智能综合自动化、微机监视、智能控制、卫星通信导航、全球定位系统、船岸信息直接交流、全船自动化领域延伸得更深入。

随着船舶电气化程度的提高，作为传输信息和能量的电缆品种会增多，纵横交叉、结构复杂，对船用电缆的要求愈来愈高。船舶电缆的安全可靠性，对船舶航行和安全有着重大影响，世界各国对舰船电缆的阻燃防火性能和安全等方面的要求将不断提高。进入新世纪，电缆制造新工艺和新材料的应用将可能有重大突破，如利用高能高压电子加速器对电缆绝缘进行辐照，可以提高电缆的耐温性、阻燃防火性和机械强度，大大延长电缆的寿命。

出于经济性和可靠性的考虑，在今后 10 ~ 20 年，柴油发动机作为船舶原动机具有无可争议的地位。然而，石油面临枯竭，环境污染，生态受到破坏，使柴油发动机的地位受到了冲击。人们有可能通过技术上的突破而获得绿色能源。如太阳能、氢、燃料电池、超导电磁推进等等，但进入船舶实际应用还需要进行大量的研究和试验，要有一个相当长的时间，且初始投资高昂。这些领域也需要积极的探索和开发。

第二节　船用锚机控制原理

锚机是船舶辅机电力拖动中不可缺少的部件，锚机电动机能否实现可靠的控制是保证船舶能否安全航行的重要措施。当控制电路发生故障时，操作人员应能在第一时间内及时、准确地判断出故障所在，并能给予及时维修，这就要求操作人员必须掌握一定的专业知识和维修基础。

虽然船舶上现在推广应用微机控制系统，但由于电动锚机所需电流和消耗功率大（功率约 1000 kW 以上），其控制系统仍然多为时间继电器－接触器系统。电动锚机由于有可动部分和触点，故障率较高；同时，船舶轮机管理人员必须熟悉锚机电动机和控制电路的特点，才能迅速、有效地排除故障。

一、船用锚机的分类

船舶锚机按型式可分为立式起锚绞盘及卧式锚机，按动力源分有人力汽动、电动、电动及液压和内燃机驱动等几种，按布置方式分有普通双链轮、单侧式锚机及组合式锚机 ，按链径大小可分为 ϕ24 mm 以下小型锚机、ϕ26 ~ ϕ38 mm 小型锚机、ϕ40turn 以上大型锚机。目前以电动锚机应用最为广泛。

二、锚机控制原理

1. 控制原理（图 6－1）

（1）元件说明

ZC：起锚接触器　　FC：抛锚接触器

1C ~ 4C：低、中、高速接触器　　1RJ：低速热继电器

2RJ：中速热继电器　　GLJ：高速过流继电器

1SJ：防止高速档直接启动　　2SJ：防止高速挡启动电流造成 GLJ 误动作

3SJ：电磁刹车松闸时间　　1J：零压继电器

2J、3J：中间继电器

（2）原理分析

准备：合上 HK、K、LK 放 0 位，零压继电器 1J 吸合，控制电路有电。

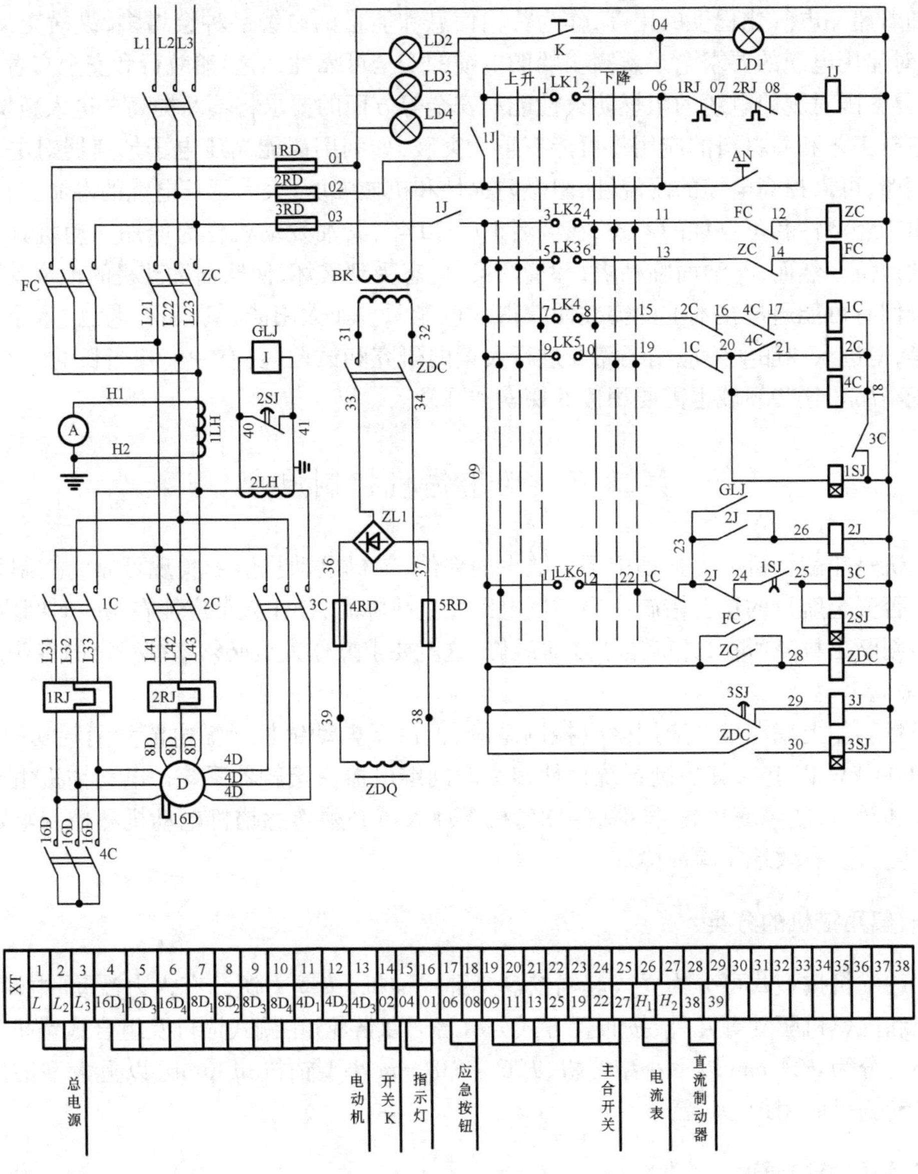

图 6－1　锚机控制原理图

起锚 1 挡：LK2 通→ZC 线圈吸合，接通正相序电源。

　　　　　LK4 通→1C 线圈吸合，接通低速绕组。

　　　　　LK7 通→ZDC 线圈吸合，接通电磁刹车。

起锚 2 挡：LK4 断→1C 线圈断电。

　　　　　LK5 通→2C、3C 线圈吸合，接通中速绕组。

起锚 3 挡：LK5 不变，为 3 档过载自动退回 2 档准备。

　　　　　LK6 通→4C 线圈吸合，接通高速绕组；4C 常闭触头断开 2C、3C 线圈。

2. 主电路

主电路是确保电动机运行的重要电路，主电路中的元器件能否可靠地动作 ，直接影响到锚机能否正常运行，设备是否安全的重要因素，特别是在航行中的紧急抛锚，显得尤为重要。

3. 控制电路

控制电路是确保锚机电动机能否按照人为的要求运行，按照操作人员的意图动作，并在受控制的运行中能可靠地抛锚和起锚。这就要求控制电路中的各种元器件都能可靠地工作，并且不能产生误动作。控制电路中部分元器件的作用如下。

（1）过流继电器　GU 是高速运转的过载保护元件，在高速运转时一旦过载，GU 断开其常闭触点，使接触器 3JC 断开，接触器 2JC1、2JC2 将因 3JC 的常闭触点 3JC3 的重新闭合而动作，使电动机自动地从高速运行转换到中速运行，从而得到了保护。

（2）热继电器　1RJ、2RJ 是电动机在低速和中速长期工作中起过载保护作用。当热继电器动作后，必须停 2 min 才能复位。如果在应急情况下。可按下应急按钮 HA，使电动机在低、中速挡运行，因为此时的热继电器的触点尚未闭合，虽然 LK1 闭合，而失压继电器 LYJ 仍断电。控制电路不起作用；当按下 HA 时可使 LYJ 工作，控制电路再控制电动机运转。但因过载不一定消除，因而可在低、中速挡运行。

（3）R_2、C_2 为硅整流器的输入、输出端的过压保护，硅二极管 DZ1 和放电电阻 R_4 的串联是防止当电磁控制器的线圈通电时，电阻 R_4 也通电，以减小电路损耗。

（4）失压继电器　LYJ 是当电源电压过低或停电时，使自身的常开触点断开，从而切断电源，使电机停电，起到失压保护的作用。

（5）时间继电器　SJ 是保证在运行起锚或抛锚时，必须先从低速开始，只有经过一段时间后，才有可能进入高速，这样可以避免启动电流过大而损坏电动机或影响其他电器设备。

所谓“三速”就是电动机启动后的运行速度由低速到中速再过渡到额定的高速。实行“三速”是避免电动机启动电流过大而损坏电动机、锚机，从而达到保护其他电气设备的目的。

（1）起锚或抛锚准备　当起锚或抛锚时，必须闭合电源总开关 DK 及控制电路电源开关 K，起初由于主令控制器手柄停在“零”位，其触头 LK1 闭合，所以失压继电器 LYJ 有电，则常开触头闭合，接通了控制电路的电源及整流器电源，使时间继电器 3SJ 动作，瞬间闭合其触点，短接了电阻 R_3，为直流电磁制动器 ZQ 开始全电压工作做好准备。

（2）当主令控制器的手柄扳到起锚第一挡时，触头 LK2、LK4、LK7 闭合，LK2 的闭合接通了起锚接触器 QC，此时主触头 QC1 闭合，为起锚电动机的工作做好了准备；而辅助触头 QC2 断开，目的是防止抛锚接触器 PC 误动作（这种方法一般称电气连锁）；LK7 闭合，电磁制动器线圈 ZQ 通电，电磁制动器因得到全电压便立即释放电动机轴。同时，由于接触器 QC 的触头 QC3 断开，使 3SJ 立即失电，其触头 3SJ 延时断开，使经济电阻 R_3 串联于电磁制动器线圈 ZQ 的电路中 LK4 闭合，接触器 1JC 接通电源，使主触头 1JC1 闭合，电机处于低速运转 1JC 动作后，打开其常闭触头 1JC2 及 1JC3，防止接触器 2JC1、2JC2 及 3JC 误动作。

（3）当主令控制器的手柄扳到起锚第二挡时，LK4 断开，LK5 闭合结果使 1JC 的主触头 1JC1 断开，辅助触头 1JC2 及 1JC3 闭合。这样，接器 2JC1、2JC2 因触头 UC2 的闭合相继接通，使它们的主触头闭合，电动机中速运行。常闭辅助触头 2JC1、2JC2 断开的目的是避免 1JC 误动作而造成短路事故。同时，时间继电器 1SJ 也被接通，使其常开触头 1 s 时闭合，为进入高速起锚做好准备。1SJ 的延时，整定在电动机额定负情况下，由中速到高速的时间一般为 2 s。如果延时不到 2 s，就将主控制器手柄从第二挡推到第三挡。由于触头 1SJ 还没有闭合,接触器 JC 不起作用,电动机仍运行在中速挡,直到延时 2 s 后方自动转入高挡。

(4)当主令控制器手柄扳到第三挡时,LK6 闭合,中间继电器 1ZJ 接电源,常开头 1JZ2 闭合,使过流继电器 GU 短路(因此时正处于启动不短接,启动电流将引起过流继电器动作);常开触点 1ZJ1 闭合,使接器 3JC 接通电源,结果使它所属的触头动作,断开其辅助触点 3JC3,使触器 1JC、2JCI。2JC2 断电,防止其误动作;闭合主触头 3JC1,使电动机处于高速运行状态,3JC 的辅助触头 3JC2 闭合,形成自锁。时间继电器 2SJ 触点延时打开,使 1ZJ 断电,它所属的触点也恢复原状态 ,但并不影响电动机的正常工作。这样,电动机启动过程完毕。抛锚的工作原理与起锚相同,只要把主令控制器的手柄反方向扳动,接通抛锚接触器 PC 电路即可。根据实际使用的经验,当电动锚机工作在任一挡位时,若要停车,可将主令控制器的手柄扳到零位即可。

第三节 其他船舶辅机的电力传动

一、两台海水泵互为备用自切换原理

1. 控制原理图

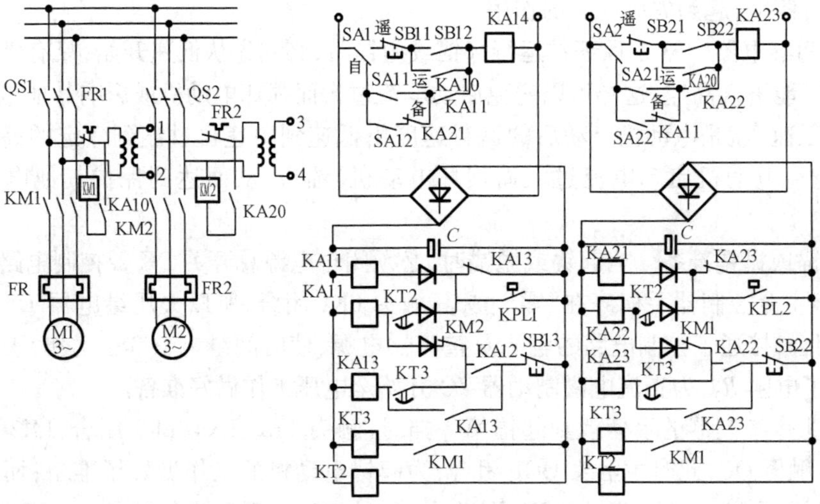

图 6－2 两台海水泵互为备用自切换原理

2. 元件说明

QS1、QS2:电源隔离开关;
KM1、KM2:主接触器;
FR1、FR2:热继电器;
M1、M2:1 号、2 号海水泵电机;
SA1、SA2:自控/遥控转换;
SA11、SA12:1 号机运行/备用选择;
SA21、SA22:2 号机运行/备用选择;
SB11、SB12:1 号机停止/启动按钮;
SB21、SB22:2 号机停止/启动按钮;
KPL1、KPL2:水压开关;
KA10 ~ KA13:中间继电器;
KA20 ~ KA23:中间继电器;
KT2:水压建立时间;
KT3:防止误动作。

3. 原理分析

(1)设在自动状态,1号机运行,2号机备用,操作及1号机的启动过程如下:

操作:合上SQ1、SQ2、SA11、SA22,断开SA12、SA21,并把SA1、SA2放在自动位。

启动:KA11、KT3线圈吸合→KA10线圈吸合→KM1线圈吸合→1号机启动,同时KA12、KA13依次吸合,为故障切换准备。

(2)设1号机运行中出故障,则1号机自动退出运行及2号机自动投入运行过程如下:

KPL1断→KA11线圈失电→KA10线圈失电→KM1线圈失电→1号机停止工作→KA21线圈吸合→KA20线圈吸合→KM2线圈吸合→2号机启动

二、船用锅炉的控制原理

1. 锅炉控制系统电气控制路线图(图6-3)

2. 元件说明

(1)时序控制器部分引脚功能

1、2:电源; 3:启动风油泵电机;
4:控制喷油嘴1; 5、12:故障指示及复位;
6:控制点火变压器; 7:控制喷油嘴2;
8、9:接收低压启动信号; 10、11:火焰监视。

(2)时序控制器部分元件

SM:同步电机; AR:中间继电器;
MV:放大器; FR:火焰继电器;
RK:门锁继电器; D:复位按钮。

(3)燃烧程序控制部分元件

H1:电源开关; 1C1:风油泵电机主接触器;
2C1:燃油加热器主接触器; Z:点火变压器;
L1~L6:指示灯; D1:喷油嘴1电磁阀;
D2:喷油嘴2电磁阀; L:故障指示灯;
1a1:手自动转换开关; 1d2:手动控制继电器;
1d3:自动控制继电器; 1d1:风门继电器;
1b10:手动启动按钮; 1e2:风油泵电机BM的热继电器;
1b7:水压开关; 1b13:停止按钮;
1e7:蒸汽法兰开关; 1b1:轻油泵运行开关;
2b1:重油泵运行开关; 1b2:喷油嘴2运行开关;
1b8:风油联动开关; 1b3:复位开关;
1b5:手控压力调节; 1b4:燃油选择开关;
1b9:手动点火开关; 1b12:手动点火按钮;
R1:压力开关,低压通 R2:压力开关,高压断;
RAR:光电池。

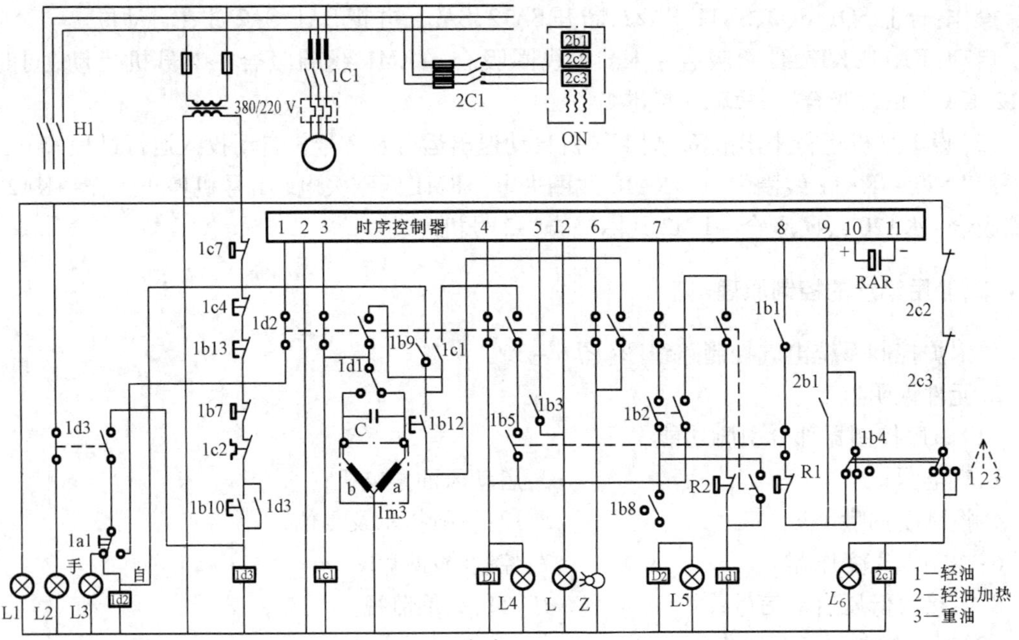

(a)

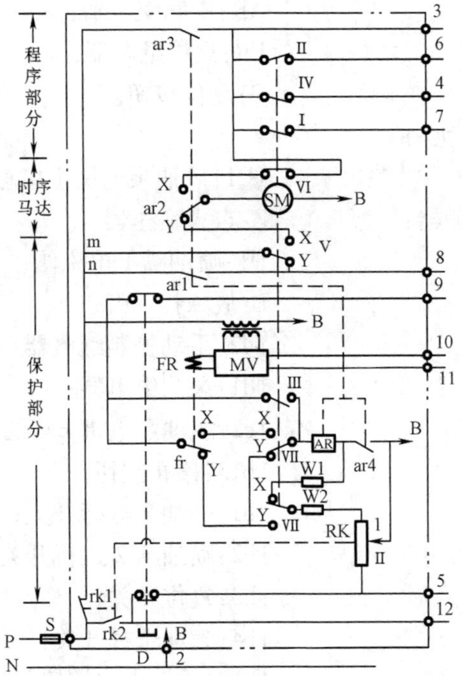

(b)

图 6-3　锅炉控制系统电气控制原理图

(a)锅炉控制系统电气控制线路图;(b)锅炉时序控制原理图;(c)锅炉时序控制时序图

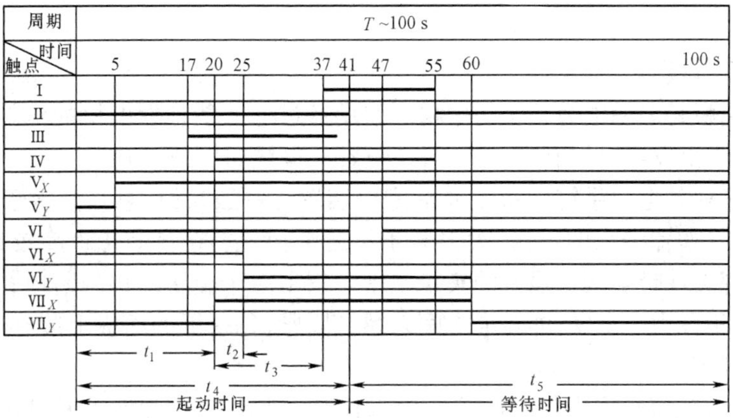

(c)

图 6-3(续)

3. 原理分析

(1)时序控制部分

低压时 R1 使 8、9 通 → AR 线圈吸合 →ar1 通,自锁
→ar2 通,SM 启动,开始计时
→ar3 通,引脚 3、6 有电
→ar4 通,自锁

20 秒后,SM 的Ⅳ通,4 有电。

25 秒后,SM 的ⅦY 通,如果 FR 已动作,则无影响(点火成功);如果 FR 未动作,则 RK 线圈吸合,12 有电;

37 秒后,SM 的Ⅰ通,7 有电。

41 秒后,SM 的Ⅵ断,SM 处于保持状态;SM 的Ⅱ断,6 失电。

(2)燃烧程序控制部分(自动控制)

合上 H1、2b1、1b1、1b2、1a1 放自动位,1b4 放中间位。

按 1b10→1d3 线圈吸合,时序控制部分有电;如果低压时 R1 使 8、9 通,时序控制部分按“1”投入工作。

0 ~20 秒:引脚 3 有电→1C1 线圈吸合,风油泵电机 BM 启动;风门电机 1M3 反转,风门开小,进行预扫风;引脚 6 有电→Z 线圈有电,预点火。

20 ~25 秒:引脚 4 有电→D1 线圈有电,喷油嘴 1 喷油,开始点火。

如果点火成功: 37 秒后,SM 的Ⅰ通,7 有电→1d1 线圈吸合,风门电机 1M3 正转,风门开大→风油联动开关 1b8 通→D2 线圈有电,喷油嘴 2 喷油。41 秒后,6 失电→Z 线圈断电,停止点火,正常燃烧。

第四节　船舶电站

船舶配电板是对电源发出的电能进行集中控制并分配给各用电设备的一种装置。按用途分为主配电板、应急配电板、充放电板、区配电板、分配电板和岸电箱。

一、概述

1. 船舶主配电板

船舶主配电板是船舶电力系统的中枢。使用通过它才能把发电机的电能向全船输送。在大型船舶上，它由发电机控制屏，并车屏，负载屏，母线四部分组成。

主配电板是船舶电力系统中最主要的配电装置。一般来说，总是装设于电源（发电机组）不远处。为了避免油水的沾污，大多装于机舱平台上。在自动化程度较高的船上则与主操纵台一起都装在带空调并隔音的集控室中。它由多个金属结构的落地式箱、盘或柜组装而成，每一箱柜称为一个屏，屏与屏之间以螺钉固紧，每一屏的面板上装有各种必须的配电电器和测量仪表。

（1）发电机控制屏　发电机控制屏是用来控制、调节、监视和保护发电机组用的，每台发电机组均需配备有单独的控制屏。发电机的控制屏面板常设计成上、中、下三部分。上面板安装有测量仪表、转换开关、指示灯等；中间板上安装有主要电源开关、电磁按钮、指示灯等；下面板内安装有自动励磁调节装置中的相复励变压器，移相电抗器等较沉重的设备，为便于检修，面板多制成门式。

发电机控制屏上需配置的仪表和电器主要有以下种类：

①电流表及转换开关　可分别测量发电机任意一相的负载电流（每台发电机一个）；

②电压表及转换开关　可分别测量各发电机及汇流排各相（线）的电压（每台发电机一个）；

③频率表　测量各台发电机的频率（每台发电机一个）；

④功率表　测量各台发电机的有功功率（每台发电机一个）；

⑤原动机调速开关　并车时用以调整发电机的频率和并联运行时用以转移有功功率（每台发电机组一个）；

⑥框架式自动空气断路器　作为发电机正常通、断及其过载、短路、失压等继电保护用（每台发电机一台）；

⑦逆功率继电器　并联运行时做发电机逆功率保护用（每台发电机一个）；

⑧发电机自励控制装置及必要的仪用互感器；

⑨必要的电磁操作按钮及有关的指示灯等。

（2）并车屏　在并车屏上一般安装有隔离开关（即将左右两侧母线连通的开关）、粗同步电抗器及其主接触器、保险丝等，有些船装有粗同步或准同步并车装置。面板上安装有同步表、同步指示灯、转换开关、操纵按钮及指示灯，在这一屏上可以操纵任意一台发电机的调速、投入、切除、自动或半自动并车。

（3）负载屏　负载屏上装有装置式自动开关，从母线馈电给各重要负载或者区域配电板，并对它们和线路进行保护。负载屏上也常装有电流表并通过转换开关能够测量各馈电线路的负载电流。

照明负载集中于独立的屏上，通常叫做照明负载屏，上面装设有变压器开关、电流表、电压表及转换开关等设备。在负载屏上还装有指示电网绝缘情况的装置等。

目前，由于船舶自动化的发展，配电装置为适应新技术革命的大趋势，具有小型、高性能的主配电板已投入批量生产，其控制副回路多采用可编程控制器，使之无触点化；自动并车及自动负荷分配装置可采用微处理机控制；信息显示及运行数据的打印、监视则由一台计算机来完成;经济运行和综合保护等也由一台计算机来完成。

2. 应急配电板

用于控制由应急发电机发出的电功率,并在船舶应急状态下,对有关旅客和船员安全所必须的电力负载进行配电的开关设备和控制设备的组合装置,称为应急配电板。它往往包括应急发电机自动启动装置(自动化程度较高的船舶)和船用蓄电池的充放电装置等。

应急配电板通常包括发电机控制屏及负载屏。发电机屏上的电器及仪表与主配电板上的发电机屏相似,只是因为不需要并联运行而无需整步表及逆功率继电器等。负载屏因馈电回路较少而将动力负载与照明负载组装在一块屏上。

对装有自动启动装置的应急发电机,当主电网失电后,经一定的延时确认后,应急发电机自动启动,并合闸向全船应急电网供电;一旦主电源恢复供电,应急发电机组便自动脱离电网并自动停车。

应急配电板的接线应该反映出主发电机、应急发电机和岸电开关之间的电气连锁,以防非同期合闸。

3. 充放电板

充放电板是用来控制和监视充电电源进行充、放电,并将电能分配给船上低压用电设备。

4. 岸电箱

在船舶停靠码头时接岸电用,并送至主配电板进行配电,岸电箱至主配电板之间,应设有足够容量的固定电缆。

岸电箱上除了设有相序继电器或相序测定器外,还需清楚标出船舶电源系统的参数,对于中线接地三相交流系统,当接岸电时,应设置一个接地端,以便将船体与岸上的接地装置相连。

5. 分配电箱

用于向成组的用电设备进行配电。按用途可分为电力、照明、无线电助航设备分配电箱等。它将用电设备的保护、控制装置及仪表、指示灯组合安装于同一箱体中。分配电箱一般应按装在靠近其供电负荷的集中区域,且应该尽可能安装于干燥通风的舱室内。不允许装在蓄电池室及有易燃易爆物品的舱室。

6. 集中综合控制板

对主机,辅机和发电机等进行集中控制和监视的装置,设置在机舱内的集中控制室中,设计成桌形或工作台式,通常又称为机舱中央控制板,在其上装设有多点巡回检测装置和数据处理装置等。

二、船舶电站日常管理

船舶电站安全稳定运行是保证船舶正常航行的重要条件,电气管理人员必须做好船舶电站的日常管理工作。

1. 船舶电站运行中的监视与管理

(1)观察配电盘上仪表读数,如电压、频率、电流、功率等读数,并作记录。

(2)根据工况进行发电机的并联运行或解列,使电站合理、经济运行。

(3)观察并联发电机功率分配是否合理。如果不合理,应用手动调节,使之合理分配。交流发电机各相电流不得相差15%,且每相电流不应超过额定值。当发电机超负荷时,若无分级卸载装置,可卸去一部分次要负载,如空调、风机等设备,以保证发电设备和航行安全。

(4)检查主,应急配电盘上的主开关,继电接触器的通断状态是否在正确位置上。重要负载开关应有明显的标志,以免引起误操作。

(5)检查运行中的发电机其调压装置是否有不正常的振动和声响,若有异常,应查明原因,排除故障。

(6)检查发电机温度及轴承温度是否正常;发电机的温升不应超过其绝缘等级允许的温升;轴承最高工作温度:滚动轴承一般不超过 80 ℃,滑动轴承不超过 70 ℃。

(7)观察滑环或直流发电机换向器情况,正常工作时,不得出现有害的火花。

(8)对故障待修或正在检修的电气设备,在主配电板上断开电源时,必须在其相应的开关上悬挂告示牌,以免造成触电事故或设备损坏。

(9)配电板上同步表,兆欧表均按短期工作设计,因此并车或测量完毕后,应将转换开关打到零位。

(10)经常注意配电板上兆欧表或地气灯所显示的船舶电网绝缘情况是否良好,如有,绝缘不良应及时检查、排除。整个配电板绝缘检查,每日至少一次,并记入电气工作日志。

2. 船舶电站停止运行后的管理

(1)电站在将要长期停止运行或者发电机,配电板将进行厂修前均应测量绝缘电阻,并做好记录,以备查考。

(2)配电板上所有开关、电阻器及仪表均应处于切断状态,有门锁的配电板应锁好。

(3)直流船舶如果需要接交流岸电时,应将动力设备、航行灯,各直流线圈的负载线路切断,并悬挂告示牌,此时仅能对照明线路供电。必须使用直流电源的设备,需经整流装置供电,但不宜采用半波整流装置。

(4)交流船舶接岸电时,应当查明电压及频率是否与本船电网电压及频率一致,并检测确定相序一致时,才能接通岸电。

(5)接受其他船舶供电时,应注意供电船舶的电制和负荷情况。在电制、电压、频率和相序一致,而且电站容量允许的情况下,才能由其他船舶供电。

(6)配电板停用期间,对有加热驱潮电阻装置者,应通电加热,严防油、水溅入发电机和配电板内。

3. 船舶电站经修理或长期停用后投入运行前的检查与要求

船舶电站经过修理或长期停止使用后,在投入运行前一定要经过检查,达到使用要求才允许正式投入运行。主要检查与要求有:

(1)检查发电机主开关保护装置整定值的标志是否在原来的正常位置上,如有变动必须调回到正常位置。

(2)检查发电机、配电板绝缘电阻值,最低不得小于 0.5MΩ(检查是各分路开关应断开)。

(3)检查配电板上各电器及仪表是否正常,接线是否良好,特别是经过修理或改装的部位应注意接线与图纸是否相符。

(4)试验主开关手动合闸是否良好。

(5)检查发电机内部是否有油、水、污垢及其他物件,并检查外接线端子、电刷、刷握的位置及弹簧压力是否正常。

(6)盘车检查发电机转动是否有异常现象。

经过上述检查,如发现异常,需经过处理,达到正常要求,才允许投入运行。

实训考核课题

实训6-1 船用锚机的接线与故障检修

一、实训目的

1. 掌握船用锚机的原理和操作。

2. 训练船用锚机常见故障的分析与检修技能。

二、工具器材

万用表、螺丝刀、钢丝钳、尖嘴钳、电工刀、试电笔等常用电工工具一套,交流接触器、热继电器、熔断器、隔离开关、常开按钮、常闭按钮、电动机、导线等若干。

三、实训内容

1. 清理并检测所需元器件完好。

2. 掌握船用锚机的工作原理,熟悉电气线路图;根据现有的锚机实训设备,设计布线示意图。

3. 参照所设计的布线图纸,接好线路。

4. 接好后自己检测,正确无误之后,通电测试、考核。

实训6-2 船舶电站的原理与接线

一、实训目的

根据本专业的特点,结合海事局的要求,为了培养学生实践动手的能力,学生在校期间必须对船舶电站装置进行安装调试,以满足评估要求。

二、实训设备

1. 模拟电站操作装置(轮机系)一套。

2. 电站实训装置六套。

三、实训内容

1. 运行中船舶主配电板的日常管理工作

要求学生掌握作为电机员,每天应该做什么工作,并且通过仪表的指示状况采用相应的措施。主要仪器及耗材:船舶电站设备一套,电流表、电压表、功率表、功率因数表、频率表、同步表各两只。

2. 常规电站运行中主要故障的判断与处理

要求学生掌握主要的判断,发现故障能及时准确的排除。主要仪器及耗材:船舶电站设备一套,轮机模拟器,综合机舱。

3. 查找和排除船舶电网绝缘降低的故障

要求掌握如何正确查找船舶电网绝缘故障,并能正确的排除绝缘故障。主要仪器及耗材:船舶电站设备一套,便携式兆欧表两只,万用表两只。

4. 框架式自动空气断路器的主要故障判断和排除

要求对船用主空气开关的主要故障,能正确判断故障原因,并能排除故障。主要仪器及耗材:船舶电站设备一套,框架式空气开关(DW95 式)两台,DW98 两台。

5. 无功功率分配装置(均压线)的故障判断及排除

要求掌握发电机并车后,当均压线是好的,无功功率可以自动分配;当均压线损坏时,无功功率就不能自动分配,能正确的排除故障。主要仪器及耗材:船舶电站设备一套,轮机模拟器,综合机舱。

6. 发电机组的手动解列和手动停车

要求掌握船舶发电机在什么工作状况下需要手动解列和手动停车操作,并能正确的进行解列操作。主要仪器及耗材:船舶电站设备一套,轮机模拟器,综合机舱。

7. 框架式自动断路器的结构组成及维护要求

要求掌握框架式自动断路器的结构组成及维护要求,能正确使用。主要仪器及耗材:船舶电站设备一套,轮机模拟器,综合机舱。

8. 在主配电图纸上指明船电与岸电式如何实现互为连锁的

要求学员掌握基本识图方法,并能通过原理图查找和排除故障。主要仪器及耗材:船舶电站设备一套,轮机模拟器,综合机舱。

9. 岸电箱使用及岸电连接注意事项

要求学生能正确的将岸电转换成船电。主要仪器及耗材:船舶电站设备一套,轮机模拟器,综合机舱。

10. 应急电源的管理与维护

要求掌握应急电源如何管理和维护;应急发电机随时能提供电能;蓄电池随时保证在充足电的状态。主要仪器及耗材:船舶电站设备一套,轮机模拟器,综合机舱。

11. 重载投入电网的操作

要求掌握船舶大负载突入电网工作时,首先通过该按钮了解发电机是否满足起伏。如果该发电机的容量不能满足起伏,应采取什么措施。主要仪器及耗材:船舶电站设备一套,轮机模拟器,综合机舱。

12. 画出单线图说明主电网与应急电网的关系

要求掌握船舶电站原理图。隔离开关在主电网供电时必须合上;应急发电机供电为什么不能合上。主要仪器及耗材:船舶电站设备一套。

13. 电站设备安装

要求按附图接线,并满足工艺要求。

14. 主配电板的电压表、电流表、功率表、功率因数表、绝缘表的使用及用法

要求掌握通过控制屏上的仪表,了解发电机的工作状况。发电机的工作状况不正常,能及时的采取措施。

15. 主配电板上的各种指示灯及开关电器的功用和用法

要求掌握通过指示灯能够观察各种电器的工作状况,在什么状况下正常,在什么状况下不正常;如果不正常采取什么措施;能正确的使用各种开关。主要仪器及耗材:船舶电站设备一套,轮机模拟器,综合机舱。

16. 发电机手动准同步并车操作

要求掌握船舶发电机在什么情况下需要并联运行,并能在规定的时间内准确无误的并车。主要仪器及耗材:船舶电站设备一套,轮机模拟器,综合机舱。

第七章　电动机、变压器的拆装与检修

学习目的

1. 学会熟练拆装电动机以及小型变压器。
2. 学会电动机绕组和变压器绕组的绕制。
3. 会判断定子绕组的首末端和变压器绕组的极性。

内容提要

电动机是最常见的动力设备，为保证其安全、可靠地运行，必须定期对其进行检查与维护。变压器广泛地应用于电力及其他设备中，以实现电压变换、电流变换及阻抗变换的作用。因而，掌握电动机、变压器的使用、维护及修理等，是维修电工的基本技能。

第一节　电动机的拆装

一、电动机的拆卸

电动机因检修或维护保养等原因，经常要进行拆卸和装配。拆卸前，应先在线头、端盖等处做好标记以便于装配。

1. 拆卸步骤

小型电动机的拆卸步骤如图 7－1 所示。

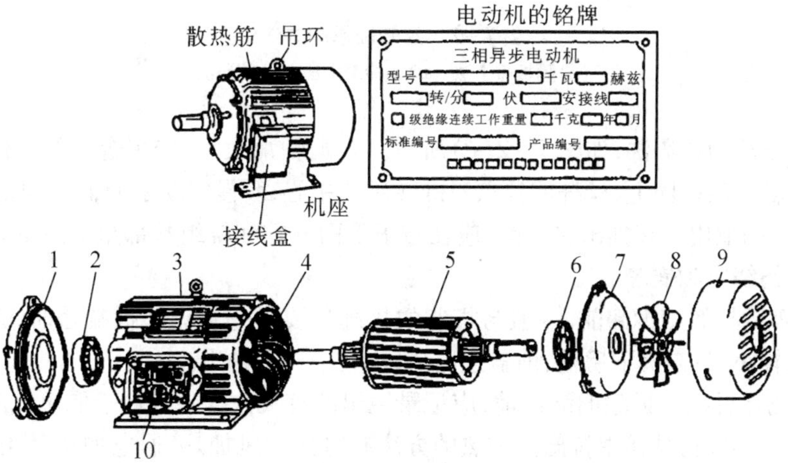

图 7－1　小型电动机的拆卸步骤

1—端盖；2—轴承；3—机座；4—定子；5—转子；6—轴承；7—端盖；
8—风扇；9—风扇罩；10—接线盒

(1)切断电源,拆开电动机与电源的连接线,并对电源线的线头做好绝缘处理。

(2)脱开皮带轮或联轴器,旋起地脚螺栓和接地线螺栓。

(3)拆卸风罩、风扇。

(4)拆卸轴承盖和前、后端盖。

(5)拆卸轴承并将转子取出。

(6)必要时,拆除定子绕组并进行清槽、整角。

2. 几个主要零部件的拆卸方法

(1)轴承的拆卸　轴承的拆卸可在转轴上进行,也可在端盖内进行,其主要方法有三种,如图7-2所示。

第一种方法为搁在圆桶上拆卸,如图7-2(a)所示。取两块厚铁板在轴承内圈下边夹住转轴,下面搁在一只内径略大于转子外径的圆桶上面,在转轴上端垫上厚木板或铜板,用手锤对准轴的中心用力敲打,直至取下轴承。

第二种方法为铜棒敲击法,如图7-2(b)所示。用端部呈楔形的铜棒以倾斜方向顶着轴承内圈,然后用锤子敲击铜棒,直至轴承松脱。操作时,不能用力过猛,以防损坏工具和轴承,并沿着四周均匀用力。

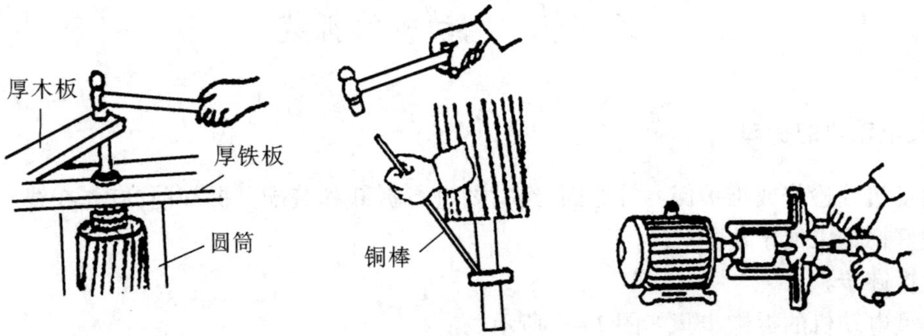

(a)　　(b)　　(c)

图7-2　拆卸轴承的方法

(a)隔板敲击法;(b)铜棒敲击法;(c)拉码法

第三种方法为拉码法,如图7-2(c)所示。根据轴承大小,选用合适的拉码,将拉码的脚爪紧扣在轴承的内圈上,丝杆的顶点对准转轴的中心,缓慢转动手柄,直至轴承拉出。

(2)转子的取出　在抽出转子前,应在转子下面气隙和绕组端部垫上厚纸板,以免在抽出转子时碰伤绕组和铁芯。

(3)端盖的拆卸　拆卸前,端盖与机座的接缝处要做好标记。拆端盖时,先拆负荷侧;若电机容量较小,只需拆下后盖,前盖连同风扇、转子一并抽出。

(4)旧绕组拆除　拆除旧绕组前,应记录绕组的有关数据。为便于取出线圈,可将旧绕组加热至一定温度再从槽中拉出。加热的方法有电热鼓风加热、通电加热及用木材直接燃烧等。

(5)清槽与整角　清槽即是清除槽内残余的杂质;整角,即是用硬质木块对定子铁芯的齿部进行修整。清槽时,不准使用锯条、凿子等;整角时,不允许使用锉刀,可用扁铲轻轻打下突出部分,然后用皮老虎或压缩空气吹出铁末,再涂上一层绝缘漆。

二、电动机的安装

1. 电动机的装配

电动机的装配顺序按拆卸时的逆顺序进行。装配前,各配合处要先清理余锈。装配时,应将各部件按拆卸时所作标记复位。

(1)滚动轴承的安装　将轴承和轴承盖先用煤油清洗。清洗后,检查轴承有无裂纹,内外轴承环有无裂缝等。之后,再用手旋转轴承外圈,观察其转动是否灵活、均匀,如遇卡阻或过松,应予以更换或修整。将轴承装套到轴颈上有冷套和热套两种方法。套装完毕,要加装润滑脂;润滑脂的塞装要均匀,且不得完全装满。

(2)后端盖的安装　将轴伸端朝下垂直放置,在其端面上垫上木板,将后端盖套在后轴承上,用木锤敲打,将其敲进去后,装轴承外盖。旋紧内外轴承盖的螺栓时,要先紧对角,逐步拧紧,不可先一次性拧紧一个再拧紧下一个。

(3)转子安装　把转子对准定子孔中心,小心地往里放送,后端盖要对准与机座的标记,旋上后端盖螺栓,但不要拧紧。

(4)削端盖的安装　将前端盖对准与机座的标记,用木锤均匀敲击端盖四周,不可单边着力,按对角线方式逐步拧紧螺栓。

(5)安装风扇叶和风罩　在相应位置安装完毕风扇叶和风罩后,用手转动转轴,转子应灵活转动,无停滞、偏心现象。

(6)安装皮带轮　安装时,要对准键槽或止紧螺钉孔。中小型电动机的皮带轮一般采用敲打法将其打入。

2. 电动机装配后的检验

电动机装配完毕,必须进行使用前的检验。

(1)一般检查　检查所有固定螺栓是否拧紧,转子是否灵活,轴伸端有无径向偏摆等。

(2)测定绝缘电阻　用摇表检测电动机定子绕组相与相、相对地的绝缘电阻,其值不应小于0.5 MΩ。

(3)经上述检查合格后,先将电动机外壳接好地线,并按规定接法将电动机接至电源,用钳形表检查各相电流,应在规定的数值之内。

(4)用转速表测量电动机的转速,应符合要求。

(5)检查铁芯(外壳)是否过热,轴承温度是否过高,轴承在转动时是否有异常声音。若有问题,应及时查明,并排除。

3. 电动机的选配、固定与校正

(1)选配　合理选择电动机,是正确使用电动机的前提,同时也可以提高电动机的运行效率,延长使用寿命。

①电动机种类的选择以不增加设备的投资为原则,一般优先选择三相鼠笼式异步电动机。

②根据电动机的工作环境选择防护形式。

③根据负载的大小选择功率合适的电动机,既要防止"大马拉小车"时的效率低下, 也要防止"小马拉大车"时造成电动机的使用寿命缩短。

④根据负载情况,选择电动机的转速。

(2)固定　中小型电动机一般安装在机械设备的固定底座上,无固定底座的,一定要安装在混凝土座墩上,如图7－3所示。

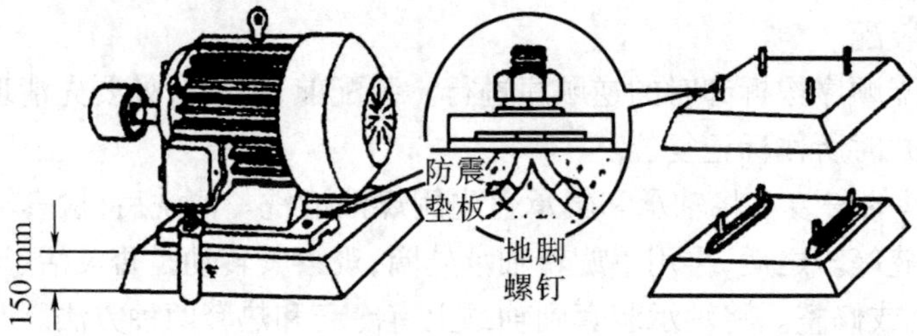

图7－3　电动机的固定

(a)电动机;(b)水泥墩

另外,电动机的安装地点应选择在干燥、通风且无腐蚀气体侵害的场所;操作开关到电动机之间的连接导线要穿管(管口要套上木圈)加以保护,如图7－4所示,电动机的操作开关必须安装在操作时能监视到电动机的启动和负载运转情况的位置上。

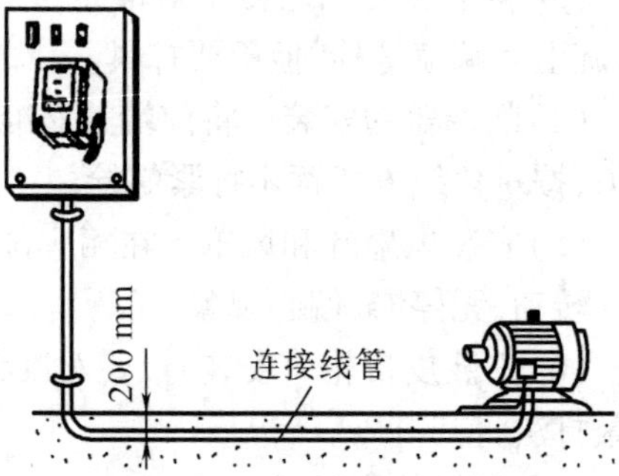

图7－4　电动机线管的埋设

(3)校正　电动机是否安装水平,须用水平仪放在转轴上进行检查。若未水平,应用0.5～5 mm厚的钢片垫在机座下,以调整电动机的水平。

电动机与负载间采用齿轮传动时,电动机的轴与被动轮的轴要安装平行,两齿轮间的间隙要均匀。

电动机与负载间采用皮带传动时,两轴要平行,两个皮带轮的中心线要在一条直线上,如图7－5所示。

电动机与负载间采用联轴器传动时,两轴间必须同心;同心与否,可采用钢尺进行校验,如图7－6所示。如不同心,可通过增减电机或负载的地脚垫片来调整。

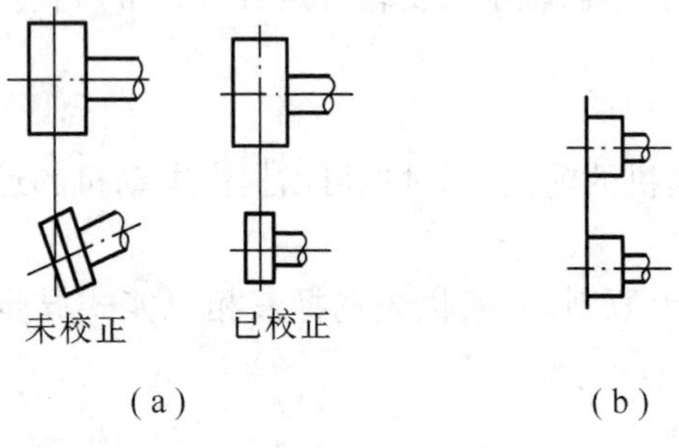

图7－5　带传动的校正

(a)带宽不同;(b)带宽相同

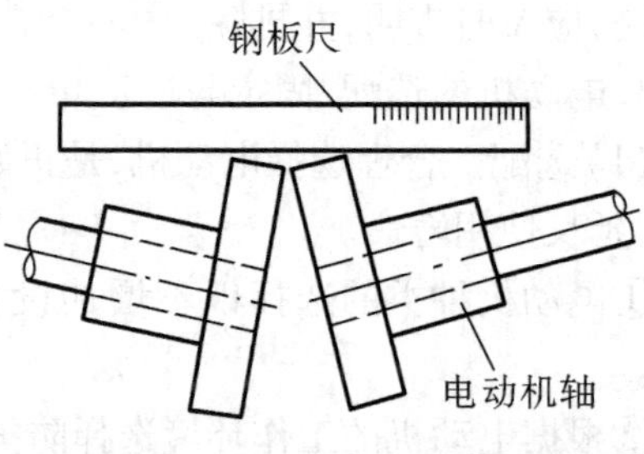

图7－6　联轴器中心线的校验

第二节　电动机绕组的绕制

绕组是电动机的“心脏”，是电动机进行能量变换的部件，也是电动机最易损坏的部分。当电动机绕组损坏严重、无法局部修复时，就要将原来的整个绕组拆去，绕制新绕组，并将新绕组嵌入定子铁芯的槽内。

对已损坏的电动机，重绕其定子绕组的步骤是查明损坏原因，记录原始数据；拆除定子绕组，整修定子铁芯；准备绝缘材料：绕制新绕组；绕组的嵌线与接线；浸漆与烘干；电动机的装配与试验。

1. 查明损坏原因，填写修理记录

查明损坏原因，可进一步改进绕组质量和电气性能，分析损坏原因，可防止修复后绕组的重新损坏。为此，必须询问电动机的操作者，了解故障发生时的现象，然后对损坏的部分进行分析，直至找出原因。

填写修理数据，是保证维修质量的重要环节，主要包括绕组数据（绕组各部分尺寸、匝数、线径及型式等）、铁芯数据（外径、内径、总长、净长及槽数等）、槽形尺寸（用一张较厚的白纸在拆除线圈后的槽口端部取下槽形痕迹，绘出槽形，量取尺寸）及有关铭牌上的数据（容量、电压、电流、接法、转速和绝缘等级等）。

2. 拆除损坏的定子绕组

（1）电流加热法　将绕组端部各连接线拆开，在一相绕组中通入单相低压大电流加热，当绝缘软化、绕组冒烟时，切断电源、打出槽楔，趁热迅速拆除绕组。拆除时，要留下一个完整的线圈，以备记录绕组数据。

（2）用烘箱、乙炔或喷灯等进行加热，至一定程度，迅速拆除旧绕组。加热过程中，要注意防止烧坏铁芯，防止硅钢片性能变坏。

（3）溶剂溶解法　对于1 kW以下的小型电动机，采用苯、丙酮或酒精与苯的混合剂等，将原绝缘漆溶解后，再将旧绕组抽出。使用溶剂时，要在通风良好的地方使用，同时要注意防火、防苯中毒。

（4）冷却法　先将绕组一端紧靠铁芯割断，在另一端用钳子将导线拉出。如绝缘漆粘结太紧，槽内导线形成一个整体时，可用一根比槽稍小的齐头铁棒，顶住割断的线圈端部，用锤子轻轻敲打出线圈。敲打线圈时，另一端应顶住槽两边的齿部，以防引起齿的扩张。绕组全部拆除后，要将槽内清理干净，并修正槽形。

3. 备好材料与工具

材料的准备主要指绕制线圈用的漆包线和槽内、端部及引出线等处所用的绝缘材料。

槽内所用绝缘材料多为槽绝缘纸（青壳纸）、槽楔（经变压器油浸熬的厚2.5～4 mm的梯形竹楔）；端部相间绝缘用聚酯薄膜复合绝缘纸；引出线绝缘用醇酸玻璃漆布及醇酸玻璃丝套管等。

工具的准备包括线模（图7－7）、划线板（图7－8）及压线板（图7－9）。

4. 绕制线圈

小型电动机修理时，线圈的绕制大多采用小型手摇绕线机配以绕模进行。绕线模的尺寸可按电动机的型号在电工手册等有关技术资料中查得，也可从拆下的完整旧绕组中获得。

如果极相组是由几个线圈连在一起组成的，就需制作几个相同的模子，整个极相组一次

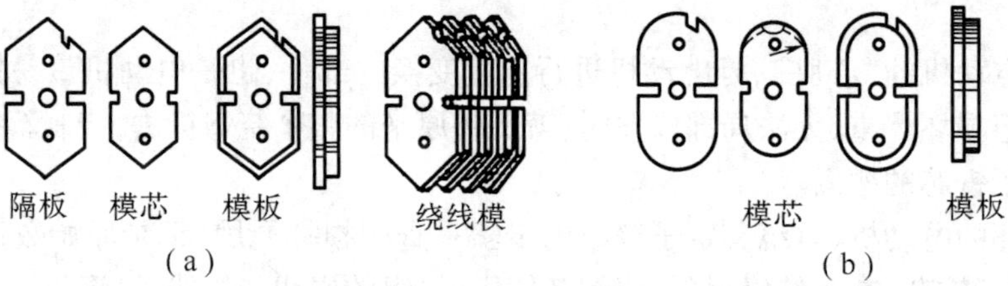

图7-7 组合线模

(a)菱形绕线模;(b)腰圆形绕线模

绕成。比较先进的工艺是把属于同一相的所有线圈一次连续绕成,中间不剪断,把极相组间的连接线放长些,套上套管,这样就省去了极相组间的连接,提高了工效,节省了材料。

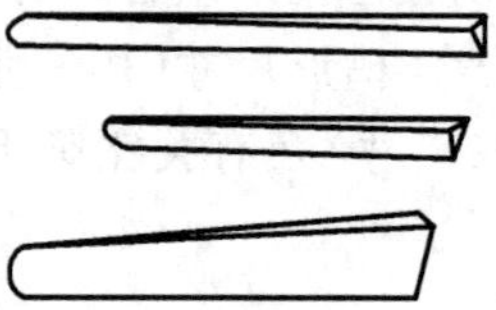

图7-8 划线板图

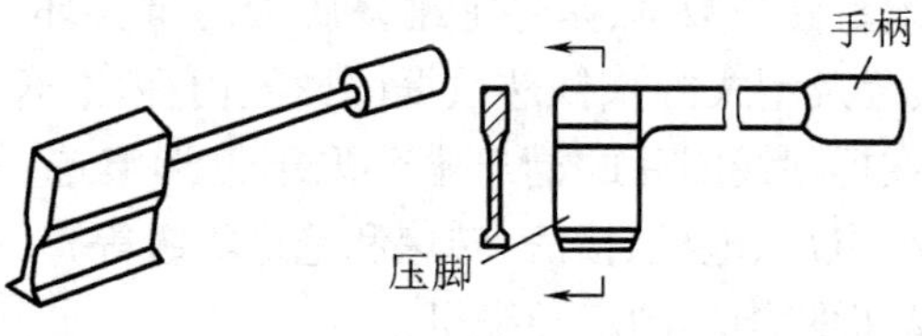

图7-9 压线板

在具体进行线圈绕制时,导线必须排列整齐,避免交叉混乱;线圈的两个直线部分要用线扎好,以防松散;漆包线的绝缘漆不得受伤损坏;若在绕线过程中发生断线,可在绕完后再焊接接头,但焊接点必须留在线圈的端部,而不准留在槽内;线圈绕制完毕,用电桥测量其直流电阻,以检查每相(或每极相组)间是否对称。

5. 嵌线与接线

嵌线前,要先画出绕组展开图,以找出嵌线工艺和接线规律,并绘制接线图。

(1)定子绕组展开图的绘制　图7-10为定子绕组展开图,其绘制步骤如下:

①画槽标号　设电动机定子为24槽,画24根平行线代表各槽,并标明每个槽的序号,如图7-10(a)所示。

②定极距　设电动机为4极,则每极槽数为24/4=6槽,每极每相槽数为(24/4)/3=2槽,如图7-10(b)所示。

③标电流方向　根据"同一极性下导线的电流方向相同,不同极性下电流相反"原则,标出各导线中的电流方向。设N极下各电流方向向上,S极下各电流方向向下,图7-10(b)所示。

④分相带　根据每极每相槽数,依次确定U、V、W相所属的槽的序号,如图7-10(b)所示。

⑤连接各相绕组　先将U相的两个线圈顺着电流方向连接成线圈组,再依照电流方向将U相的两个线圈组连接成U相绕组,如图7-10(c)所示。

根据三相间互差120°电角度的原则,确定V、W两相的首端。因为每槽所占电角度为180°/(每极槽数)=180°/6=30°,即U、V、W二相的首端应相隔4槽,分别为第1、5、9槽,如

图 7－10(d)所示。

(2)嵌线　嵌线前,应先把绕好线圈的引线理直,并套上黄蜡管,将引槽纸放入槽内。为方便嵌线,可在线圈上涂些蜡。根据出线盒位置,确定第一槽。

嵌线时,先用右手把要嵌的线圈一条边捏扁,用左手捏住线圈的一端,向相反方向扭转,如图 7－11(a)所示,使线圈的槽外部分略带扭纹形,以免松散。线圈捏扁后,放到槽口的槽绝缘中间,左手捏住线圈朝里插入槽内,如图 7－11(b)所示。为使导线绝缘不被槽口擦伤,应使用引槽纸,或在槽口临时衬两张薄膜绝缘纸。如导线不能一次入槽,可用划线板将其余导线划入槽内。导线在槽内必须整齐平行,不得交叉错乱。

嵌好一个线圈的一条边后,另一条线圈边暂时吊起来,并在下面垫一张纸,以免线圈与铁芯相碰擦伤,如图 7－11(c)所示。

槽内下层线圈嵌好后,将层间绝缘放入槽内,用压线板压平,两端伸出槽外应均等,并叠压住下层线圈的两端伸出部分。依次嵌入其他各线圈的下层边,直至完成一个节距数为止。

嵌完一个节距线圈的下层边后,可依次嵌入槽内的上层边。上层边导线全部划入槽内后,再用划线板将槽绝缘两边折拢,盖住导线,用竹楔压平,将槽楔打入槽内压紧,如图 7－12 所示。

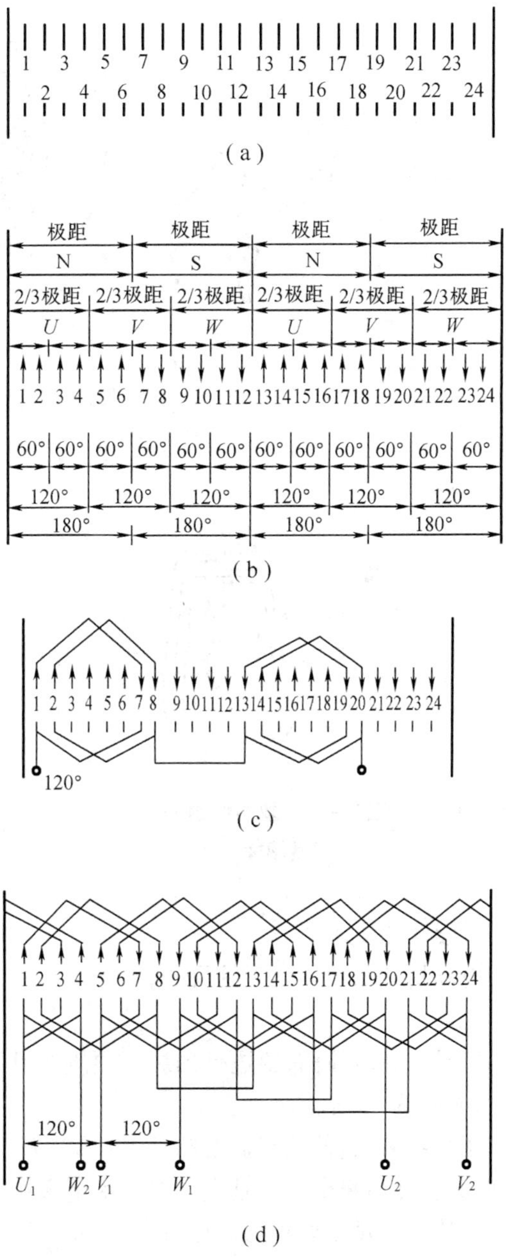

图 7－10　定子绕组展开图

(a)划槽标号;(b)定极距、标电流方向、分相带;(c)连接 *U* 相绕组;(d)连接 *V*、*W* 相绕组

嵌完全部线圈后,检查绕组外形、端部排列及相间绝缘,符合要求后,用手锤轻轻敲打绕组端部,使绕组两端形成喇叭口,如图 7－13 所示。喇叭口的大小要合适,既要有利通风散热,又不能使端部离机壳太近。端部整形后,用玻璃丝布带或白布带进行统一包扎。

(3)接线　绕组的接线分为内部接线和外部接线两部分。内部接线是指下线完毕后,按照绕组展开图将每相绕组次连接起来,组成一个完整的三相绕组;外部接线是指将三相绕组的 6 个线端按星形或三角形连接到接线盒内,如图 7－14 所示。

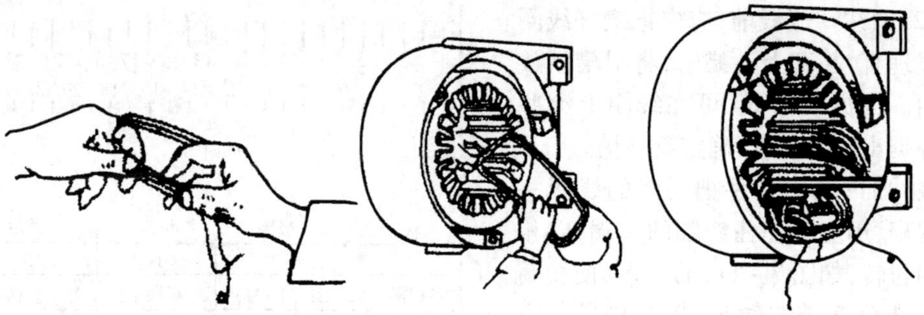
(a) (b) (c)

图7-11 嵌线方法

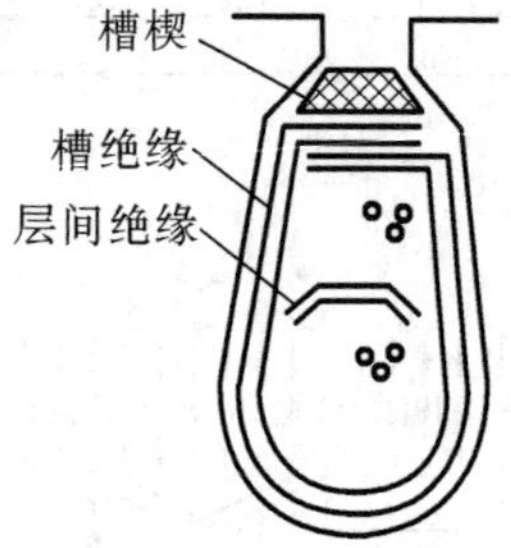

图7-12 双层绕组的槽绝缘

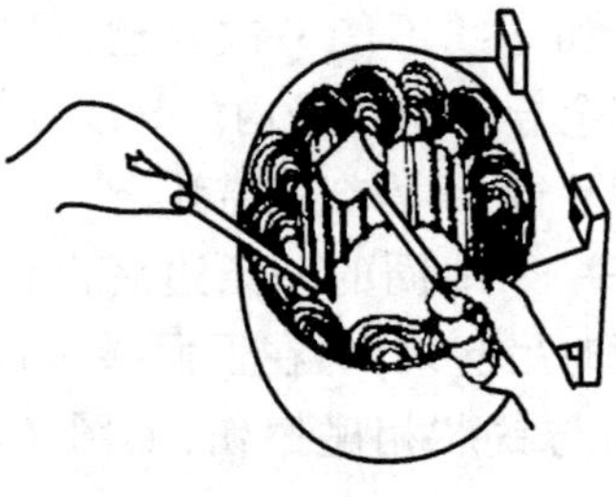

图7-13 端部整形

6. 浸漆与烘干

电动机绕组浸漆处理的目的,在于提高绕组的绝缘强度、机械强度及耐热、耐潮及耐腐蚀的能力。

电动机在浸漆前,要进行预烘。预烘的目的在于驱除线圈中的潮气,温度一般为110 ℃左右,时间约4~8小时。

预烘结束后,使绕组温度降至60 ℃~70 ℃,然后进行浸漆,时间为15分钟左右,至不冒泡为止,然后将电动机垂直搁置以滴干余漆。除浸漆外,也可采用浇漆的方法。

浸漆后的烘干处理,其目的在于挥发掉漆中的熔剂和水分,使绕组表面形成较坚硬的漆膜。烘干一般分两个阶段进行,第一是低温阶段,温度为70~80 ℃,时间约2~4小时;第二是高温阶段,温度为110~120 ℃,时间约8~16小时,一般电动机要浸烘两次,潮湿环境下工作的电动机要浸烘3~4次。

烘干过程中,每隔1小时左右用摇表测量绕组对地绝缘电阻,最后应稳定在5 MΩ以上,烘干才可结束。

常用的烘干方法有利用循环热风干燥室进行烘干、灯泡干燥法、电流干燥法,也可使用专门的烘箱进行烘干。

7. 试验

为保证重绕电动机的质量,在使用前,必须对电动机进行一些试验,以检查其质量是否

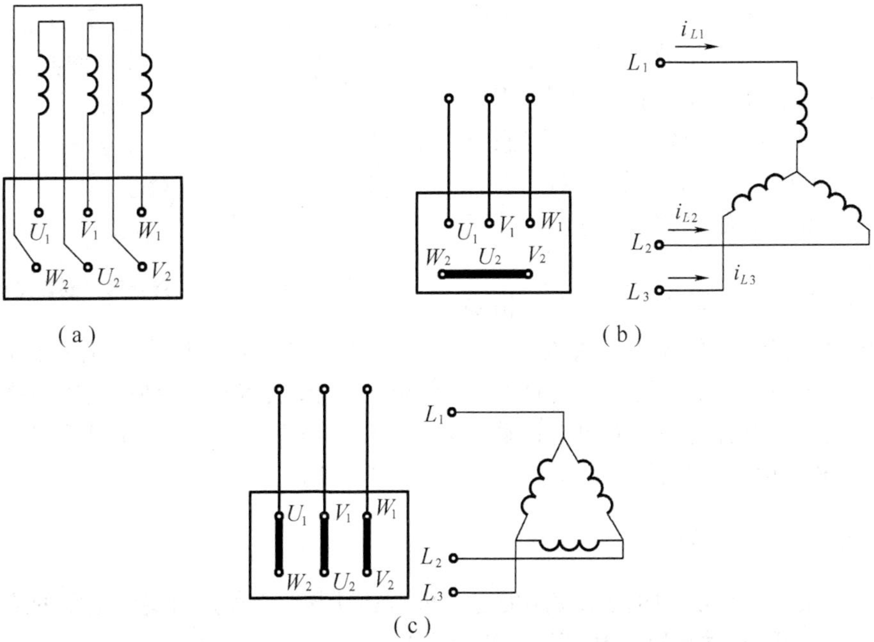

图 7－14　绕组的外部接线

(a)接线盒中六个引线端的排列；(b)定子绕组的星形连接；(c)定子绕组的三角形连接

符合要求。试验的项目有绝缘试验(测量绝缘电阻、进行耐压试验)、空载试验、短路试验和温升试验等。

在电动机试验前，先要进行一般性的检查，如紧固螺栓是否拧紧；引出线的标记是否正确；转子转动是否灵活等。确认电动机的一般情况良好，方可进行试验。

第三节　异步电动机的检测与试验

前已述及，一台重绕的电动机，在交付使用前，必须进行必要的检测与试验，以确保电动机的正常使用。

一、定子绕组首末端的判别

当电动机接线板损坏，定子绕组的 6 个线端分辨不清时，不可盲目接线，以免引起故障。在判定三相绕组的首末端前，先用万用表分别找出同相绕组的两个线头，并假设编号为 U_1、U_2，V_1、V_2，W_1、W_2，然后采用下列方法，进行首末端的判定。

1. 用 36 V 交流电源和灯泡判别首末端

先将每组的 V_1、U_2 相连，在 U_1、V_2 线端接一只灯泡，然后在 W_1、W_2 两端接上 36 V 的交流电源。如若灯泡发亮，说明假定的 U_1、U_2 和 V_1、V_2 的编号正确；如若灯泡不亮，则将 U_1、U_2 或 V_1、V_2 中任意两个线头的编号对调即可。再依上述方法，对 W_1、W_2 两线端进行判别。此种方法判别时的接线如图 7－15 所示。

2. 用万用表或微安表判别首末端

方法一　如图7－16所示，将假定的U_1、V_1、W_1和U_1、V_2、W_2分别连成一点，然后将万用表的直流微安挡接入其中，用手转动电动机转子。若指针不动，说明假设的编号是正确的；若指针偏转，说明其中有一相假设的编号不对，逐相对调重测，直至正确为止。

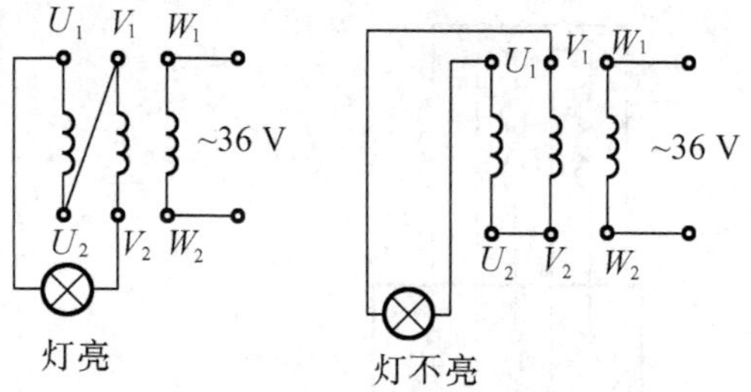

图7－15　用36 V交流电判别首末端

方法二　如图7－17所示，将一相绕组接万用表的直流微安挡，另一相绕组经开关接电池。在开关合上瞬间，若指针正偏，则接电池正极的线头与万用表负极所接的线头同为首端或末端；若指针反偏，则接电池正极的线头与万用表的正极所接的线头同为首端或末端。依相同的方法，再将电池和开关（或万用表）接另一相的两个线头，从而判定出三相绕组的首末端。

二、绝缘电阻的测定

一台重绕或闲置较长时间未使用的电动机，在使用前，必须进行绝缘电阻的测定。所需测定的电阻包括相－相、相－地（壳）间的绝缘电阻。

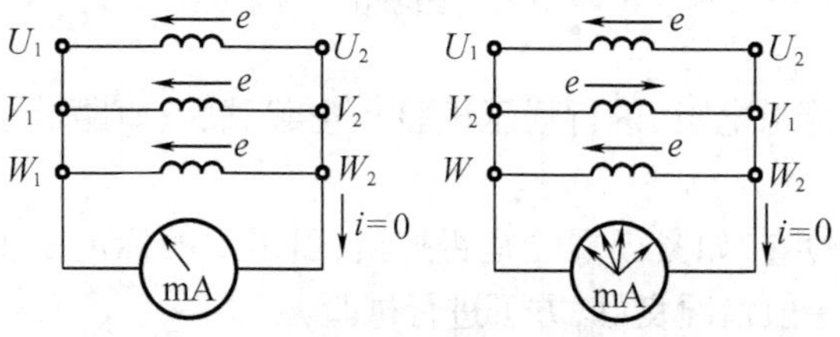

图7－16　用万用表判别首末端（方法一）

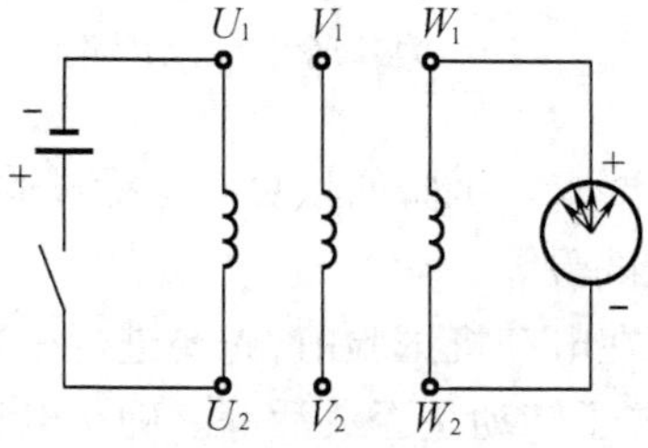

图7－17　用万用表判别首末端（方法二）

使用摇表测量电动机绝缘电阻时的接线如图7－18所示。一般地，要求相－相、相－地（壳）间的绝缘电阻不得小于0.5 MΩ，否则，要进行适当处理后才能使用。

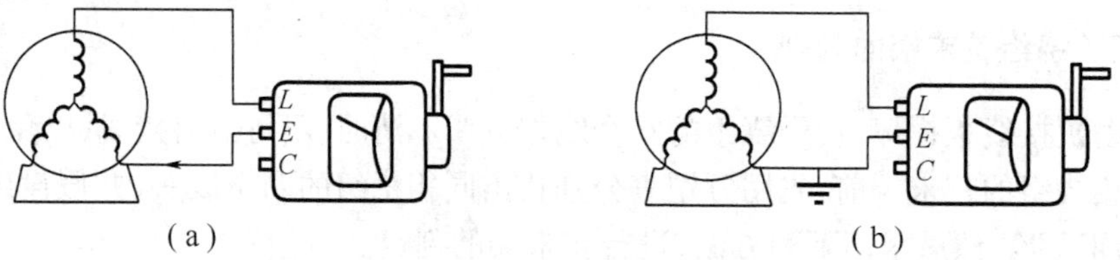

图7－18　电动机绝缘电阻的测定

（a）摇测相间绝缘电阻；（b）摇测相对地（壳）绝缘电阻

三、空载试验

空载试验的目的在于通过测量电动机的空载电流和空载损耗，进一步检验电动机的装配质量和运行情况。空载试验的接线如图7-19所示。

由于空载时的电动机功率因数较低，为测量准确，所用功率表宜选用低功率因数的。

所用电流表和功率表的电流线圈，应选用较大量程的，以防电动机启动时的电流造成仪表的损坏；同时在启动过程中，加在电动机上的电压要慢慢升高。

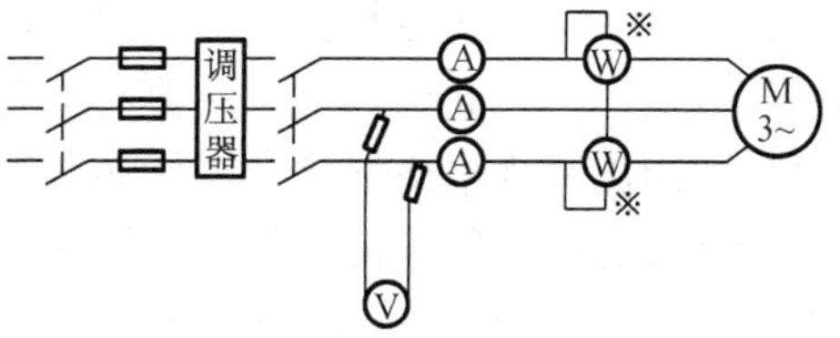

图7-19　电动机空载试验接线图

当三相对称电压逐渐加至电动机的额定值时，所测得的线电流即为电动机的空载电流，所测得的功率即为电动机的空载损耗（主要为铁耗）。任一相的空载电流值与三相电流平均值的偏差不应大于10%，否则必须查明原因；一般地，空载电流约为额定电流的30%，若相差较多，也必须查明原因。造成空载电流过大的原因有气隙过大、定子绕组匝数减少等。造成空载电流过小的原因有定子绕组匝数太多、三角形接法误接或星形接法、二路并联误接成一路等。

第四节　小型变压器的拆卸与绕制

一、小型变压器的拆卸

1. 变压器的基本结构

变压器广泛地应用于电力、电子及通信等领域，种类繁多，大小各异。按用途可分为电力变压器、电炉变压器、电焊变压器、矿用变压器、船用变压器、整流变压器和特种变压器（如脉冲变压器、控制变压器、中频变压器、电流互感器、电压互感器、电抗器、调压器及音频变压器等）；按相数可分为单相、三相和多相变压器；按绕组结构可分为自耦变压器及双绕组变压器和多绕组变压器；按冷却方式可分为干式、油浸式、充气式和水冷式变压器等。

不论何种变压器，其主要组成部分是铁芯和套在铁芯上的绕组。图7-20为电力变压器的外形图，其铁芯和绕组浸没在油箱内。图7-21为小型变压器的外形图。

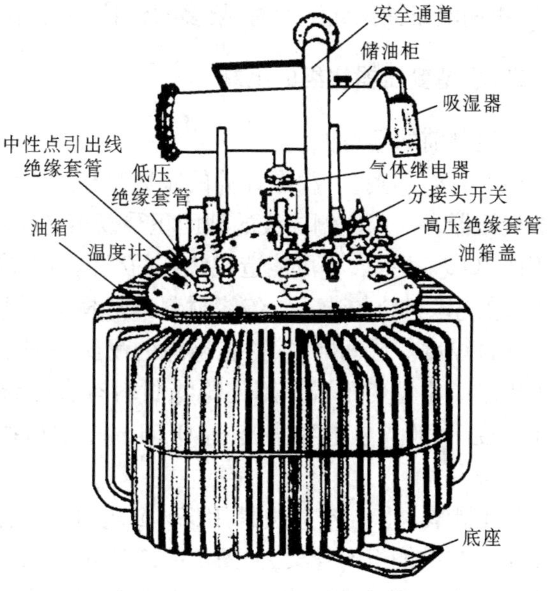

图7-20　电力变压器外形

2. 小型变压器的拆卸

当小型变压器（≤2 kVA）发生绕组内部匝间短路，或内部断线而又无法找到断头，或绕组间短路或烧毁时，均需拆除旧绕组重绕。

在拆除变压器铁芯前，必须记录原始数据，作为重绕变压器的依据。所需记录的数据包括铭牌数据（型号、相数、容量、主副边电压、连接组、绝缘等级等）、绕组数据（导线规格、匝数、尺寸、引出线规格与长度等）、铁芯数据（形状、尺寸、厚度、叠压顺序、叠压方式等）。

拆卸铁芯的步骤为拆除外壳与接线柱→拆除铁芯夹板或铁轭→用螺丝刀把粘合在一起的硅钢片撬松→用钢丝钳将硅钢片一一拉出→对硅钢片进行表面处理→将硅钢片依次叠放并妥善保管。

具体拆卸时，可将铁芯夹持在台虎钳上。在卸掉铁芯夹板后，先用螺丝刀（平口）从芯片的叠缝中切入，沿铁芯四周切割一圈，切开头几片硅钢片间的粘连物，然后用钢丝钳夹住硅钢片的中间位置并稍加左右摆动，即可将硅钢片一一钳出。

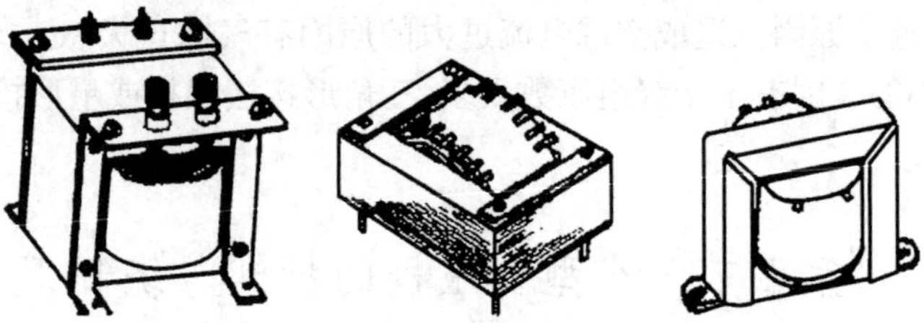

(a)　　(b)　　(c)

图 7－21　小型变压器外形

在拆卸铁芯的过程中，当用螺丝刀撬松硅钢片时，动作要轻，用力要均匀，入刀位置要常换；在用钢丝钳抽拉硅钢片时，要多次试拉，不能硬抽，注意不要造成硅钢片的损坏或变形。

二、小型变压器绕组的绕制

1. 绕制前的准备工作

（1）导线的选择　根据计算的匝数和导线的截面积，选用相应规格的漆包线。500 V 以下的变压器，一、二次侧导线的截面积乘以相对应的匝数所得的总面积，不应超过铁芯窗口面积的 30%。否则，将可能造成绕好的线包因为装不进铁芯而返工。

（2）绝缘材料的选择　绝缘材料的选择必须考虑的是耐压要求和允许厚度。层间绝缘、铁芯绝缘的耐压一般以其两倍的电压作为要求。小型变压器常用的绝缘材料有青壳纸（厚 0.25 mm，耐压强度 1 500 V）、电容器纸（厚 0.03 mm，耐压强度 475 V）和电缆纸等。

（3）制作木芯　木芯通常用杨木或杉木制成，用来套在绕线机转轴上支撑绕组的骨架，如图 7－22 所示。木芯的截面尺寸应比铁芯柱截面稍大些，其高度应比铁芯窗口高度大些，中心孔（ϕ10）应钻平直，边角四周应用砂纸磨去棱角，以方便绕制、套进或抽出骨架。

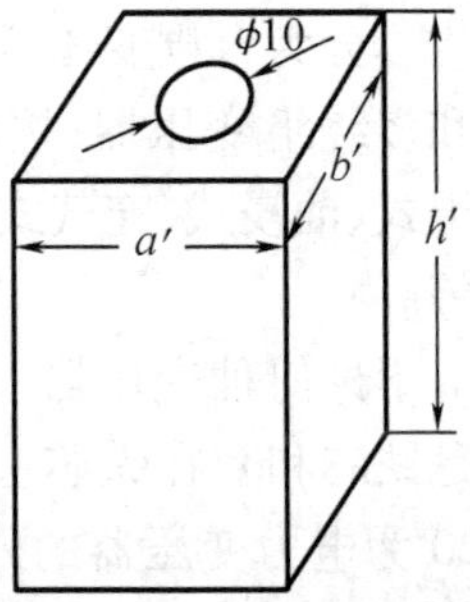

图 7－22　变压器木芯

（4）制作骨架　骨架主要起支撑绕组和对铁芯绝缘的作用，因而要求具有一定的机械强度和绝缘性能，其尺寸应与铁芯、绕组相符合。骨架分为无框骨架（也称绕线芯子，图 7－

23(a))和有框骨架(图 7－23(b))。无框骨架一般用弹性纸制成,其厚度由变压器容量决定(300 VA 以下可选用 0.5～1.0 mm,容量越大,弹性纸应越厚)。有框骨架可采用红钢纸、玻璃纤维板、塑料或尼龙等绝缘材料制成。

2. 绕线

绕线前,裁剪好各种绝缘纸。绝缘纸的宽度应稍大于骨架的长度,长度除应稍大于骨架的周长外,还应考虑到绕组绕大后所需的裕量。先在套好木芯的骨架上垫好对铁芯的绝缘,然后将木芯中心孔穿入绕线机紧固。当线径不小于 0.35 mm 时,绕组的引出线可用原线;当小于 0.35 mm 时,应另用多股软线作为引出线,如图 7－24 所示。引出线焊接时,应采用松香焊剂,套管应按耐压等级选用。

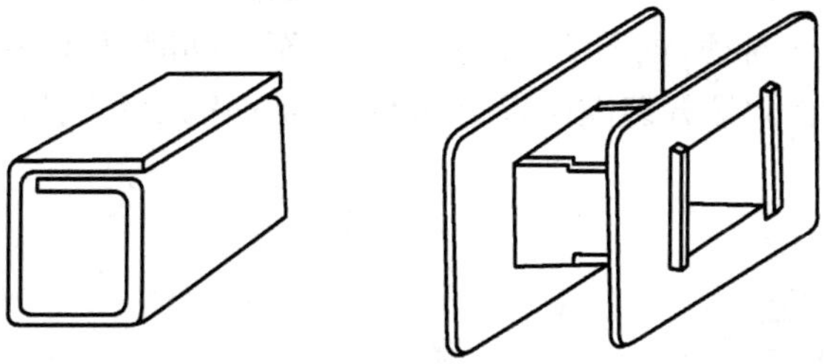
(a)　(b)

图 7－23　骨架

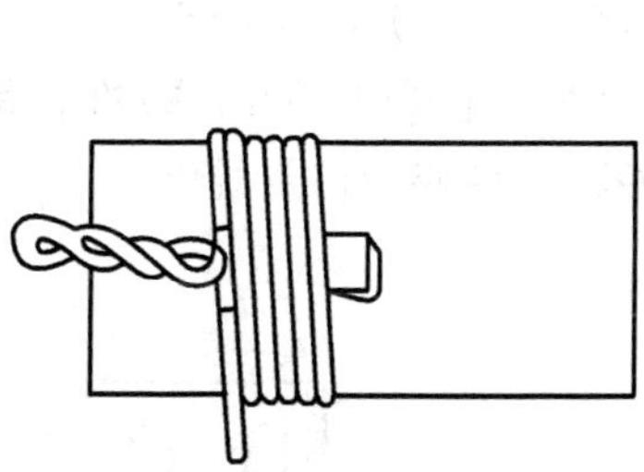

图 7－24　利用多股导线作为引出线图

绕线时,要求绕得紧密、整齐,不得有叠线情况;将导线稍微拉向绕线前进的相反方向5°左右,如图 7－25 所示。每绕完一层要垫放层间绝缘。

整个线包绕制过程的顺序是:一次侧绕组,静电屏蔽;二次侧高压绕组,低压绕组。每绕完一组绕组后,要衬垫绕组间绝缘。当二次侧绕组较多时,每绕好一组后用万用表检查其是否通路。

当一组绕组绕制近结束时,要垫上一条绝缘带的折条,继续绕线至结束,将线尾插入绝缘带的折缝中,抽紧绝缘带,线尾便固定了,如图 7－26 所示。

电子设备中的电源变压器,需在一、二次侧绕组间衬放静电屏蔽层,以减弱外来磁场对电路的干扰。静电屏蔽层的材料可用铜箔或其他金属箔。其宽度比骨架宽度略小,长度比一次侧绕组的周长短 5 mm 左右(图 7－27),夹在一、二次侧绕组的绝缘垫层间,注意不要碰到导线或自行短路。铜箔上焊接一根多股软线作为引出线并接地。如无铜箔,也可用 0.12～0.15 mm 漆包线密绕一层,一端埋在绝缘层内,另一端引出作为接地线。当线包绕制好后,外层用青壳纸缠绕 2～3 层,并用胶水粘牢。

3. 绝缘处理

绕组绕制完成后,为防潮和增加绝缘强度,应作绝缘处理。先将线包在烘箱内预烘,温度为 110 ℃左右,时间为 3～4 小时,然后将预烘干燥的绕组取出,放入绝缘漆中浸泡约半小时,取出后在通风处滴干余漆。最后,再放入烘箱内进行干燥处理,温度为 120 ℃左右,时间为 8～9 小时。

4. 铁芯装配

铁芯叠片前,应检查硅钢片是否平整,是否锈蚀,是否绝缘良好,并去除毛刺。

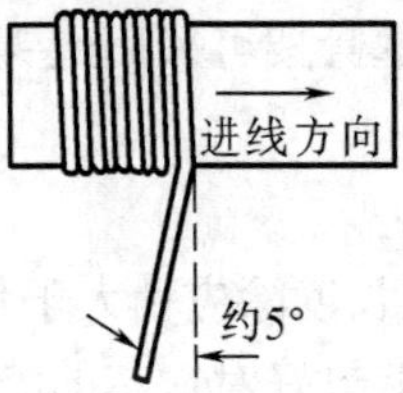

图 7－25　绕线过程中的持线方法

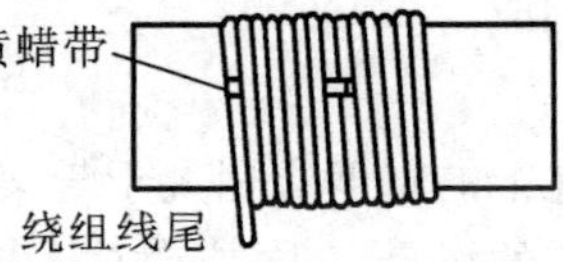

图 7－26　绕组线尾的紧固图

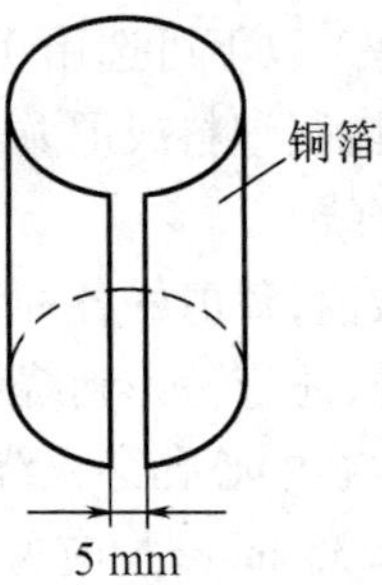

图 7－27　静电屏蔽层的形状

叠片时，应从线包两边一片一片地交叉对插，如图 7－28 所示。叠至中间时，可两片两片地对插。在余下的几片较难插时，用螺丝刀撬开缝隙插入，并用木锤轻轻敲入。在铁芯装配过程中，要避免伤及线包。

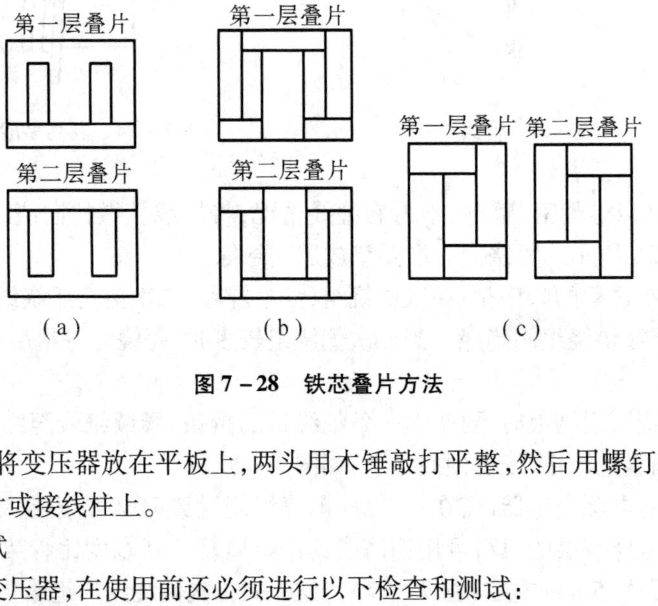

图 7－28　铁芯叠片方法

叠片完毕后，将变压器放在平板上，两头用木锤敲打平整，然后用螺钉或夹板固定铁并将引出线连到焊片或接线柱上。

5. 检查与测试

重新绕制的变压器，在使用前还必须进行以下检查和测试：

（1）外观质量检查　即有无毛刺、是否平整、接头有无松脱等。

（2）绕组的通断检查　即用万用表或电桥检查各绕组的通断与直流电阻。

（3）绝缘电阻的测定　即用摇表测量各绕组间、绕组与铁芯间、绕组与屏蔽层间的绝缘电阻。对于 400 V 以下的变压器，其绝缘电阻不应小于 90 M。

（4）空载电压的测试　即当一次侧加额定电压时，测量二次侧各绕组的空载电压。各绕组的空载电压允许误差为 ±5%，中心抽头电压的允许误差为 ±2%。

（5）空载电流的测试　即当一次侧加额定电压、二次侧各绕组开路时，测量一次侧的电流，即为变压器的空载电流。空载电流一般为额定电流的 8% 左右。若大于 10%，则表明变压器的损耗较大；若大于 20%，则因损耗而产生的温升将超过允许值，不可使用。

三、变压器绕组的极性判别

变压器绕组的极性是指变压器一、二次侧绕组在同一磁通作用下所产生的感应电动势(或电压)之间的相位关系,并将两绕组中极性相同的两端称之为同名端,以“●”或“ * ”等标记,反之为异名端。

变压器绕组的极性判别常用的方法有电压表法和万用表(或检流计法)。

1. 电压表法

如图7－29所示,在变压器的一次侧加上适当的交流电压,分别用电压表测量 U_{AX}、U_{ax} 和 U_{Aa},若 $U_{Aa}=U_{AX}+U_{ax}$,则表明 A 和 a 互为异名端,A 和 X 互为同名端(当然,X 和 a 也互为同名端);反之则结果相反。

2. 万用表法

如图7－30所示,一次侧经开关接电池,二次侧接万用表的直流微安挡(或接检流计,或接直流毫伏表)。在开关闭合瞬间,若指针正偏,则表明 A 和 a 互为同名端;反之,若指针反偏,则表明 A 和 x 互为同名端。

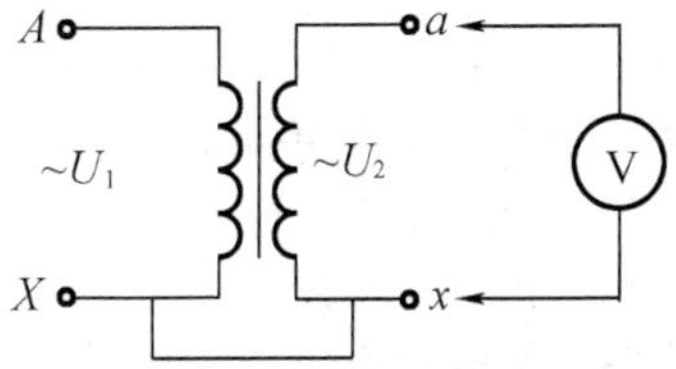

图7－29 电压表法判别同名端

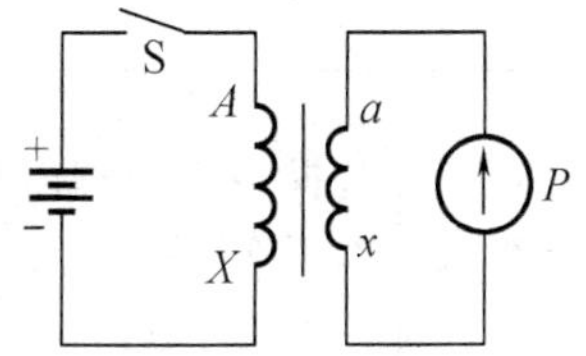

图7－30 万用表法判别同名端

上述两种判别一、二次侧绕组间同名端的方法,同样适用于多绕组变压器二次侧各绕组间同名端的判定。

思考题

7－1 简述拆卸电动机的步骤。

7－2 拆卸轴承有哪几种方法?

7－3 电动机在选配、安装及校正时,应考虑哪些因素?

7－4 拆除电动机的旧绕组,有哪几种方法?

7－5 如何确定重绕绕组的尺寸?

7－6 三相异步电动机的型号为Y90L－4,定子绕组形式为单层链式,定子槽数:3槽,极数:4极,节距:5槽(即1~6)。画出其定子绕组展开图。

7－7 判别电动机定子绕组首末端,有哪几种方法?

7－8 什么情况下必须测定电动机的绝缘电阻,其阻值要求是多少?

7－9 空载试验的目的是什么,可否一次性加至额定电压,为什么?

7－10 造成空载电流偏大的原因有哪些?

7－11 简述拆卸变压器铁芯的步骤。

7－12 绕制变压器绕组前,必须进行哪些准备工作?

7－13　在变压器绕制过程中，必须注意哪些事项？

7－14　某单相变压器，二次侧有两个相互独立的绕组，其电压分别为10 V和50 V。问变压器二次侧共可获得哪几种电压？

实训考核课题

实训7－1　电动机的拆装

考核内容、要求和评分标准（表7－1）。

表7－1　电动机的拆装

序号	考核内容	考核要求	评分标准	配分	得分
1	准备工作	1. 工具、材料准备齐全； 2. 正确标记各拆卸部位。	1. 准备不齐全，扣3分； 2. 不做标记或标记不正确，扣2分。	5	
2	解体与组装	1. 拆、装步骤符合工艺； 2. 正确使用工具； 3. 不损坏电机。	1. 步骤、方法不正确，扣10分； 2. 工具使用不熟练，扣5分； 3. 损伤电机，扣10～30分； 4. 每返工一次，扣10分。	35	
3	检修	1. 按检修要求进行清洗、检查； 2. 正确使用仪表。	1. 绕组、铁芯清扫不干净，扣5分； 2. 轴承检修不合要求，扣5分； 3. 不会使用电桥、摇表，扣10分； 4. 绕组直流电阻、绝缘电阻测量不准确，扣10分； 5. 检修组装后外观不整洁、有油污等，扣10分。	50	
4	安全文明操作	符合有关规定	发生安全事故或违反有关规定，扣2～10分。	10	
5	操作时间	在规定时间内完成	每超时10分钟（不足10分钟以10分钟计），扣5分。		

实训7－2　绕组的绕制与嵌线

考核内容、要求和评分标准（表7－2）。

表7－2　绕组的绕制与嵌线

序号	考核内容	考核要求	评分标准	配分	得分
1	准备工作	1. 材料、工具准备齐全； 2. 原始线圈有记录。	1. 准备不充分，扣2～5分； 2. 无原始数据，扣10分。	10	
2	线圈的绕制	1. 线模尺寸符合要求； 2. 绕制的线圈符合要求。	1. 线模不合要求，扣10分； 2. 绕组绝缘破损，扣10分； 3. 线圈匝数不对，扣10分； 4. 线圈交叉多，不整齐，扣2～10分。	40	
3	嵌线与端部连接	1. 导线排列整齐、绝缘结构合理； 2. 端部整齐美观、绑扎牢固； 3. 接头正确、牢固。	1. 排列不整齐，有交错，扣3～5分； 2. 绝缘纸漏垫，槽楔破裂，每处扣5分； 3. 端部松动，扣5分； 4. 首末端接错，扣15分。	40	
4	安全文明操作	符合有关规定。	1. 操作时伤及手指，扣10分； 2. 违反其他规定，扣5～10分； 3. 现场凌乱，扣2～10分。	10	
5	操作时间	在规定时间内完成	每超时20分钟（不足20分钟以20分钟计），扣5分。		

实训7－3　三相异步电动机的基本检测

考核内容、要求和评分标准（表7－3）。

表7－3　三相异步电动机的基本检测

序号	考核内容	考核要求	评分标准	配分	得分
1	定子绕组首末端判别	熟练的判别出三相绕组及其首末端，测定结果一次成功	1. 操作不熟练，扣10分； 2. 绕组判别错误，扣10分； 3. 首末端判别错误，扣20分。	30	
2	绝缘电阻的测定	1. 正确使用摇表； 2. 测量各相直流电阻。	1. 仪表使用不正确，扣10分； 2. 测量结果不准，每项扣5分。	40	
3	定子绕组直流电阻的测定	能正确使用电桥测量各相直流电阻	1. 仪表使用不正确，扣10分； 2. 达不到工艺要求，扣10～20分； 3. 焊接不合要求，扣5分。	40	

表 7-3(续)

序号	考核内容	考核要求	评分标准	配分	得分
4	空载电流的测量	能正确使用钳形表测量空载电流	1. 仪表使用不正确,扣10分; 2. 测量结果不准,每项扣5分。	15	
5	空载转速的测量	正确使用转速表并读数准确	1. 方法不熟练,扣5分; 2. 读数不准确,扣5分。	10	
4	安全文明操作	符合有关规定	1. 违反有关规定,扣2~10分; 2. 损坏仪表,扣20~30分。	10	
5	操作时间	在规定时间内完成	不延时操作,超时不评分。		

实训7-4 小型变压器的拆卸与绕制

考核内容、要求和评分标准(表7-4)。

表 7-4 小型变压器的绕制

序号	考核内容	考核要求	评分标准	配分	得分
1	制作线芯与骨架	1. 尺寸正确; 2. 表面光滑,无毛刺。	1. 尺寸不正确,扣10分; 2. 粗糙或有毛刺,每处扣3分。	15	
2	绕线	1. 匝数正确; 2. 线圈整齐、紧密,绝缘结构合理,符合工艺要求; 3. 线尾的紧固符合要求。	1. 匝数不正确,扣10~20分; 2. 线圈松散,凌乱,扣20分; 3. 绝缘不合要求,扣10分; 4. 线尾动,扣10分; 5. 绕制过程中,出现断线、绝缘损伤,扣5~20分。	50	
3	引出线的焊接	正确、可靠	1. 连线不正确,扣10分; 2. 引出线不牢固,扣5分。	10	
4	通电测试	绝缘电阻、线圈电压、空载电流,达到技术要求	1. 绝缘电阻不合要求,扣10分; 2. 空载电压不合要求,扣10分; 3. 空载电流不合要求,扣10分。	20	
5	安全文明操作	符合有关规定	违反其他规定,扣2~5分。	5	
6	操作时间	在规定时间内完成	每超时10分钟(不足10分钟以10分钟计),扣5分。		

第八章　常用电子元件的识别与简易测试

学习目的

1. 掌握常用电子元器件、集成电路分类以及主要参数。
2. 掌握用数字万用表简单测试方法。
3. 掌握电子元器件及集成电路焊接的基本知识。

内容提要

本章主要介绍电阻、电容、电感、二极管、晶体管等常用电子元件的分类及主要参数；数字万用表的简单测试方法及集成电路的分类；电子焊接的常用工具、器材、焊接方法与焊点要求；元件引脚及安装方法等内容。

第一节　线 性 元 件

线性电子元件主要有电阻、电位器、电容器、电感器等几种，下面分别进行说明。

一、电阻器

1. 电阻的种类

电阻在电子产品中是一种必不可少的电子元件。它的种类繁多，形状各异同，在电路中用来控制电流、分配电压。

(1)按结构形式分类　电阻按结构形式分类有固定电阻、可变电阻两大类。固定电阻的种类比较多，主要有碳质电阻、碳膜电阻、金属电阻和线绕电阻等。固定电阻的电阻值是固定不变的，阻值的大小就是它的标称值。固定电阻常用字母“R”表示。

(2)按制作材料分类　电阻按材料分类有线绕电阻、膜式电阻、碳质电阻等。

(3)按用途分类　电阻按用途分类有精密电阻、高频电阻、高压电阻、大功率电阻、热敏电阻、熔断电阻等等。

(4)按引出线的不同分类　电阻按引出线的不同可分为轴向引线和无引线电阻，常见电阻的外形及电路符号如图 8－1 和图 8－2 所示。

2. 常用电阻

(1)碳膜电阻　碳膜电阻是最早、最广泛使用的电阻。它是由碳沉积在瓷质膜体上制成，通过改变碳膜的厚度或长度，可以得到不同的阻值。其主要特点是耐高温，当环境温度升高时，其阻值变化与其他电阻相比变化很小，高频特性好，精度高，常在精密仪表等高档设备中使用。

(2)金属膜电阻　金属膜电阻是在真空条件下，在瓷质基体上沉积一层合金粉制成。通过改变余属膜的厚度或长度可得到不同的阻值。其主要特点是耐高温，当环境温度升高后，阻值变化与碳膜电阻相比变化很小，高频特性好，精度高，常在精密仪表等高档设备中使用。

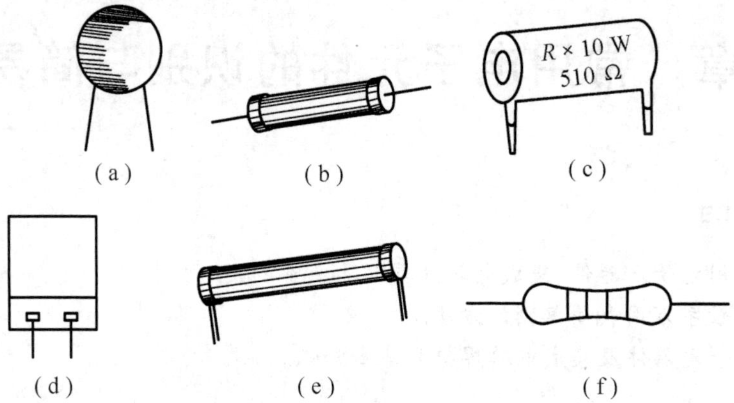

图 8－1　常见电阻的外形

(a)热敏电阻;(b)余属膜电阻;(c)线绕电阻;(d)湿敏电阻;
(e)碳膜电阻;(f)金属氧化膜电阻

(3)线绕电阻　线绕电阻是用康铜丝或锰铜丝缠绕在绝缘骨架上制成的。它具有耐高温、精度高、功率大等优点。但其高频特性差,主要是由于其分布电感较大。它在低频的精密仪表中被广泛应用。

(4)保险电阻　保险电阻具有双重功能,在正常情况下具有普通电阻的电气特性,一旦电路中出现过压、过流或某个元器件损坏,保险电阻就会在规定的时间内熔断,从而达到保护其他元器件的目的。

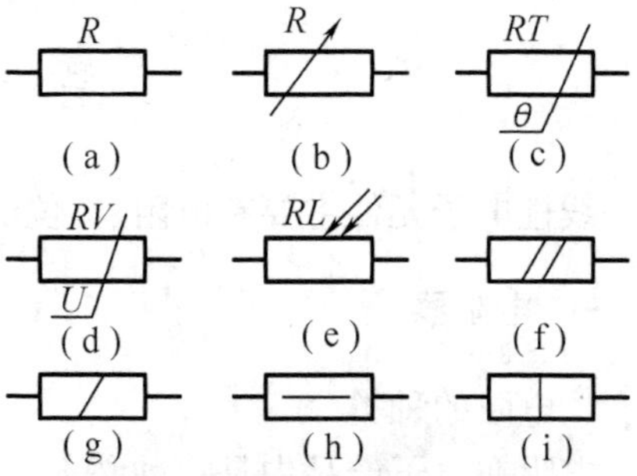

图 8－2　常见电阻的电路符号

(a)电阻一般符号;(b)可调电阻;(c)热敏电阻;(d)压敏电阻;(e)光敏电阻;(f)1/8W 电阻;(g)1/4 W 电阻;(h)1/2 W 电阻;(i)1 W 电阻

(5)光敏电阻　光敏电阻是一种电导率随吸收的光量子多少而变化的敏感电阻。它是利用半导体的光电效应特性制成的,其电阻随着光照的强弱而变化。光敏电阻主要用于各种自动控制、光电计数、光电跟踪以及照相机的自动曝光等场合。

(6)NTC、PTC 热敏电阻　NTC 热敏电阻是一种具有负温度系数变化的热敏元件,其阻值随温度升高而减小,可用于稳定电路的工作点。PTC 热敏电阻是一种具有正温度系数的热敏元件。在达到某一特定温度前,电阻值随温度升高而缓慢下降,当超过这个温度时,其阻值急剧增大。这个特定温度点称为居里点。PTC 热敏电阻的居里点可通过改变其材料中各成分的比例而变化。它在家电产品中被广泛应用,如彩电的消磁电阻、电饭煲的温控器等。

(7)其他敏感电阻　湿敏电阻、磁敏电阻、气敏电阻、力敏电阻、压敏电阻等,这些敏感电阻在自动控制领域被广泛应用。

3. 电阻的主要参数及标识

标称阻值是指电阻表面所标示的阻值。除特殊定做以外其阻值范围应符合国标规定的阻值系列。目前电阻标称阻值有三大系列:E6、E12、E24,其中 E24 系列最全,现将其列于表 8－1。标称阻值往往与其实际阻值有一定偏差,这个偏差与标称阻值的百分比为电阻的误差。误差越小,电阻精度越高。

(1)电阻的单位　电阻的国际单位是欧姆,用 Ω 表示。除欧姆外,还有千欧(kΩ)和兆欧(MΩ),当 $R<1\ 000\ \Omega$ 时,用 Ω 表示;当 $1\ 000\Omega<R<1\ 000\ k\Omega$ 时,用 kΩ 表示;当 $R\geqslant 1\ 000\ k\Omega$时,用 MΩ 表示。

表 8－1　电阻标称值系列

标称值系列	精度	表称阻值
E24	5%	1.0,1.1,1.2,1.3,1.5,1.6,1.8,2.0,2.4,2.7,3.0,3.3,3.6,3.9,4.3,4.7,5.1,5.6,62,
		6.8,7.5,8.2,9.1
E12	±10%	1.0,1.2,1.5,1.8,2.2,2.7,3.3,3.9,4.7,5.6,6.8,8.2
E6	±20%	1.0,1.5,2.2,3.3,4.7,6.8

(2)阻值的表示法

①直标法　直接用数字表示电阻的阻值和误差,例如电阻上印有 68 kΩ ±5%,则阻值为 68 kΩ,误差为 ±5%。

②文字符号法　用数字和文字符号或两者有规律的组合宋表示电阻的阻值。文字符号 Ω、k、M 前面的数字表示阻值的整数部分,文字符号后面的数字表示阻值的小数部分,例如 2k7,其阻值表示为 2.7 kΩ。

③色标法　用不同颜色的色环表示电阻的阻值和误差。常见的色环电阻有四环和五环电阻两种,其中五环电阻属于精密电阻,见表 8－2 和表 8－3。图 8－3 给出了画标法的两个示例。

表 8－2　四环电阻色环颜色与数值对照表

色环颜色	第一色环	第二色环	第三色环	第四色环
	第一位数	第二位数	倍率	误差
棕	1	1	×101	±1%
红	2	2	×102	±2%
橙	3	3	×103	
黄	4	4	×104	
绿	5	5	×105	±0.5%
蓝	6	6	×106	±0.25%
紫	7	7	×107	±0.1%
灰	8	8	×108	±0.05%
白	9	9	×109	
黑		0	×100	
金			$\times 10^{-1}$	±5%
银			$\times 10^{-2}$	±10%

表 8-3　五环电阻色环颜色与数值对照表

色环颜色	第一色环	第二色环	第三色环	第四色环	第五环
	第一位数	第二位数	第三位数	倍率	误差
棕	1	1	1	$\times 10^1$	±1%
红	2	2	2	$\times 10^2$	±2%
橙	3	3	3	$\times 10^3$	
黄	4	4	4	$\times 10^4$	
绿	5	5	5	$\times 10^5$	
蓝	6	6	6	$\times 10^6$	±0.25%
紫	7	7	7	$\times 10^7$	±0.1%
灰	8	8	8	$\times 10^8$	±0.05%
白	9	9	9	$\times 10^9$	
黑		0	0	$\times 10^0$	

在实际中，读取色环电阻的阻值时应注意以下几点：

①熟记表 8-2 和表 8-3 中色数对应关系；

②找出色环电阻的第一环，其方法有色环靠近引出端最近的一环为第一环，环电阻多以金色作为误差环，五环电阻多以棕色作为误差环；

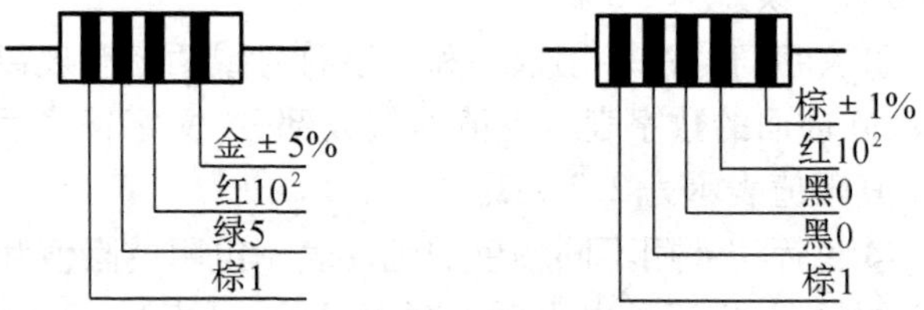

图 8-3　电阻色环表示法

③色环电阻标记不清或个人辨色能力差时，只能用万用表测量。

④数码法　数码法是用三位数码表示电阻的标称值。数码从左到右，前两位为有效值，第三位是乘数，即表示在前两位有效值后所加零的个数，单位为“Ω”。例如 152 表示在 15 后面加 2 个“0”，即 1 500 Ω = 1.5 kΩ。此种方法在贴片电阻中使用较多。

(3) 额定功率　额定功率是指电阻在规定环境条件下，长期连续工作所允许消耗的最大功率。电路中电阻的实际功率必须小于其额定功率，否则电阻的阻值及其他性能将会发生改变，甚至烧毁。常用电阻额定功率系列如表 8-4 所示。

表 8-4　电阻额定功率

名　称	额定功率/W
绕线电阻	0.05,0.125,0.25,0.5,1,2,4,8,10,16,25,40,50,75,100,150,250,500
非绕线电阻	0.05,0.125,0.25,0.5,1,2,4,8,10,16,25,40,50, 100

电阻的额定功率与体积大小有关，电阻的体积越大，额定功率数值也越大。2 W 以下的电阻以自身体积大小表示功率值。电阻体积与功率的关系见表 8-5。

表 8-5　电阻的体积与功率的关系

额定功率	RT 碳膜电阻长度/mm	直径/mm	RJ 金属膜电阻长度/mm	直径/mm
0.125	11	3.9	0~8	2~2.5
0.25	18.5	5.5	7~8.3	2.5~2.9
0.5	28	5.5	10.8	4.2
1	30.5	7.2	13	6.6
2	48.5	9.5	18.5	8.6

4. 电阻的简易测试

阻值测试方法主要有万用表测试法。另外，还有电桥测试法、RLC 智能测试仪测试法和电阻误差分选仪测试法等。

用万用表测量电阻的方法如下：

(1)将挡位旋钮置于电阻挡，再将倍率挡旋钮置于 $R\times1$ 挡，然后把两表笔金属棒短接，观察指针是否到零位。如果调节欧姆挡调零旋钮后，指针仍然不能到零位，则说明电池不足，应更换电池。

(2)按万用表使用方法规定，表笔应指在标度尺的中心部分，读数才准确，因此根据电阻的阻值来选择倍率挡。

(3)右手拿万用表棒，左手拿电阻体的中间，切不可用手同时捏表棒和电阻的两根引脚。因为这样测量的是原电阻与人体电阻并联的阻值，尤其是测量大电阻时，会使测量误差增大。在电路中测量电阻时要切断电源，要考虑电路中的其他元器件对电阻值的影响。如果电路中接有电容器，还必须将电容器放电，以免万用表被烧毁。

5. 电阻的选用

(1)按用途选择电阻的种类。

(2)在一般档次的电子产品中，选用碳膜电阻就可满足要求。对于环境较恶劣的地方或精密仪器中，应选用金属膜电阻。

(3)正确选取阻值和允许误差。对于一般电路，选用误差为 ±5% 的电阻即可，对于精密仪器应选用高精度的电阻。

(4)为保证电阻可靠耐用，其额定功率应是实际功率的 2~3 倍。

(5)电阻安装前，应将引线处理一下，保证焊接可靠。高频电路中电阻引线不宜长，以减少分布参数的影响；小型电阻的引线不宜短，一般为 5 mm 左右。

(6)使用电阻，应注意电阻两端所承受的最高工作电压。

(7)电阻绝缘性能要良好，不能有脱漆现象等。

二、电位器

电位器是一种阻值可以连续调节的电阻。在电子产品设备中，经常用它进行阻值和电位的调节。例如在收录机中用它来控制音调、音量；在电视机中用来调节亮度、对比度等。图 8-4所示的是碳膜电位器的内部结构图。

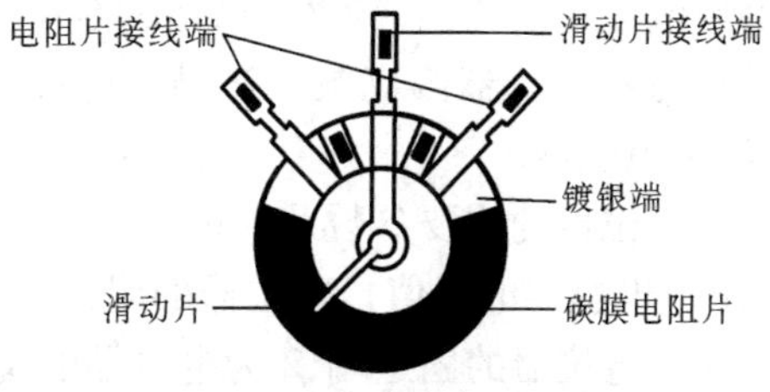

图 8-4　碳膜电位器的内部结构图

1. 电位器的种类

电位器的种类很多、形状各异。它可以按材料、调节方式、结构特点、阻值变化规律、用途等进行分类，如表 8 - 6 所示。常见电位器如图 8 - 5 所示。

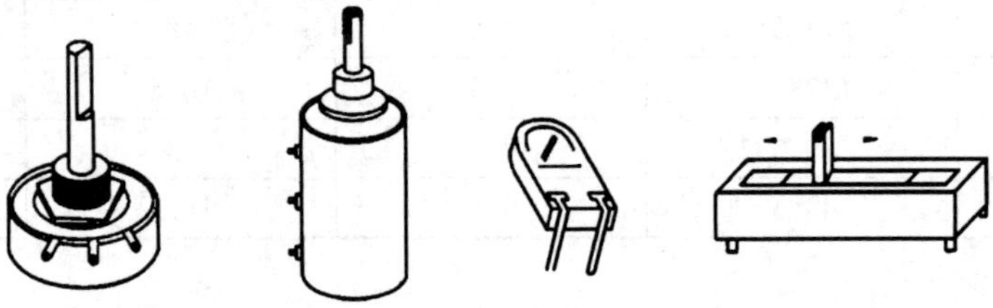

图 8 - 5　常见电位器的外形

表 8 - 6　电位器的分类

分类方式		种　类
材 料	合金型电位器	线性电位器、块金属膜电位器
	合成型电位器	有机和无机实芯型、金属玻璃釉型、导电塑料型
	薄膜型电位器	金属膜型、金属氧化膜型、碳膜型、复合膜型
按调节方式		直滑式、旋转式(有单圈和多圈两种)
按结构方式		带抽头型、带开关型(推拉式和旋转式)、单联、同步多联、异步多联
按阻值变化规律		线性型、对数型、指数型
按用途		普通型、微调型、精密型、功率型、专用型

2. 常用的电位器

(1)合成金属膜电位器

合成金属膜电位器的阻值范围宽，为 100 Ω ~ 4.7 MΩ，分辨率高，但滑动噪声大，对温度、湿度适应性差。由于其生产成本低，广泛用于收音机、电视机和音响等家电产品中。

(2)有机实芯电位器

有机实芯电位器的阻值范围宽，为 100 Ω ~ 4.7 MΩ，分辨率高，耐高温，体积小，可靠性高，但噪声较大。主要用于对可靠性、耐温性要求较高的电器上。

(3)线绕电位器

线绕电位器的相对额定功率大，耐高温性能稳定，精度易于控制，但阻值范围小，为 4.7 Ω ~ 100 kΩ，分辨率低，高频特性差。

除了以上三种接触型电位器外，还有可作大范围、高精度调整的多圈电位器，高性能、高耐磨导电塑料电位器，带驱动马达的电位器(常作遥控调节音量使用)等，在此不一一阐述。而非接触型电位器因克服了接触型电位器滑动噪声大的缺陷，正逐渐被采用，如光敏电位器、磁敏电位器。

3. 电位器的主要参数及标识

(1)电位器的阻值　电位器的阻值即电位器的标称值，其电路符号如图 8 - 6 所示。其中 1、3 为电位器的固定端，2 为电位器的滑动端。调节 2 的位置可以改变 1.2 或 2.3 间的阻值，但是不管怎样调节，结果应遵循以下原则。

(2)电位器阻值的变化规律　电位器的阻值变化规律有三种：直线式(X)、指数式(Z)和对数式(D)，如图8－7所示。

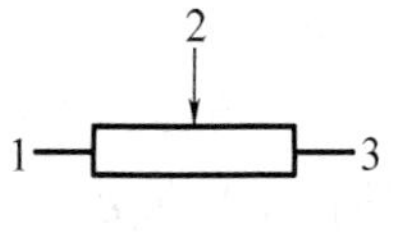

图8－6　电位器的电路符号

直线式电位器适用于电阻值调节均匀变化的场合，如分压电路；指数式电位器适宜人耳感觉特性，多用在音量控制电路中；对数式电位器在开始转动时阻值变化很大，在转角接近最大阻值一端时，阻值变化比较缓慢，此种电位器多用在音调控制及对比度调节电路中。

(3)电位器额定功率　在相同体积情况下，线绕电位器的功率比一般电位器的功率要大。

(4)电位器其他参数

①滑动噪声；

②电位器分辨率；

③电阻膜耐磨性；

④双联电位器同步性；

⑤电位器轴长与轴端结构。

(5)标识

一般用文字或数字表示电位器的型号、品种、额定功率、标称阻值、允许误差、轴长及轴端形式等，如图 8－8 所示。

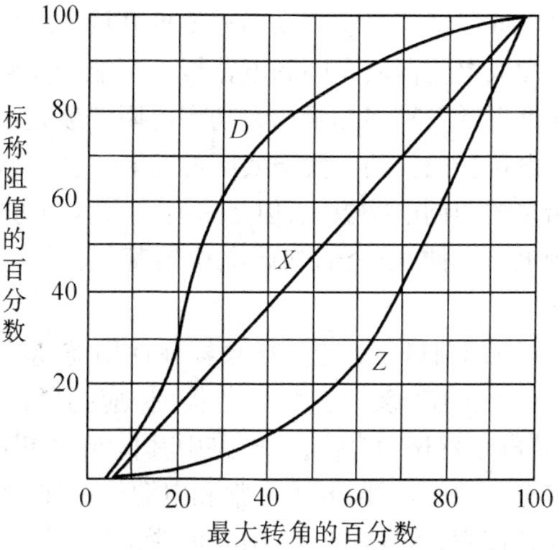

图8－7　电位器阻值的变化规律

X—直线式；D—对数式；Z—指数式

4. 电位器的简易测试

电位器在使用过程中，由于旋转频繁而容易发生故障，这种故障表现为噪声、声音时 电位器在使用过程中，由于旋转频繁而容易发生故障，这种故障表现为噪声大时小、电源开关失灵等。可用万用表来检查电位器的质量。

如：WS－2－0.5－68 kΩ ±20%－20ZS－3

- 表示轴长20及轴端型式ZS－3
- 表示额定功率0.5 W、阻值68 kΩ、误差 ±20%
- 表示型号、品种

图8－8　电位器标识

(1)测量电位器 1、3 端的总阻值是否符合标称值　把表笔分别接在 1、3 之间，看万用表读数是否与标称值一致。

(2)检测电位器的活动臂与电阻片的接触是否良好　用万用表的欧姆挡测 1、2 或 2、3 两端，慢慢转动电位器，阻值应连续变大或变小，若有阻值跳动，则说明活动触点有接触不良的故障。

(3)测量开关电位器的好坏　对带有开关的电位器，检查时可用万用表 $R\times1$ 挡测“开关”两焊片间的通断情况是否正常。旋转电位器的轴柄，使开关一“开”一“关”，观察万用表指针是否“通”或“断”。要“开”、“关”多次，并观察是否每次都反应正确。若在“开”的位置，电阻不为零，说明内部开关触点接触不良；若在“关”的位置，电阻值不为无穷大，说明内部开关失控。

(4)检查外壳与引脚的绝缘性　将万用表拨至 $R\times10$ k 挡，一表笔接电位器外壳，另一表笔逐个接触每一个引脚，阻值均应为无穷大。否则，说明外壳与引脚间绝缘不良。

5. 电位器使用

使用电位器时应注意以下几点：

(1)各类电子设备中，设置电位器的安装位置比较重要，如需要对电位器经常进行调电位器轴或驱动装置应装在不需要拆开设备就能方便调节的位置。

微调电位器放在印制电路板上可能会受到其他元件的影响。例如把一个关键的微调电位器靠近散发较多热量的大功率电阻安装是不合适的。

电位器的安装位置与实际的组装工艺方法也有一定的关系。各种微调电位器可能散布在给定的印制电路板上，但是只有一个入口方向可进行调节，因此设计者必须精心地排列所有的电路元件，使全部微调电位器都能沿同一入口方向加以调节而不致受到相邻元件的阻碍。

(2)用前进行检查　电位器在使用前，应用万用表测量其是否良好。

(3)正确安装　安装电位器时，应把紧固零件拧紧，使电位器安装可靠。由于经常调节，若电位器松动变位，与电路中其他元件相碰，会使电路发生故障或损坏其他元件。特别是带开关的电位器，开关常常和电源线相连，引线脱落与其他部位相碰，更易发生故障。在日常使用中，若发现松动，应及时紧固，不能大意。

(4)正确焊接　像大多数电子元件那样，电位器在装配时如果在其接线柱或外壳上加热过度，则易损坏。

(5)使用中必须注意不能超负荷使用，尤其是终点电刷。

(6)任何使用电位器调整的电路，都应注意避免在错误调整电位器时造成某些元件有过电流现象。最好在调整电路中串入固定电阻，以避免损坏其他元件。

(7)正确调节使用　当调节电位器的几率很高时，如收音机、电视机等由于调节频繁，在使用中应注意调节时用力均匀，带开关的电位器不要猛拉猛关。

(8)修整电位器特别是截去较长的调节轴时，应夹紧转轴后再截短，避免电位器主体部位受力损坏。

(9)避免在湿度大的环境下使用，因为传动机构不能进行有效的密封，潮气会进入电位器内。

三、电容器

电容器是由两个金属电极中间夹一层绝缘材料（介质）构成的，它是一种储存电能元件，在电路中具有交流耦合、旁路、滤波和信号调谐等作用。

1. 电容器的种类

电容器按结构可分为固定电容器、可变电容器和微调电容器；按介质可分为空气介质电容器、固体介质（云母、陶瓷、涤纶等）电容器及电解电容器；按有无极性可分为有极性电容器和无极性电容器。常见电容器的外形及电路符号如图 8－9 所示。

2. 常用的电容器

(1)圆片形瓷介电容器　瓷介电容器的主要特点是介质损耗较低，电容量对温度、频率

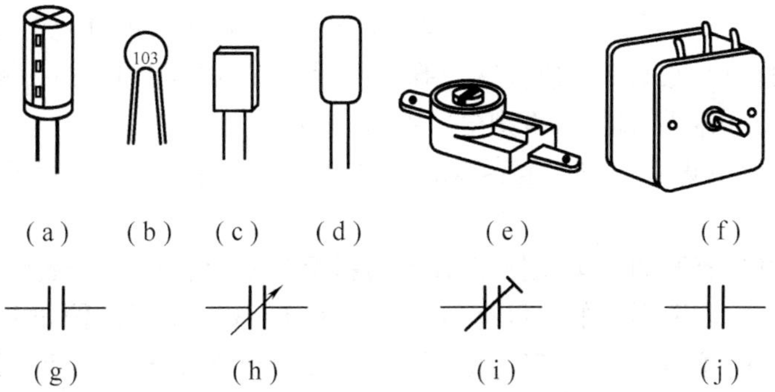

图 8-9　常见电容器的外形及电路符号

(a)电解电容器;(b)瓷介电容器;(c)玻璃釉电容器;(d)涤纶电容器;
(e)微调电容器;(f)双联可调电容器;(g)一般电容器符号;(h)可调电容器符号;
(i)半可调电容器符号;(j)电解电容器符号

都比较高,常用在高频电路及对电容器要求比较高的场所。

(2)圆片形低频瓷介电容器　该电容器供电子设备中对损耗和容量稳定性要求不高的电路使用或作旁路、耦合之用。

(3)低频独石瓷介电容器　低频独石瓷介电容器用于旁路和低频隔直电路,特别适用于半导体电子电路,体积小、电容量大、特性稳定、电感小和高频性能好等优点。

(4)云母电容器　云母电容器用于直流、交流和脉冲电路。云母电容器具有优良的电气性能,绝缘强度高、损耗小,而且温度、频率特性稳定,但抗潮湿性能差。

(5)金属化纸介电容器　金属化纸介电容器的体积仅相当于纸介电容器的1/4。其主要特点是具有自愈作用,当介质发生局部击穿后,经自愈作用,其电气性能可恢复到击穿前的状态,但绝缘性能较差。该电容器广泛应用于自动化仪表和家用电器中,但不适用于高频电路,它的工作频率一般不宜超过几十千赫。

(6)涤纶电容器　涤纶电容器是塑料薄膜电容器(聚苯乙烯、聚丙烯、涤纶、聚碳酸酯电容器等)中的一种,也是塑料薄膜电容器中产量较大、应用较广泛的一种,其电容量及耐压范围最宽。涤纶电容器的电参数随温度变化较大,其中容量在温度超过100 ℃以后随温度的升高而急剧增加,因此它不宜作功率交流电容器。为使电容量稳定,应在80~100 ℃下使用较好。

(7)铝电解电容器　铝电解电容器用于直流或脉冲电路。该电容器是有极性的,除正、负引出头外,为负极。

(8)钽电解电容器　钽电解电容器主要用于替补铝电解电容器性能参数难以满足要求的电路中。例如用于要求电容器体积小、上下限度范围宽、频率特性和阻抗特性要求高、产品稳定性、可靠性要求较高的电路。电视机、录像机、摄像机、高保真音响设备等也选用部分钽电解电容器,以提高整机质量。但钽电解电容器的价格较高。

2. 电容器的主要参数及标识

(1)电容器容量的单位　电容器的容量是指其加上电压后储存电荷能力的大小。它的国际单位是法[拉](F),由于法[拉]这个单位太大,因而常用的单位有微法(PP)、纳法(nF)和皮法(pF)。其中

$$1\ \mu F = 10^{-6}\ F,\quad 1\ nF = 10^{-9}\ F,\quad 1\ pF = 10^{-12}\ F$$

(2)额定工作电压　额定工作电压又称为耐压,是指在允许的环境温度范围内,电容上可连续长期施加的最大电压有效值。它一般直接标注在电容器的表面,使用时绝不允许电路的工作电压超过电容器的耐压,否则电容器就会击穿。

(3)电容器容量的识别方法　电容器的标识方法主要有直标法、数码法和色标法三种,下面分别加以介绍。

①直标法　将电容器的容量、耐压及误差直接标注在电容器的外壳上,其中误差一般用字母来表示。常见的表示误差的字母有J(±5%)和K(±10%)等,例如47nJ 100表示容量为47 nF或0.047 1 μF,误差为±5%,耐压为100 V。当电容器所标容量没有单位时,在读其容量时可按如下原则:容量在1～10^4之间时,单位为pF,例如470读作470 pF;容量大于10^4时,单位为μF,例如22 000读作0.022。

②数码法　用三位数字来表示容量的大小,单位为pF。前两位为有效数字,第三位表示倍率,即乘以101,I的范围是1～9,其中9表示10^{-1},例如333表示33 000 pF或0.033 μF;229表示2.2 pF。

③色标法　这种表示方法与电阻的色环表示方法类似,其颜色所代表的数字与电阻色环完全一致,单位为pF。

除了以上表示方法外,电容的容量还有其他表示方法,例如01表示0.01 μF;220表示220 μF;R22表示0.22 μF(用R表示小数点)。

3. 电容器的简易测试

电容器在使用前应对其漏电情况进行检测。容量在1～100 μF内的电容用$R\times1$ K挡检测;容量大于100 μF的电容用$R\times10$检测。具体方法是将万用表两表笔分别接在电容的两端,指针应先向右摆动,然后回到"∞"位置附近。表笔对调重复上述过程,若指针距"∞"处很近或指在"∞"位置上,说明漏电电阻大,电容性能好;若指针距"∞"处较远,说明漏电电阻小,电容性能差;若指针在"0"处始终不动,说明电容内部短路。对于5 000 pF以下的小容量电容器,由于容量小、充电时间快、充电电流小,用万用表的高阻值挡也看不出指针摆动,可借助电容表直接测量其容量。

4. 电容器的选用

电容器的种类繁多,性能指标各异,合理选用电容器对产品设计十分重要。

(1)不同的电路应选用不同种类的电容器　在电源滤波、去耦电路中要选用电解电容器;在高频、高压电路中应选用瓷介电容、云母电容;在谐振电路中,可选用云母、陶瓷和有机薄膜等电容器;用作隔直流时可选用纸介、涤纶、云母、电解等电容器,用在调谐回路时,可选用空气介质或小型密封可变电容器。

(2)电容器耐压的选择　电容器的额定电压应高于实际工作电压的10%～20%,对工作稳定性差的留有更大的余量,以确保电容器不被损坏和击穿。

(3)容量的选择　对业余的小制作一般不必考虑电容器的误差。对于振荡、延时电路,电容器容量误差应尽可能小,选择误差应小于5%,对于低频耦合电路的电容器其误差可大一些,一般10%～20%就能满足要求。

(4)在选用时还应注意电容器的引线形式。可根据实际需要选择焊片引出、接线引出和螺丝引出等,以适应线路的插孔要求。

(5)电容器在选用时不仅要注意以上几点,有时还要考虑其体积、价格和电容器所处的工作环境(温度、湿度)等情况。

(6)电容器的代用　在选购电容器的时候可能买不到所需要的型号或所需容量的电容器,或在维修时手头有的与所需的不相符合时,便考虑代用。代用的原则是电容器的容量基本相同;电容器的耐压值不低于原电容器的耐压值;对于旁路电容、耦合电容,可选用比原电容容量大的代用;在高频电路中,代换时一定要考虑频率特性应满足电路的要求。

(7)电容器使用注意事项

①使用电容器时应测量其绝缘电阻,其值应该符合使用要求。

②电容器外形应该完整,引线不应松动。

③电解电容器极性不能接反。

④电容器耐压应符合要求,如果耐压不够可采用串联的方法。

⑤某些电容器其外壳有黑点或黑圈,在接入电路时应将该端接低电位或低阻抗的一端(接地)。

⑥作电源去耦以及旁路用的电容器时,通常应使用两只电容器并联工作,一只先用较大容量的电解电容器,作为低频通路;另选一只小容量的云母或瓷介电容器作为高频通路。

⑦温度对电解电容器的漏电流、容量及寿命都有影响,一般的电解电容器只能在 50 ℃以下环境使用。

⑧用于脉冲电路中的电容器,应选用频率特性和耐温性能较好的电容器纶、云母和聚苯乙烯等电容器。

⑨可变电容器的动片应良好接地。可变电容器使用日久,动片间会有灰尘,应定期清洁处理。

四、电感器

电感器是利用漆包线在绝缘骨架上绕制而成的一种能够存储磁场能的电子元件。在电路中电感有阻流、变压和传送信号等作用。

1. 电感器的分类

电感器通常分为两大类,一类是应用于自感作用的电感线圈,另一类是应用于互感作用的变压器。下面分别介绍它们的各自分类情况。

(1)电感线圈的分类　电感线圈是根据电磁感应原理制成的器件。它的用途极为广泛,如上 C 滤波器、调谐放大器或振荡器中的谐振回路、均衡电路、去耦电路等。电感线圈用符号 L 表示。

①按电感线圈圈芯性质分为空心线圈和带磁芯的线圈。

②按绕制方式为有单层线圈、多层线圈、蜂房线圈等。

③按电感量变化情况分为固定电感和微调电感等。

(2)变压器的分类　变压器是利用两个绕组的互感原理来传递交流电信号和电能,同时能起变换前、后级阻抗的作用。

①按变压器的贴心和线圈结构分为芯式变压器和壳式变压器等。大功率变压器以芯式结构为多,小功率变压器常采用壳式结构。

②按变压器的使用频率分为高频变压器、中频变压器和低频变压器。

2. 常用的电感器(图 8 -10)

(1)小型固定电感器　这种电感器是在棒形、工形或王字形的磁心上绕制漆包线制成,它体积小、质量轻、安装方便，用于滤波、陷波、扼流、延迟及去耦电路中。其结构有卧式和立式两种。

(2)中频变压器　中频变压器是超外差式无线电接收设备中的主要元器件之一，它广泛应用于调幅收音机、调频和电视机等电子产品中。调幅收音机中的中频变压器谐振为465 kHz；调频收音机的中频变压器谐振为10.7 MHz，伴音中频变压器谐振为31.5 MHz。其主要功能是选频及阻抗匹配。

(3)电源变压器　电源变压器由带铁芯的绕组、绕组骨架和绝缘物等组成。

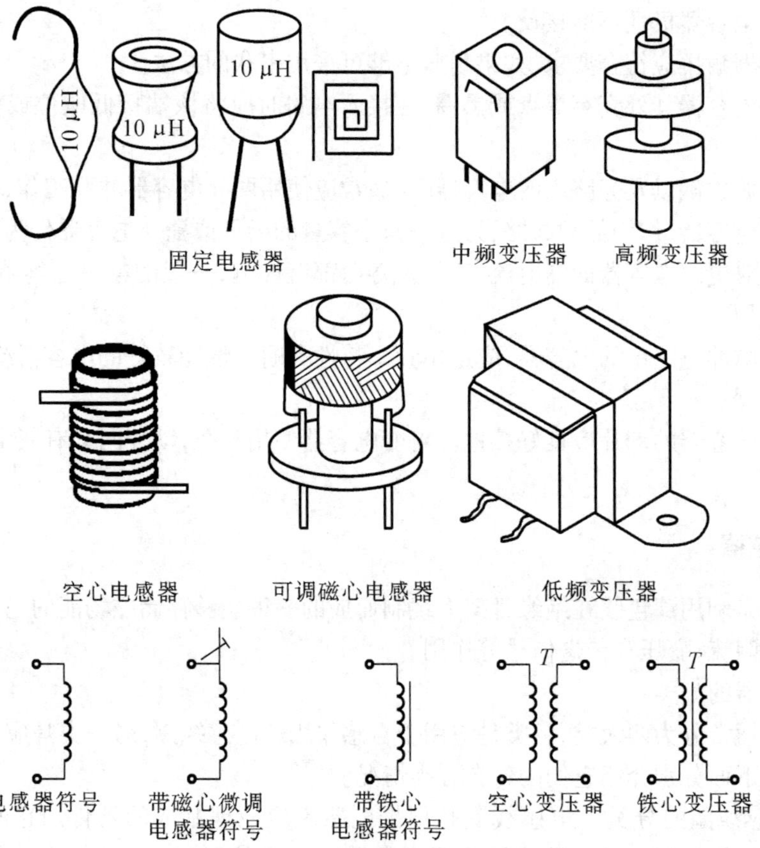

图 8-10　常见电感器及电路符号

①铁芯　变压器的铁芯有"E"形、"口"形和"C"形等。"E"形铁芯使用较多，用这种铁芯制成的变压器，铁芯对绕组形成保护外壳。"口"形铁芯用在大功率的变压器中。"C"形铁芯采用新型材料，具有体积小、质量轻、质量好等优点，但制作要求高。

②绕组　是用不同规格的漆包线绕制而成。绕组由一个一次绕组和多个二次绕组组成，并在一、二次绕组之间加有静电屏蔽层。

③特性　变压器的一、二次绕组的匝数与电压有以下关系

$$n = N_1/N_2 = U_1/U_2$$

式中 U_1 和 N_1 和分别代表一次绕组的电压和线圈匝数；U_2 和 N_2 分别代表二次绕组的电压和线圈匝数；n 称为电压比或匝数比，$n<1$ 的变压器为升压变压器，$n>1$ 的变压器为降压变

压器，$n=1$ 的变压器为隔离变压器。

3. 电感器的主要参数及标识

(1) 电感线圈的主要参数

①电感量　电感量是电感线圈的一个重要参数，国际单位是亨利(H)，常用单位还有毫亨 mH 和微亨 μH。

$$1\ \mathrm{H}=10^3\ \mathrm{mH}=10^6\ \mu\mathrm{H}$$

电感量的大小主要取决于线圈的直径、匝数及有无铁磁心等。电感线圈的用途不同，所需的电感量也不同，如在高频电路中，线圈的电感量一般为 0.1 μH～100 H。

②线圈的品质因数　品质因数 Q 用来表示线圈损耗的大小，高频线圈的品质因数通常为 50～300。调谐回路线圈的 Q 值要求比较高，用高 Q 值的线圈与电容组成的谐振电路有更好的谐振特性；用低 Q 值线圈与电容器组成的谐振电路，其谐振特性不明显。耦合线圈的 Q 值要求可以低一些，对高频扼流线圈和低频扼流线圈，则无要求。Q 值的大小，影响回路的选择性、效率、滤波特性以及频率的稳定性。一般均希望 Q 值大，但提高线圈的 Q 值并不是一件容易的事，因此应根据实际使用场合，对线圈 Q 值提出适当的要求。线圈的品质因数为

$$Q=\frac{\omega L}{R}$$

式中 ω 为工作频率；L 为线圈的电感量；R 为线圈的总损耗电阻，它是由直流电阻、高频电阻(由集肤效应和邻近效应引起)介质损耗等所组成。

为了提高线圈的品质因数 Q，可以采用镀银铜线，以减小高频电阻；用多股的绝缘线代替具有同样总截面的单股线，以减少集肤效应；采用介质损耗小的高频瓷为骨架，以减小介质的损耗。采用磁心虽然增加了磁心损耗，但可以大大减小线圈的匝数，从而减小导线的直流电阻，对提高线圈的 Q 值有利。

③固有电容　线圈绕组的匝与匝之间存在着分布电容，多层绕组层与层之间，也都存在着分布电容。这些分布电容可以等效成一个与线圈并联的电容 C_0，实际为由 π、L 和 C_0 组成的并联谐振电路，其谐振频率为

$$f_0=\frac{1}{2\pi\sqrt{LC_0}}$$

它又称为线圈的固有频率。为了保证线圈有效电感量的稳定，使用电感线圈时，要使其工作频率远低于线圈的固有频率。为了减小线圈的固有电容，可以减少线圈骨架的直径，用细导线绕制线圈或采用间绕法。

④额定电流　主要是对高频扼流圈和大功率的谐振而言。对于在电源滤波电路中常用的低频阻流圈，额定电流也是一个重要的参数。它是指电感器正常工作时，允许通过的最大电流。若工作电流大于额定电流，电感器会因发热而改变参数，严重时会烧毁。

(2) 变压器的主要参数

①变压比　一次电压与二次电压之比为变压比，简称变比。当变比大于 1 时，变压器称为降压变压器；当变比小于 1 时，变压器称为升压变压器。

②效率　在额定负载下，变压器的输出功率与输入功率之比值称为变压器的效率。变压器的效率与功率有关，如表 8－7 所示。一般功率越大，效率越高。

表 8－7　一般变压器效率与功率的关系

功率/VA	<10	10～30	35～50	50～100	100～200	>200
效率/%	60～70	70～80	80～85	85～90	90～95	>95

③额定功率和额定频率　电源变压器的额定功率是指在规定的频率和电压下，变压器能长期工作而不超过规定温升时的输出功率。由于变压器的负载不是纯电阻性的，额定功率中会有部分无功功率。故常用来表示变压器的容量。

变压器铁芯中的磁通密度与频率有关，因此变压器在设计时必须确定使用频率，这一频率称为额定频率。

④额定电压　变压器工作时，次绕组上允许施加的电压不应超过这个额定值。

⑤电压调整率　用百分数表示变压器负载电压与空载电压差别的参数。

⑥空载电流　当变压器的二次无负载时，一次仍有一定的电流，这部分电流叫空载电流。

⑦绝缘电阻　理想的变压器各绕组之间及线圈和铁芯之间，在电气上应该是绝缘的。但是，由于材料和工艺的原因达不到理想的绝缘。绝缘电阻是施加试验电压与产生的漏电流之比。

⑧温升　变压器的温升主要是指绕组的温升，因为它决定绝缘系统的寿命。温升是指变压器加电工作发热后，温度上升到稳定值时，比环境温度升高了多少。

⑨漏电感　变压器一次绕组中的电流产生的磁通并不是完全通过二次绕组部分，不通过二次绕组的这部分磁通叫漏磁通。由漏磁通产生的电感叫漏电感，简称漏感。

(3)电感器的标识　为了表明各种电感器的不同参数，便于在生产、维修时识别、应用，常在小型固定电感器的外壳上涂上标识，其标志方法有直标法、色标法和电感值数码表示方法三种。

①直标法　直标法是指在小型固定电感器的外壳上直接用文字标出电感器的主要参数，如电感量、误差值、最大直流工作的对应电流等，其中最大工作电流常用字母 A、B、C、D、E 等标注。字母和电流的对应关系如表 8－8 所示。

表 8－8　小型固定电感器的工作电流和字母的关系

字　母	A	B	C	D	E
最大工作电流	50	150	300	700	1 600

例如电感器外壳上标有 3.9 mH、A、Π 等字样，则表示其电感量为 3.9 mH，误差为%(±10%)，最大工作电流为 A 挡(50 mA)。

②色标法　色标法是指在电感器的外壳涂上各种不同颜色的环，用来标注其主要参数。

第一条色环表示电感量的第一位有效数字；第二条色环表示第二位有效数字；第三条色环表示倍乘数(即 10^n)；第四条表示允许偏差。数字与颜色的对应关系和色环电阻标志法相同，可参见表 8－9，其单位为

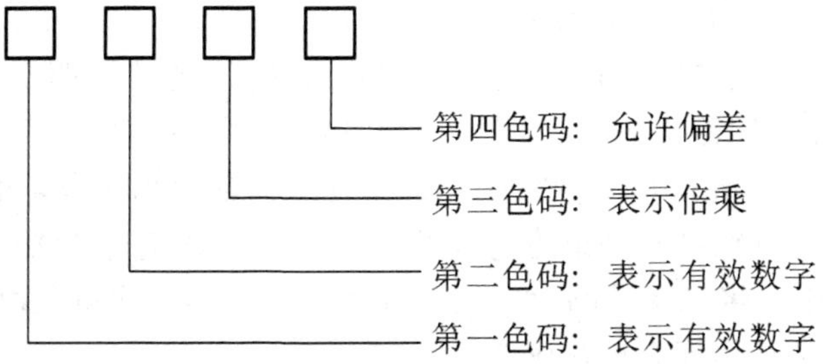

表 8－9　固定电感器色码表

色标	表称电感量			允许偏差
	第一数字	第二数字	倍乘	
黑	0		100	±20%
棕	1		101	—
红	2		102	—
橙	3		103	—
黄	4		—	—
绿	5		—	—
蓝	6		—	—
紫	7		—	—
灰	8		—	—
白	9		—	—
金	—		0.1	±5%
银	—		0.01	±10%

例如某电感器的色环标志分别为：

红红银黑：表示其电感量为（0.224 ±20%）μH；

棕红红银：表示其电感量为（$12 \times 10^2 \pm 10$）μH%；

黄紫金银：表示其电感量为（4.7 ±10%）vH。

③数码法　标称电感值采用3位数字表示，前2位数字表示电感值的有效数字，第3位数字表示0的个数，小数点用R表示，单位为μH。

例如222表示2200 μH；151表示150 μH；100表示10 μH；R68表示0.68 μH。

4. 电感器的简易测量

电感器的电感量一般可通过高频表或电感表进行测量，若不具备以上两种仪表可用万用表测量线圈的直流电阻来判断其好坏。

（1）电感器的测试　用万用表电阻挡测量电感器阻值的大小。若被测电感器的阻值为零，说明电感器内部绕组有短路故障。注意操作时一定要将万用表调零，反复测试几次。

若被测电感器阻值为无穷大，说明电感器的绕组或引出脚与绕组接点处发生了断路故障。

(2)变压器的简易测试

①绝缘性能测试　用万用表欧姆挡 $R\times10$ k 分别测量铁芯与一次,一次与二次,铁芯与二次,静电屏蔽层与一次、二次间的电阻值,应均为无穷大。否则说明变压器绝缘性能不良。

②测量绕组通断　用万用表 $R\times1$ 挡,分别测量变压器一次、二次各个绕组间的电阻值,一般一次绕组的电阻值应为几十欧至几百欧,变压器功率越小电阻值越小;二次绕组电阻值一般为几欧至几十欧,如某一组的电阻值为无穷大,则该组有断路故障。

③测量空载电流　将二次开路,测量一次电流,变压器一次空载电流为100mA左右。如果超过太多,则说明变压器有短路故障。

④测量空载电压　将变压器一次接入220 V电压,分别测量二次电压,一般高压绕组的电压误差 $\leqslant\pm10\%$,低压绕组的电压误差 $\leqslant\pm5\%$,带中心抽头的两组对称绕组的电压误差 $\leqslant\pm2\%$。

5. 电感器的选用

(1)按工作频率的要求选择某种结构的线圈。用于音频段的一般要用带铁芯(硅钢片或坡莫合金)或低铁氧体芯的,在几百千赫到几十兆赫间的线圈最好用铁氧体芯,并以多股绝缘线绕制的。要用几兆赫到几十兆赫的线圈时,宜选用单股镀银粗铜线绕制,磁芯要采用短波高频铁氧体,也常用空心线圈。当工作频率为100 MHz以上时一般不能选用铁氧体芯,只能用空心线圈。如要作微调,可用铜芯。

(2)因为线圈的骨架材料与线圈的损耗有关,因此用在高频电路里的线圈,通常应选用高频损耗小的高频瓷作骨架。对要求不高的场合,可以选用塑料、胶木和纸作骨架的电感器,虽然它们价格低廉,但制作方便,质量轻。

(3)选用线圈时必须考虑机械结构是否牢固,不应使线圈松脱,引线接点活动等。

第二节　半导体分立元件

半导体分立元件主要有半导体二极管、三极管、单结管、可控硅等几种,下面分别进行说明。

一、半导体二极管

半导体二极管也称晶体二极管,简称二极管。二极管具有单向导电性,可用于整流、检波、稳压及混频电路中。

1. 二极管的分类

(1)按材料分类　二极管按材料可以分为锗管和硅管两大类。两者性能区别在于锗管正向压降比硅管小(锗管为0.2 V,硅管为0.5~0.7 V);锗管的反向漏电流比硅管大(锗管约为几百微安,硅管小于1微安);锗管的PN结可以承受的温度比硅管低(锗管约为100 ℃,硅管约为200 ℃)。

(2)按用途分类　二极管按用途不同可以分为普通二极管和特殊二极管。普通二极管包括检波二极管、整流二极管、开关二极管和稳压二极管;特殊二极管包括变容二极管、光电二极管和发光极管,其外形如图8-11所示,符号如图8-12所示。

2. 常用的二极管

常用二极管的特性及用途在表8-10中一一列出。

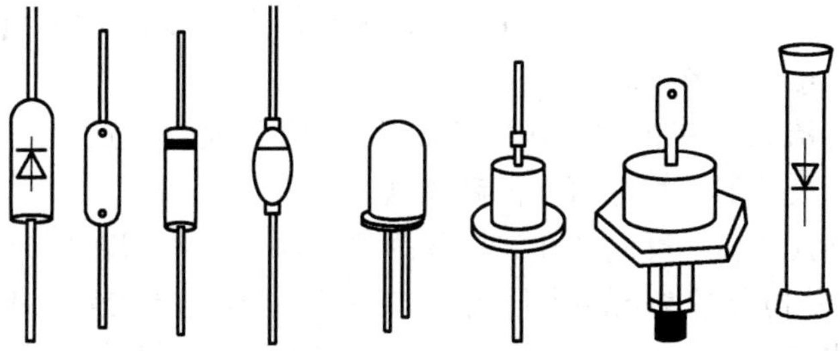

图 8-11　常见二极管的外形

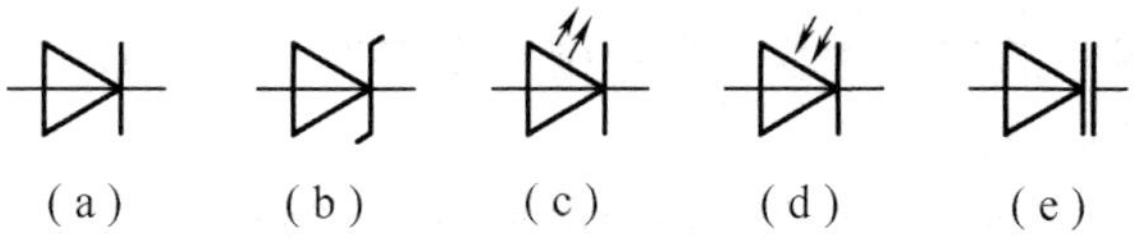

图 8-12　二极管的符号

(a)普通二极管符号;(b)稳压二极管符号;(c)发光二极管符号;
(d)光敏二极管符号;(e)变容二极管符号

表 8-10　常用二极管的特性

名　称	原理特性	用　途
整流二极管	多用硅半导体制成,利用 PN 结单向导电性	将交流变成脉动直流,即整流将调制在高频电磁波上的低频信号检出来
检波二极管	常用点接触式,高频特性好	将调制在高频电磁波上的低频信号检测出来
稳压二极管	利用二极管反向击穿时,两端电压不变原理	稳压限幅,过载保护,广泛用于稳压电源装置中
开关二极管	利用正向偏压时二极管电阻很小,反向偏压时电阻很大的单向导电性	在电路中对电流进行控制,起到接通或关断的开关作用
变容二极管	利用 PN 结电容随加到管子上的反向电压大小而变化的特性	在调谐等电路中取代可变电容
发光二极管	正向电压为 1.5 ~3 V 时,只要正向电流通过,可以发光	用于指示,可组成数字或符号的 LED 数码管
光电二极管	将光信息转换成电信号,有光照时其反向电流随光照强度的增加而正比上升	用于光的测量或作为光电池进行能源转换

3. 二极管主要参数及命名

反映二极管性能的参数较多，且不同类型二极管的主要参数和种类也不一样，下面以普通二极管为例，介绍几个主要参数。

(1)最大整流电流 I_F　在正常工作的情况下，二极管允许通过的最大正向平均电流称最大整流电流 I_F，二极管的平均电流不能超过这个数值。

(2)最高反向电压 U_{RM}　反向加在二极管两端，而不致引起 PN 结击穿的最大电压称最高反向电压 U_{RM}，工作电压仅为击穿电压的 1/2 ~ 1/3，工作电压的峰值不能超过 U_{RM}。

(3)最大反向电流 I_{RM}　因载流子的漂移作用，二极管截至时仍有反向电流渡过 PN 结，该电流受温度及反向电压的影响。I_{RM}越小，二极管质量越好。

(4)最高工作频率　最高工作频率指保证二极管单向导电作用的最高工作频率，若信号频率超过此值，管子和单向导电性将变坏。

(5)二极管与三极管的型号命名　根据国际 GB249 - 1974 规定，半导体二极管的型号由五部分组成，详见表 8 - 12。

第一部分：用数字“2”表示二极管，用数字“3”表示三极管；

第二部分：材料和极性，用字母表示；

第三部分：类型，用字母表示；

第四部分：序号，用数字表示；

第五部分：规格，用字母表示。

例 8 - 1　2CN1 表示硅材料 N 型阻尼二极管。

例 8 - 2　3AX31A 表示 PNP 型锗材料低频小功率三极管，序号为 31，管子规格为 A 挡。

4. 二极管的简易测试

(1)极性识别方法　常用二极管的外壳上均印有型号和标记，标记箭头所指的方向为阴极。有的二极管只有一个色点，有色的一端为阴极，有的带定位标志。判别时，观察者面对管底，由定位标志起，按顺时针方向，引出线依次为正极和负极，如图 8 - 13 所示。

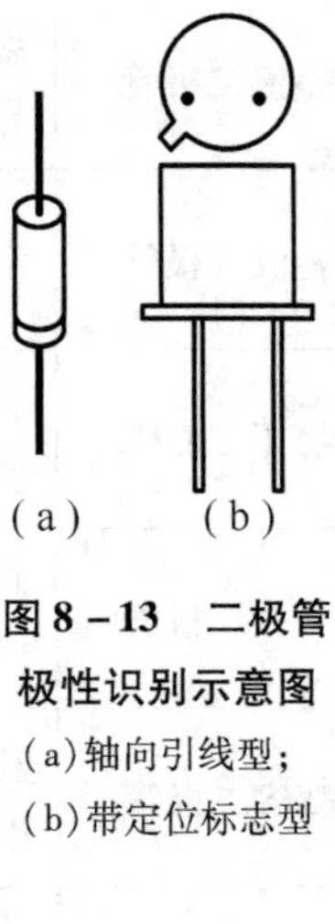
(a)　(b)

图 8 - 13　二极管极性识别示意图

(a)轴向引线型；
(b)带定位标志型

(2)检测方法

①向导电性的检测　用万用表欧姆挡测量二极管的正反向电阻，有以下几种情况：

a. 测得的反向电阻(约几百千欧以上)和正向电阻(约几千欧以下)之比值在 100 以上，表明二极管性能良好。

b. 反、正向电阻之比为几十，甚至几百，表明二极管单向导电性不佳，不宜使用。

c. 正、反向电阻为无限大，表明二极管断路。

d. 正、反向电阻为零，表明二极管短路。

测试时需注意，检测小功率二极管时，应将万用表置于 $R\times100$ 或 $R\times1$ k；检测中、大功率二极管时，方可将量程置于 $R\times1$ 或 $R\times10$ 挡。

表 8－11　半导体分立元件的符号

第一部分		第二部分		第三部分		第四部分	第五部分
用数字表示器件的电极数		用字母表示器件的材料和极性		用字母表示器件的类别		用数字表示器件的序号	用字母表示规格号
符号	含　义	符号	含　义	符号	含　义	含　义	含　义
2	二极管	A B C D	N 型锗材料 P 型锗材料 N 型硅材料 P 型硅材料	P V W C	普通管 微波管 稳压管 参量管		
3	三极管	A B C D E	PNP 型锗材料 NPN 型锗材料 PNP 型硅材料 NPN 型硅材料 化合物材料	Z L S N U K X G D A	整流管 整流堆 隧道管 阻尼管 光电器件 开关管 低频小功率管 高频小功率管 低频大功率管 高频大功率管	反映了极限参数、直流参数和交流参数等的差别	反映了承受反向击穿电压的程度。如规格号 A,B,C,D,…其中 A 承受的反向击穿电压为最低,B 次之……

②二极管极性判断　当二极管外壳标志不清楚时,可以用万用表来判断。将万用表的两只表笔分别接触二极管的两个电极,若测出的电阻约为几十、几百或几千欧姆,则黑表笔所接触的电极为二极管的正极,红表笔所接触的电极是二极管的负极。若检测出来的电阻约为几十千欧,则黑表笔所接触的电极为二极管的负极,红笔所接触的电极为二极管的正极,如图 8－14 所示。

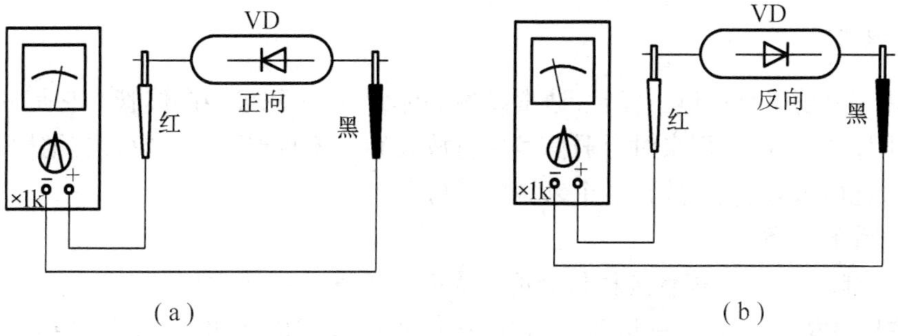

图 8－14　二极管极性判断

5. 二极管的选用

(1)类型选择　按照用途选择二极管的类型。如用作检波可以选择点接触式普通二极管;用作整流可以选择面接触型普通二极管或整流二极管;如用作光电转换可以选用光电二极管;在开关电路中应使用开关二极管等。

(2)参数选择　用在电源电路中的整流二极管,通常考虑两个参数,即 I_F 与 U_{RM}。在选择的时候应适当留有余量。表 8-12 为部分常用、小功率晶体三极管的主要技术参数。

表 8-12　部分常用、小功率晶体三极管的主要技术参数

型号	U_{cbo}/V	U_{ceo}/V	I_{cm}/A	P_{cm}/W	h_{FE}	F_t/MHz
9011(NPN)	50	30	0.03	0.4	28 ~ 200	370
9012(PNP)	40	20	0.5	0.625	64 ~ 200	
9013(NPN)	40	20	0.5	0.625	64 ~ 200	
9014(NPN)	50	45	0.1	0.625	60 ~ 1800	270
9015(PNP)	50	45	0.1	0.45	60 ~ 600	190
9016(NPN)	30	20	0.025	0.4	28 ~ 200	620
9018(NPN)	30	15	0.05	0.4	28 ~ 200	1100
8050(NPN)	40	25	1.5	1	85 ~ 300	110
8550(PNP)	40	25	1.5	1	60 ~ 300	200
2N5401		150	0.6	1	60	100
2N5550		140	0.6	1	60	100
2N5551		160	0.6	1	80	100
2SC945		50	0.1	0.25	90 ~ 600	200
2SC1815		50	0.15	0.4	70 ~ 700	80
2SC965		20	5	0.75	180 ~ 600	150
2N5400		120	0.6	1	40	100

(3)材料选择　选择硅管还是锗管,可以按照以下原则决定:要求正向压降小时的选锗管;要求反向电流小时选择硅管;要求反向电压高,耐高压时选择硅管。

三、三极管

半导体三极管又称晶体三极管,通常简称晶体管,或称双极型晶体管。它是一种电流控制电流的半导体器件,可用来对微弱信号进行放大和作无触点开关。它具有结构牢固,寿命长,体积小,耗电省等优点,故在各个领域广泛应用。

1. 三极管的分类

(1)按材料分类　三极管按材料分可分为硅三极管、锗三极管。

(2)按导电类型分类　三极管按导电类型可分为 PNP 型和 NPN 型。锗三极管多为 NPN 型,硅三极管多为 PNP 型。

(3)按用途分类　依工作频率分为高频($f_T > 3$ MHz)、低频($f_T < 3$ MHz)和开关三极管。依工作功率分为大功率($P_c > 1$ W)、中功率(P_c 在 0.5 ~ 1 W 之间)和小功率三极管(P_c < 0.5 W)。

常用三极管的外形如图 8 – 15 所示，符号如图 8 – 16 所示。

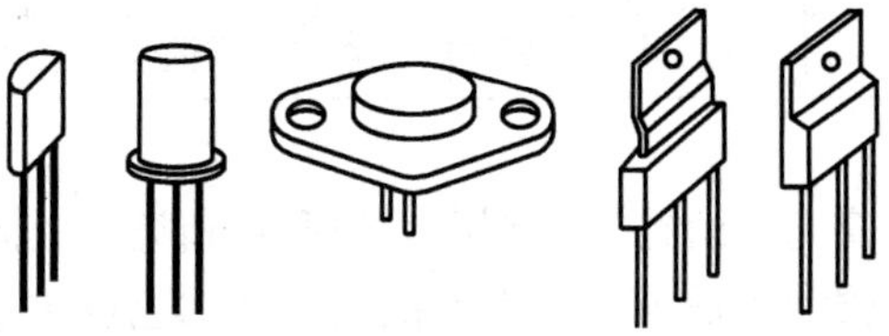

图 8 – 15　常用三极管的外形

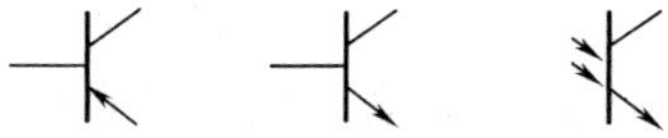

图 8 – 16　常用三极管的符号

2. 常用三极管

常用晶体三极管的主要参数如表 8 – 13 所示。

3. 三极管的主要参数

表征三极管特性的参数很多，大致可为三类，即直流参数、交流参数和极限参数。

(1) 直流参数

①共发射极电流放大倍数 h_{FE}(或 $\bar{\beta}$)　指集电极电流 I_C 与基极电流 I_B 之比

$$h_{FE} = I_B/I_C$$

②集电极 – 发射极反向饱和电流　指基极开路时，集电极与发射极之间加上规定的反向电压时的集电极电流，又称穿透电流。它是衡量三极管热稳定性的一个重要参数，其值越小，则三极管的抗热危害性越好。

③集电极 – 基极反向饱和电流 I_{CBO}　指发射极开路时，集电极与基极之间加上规定的电压时的集电极电流。良好三极管的 I_{CBO} 应很小。

(2) 交流参数

①共发射极交流电流放大系数 h_{FE}(β)　它指在共发射极电路中集电极电流变化量 ΔI_C 与基极电流变化量 ΔI_B 之比，即

$$\beta = \frac{\Delta I_C}{\Delta I_B}$$

②共发射极截止频率 f_β　它是指电流放大系数因频率增加而下降至低频放大系数的 0.707 时的频率，即值下降了 3 dB 时的频率。

③特征频率 f_T　它是指 β 值因频率升高而下降至 1 时的频率。

(3) 极限参数

①集电极最大允许电流 I_{CM}　它是指三极管参数变化不超过规定值时，集电极允许 通过的最大电流。当三极管的实际工作电流大于 I_{CM} 时，管子的性能将显著变差。

②集电极 – 发射极反向击穿电压 $I_{(BR)CEO}$　它是指基极开路时，集电极与发射极间的反向击穿电压。

③集电极最大允许功率损耗产 P_{CM}　它是指集电结允许功耗的最大值，其大小决定于集电结的最高结温。

(4) 型号命名　三极管型号由五部分组成，详见表 8 – 12。

例 8 – 3　3AG11C 表示锗 PNP 型高频小功率管序号为 11，管子的规格号为 C。

4. 三极管的检测

(1) 放大倍数与极性的识别方法，见表 8 – 13。

表 8-13　放大倍数与极性的识别方法

β	5~15	15~25	25~45	40~55	55~80	80~120	120~180	180~270	270~400	400 以上
色标	棕	红	橙	黄	绿	蓝	紫	灰	白	黑(或无色)

一般情况下可以根据命名规则从三极管管壳上的符号辨别出它的型号和类型。同时还可以从管壳上的色点的颜色来判断出管子的放大系数刀值的大致范围。常用色点对β值分挡如下：

例如色标为橙色表明该管的β值在25~40之间。但有的厂家并非按此规定，使用时要注意。当从管壳上知道它们的类型号以及β值后，还应进一步判别它们的三个极。

小功率三极管有金属外壳和塑料外壳封装两种。金属外壳封装的三极管如果管壳上带有定位销，那么将管底朝上，从定位销起，按顺时针方向，三根电极依次为e，b，c；如果管壳上无定位销，且三根电极在半圆内，将有三根极的半圆置于上方，按顺时针方向，三根电极依次为e，b，c，如图8-17(a)所示。

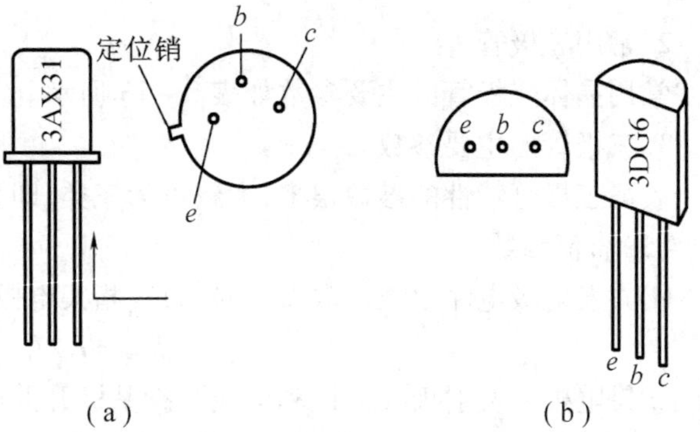

图 8-17　小功率三极管电极的识别

(a)金属外壳封装；(b)塑料外壳封装

塑料外壳封装的三极管，面对平面，三根电极置于下方，从左到右，三根电极依次为e，b，c，如图8-17(b)所示。

对于大功率三极管，外形一般分为F型和G型两种，如图8-18所示。F型管从外形上只能看到两根电极。将管底朝上，两根电极置于左侧，则上为e，下为b，底座为c，G型管的三个电极一般在管壳的顶部，将管底朝下，三根电极置于左方，从最下电极起，顺时针方向，依次为e，b，c。

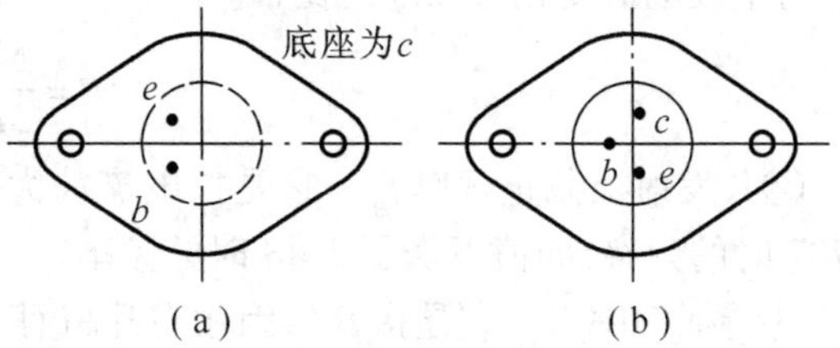

图 8-18　大功率三极管电极的识别

(a)F型大功率管；(b)G型大功率管

三极管的管脚必须正确确认，否则接入电路中不但不能正常工作，还可能烧坏管子。

(2)三极管的检测方法　应用万用表判别三极管管脚。

①判别基极b和三极管的类型

将万用表欧姆挡置于$R\times100$或$R\times1$ k挡，先假设三极管的某极为“基极”，并将黑表笔接在假设的基极上，再将红表笔先后接到其余两个电极上。如果两次测得的电阻值都很大(或都很小)，而对换表笔后测得两个电阻值都很小(或都很大)，则可以确定假设的基极是正确的。如果两次测得的电阻值是一大一小，则可肯定假设的基极是错误的，这时就必须重新假设另一电极为“基极”，再重复上述的测试。

当基极确定以后，将黑表笔接基极，红表笔分别接其他两极。此时，若测得的电阻值都很小，则该三极管为 NPN 型管；反之，则为 PNP 型管。

②判别集电极 c 和发射极 e

以 NPN 型管为例。把黑表笔接到假设的集电极 c 上，红表笔接到假设的发射极 e 上，并且用手握住 b 和 c 极（b 和 c 极不能直接接触），通过人体，相当于在 h、c 之间接入偏置电阻。读出表所示 c、e 间的电阻值，然后将红、黑两表笔反接重测，若第一次电阻比第二次小，说明原假设成立，即黑表笔所接的是集电极 c，红表笔接的是发射极 e。因为 c、e 间电阻值小正说明通过万用表的电流大，偏值较小，如图 8－19 所示。

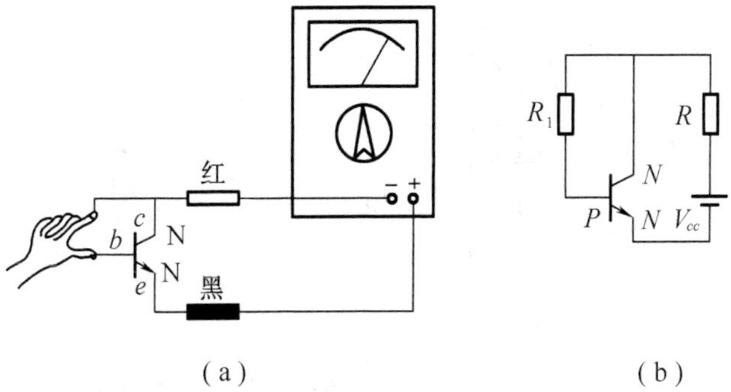

图 8－19 判别三极管 c、e 电极的原理图

（***a***）示意图；（***b***）等效电路

（3）三极管性能简单测试

①查穿透电流 I_{CEO} 的大小　以 NPN 型为例，将基极 b 开路，测量 c、e 极间的电阻。万用表红笔接发射极，黑笔接集电极，若阻值较高（几十千欧以上），则说明穿透电流较小，管子能正常工作。若 c、e 极间电阻小，则穿透电流大，受温度影响大，工作不稳定。在技术指标要求高的电路中不能用这种管子。若测得阻值近似为 0，表明管子已被击穿，若阻值为无穷大，则说明管子内部已断路。

②查直流放大系数 $\bar{\beta}$ 的大小　在集电极 c 与基极 b 之间接入 100 kΩ 的电阻 R_b，测量 R_b 接入前后两次发射极和集电极之间的电阻。万用表红表笔接发射极，黑表笔接集电极，电阻值相差越大，则说明 $\bar{\beta}$ 越高。

一般的万用表具备测的功能，将晶体管插入测试孔中，即可从表头刻度盘上直读值。若依法来判别发射极和集电极也很容易，只要将 e、c 脚对调一下，则表针偏转较大的那一次插脚正确，从万用表插孔旁标记即可辨别出发射极和集电极。

5. 三极管的选用

（1）类型选择　按用途选择三极管的类型。如按电路的工作频率，可分为低频放大和高频放大，应选用相应的低频管或高频管；若要求管子工作在开关状态，应选用开关管。根据集电极电流和耗散功率的大小，可分别选用小功率管或大功率管，一般集电极电流在 0.5 A 以上，集电极耗散功率在 1 W 以上的选用大功率三极管，而集电极电流在 0.1 A 以下的称小功率管。另外还按电路要求选用 NPN 型或 PNP 型管等。

（2）参数选择　对放大管，通常必须考虑四个参数 $\bar{\beta}$、$U_{(BR)CEO}$、I_{CM} 和 P_{CM}，一般希望 $\bar{\beta}$ 大，但并不是越大越好，需根据电路要求选择 $\bar{\beta}$ 值。$\bar{\beta}$ 太高，易引起自激振荡，工作稳定性差，受温度影响也大。通常选 $\bar{\beta}$ 在 40～100 之间。$\bar{\beta}$、$U_{(BR)CEO}$、I_{CM} 和 P_{CM} 是三极管极限参数，电路的估算值不得超过这些极限参数。

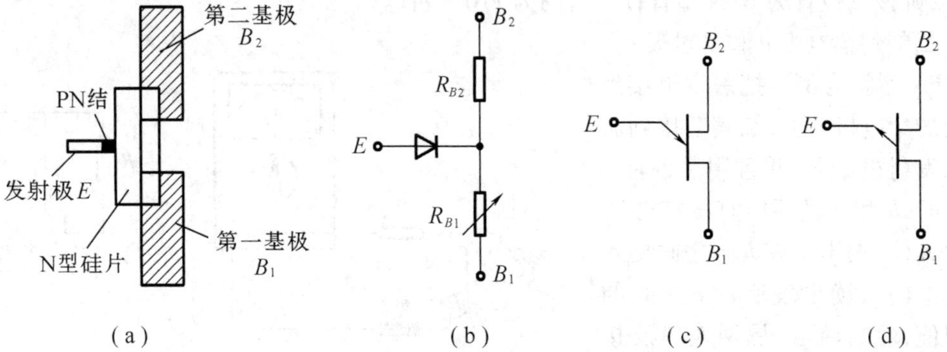

图 8－20　单结管的内部结构及符号

(a)结构示意图；(b)等效电路；(c)N 型单结管；(d)P 型单结管

三、单结管

单结管又称双基极二极管，由于特殊的内部结构，使单结管具有负阻特性，被广泛用于脉冲电路与数字电路中。单结晶体管的结构示意图和符号如图 8－20 所示。它是利用由于发射极注入的空穴(电子)，在基极和发射极之间引起电导率调制，从而产生负阻特性的器件。它的电特性完全不同于通常所说的晶体管，其特性粗看与闸流管相仿。

在一般情况下，B_1 接地，B_2 加上正偏压 V_{BB}，由该电压使硅片导电而形成电场，在发射极结的 N 面产生一加在其极间电压 V_{BB}的部分电压 ηV_{BB}。

当发射极加上正电压 V_E 时，如果 $V_E < \eta V_{BB}$发射极处于负偏压状态，只有极小的反向漏电流。当 $V_E > V_D$(V_D 为发射极的正向压降)，发射极处于正偏压，发射极注入电流。

1. 单结管的主要参数　单结晶体管的参数很多，较重要的直流参数有两个。

(1)基极电阻 R_{BB}　它是发射极开路时基极 B_1 和基极 B_2 间的电阻，一般为 2～10 kΩ，其阻值还随温度上升而增大。

(2)分压比 η　它是发射极到第一基极之间的电压和第二基极到第一基极之间的电压之比。它是管子内部结构所决定的一个常数，一般为 0.3～0.8。

常用单结晶体管的主要参数如表 8－14 所示。

表 8－14　常用单结晶体管的主要参数

型号	分压比 η	基极电阻	峰点电流	调制电流	总耗散功率	谷点电流	谷点电压
BT31A	0.3～0.55	3～6					
BT31B	0.3～0.55	5～12					
BT31C	0.45～0.75	3～6					
BT31D	0.45～0.75	5～12		5～30	100		
BT31E	0.65～0.9	3～6	≤2			≥1.5	≤3.5

表 8-14(续)

型号	分压比 η	基极电阻	峰点电流	调制电流	总耗散功率	谷点电流	谷点电压
BT31F	0.65~0.9	5~12					
BT32A	0.3~0.55	3~6		8~35	250		
BT32B	0.3~0.55	5~12					
BT32C	0.45~0.75	3~6					
BT32D	0.45~0.75	5~12					
BT32E	0.65~0.9	3~6					
BT32F	0.65~0.9	5~12					
BT33A	0.3~0.55	3~6					
BT33B	0.3~0.55	5~12		8~40	400		
BT33C	0.45~0.75	3~6					
BT33D	0.45~0.75	5~12					
BT33E	0.65~0.9	3~6	≤2	8~40	400	≥1.5	≤3.5

2. 单结管的简易测试

(1)判定发射极 E　将万用表电阻挡置于 $R\times1$ k 挡,用两表笔测得任意两个电极间的正、反向电阻均相等(约 2~10 kΩ)时,这两个电极即为 B_1 和 B_2。余下的一个电极为发射极 E。

(2)区分第一基极 B_1 和第二基极 B_2　将黑表笔接 E 极,用红表笔依次去接触另外两个电极,分别测得个正向电阻值。由于管子构造上的原因,第二基极 B_2 靠近 PN 结,所以发射极 E 与 B_2 间的正向电阻应比 E 与 B_1 间的正向电阻小一些。它们的数量级应在几到十几千欧范围内。因此,当按上述接法测得的阻值较小时,其红表笔所接的电极即为 B_2,测得阻值较大时,红表笔所接的电极则为 B_1。

四、晶闸管

1. 晶闸管的结构与工作原理

晶闸管是在硅二极管基础上发展起来的一种大功率半导体器件,它是"晶体闸流管"的简称(以前称为"可控硅"),是具有三个 PN 结的四层结构。晶闸管有三个电极,分别为阳极(A)、阴极(K)、控制极(G),其外形及电路符号如图 8-21 所示。晶闸管主要有螺栓型、平板型、塑封型和三极管型。通过的电流可能从几安培到千安培。

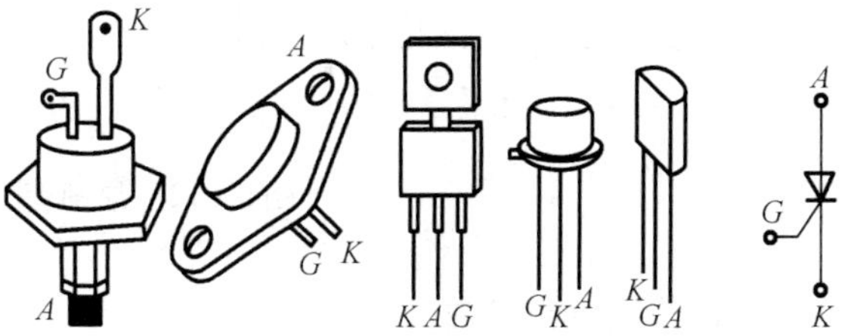

图 8-21　晶闸管及电路符号

晶闸管的工作原理可以通过下面的实验电路加以说明。如图 8-22(a)所示,接好电源,阴极与阳极间加正向电压,即阳极接电源 E_1 的正极,阴极接电源 E_1 的负极,控制极接的正极，这时 S 为断开状态，灯泡不亮，说明晶闸管不导通。如将 S 闭合，即给控制极加上正电压，这时灯泡亮了，说明晶闸管处于导通状态。晶闸管导通后，将断开，去掉控制极上的电压，灯泡仍然亮了，说明晶闸管一旦导通后，控制极就失去了控制作用。

如果给阴极与阳极间加反向电压，如图 8－22(b)所示，即阳极接 E_1 负极，阴极接 E_1 的正极。这时给控制极加电压，灯泡不亮，说明晶闸管不导通。如果将 E_2 极性对调，即控制极加反向电压，如图 8－22(c)所示，阳极与阴极间无论加正、反向电压，晶闸管都不导通。

通过以上说明，晶闸管导通必须具备两个条件：一是晶闸管阴极与阳极间必须加正向电压；二是控制极电路也要接正向电压。另外，晶闸管一旦导通后，即使降低控制极电压或去掉控制极电压，晶闸管仍然导通。

如图 8－22(d)所示，当改变 R_P 的触点位置时可使灯泡的亮度逐渐减少，直到完全熄灭。当灯泡熄灭后，不论如何改变 R_P 触点的位置，灯都不会再亮，这说明了晶闸管已不再导通。此试验进一步表明，当晶闸管导通后控制极就不起控制作用了，此时要使晶闸管再度处于关断状态，就要降低晶闸管阳极电压或通态的电流。

晶闸管的控制极电压、电流一般是比较低的，电压只有几伏，电流只有几十至几百毫安，但被控制的器件中可以通过很大的电压和电流，电压可达几千伏、电流可达到千安以上。因为晶闸管是一个可控的单向导电开关，它能以弱电去控制强电的各种电路。利用晶闸管的这种特点，可将它用于整流、调速、交直流变换、开关和调光等自动控制电路。同时晶闸管还有控制特性好、反应快、寿命长、体积小和质量轻等优点。

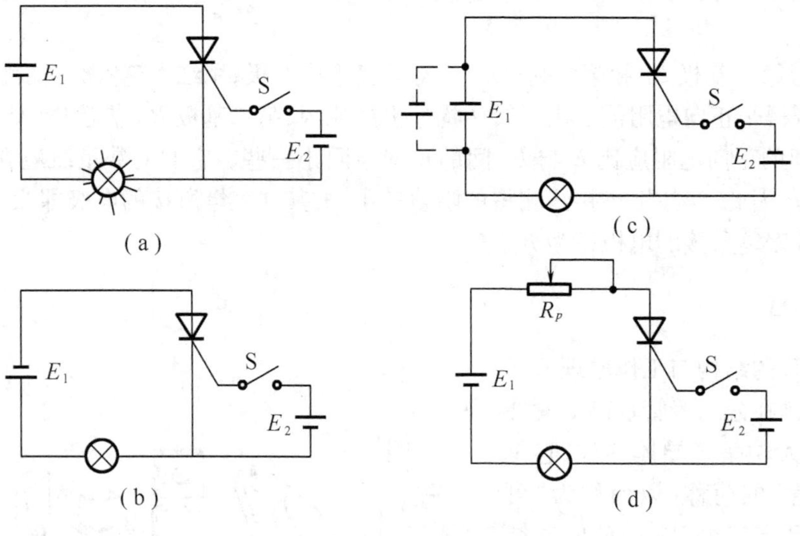

图 8－22　晶闸管工作原理

2. 晶闸管的主要参数

(1)正向阻断峰值电压　指在控制极断路和晶闸管正向阻断的条件下，可以重复加在晶闸管两端的正向的峰值，此电压规定为正向转折电压的 80%。平常所说的多少伏晶闸管就是针对这个参数而言。

(2)反向阻断值电压　指在控制极断路时，可以重复加在晶闸管元件上的反向峰值电压，此电压规定为反向击穿电压的 80%。

(3)额定正向平均电流　在环境温度不大于40 ℃时,在标准散热条件下,可以连续通过50 Hz正弦半波电流的平均值,称为额定正向平均电流。

(4)维持电流　在控制极断路时,维持器件继续导通的最小正向电流。

(5)控制极触发电流　阳极与阴极之间加直流6 V电压时,使晶闸管完全导通所必须的最小控制极电流。

(6)控制极触发电压　从阻断转变成导通状态时控制极上所加的最小直流电压。

3. 晶闸管的简易测试

晶闸管的类型有很多种,并各有不同的用途。双向晶闸管,主要用于交流控制电路例如灯光的控制、温度的调整等。还有快速晶闸管,主要用在频率较高的条件下,比如激光电源、电脉冲加工电源的电路中。可关断晶闸管,它能弥补晶闸管一旦导通后,控制极失去控制作用的不足,能很方便地控制通和断,例如用它作无触点开关等。它们的型号有3CT001、3CT010、3CT00103等。几种3CT系列的晶闸管参数见表8-15。

表8-15　几种3CT系列晶闸管参数

参数 型号	3CT1	3CT3	3CT5	3CT10	3CT20
额定正向平均电流/A	1	3	5	10	20
正向阻断峰值电压/V	30~3 000	30~3 000	30~3 000	30~3 000	30~3 000
反向阻断峰值电压/V	30~3 000	30~3 000	30~3 000	30~3 000	30~3 000
维持电流/mA	20	40	40	60	60
控制极触发电压/V	2.5	3.5	3.5	3.5	3.5
控制极电流/mA	20	50	50	70	70
控制极最大允许正向电压/V	10	10	10	10	10

(1)晶闸管极性的判断

对晶闸管的电极有的可从外形封装加以判别,如外壳就为阳极,阴极引线比控制极引线长。从外形无法判断的晶闸管,可用万用表进行判别。将万用表拨至$R\times1$ k或$R\times100$挡,分别测量各脚间的正反向电阻。如测得某两脚之间的电阻较大(约80 kΩ左右),再将两表笔对调,重测这两脚之间的电阻。如阻值较小(大约2 kΩ左右),这时黑表笔所接触的引脚为控制极G,红表笔所接触的引脚为阴极C,当然剩余的一个引脚就为阳极A。在测量中如出现正反向阻值都很大,则应更换引脚位置重新测量,直到出现上述的情况为止。

(2)晶闸管质量好坏的判别

晶闸管质量好坏的判别可以从四个方面进行。第一是三个结应完好;第二是当阴极与阳极间电压反向连接时能够阻断,不导通;第三是当控制极开路时,阴极与阳极间的电压正向连接时也不导通;第四是给控制极加上正向电流,给阴极与阳极加正向电压时,晶闸管应当导通,把控制极电流去掉,仍处于导通状态。

用万用表的欧姆挡测量晶闸管的极间电阻,就可对前三个方面的好坏进行判断。具体方法是用$R\times1$ k或$R\times10$ k挡测阴极与阳极之间的正反向电阻(控制极不接电压),这两个阻值均应很大。电阻值越大,表明正反向漏电电流愈小。如果测得的阻值很低,或近于无穷大，说明晶闸管已经击穿短路或已经开路，此晶闸管不能使用了。

用 $R\times1$ k 或 $R\times10$ k 挡测阳极与控制极之间的电阻，电阻值很小表明晶闸管已经损坏。

用 $R\times1$ k 或 $R\times100$ 挡，测控制极和阴极之间的 PN 结的正反向电阻，如出现正向阻值接近于零值或为无穷大，表明控制极与阴极之间的 PN 结已经损坏。反向阻值应很大，但不能为无穷大。正常情况是反向阻值明显大于正向阻值。

晶闸管是否具有可控特性，仅通过电流的测量是看不出来的，应通过下面的实验电路加以判断。首先按图 8－23 接好电路。电源为 6 V 直流，电阻都为，电流表量程大于 100 mA。先不合开关时，电流正常应很小，如表针指示数很大，表明管子已坏。当合上开关 S 时，表针应有几十毫安以上为正常，如此时电流很小，或表针几乎不动，说明晶闸管已坏。最后将开关 S 打开，这时表针的指示应与打开前一样，说明晶闸管是好的。如打开开关 S 后，表针指示降为零，说明晶闸管没有维持导通的功能。

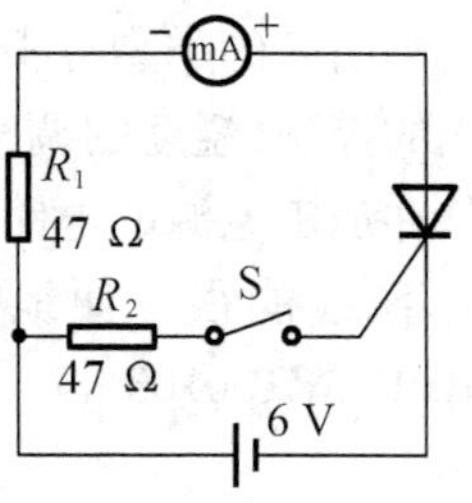

图 8－23　可控硅可控特性试验电路

4. 晶闸管的选用

（1）选用晶闸管时，元件的正向、反向额定电压应选为实际电压最大值的 1.5～2 倍以上，而晶闸管的电流容量的选择则必须考虑多种因素，如导电角的大小、工作频率的高低、散热器的大小、冷却方式和环境温度等，因此必须综合考虑合理选用。

（2）晶闸管必须使用产品规定的散热器（一般为螺旋型散热器或平板型散热器）及采用规定的冷却方式（如自然冷却、强迫风冷或强迫水冷）。

（3）由于晶闸管过载时极易损坏，因此使用时必须采取过流保护措施。常用的方法如下：

①装设过流继电器及快速开关。由于继电器及开关动作需要一定时间，故短路电流较大时并不很有效，但在大功率设备上为了整个设备的安全仍是必须的；

②可在输入侧或与元件串联设置快速熔断器，快速熔断器的电流定额必须由回路电流的有效值而不是平均值来选用。

（4）使用晶闸管必须采用过压保护措施。常用的方法如下：

①采用硒堆保护，因硒整流元件具有较陡的反向非线性特性，即超过转折电压不多，达到吸收过电压的目的。硒片的片数可按每片承受有效值电压 18～20 V 来决定；

②采用阻容吸收电路，即电阻和电容串联后与元件并联。阻容件的选用可参照下表8－16。

表 8－16　阻容件的选用

元件容量/A	5	10	20	50	100	200	500
电容量	0.05	0.1	0.15	0.2	0.25	0.5	1
电阻值	5～50						

第三节 集成电路

集成电路是利用半导体工艺和薄膜工艺将一些晶体管、电阻、电容、电感以及连线等制作在同一硅片上，形成结构上紧密联系的具有特定功能的电路或系统，并将其封装在特定的管壳中。集成电路与分立元器件相比具有体积小、重量轻、成本低、功耗少、可靠性高和电气性能优良等特点。

一、集成电路的分类

集成电路按其结构和工艺方法的不同，可以分为半导体集成电路、薄膜集成电路膜集成电路和混合集成电路。其中发展最快、品种最多、产量最大、应用最广的是半导体集成电路。半导体集成电路的分类见表 8－17。

表 8－17 半导体集成电路的分类

按功能分类	数字集成电路	门电路	与门、或门、非门、与非门、或非门、与或非门、异或门
		触发器	R－S 触发器、J－K 触发器、D 触发器、锁定触发器等
		存储器	随机存储器(RAM)、只读存储器(ROM)、移位寄存器等
		功能部件	译码器、数据选择器、磁心驱动器、半加器、全加器、奇偶校验器等
		微处理器	
	模拟集成电路	线性电路	直流运算放大器、通用运算放大器、音频放大器、高频放大器、宽频放大器等
		非线性电路	电压比较器、直流稳压电源、读出放大器、模－数变换器、模拟乘法器、晶闸管触发器等
按有源器件分类	双极型		DTL：二极管－晶体管逻辑电路 TTL：晶体管－晶体管逻辑电路 HTL. －高抗干扰逻辑电路 ECL：射极耦合逻辑电路 12L：集成注入逻辑电路
	MOS 型 （单极型）		PMOS：P 沟道增强型绝缘栅场效应管集成电路 NMOS：N 沟道增强型绝缘栅场效应管集成电路 CMOS：互补对称型绝缘栅场效应管集成电路
	BiMOS 型		BiPMOS：双极与 PMOS 兼容集成电路 BiNMOS：双极与 NMOS 兼容集成电路 BiCMOS：双极与 CMOS 兼容集成电路
按集成度分类	小规模(SSl)		1～10 个等效门/片，10～100 个等效门/片
	中规模(MSl)		10～100 个等效门/片，102～103 个等效门/片
	大规模(LSl)		大于 102 个等效门/片，元件数在 103 个以上门/片
	超大规模 （VLSl）		元件数超过 10 万个以上门/片(ECL 超过 2 万以上门/片)
	特大规模 （ULSl）		元件数超过 107 万个以上门/片

二、集成电路的型号命名

(1)根据国家标准 GB3430－1989 的规定，半导体集成电路的型号命名由 5 部分组成，其组成部分的符号及意义见表 8－18 所示。

表 8－18　半导体集成电路的型号命名

第零部分		第一部分		第二部分	第三部分		第四部分	
用字母表示器件符号（国家标准）		用字母表示器件的类型		用阿拉伯数字表示器件的系列和品种代号	用字母表示器件的工作温度范围		用字母表示器件的封装	
符号	意义	符号	意义		符号	意义	符号	意义
C	中国国	T	TTL	由 3 位阿拉伯数	C	0～70 ℃	F	多层陶瓷扁平
	标产品	H	HTL	字表示（001 ～	G	－ 25 ～	B	塑料扁平
		E	ECL	999）①	L	70 ℃	D	陶瓷双列直插
		C	CMOS		E	－ 25 ～	P	塑料双列直插
		F	线性放大器		R	85 ℃	了	黑瓷双列直插
		D	音响、电视电路		M	－ 40 ～	K	金属菱形
		W	稳压器			85 ℃	T	金属圆壳
		J	接口电路			－ 55 ～	C	陶瓷芯片载体
		B	非线性元件			85 ℃	E	塑料芯片载体
		M	存储器				H	黑瓷扁平
		U	微型机电路			55～125℃	G	网格针栅阵列
		AD	A/D 转换器				SOI	小引线封装
		DA	D/A 转换器				C	塑料芯片载体
		SC	通信专用电路				PCC	封装
		SS	敏感电路					陶瓷芯片载体
								封装

①其中 TTL 分为：
54/74XXX 国际通用系列
54/74HXXX 高速系列
54/74LXXX 低功耗系列
54/74SXXX 肖特基系列
54/74LSXXX 低功耗肖特基系列
5474ASXXX 先进肖持基系列
54/74ALSXXX 先进低功耗肖特基系列
54/74FXXX 高速系列

CMOS 分为：
4000 系列
54/74HCXXX 高速 CMOS，有缓冲输出级，输入输出为 CMOS 电平 54/74HCT～XX 高速 CMOS，有缓冲输出级，输入 TTL 电平，输出 CMOS 电平
54/74HCUXXX 高速 CMOS，不带输出缓冲级
4/74ACXXX 改进型高速 CMOS
4/74ACTXXX 改进型高速 CMOS，输入 TTL 电平，输出 CMOS 电平

表 8－19　国外大公司集成电路型号前缀

产品型号前缀	生产厂家	产品举例	产品型号前缀	生产厂家	产品举例
AD	美国模拟器件公司	AD7188	LM	美国国家半导体公司	LM324
AN	日本松下电器公司	AN5179	MC	美国摩托罗拉半导体公司	MC13007

表8－19(续)

产品型号前缀	生产厂家	产品举例	产品型号前缀	生产厂家	产品举例
CXA	日本索尼公司	CXA1191M	TA	日本东芝公司	TA7698
HA	日本日立公司	HA1361	TB		TB1238
KA	韩国三星公司	KA2101	TDA	荷兰飞利浦公司	TDA8361
LA	日本三洋公司	LA7830	uPC	日本电器公司	uPC1366

三、集成电路的封装与引脚识别

1. 封装

集成电路的封装可分为圆形金属外壳封装、扁平形陶瓷、塑料外壳封装、双列直插型陶瓷和塑料封装、单列直插式封装等，如图8－24所示。其中单列直插、双列直插较常见。陶瓷封装散热性能差、体积小、成本低。金属封装具有散热性能好，可靠性高，但安装不方便，成本高。塑封的最大特点是工艺简单、成本低，因而被广泛使用。

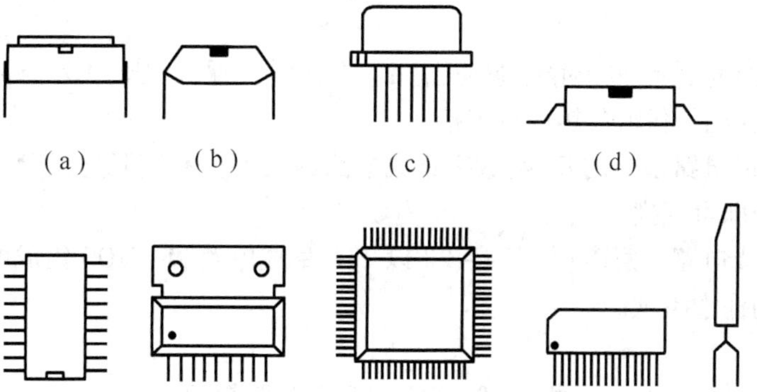

图8－24　集成电路封装图示

(a)陶瓷双列封装；(b)塑料双列封装；(c)金属圆形封装；(d)塑料小外型双列封装；(e)陶瓷熔封扁平封装；(f)塑料带散热片单列封装；(g)塑料四面引线扁平封装；(h)塑料单列封装；(i)塑料"Z"形引线封装

集成电路引出脚排列顺序的标志一般有色点、曲槽、管键及封装时压出的圆形标志。对于双列直插集成块，引脚识别方法是将集成电路水平放置，引脚向下，标志朝左边，左下角第一个引脚为1脚，然后按逆时针方向数，依次为2，3，…，如图8－25所示。

对于单列直插集成电路也让引出脚向下，标志朝左边，从左下角第一个引出脚到最后一个引出脚依次为1，2，3，…。

四、集成电路的使用常识

集成电路是一种结构复杂、功能多、体积小、价格贵、安装与拆卸麻烦的电子器件，在选购、检测和使用中应十分小心。

(1)集成电路在使用时不允许超过极限参数。

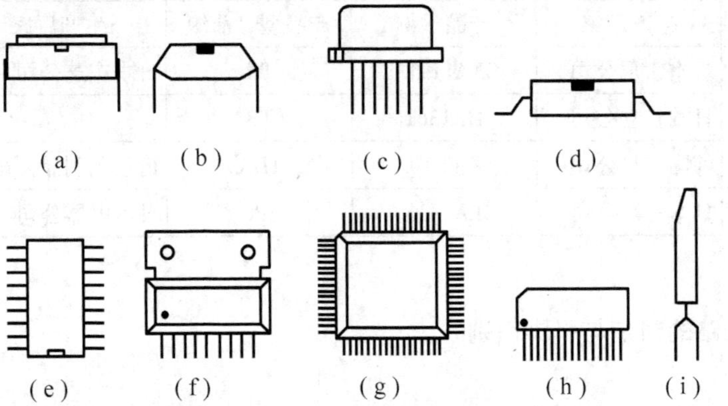

图 8－25　集成电路引出脚排列识别

(2)集成电路内部包括几千甚至上万个 PN 结,因此它对工作温度很敏感,环境温度过高或过低,都不利于其正常工作。

(3)在手工焊接集成电路时,不得使用功率大于 45 W 的电烙铁,连续焊接时间不应超过 10s。

(4)MOS 集成电路要防止静电感应击穿。焊接时要保证电烙铁外壳可靠接地,若无接地线可将电烙铁拔下,利用余热进行焊接。

(5)数字集成电路型号的互换:数字集成电路绝大部分有国际通用型,只要后面的阿拉伯数字对应相同即可互换。

(6)数字集成电路注意事项,表 8－20 以 TTL 集成电路和 CMOS 集成电路为例,说明在使用它们各自的注意事项。

表 8－20　TTL 和 CMOS 集成电路

<table>
<tr><th colspan="2"></th><th>TTL</th><th>CMOS</th></tr>
<tr><td rowspan="2">电源规则</td><td>范围</td><td>$+4.75 < V_{CC} < +5.5$ V</td><td>1. $V_{min} < V_{DD} < V_{max}$ 考虑到瞬态变化,应保持在绝对的最大极限电源电压范围内。例如 CC4000B 系列的电源电压范围为 3～18 V,而推荐使用的 V_{CC} 为 4～15 V。
2. 条件允许的话,CMOS 电路的电源较低为好。
3. 避免使用大电阻值的电阻串入 V_{DD} 或 V_{SS} 端。</td></tr>
<tr><td>注意事项</td><td colspan="2">1. 电源和地的极性千万不能颠倒接错,否则过大的电流将造成器件损坏。
2. 电源接通时,不可移动、插入、拔出或焊接集成电路器件,否则会造成永久性损坏。
3. 对 H－CMOS 器件,电源引脚的交流高、低频去耦要加强,几乎每个 H－CMOS 器件都要加。0.01～0.1 μF 的电源去耦电容。</td></tr>
</table>

表 8-20(续)

		TTL	CMOS
输入规则	幅度	$-0.5\ V \leqslant V_1 \leqslant +5\ V$	$V_{SS} \leqslant V_1 \leqslant V_{DD}$
	边沿多余输入端的处理	1. 组合逻辑电路 V_1 的边沿变化速度小于 100 ns/V。 2. 时序逻辑电路 rI 边沿变化速度小于 50 ns/V。	一般的 CMOS 器件:$t_r(t_f) \leqslant 15$ ns H-CMOS 器件:$t_r(t_f) \leqslant 0.5$ ns
		1. 多余输入端最好不要悬空,根据逻辑关系的需要作处理。 2. 触发器的不使用端不得悬空,应按逻辑功能接入相应的电平。	1. 多余输入端绝对不可悬空,即使同一片未被使用但已接通电源的 CMOS 电路的所有输入端均不可以悬空,都应根据逻辑功能作处理。 2. 作振荡器或单稳态电路时,输入端必须串入电阻用以限流。
输出规则		1. 输出端不允许与电源或地短路。 2. 输出端不允许"线与",即不允许输出端并联使用。只有 TTL 集成电路中三态或集成 电极开路输出结构的电路可以并联使用。 3. TTL 集电极开路的电路"线与"时,应在其公共输出端加接一个预先算好的上拉负载电阻到 V_{CC}。	
操作规则	电路存放	存放在温度 10~40 ℃干燥通风的容器中,不允许有腐蚀性气体进入。存放 CMOS 电路要屏蔽:一般存放在金属容器内,也可用金属箔将引脚短路。	
	电源和信号源的加入	开机时先接通电路板电源,后开信号源:关机时先关信号源,后关线路板电源。尤其是 CMOS 电路未接通电源时,不允许有输入信号加入。	

思 考 题

8-1 电阻的标识方法有哪几种?各举一例简要说明。

8-2 电位器在旋转时,其相应阻值应依旋转角度的变化规律是什么?

8-3 怎样用万用表检测电位器的质量?

8-4 怎样用万用表检测电容器的质量?

8-5 常见的电感器有哪些,它们有哪些主要特点,怎样判别其质量?

8-6 怎样检测一般二极管的好坏?

8-7 简述三极管 c、b、e 极的判别方法。

8-8 怎样判断单结管的极和极?

8-9 怎样判断单向晶闸管的 A、K、G?

8-10 集成电路有哪些分类,不同分类的名称和主要特点是什么?

8-11 集成电路主要有哪几种封装形式?

8-12 画出一个 14 脚双列直插式集成电路引脚序号的示意图。

实训考核课题

实训 8－1　线性电子元件测量

一、实训内容

熟记电阻色环,根据色环或阻值写出对应阻值和色环,填写表 8－21。

表 8－21　线性电子元件

电阻器识别、测量实训表							
由色环写出具体阻值							
色环	阻值	色环	阻值	阻值	色环	阻值	色环
棕黑黑		棕黑红		0.5 Ω		2.7 kΩ	
红黄黑		绿棕棕		1 Ω		3 kΩ	
橙橙黑		棕黑绿		3 6Ω		5.6 kΩ	
黄紫橙		蓝灰橙		220 Ω		6.8 kΩ	
灰红红		黄紫棕		470 Ω		8.2 kΩ	
白棕黄		红紫黄	750 Ω		24 kΩ		
黄紫棕		紫绿棕		1 kΩ		47 kΩ	
橙黑棕		棕黑橙		1.2 kΩ		39 kΩ	
紫绿红		橙橙橙		1.8 kΩ		100 kΩ	
白棕棕		红红红		2 kΩ		150 kΩ	
1 min 内读出色环电阻数(只)					注:20 只满分,错一只扣 5 分		
3 min 内读出色环电阻数(只)					注:20 只满分,错一只扣 5 分		
测量电位器	固定端之间阻值		阻值稳变动		阻值突变		指针跳动
识别、测试中出现的问题							

二、考核内容、要求和评分标准(表 8－22)

表 8－22　线性电子元件实训考核

序号	考核内容	考核要求	配分	评分标准	扣分	得分
1	识别 10 只不同的电阻	1. 能识别电阻标称阻值； 2. 由标称阻值写出色环； 3. 能识别电阻的类型与功率。	15	1. 不认识电阻，扣 15 分； 2. 不能判颜色及其代表的意义，扣 15 分； 3. 不能识别类型，扣 10 分； 4. 不能识别功率，扣 10 分； 5. 错一只扣 3 分。		
2	用万用表检测 10 只无标电阻	1. 能正确选择量程； 2. 能读出测量阻值； 3. 测量方法正确。	10	1. 量程选择错误，扣 10 分； 2. 不能读出测量阻值，扣 8 分； 3. 测量方法错误，扣 8 分； 4. 错一扣 5 分。		
3	识别 5 只不同的电位器	1. 能正确识别电位器的标称阻值； 2. 能识别电位器类别。	10	1. 不认识电位器，扣 10 分； 2. 不能识别电位器的标称阻值，扣 8 分； 3. 不能识别电位器类别，扣 8 分； 4. 错一只扣 2 分。		
4	用万用表检测 5 只无标志电位器，其中有两只是坏的	1. 能正确选择量程； 2. 能读出测量阻值； 3. 能区分各引脚； 4. 能区分电位器的好坏； 5. 测量方法正确。	10	1. 量程选择错误，扣 10 分； 2. 不能读出测量阻值，扣 8 分； 3. 不能区分各引脚，扣 8 分； 4. 不能区分电位器的好坏，扣 8 分； 5. 测量方法错误，扣 8 分； 6. 错一只扣 2 分。		
5	识别 5 只电容器	1. 能识别电容器的类型； 2. 能以别电容器的容量； 3. 能识别电容器的极性。	10	1. 不认识电容器，扣 10 分； 2. 不能识别电容器的类型，扣 8 分； 3. 能识别电容器的容量，扣 8 分； 4. 不能识别电容器的极性，扣 8 分； 5. 错一只扣 2 分。		
6	用万用表检测 5 只电容器，其中 2 只是坏的	1. 能够正确地选择量程； 2. 能检测电容器的好坏； 3. 能判别电容器的极性； 4. 测量方法正确。	15	1. 量程选择错误，扣 15 分； 2 不能检测电容器的好坏，扣 10 分； 3. 不能判别电容器的极性，扣 10 分； 4. 测量方法错误，扣 10 分； 5. 错一只扣 5 分。		

表 8－22（续）

序号	考核内容	考 核 要 求	配分	评 分 标 准	扣分	得分
7	识别5只电感器	1. 能识别电感器的类型； 2. 能识别电感器的容量。	10	1. 不认识电感器，扣10分； 2. 不能识别电感器的类型，扣8分； 3. 不能识别电感器的容量，扣8分； 4. 错一只扣2分。		
8	用万用表检测5只电感器，其中2只是坏的	1. 能够正确地选择量程； 2. 能够判断电感器的好坏； 3. 测量方法正确。	10	1. 量程选择错误，扣10分； 3. 测量方法错误，扣8分； 4. 不能判断电感器的好坏，扣8分； 5. 错一只扣2分。		
9	安全文明生产	符合有关规定。	10	1. 损坏元件，扣10分； 2. 丢失元件，扣10分； 3. 物品随意乱放，扣5～10分。		
10	操作时间	正规定时间内完成。		每超过5分钟，扣10分。		

实训 8－2　半导体分立元件的测试

考核内容、要求和评分标准（表 8－23）。

表 8－23　半导体分立元件的测试

序号	考核内容	考 核 要 求	配分	评 分 标 准	扣分	得分
1	识别5只二极管	1. 能识别二极管的型号； 2. 能判别二极管的极性。	10	1. 不认识二极管，扣10分； 2. 不能识别二极管的型号，扣8分； 3. 不能判别二极管的极性，扣8分； 4. 错一只扣3分。		
2	用万用表检测5只二极管，其中有2只坏的	1. 能正确选择挡位及量程； 2. 能检测出二极管极性及好坏； 3. 测量方法正确。	10	1. 挡位及量程选择错误，扣10分： 2. 不能测出二极管的极性，扣8分； 3. 不能测出二极管的好坏，扣8分； 4. 测量方法错误，扣8分； 5. 错一只扣3分。		

表 8－23(续)

序号	考核内容	考核要求	配分	评分标准	扣分	得分
3	识别5只三极管	1. 能识别三极管的型号; 2. 能识别三极管的引脚; 3. 能识别三极管的放大倍数。	15	1. 不认识三极管,扣15分; 2. 不能识别三极管的型号,扣10分; 3. 不能识别三极管的引脚,扣5～10分; 4. 不能识别三极管的放大倍数,扣10分; 5. 错一只扣3分。		
4	用万用表检测5只三极管,其中有2只坏的	1. 能正确选择挡位及量程; 2. 能检测出三极管的管脚及好坏; 3. 测量方法正确。	15	1. 挡位及量程选择错误,扣15分; 2. 不能测出三极管的管脚,扣5～10分; 3. 不能测出三极管的好坏,扣10分; 4. 测量方法错误,扣10分; 5. 错一只扣3分。		
5	用万用表检测3只单结管,其中有1只坏的	1. 能正确选择挡位及量程; 2. 能检测出单结管的管脚及好坏; 3. 测量方法正确。	15	1. 挡位及量程选择错误,扣15分; 2. 不能测出单结管的管脚,扣5～10分; 3. 不能测出单结管的好坏,扣10分; 4. 测量方法错误,扣10分; 5. 错一只扣5分。		
6	识别5只晶闸管	1. 能识别晶闸管的型号; 2. 能识别晶闸管的各管脚。	10	1. 不认识晶闸管,扣10分; 2. 不能识别晶闸管的型号,扣8分; 3. 不能识别晶闸管的引脚,扣8分; 4. 错一只扣3分。		
7	用万用表检测5只晶闸管,其中有2只坏的	1. 能正确选择挡位及量程; 2. 能检测出单结管的管脚及好坏; 3. 测量方法正确。	15	1. 挡位及量程选择错误,扣15分; 2. 不能测出晶闸管的管脚,扣5～10分; 3. 不能测出晶闸管的好坏,扣10分; 4. 测量方法错误,扣10分; 5. 错一只扣3分。		
8	安全文明生产	符合有关规定。	10	1. 损坏元件,扣10分; 2. 丢失元件,扣10分; 3. 物品随意乱放,扣5～10分。		
9	操作时间	在规定时间内完成。		每超过5分钟,扣10分。		

实训 8－3　集成电路的识别

考核内容、要求和评分标准（表 8－24）

表 8－24　集成电路的识别

序号	考核内容	考核要求	配分	评分标准	扣分	得分
1	认识 5 块集成电路的型号	能认识集成电路的型号	25	1. 不能认识集成电路的型号，扣 25 分； 2. 错一个扣 5 分。		
2	区分 5 块集成电路的类型	能区分集成电路的类型	20	1. 不能区分集成电路的类型，扣 20 分； 2. 错一个扣 5 分。		
3	判别 5 块集成电路的引脚	能判别集成电路的引脚	25	1. 不能判别集成电路的引脚，扣 25 分； 2. 错一个扣 5 分。		
4	区分 5 块集成电路的封装	能区分集成电路的封装	20	1. 不能区分集成电路的封装，扣 20 分； 2. 错一个扣 5 分。		
5	安全文明生产	符合有关规定	10	1. 损坏元件，扣 10 分； 2. 丢失元件，扣 10 分； 3. 物品随意乱放，扣 5～10 分。		
6	操作时间	在规定时间内完成		每超过 5 分钟，扣 10 分。		

第九章　电子技术基本操作技能的训练

学习目的

1. 掌握印制电路板设计制作的基本知识及制作过程。
2. 掌握焊接的基本常识和技术。
3. 掌握手工印制电路板的制作过程。

内容提要

印制电路板的设计制作与焊接技术是电子设备装配的重要工艺。本章主要介绍了印制电路板的元件布局和布线的原则；以及运用多种方法设计印制电路板的基本步骤和方法；介绍印制电路板的设计、制作、焊接技术。

第一节　印制电路板的设计与制作

一、印制电路板的基本常识

在电路设计、制作过程中，除了要用到常用的电子元器件外，还需要用到印制电路板（有的资料也将其称为印刷电路板）和焊接材料，才能构成一个完整的电路。

印制电路板（Print Circuit Board，缩写为 PCB），是通过专门工艺，在一定尺寸的绝缘基材敷铜板上，按预定设计印制导线和小孔，可在板上实现元器件之间的相互连接。其质量的好坏，直接影响电子电路及电子装置的工作性能，优秀的印制电路板和焊接质量，可为电路提供良好的稳定性、可靠性，不良的印制电路板和焊接方法会使设备不能正常工作，给测试带来很大困难，有时还会留下隐患。因此，了解和掌握必要的印制电路板的设计与焊接操作技能是很重要的。

1. 印制电路板的种类

（1）单面板　在印制电路板上只有一面有铜箔导线的称为单层印制电路板，简称单面板，如图 9－1(a)所示。单面板的结构简单且成本低廉，因此广泛应用于各个行业中。但是正因为其过于简单、布线的选择余地小，所以对于比较复杂的电路，设计的难度往往很大，甚至不可能实现。

（2）双面板　在板子的两面都可以布线，中间利用过孔连接，这样交叉的路线可以在不同的板层通过而不相互接触称为双层印制电路板，简称双面板，如图 9－1(b)所示。同单面板相比双面板应用更为广泛；它具有布线方便、简洁的特点，同样的电路，使用双面板线路长度更短，劳动强度更小。所以，在目前的电路板制作中，使用最普遍的就是双面板。

（3）多面板　多层印制电路板简称多面板，是指四层或四层以上的电路板，如图 9－2 所示。它是在双面板已有的顶层和底层基础上，增加了内部电源层、内部接地层以及中间布线层。随着电子工业的迅速发展，在电路比较复杂，且对电路板要求严格时，单面板和双面

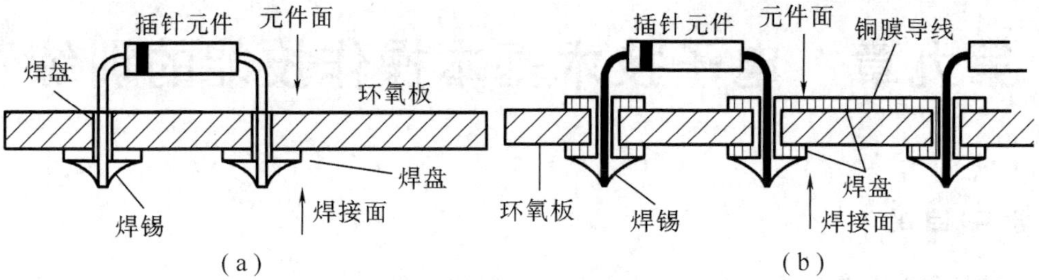

图9-1 单面板和双面板

(a)单面板;(b)双面板

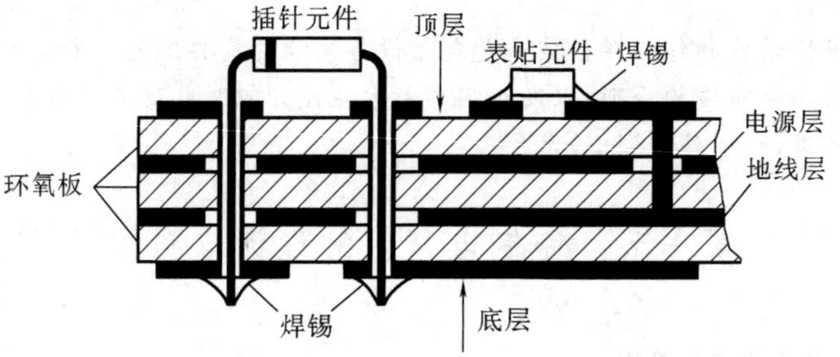

图9-2 多 面 板

板很可能就无法实现理想的布线,甚至根本不可能完成。这时,就必须采用多面板布线,它多数用在超大规模集成电路的装配上,例如微机主板。多层印制板的工艺复杂,加工精度要求高,成本也远远高于单层板和多层板。

(4)刚性印制电路板　刚性印制电路板是指由不易变形的刚性基材制成的印制电路板,在使用时处于平展状态。一般电子设备中使用的都是刚性印制电路板。

(5)挠性印制电路板　挠性印制电路板是指由可以扭曲和伸缩的基材制成的印制电路板,在使用时可根据安装要求将其弯曲。挠性印制电路板一般用于特殊场合,如某些弧形无绳电话机的手柄。

2. 印制电路板的材料

印制电路板是在绝缘的基板上,敷以电解铜箔,再经热压而成的。目前,我国常用单、双面板的铜箔厚度为351 μm,国外开始使用18 μm、10 μm、5 μm等超薄铜箔,具有蚀刻时间短、侧面腐蚀小、易钻孔和节约铜材等优点。常用的基板有:

(1)酚醛纸质基板　这种基板价格低,但耐潮和耐热性不好,一般用于对耐潮和耐热性要求不高的电气设备中;

(2)环氧酚醛玻璃布基板　这种基板的耐潮和耐热性都较好,但透明度稍差;

(3)环氧玻璃布基板　它除了具有环氧酚醛玻璃布基板的优点外,还有透明度好,便于安装和维修,冲剪和钻孔性能良好等优点,多用于双面板;

(4)聚四氟乙烯玻璃布基板 它具有良好的介电性能和化学稳定性,是一种工作范围宽(-230~260 ℃),耐调温、高绝缘的基材;

（5）耐火的自熄性基板、挠性基板等。

印制电路板常用厚度有0.1 mm、0.5 mm、1.0 mm、1.5 mm、2.0 mm、2.5 mm、3.0 mm等，印制电路板的电气指标可参阅相关手册。

3. 印制电路板设计的常用术语

（1）元件面　大多数元件都安装在这一面。

（2）焊接面　与元件面相对的另一面。

（3）丝印层　丝印层是印制在元件面上的一种不导电的图形（有时焊接面上也有丝印层），代表一些器件的符号和标号，用于标注元件的安装位置，一般通过丝印的方法，将绝缘的白色涂料印制在元件面上。

（4）阻焊图　它是为了防止需要焊接的印制导线被焊接而绘制的一种图形。在制板过程中，可根据阻焊图的要求将不需要焊接的地方涂一层阻焊剂，只露出需要焊接的部位。使用CAD软件设计PCB时，当焊接面和元件面设计完成后，软件可自动生成阻焊图。

（5）焊盘　用于连接和焊接元件的一种导电图形。

（6）金属化孔　金属化孔也称为通孔，孔壁沉积有金属的孔，主要用于层间导电图形的电气连接。

（7）通孔　通孔也称为中继孔，是用于导线转接的一种金属孔。通孔一般只用于电气连接，不用于焊接元件。

（8）坐标网格　两组等距离平行正交而成的网格（或称为格点）。它用于元器件在印制电路板上的定位，一般要求元件的管脚必须位于网格的交点上，导线不一定按网格定位。

4. 印制电路板设计基本标准

（1）焊盘形状　常用的焊盘形状有4种：方形、圆形、长圆形和椭圆形，最常用的是圆形焊盘。

（2）孔径和焊盘尺寸　标称孔径和最小焊盘直径如表9－1所示。实际制作中，最小孔径受生产印制电路板厂家具有的工艺水平的限制，就目前而言，一般选0.8 mm以上，焊盘尺寸一般也要比表中所列数据稍大些。

表9－1　标称孔径与最小焊盘直径　　单位：mm

标称孔径	0.4	0.5	0.6	0.8	0.9	1.0	1.3	1.6	2.0
最小焊盘直径	1.0	1.0	1.2	1.4	1.5	1.6	1.8	2.5	3.0

（3）网格尺寸　一般分公制和英制两种标准。最基本的坐标网格间距为2.5 mm，当需要更小的网格时，采用1.25 mm和0.625 mm。国外生产的集成电路一般采用英制规范，例如双列直插式（DIP）的管脚间距为2.45 mm（1/10英寸），所以在放置元件时一般可采用英制坐标网格。

（4）导线宽度　导线宽度没有统一的要求，其最小值应能承受通过这条导线的最大电流值。一般应大于10密耳（1mil为千分之一英寸）。考虑到美观、整齐，导线宽度应尽量宽一些，一般可取20～50密耳。

（5）导线间距　导线之间的间距没有统一的要求，但两条导线之间的最小距离应满足电气安全要求。考虑到工艺方便，导线间距应大于10密耳（mil），在允许的条件下，导线间距应尽量宽一些，在集成块两管脚之间(100 mil)一般只设计一根导线。当导线平行时，各导线之间的距离应均匀一致。

二、印制电路板的设计原则

印制电路板设计是电子产品制作的重要环节，其设计合理与否不仅关系到电路在装配、焊接、调试和检修过程中是否方便，而且直接影响到产品的质量与电气性能。对于同一张电路原理图，因为思路不同，习惯不一，技巧各异，就会出现各种设计方案，结果具有很大的灵活性和离散性。印制电路板设计布局的总原则：

第一，保证电路的电气性能。

第二，便于产品的生产、维护和使用。

第三，导线尽可能短。

对于初学者来说，首先就是掌握电路的原理和一些基本布局、布线原则，然后通过大量的实践，在实践中摸索，领悟并掌握布局、布线原则，积累经验，才能不断的提高印制电路板的设计水平。

1. 印制电路板元器件的布局设计原则

在印制电路板的排版设计中，元器件的布局至关重要，这决定了板面的整齐美观程度和印制导线的长短与数量，对整机的可靠性也有一定的影响。布局的首要任务就是如何合理地安排元件位置，减少不利因素。布设元器件时应遵循以下几个原则：

(1)在通常情况下，所有元器件均应布置在印制电路板的一面，如果需要绝缘，可在元器件与印制电路板之间垫绝缘薄膜或元器件与印制电路板之间留有1 ~2 mm的间隙。

(2)在条件允许的情况下，尽量使元器件在整个板面上分布均匀、疏密一致。在保证电气性能的前提下，元器件应相互平行或垂直排列，以求整齐、美观。

(3)重而大的元器件，尽量安置在印制电路板上紧靠固定端的位置，并降低重心。

(4)发热元器件应优先安排在有利于散热且远离高温区的位置。

(5)对电磁感应较灵敏的元器件和电磁辐射较强的元器件，在布局时应避免它们之间相互影响。

(6)每个单元电路，应以其核心器件为中心，围绕它进行布局。

2. 印制电路板的布线设计原则

除了元器件的布局，布线设计对电路板的性能也很重要。布线设计是在布局基本完成后进行的，再布线设计时如果发现布局不合理，还要局部调整。布线设计时的基本考虑如何使布局合理化、整齐、美观。

(1)先设计公共通路的导线　公共通路导线主要指地线和电源线。这些线要连接每个单元电路，走线距离最长，所以应先设计它们。

(2)按信号流向布线　在设计导线时，一般按信号的传输走向，逐步设计各个单元电路的导线。

(3)保持良好的导线形状　在设计导线时，良好的导线形状的主要标准是导线的长度最短；在导线转弯时要避免出现锐角；焊盘和导线的附着力强；地线和电源线应尽量宽一些；除了地线和电源线之外，导线的宽度和线距应整齐、均匀、美观。图9 -3列出了一些初学者容易犯的错误，希望初学者在设计导线时应特别注意。

(4)双面板布线　双面板的导线设计与单面板有较大的不同，一般来说，同一层面上的导线方向尽量一致,或者都是水平方向布线或者都是垂直方向布线;元件面的导线与焊接面的导线相互垂直;两个层面上的导线连接必须通过通孔。

(5)地线的处理。

三、手工印制电路板的制作步骤

目前已有多种印制电路板设计软件具有自动布局功能,如CAD、PROTEL等。但是,这些软件在布局时只从拓扑结构上考虑元件的位置,未能考虑上述的种种因素,这样的布局有时无法可靠保证电路指标特性。所以,设计人员往往要采用人工布局或进行调整。下面介绍手工印制电路板的制作过程。

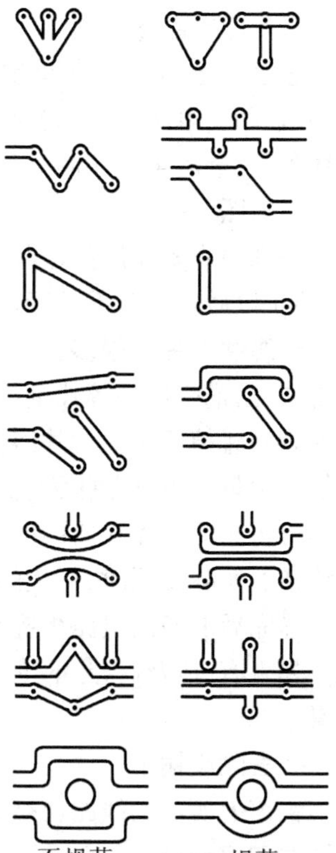

图9-3　圆形接点的导线布设

1. 选择印制电路板

(1)确定印制电路板的形状　印制电路板的形状通常与整机外形有关,一般采用长方形,其长度比例以3∶2或4∶3为最佳。

(2)印制电路板的尺寸　印制电路板的尺寸的确定应考虑整机的内部结构、印制电路板上元器件的数量尺寸及安装排列方式。

(3)材料的确定　根据电路的工作频率及工作环境来选用合适的印制电路板。

2. 草图设计

(1)版面的四周留出一定的空白间距(一般为5~10 mm)不设置焊盘与导线,绘制印制电路板的定板孔和各元器件的固定孔。

(2)进行元器件布局　用铅笔画出各元器件外形轮廓,注意应使元器件轮廓尺寸与实物对应,元器件间距要均匀一致,各元器件之间外表距离不能小于1.5 mm。使用较多的小型元器件可不画出轮廓,如电阻、小电容等,但要做到心中有数。在元器件布局时还应考虑各种干扰及散热问题等。

(3)确定并标出焊盘位置　有精度要求的焊盘要严格按尺寸标出。无尺寸要求的焊盘,应尽量使元器件排列均匀、整齐。布置焊盘位置时,不要考虑焊盘间距是否一致,而应根据元器件大小形状而定,最终保证元器件装配后均匀、整齐、疏密适中。

(4)勾画印制导线　为简便起见,只用细线标明导线的走向即路径,不需要把印制导线按照实际宽度画出来,但应考虑线间的距离,以及地线、电源线等产生的公共阻抗的干扰。在布线时,导线不能交叉,必要时可用跨线。铅笔绘制的草图反复核对无误后,再用绘图笔重描焊点及印制导线,件实物轮廓图,使草图清晰明了。

(5)标明焊盘尺寸及印制导线的宽度,注明印制电路板的技术要求。

3. 敷铜板的表面处理

由于加工、储存等原因,在敷铜板的表面魏成二层氧化层,氧化层将影响底图的复印,为此在复印底图前应将敷铜板表面清洗干净。具体方法是用水砂纸蘸水打磨,用去污粉擦洗,直到将板面擦亮为止,然后用水冲洗,用布擦净后即可使用。这里切忌用粗砂纸打磨,否则会使铜箔变薄,且表面不光滑,影响描绘底图。

4. 复印电路图

把已经绘制完毕的印制电路板图,用复写纸复印在敷铜板的铜箔面上。复印时最好把复印纸、印制电路板图用胶布固定在敷铜板上。复印完毕后,要认真复查是否有错误和漏掉的线条,复查后再把印制电路板图和复写纸取下。

5. 描图

仔细检查复印后的印制电路板图,无误后用小冲头对准要钻孔的部位冲上一个小的凹痕,便于以后打孔时不至于偏移位置,随后便可对复印痕迹描上防腐蚀剂。

防腐蚀剂种类很多,一般业余制作可采用喷漆或漆片溶液等。这些防腐蚀剂的特点是干得快,图描完后稍等片刻就能进行腐蚀处理。但它们的漆层较薄,在腐蚀工序中,稍有疏忽就容易碰掉漆层。漆片溶液可以自己配制,将 1 份漆片溶于 3 份工业酒精中,完全溶解后再加入少量的甲基紫作为色剂,便可使用了。描图用的笔,可用小号毛笔,也可用鸭嘴笔,另外还可将描图液灌在废旧的注射器中进行描制,这种方法既灵活又方便,特别适宜描制较细的线条。实际使用时,针尖的斜口部分要先用钢丝钳剪去,再用挫刀挫光滑即可。

描完后的印制电路板应平放,让描图液自然干透,同时检查线条是否有麻点、缺口或断线。如果有,应及时填补、修复。再用快口尖刀将线条图形整理一下,使线条光滑、焊盘圆滑。

6. 去除废铜箔

铜箔上所需的线路已被防腐蚀剂涂上,剩下的铜箔必须去除。常用的制作方法有化学腐蚀法和刀刻法。

(1)化学腐蚀法　三氯化铁是腐蚀印制电路板最常用的化学药品,溶液浓度一般取 35% 左右,即用 1 份三氯化铁加 2 份水配制而成。配制时在容器里先放三氯化铁后放水,并不断搅拌。盛放腐蚀液的容器应是塑料或搪瓷盆,不能使用铜、铁、铝等金属制品,因为三氯化铁会与这些金属发生化学反应。把要腐蚀的印制电路板浸没在溶液之中,溶液量控制在铜箔面正好完全被浸没为限,太少不能很好地腐蚀印制电路板,太多易造成浪费。

为了加快腐蚀速度,在腐蚀过程中,要不断晃动容器,或用毛笔在印制电路板上来回地刷洗。如嫌速度还太慢,也可适当加大三氯化铁的浓度,或提高溶液的温度。但溶液浓度不宜超过 50%,温度不要超过 60 ℃,否则溶液太浓会使铜箔板上需要保存的铜箔从侧面被三氯化铁腐蚀,而温度太高会使漆层隆起脱落。

(2)刀刻法　利用锋利的小刀将铜箔板上不要的铜箔刻去,这样可以省去描漆、腐蚀、清洗等工序。但刻制电路时需要小心,否则容易损坏底层的绝缘板和需要保留的线路铜箔。这种方法一般只适用于制作线条及电路比较简单的印制电路板。

7. 水冲洗

当废铜箔被腐蚀完后,应立即将印制电路板取出,用清水冲洗干净残存的三氯化铁,否则残存的腐蚀液会使铜箔导线的边缘出现黄色的痕迹。

8. 擦去防腐蚀层

印制电路板制作时描在铜箔上的防腐蚀层,经过腐蚀工序后依然留在印制电路板上,所以应当擦掉。如果是喷漆,可用棉花蘸香蕉水或丙酮擦洗;如果是漆片溶液,可采用酒精擦洗;如果缺少这些溶剂,也可用细砂纸(最好是水磨砂纸)轻轻磨去覆盖的漆层。

9. 钻孔与修板

按描图前所冲的凹痕钻孔，孔径应根据引脚粗细而定，如普通电阻、电容和晶体管的安装孔一般取 1 ~1.3 mm，固定螺钉孔径取 3 mm 等。钻孔时，为了钻出的孔眼光洁、无毛刺，除了要选用锋利的钻头以外，孔径 2 mm 以下的，最好采用高速(4 000 r/min 以上)电钻来钻孔。如果转速过低，钻出来的孔眼就会有严重的毛刺。对于直径在 3 mm 以上者，转速可略低一些。钻好孔后可用砂纸或小平锉将焊接面轻轻打磨一遍，少量短路部分用小刀修剪。

10. 涂保护层

腐蚀后留下的印制导线的铜箔表面，还需涂上一层保护层。涂保护层的目的，一是防止导线铜箔日久受潮锈蚀，另外便于在铜箔上焊接，保证良好的导电性能。常用的保护层有松香涂层和镀银层。无论涂何种保护层，印制电路板上的铜箔都必须先作清洁处理，清洁后晾干，即可涂上保护层。

(1)涂松香层　先配制松香酒精溶液，将 2 份松香研碎后放入 1 份纯酒精中(浓度在 90% 以上)，盖紧盖子搁置一天，待溶液中的酒精自然挥发后，印制电路板上就会留下一层黄色透明的松香保护层。

(2)涂银层　在盆中倒入硝酸银溶液，印制电路板浸泡在溶液中，10 分钟后即可在导线铜箔表面均匀地留下银层，用清水冲洗晾干后就可以使用了。

第二节　焊接技术

一、焊接材料

1. 焊接材料的种类

能熔合两种或两种以上的金属，使之成为一个整体的易熔金属或合金都可做焊料。焊料的种类很多，焊接不同的金属使用不同的焊料。按其成分可分为锡铅焊料、银焊料和铜焊料等。按其耐温情况可分为高温焊料、低温焊料以及低熔点焊料等。在一般电子产品装配中，通常使用锡铅焊料，俗称“焊锡”。

锡(Sn)是一种质软、低熔点的金属，其熔点为 232 ℃，纯锡较贵，质脆而机械性能差；在常温下，锡的抗氧化性强，金属锡在高于 13.2 ℃时呈银白色，低于 13.2 ℃时呈灰色，低于 -40 ℃变成粉末。

铅(Pb)是一种浅青色的软金属，熔点为 327 ℃，机械性能差，可塑性好，有较高的抗氧化性和抗腐蚀性。铅属于对人体有害的重金属，在人体中积蓄能引起铅中毒。

锡铅合金：当铅和锡以不同的比例熔成锡铅合金以后，熔点和其他物理性能都会发生变化。

锡铅焊料目前在电子通信及计算机产业广泛使用，但是由于铅是有毒物质，一些国家已开始对无铅焊料进行研究。日本的一些公司已率先把无铅焊料用到电视及音响器材上，其他国家的公司也进行了小批量生产，一些跨国公司也将使用无铅焊料的“绿色产品”，将它作为促销工具。

按照助焊剂的类型，钎焊膏分为树脂基钎焊膏、水清洗钎焊膏和免清洗钎焊膏。

钎料膏用于表面组装再流焊，有足够的黏性，可将元器件黏附在印制电路板上，直到开始再流焊。它由钎料粉与助焊剂组成，钎料粉的钎是粒度均匀的球状颗粒，颗粒大小根据印制电路板的图形精细而定。助焊剂的含量一般为钎焊料的 8% ~15%，主要成分有树脂、活性剂和稳定剂等。助焊剂的组成与配比对钎焊膏的黏度、钎焊工艺性能、印制图形的形状及钎焊面上焊料的厚度等会产生影响。

2. 焊锡成分与温度的关系

焊锡成分与温度的关系如图 9－6 所示，横坐标代表质量的百分比，纵坐标代表温度的变化。*A* 点表示纯铅的熔点为 327 ℃。*C* 点表示纯锡的熔点为 232 ℃。*ABC* 线称液相线，温度高于这条线时，合金处于液态。*ADBEC* 称固相线，温度低于这条线时合金为固态，在两个三角区内为半熔融状态。例如锡铅各占 50% 的合金，熔点为 212 ℃，凝固点中锡的含量少，所以成本较低，一般的焊接可以使用。但又由于它的熔点较高而凝固点较低，所以不宜用来焊接电子产品。图 9－4 中的虚线表示最适合焊接的温度，它高于液相线约 50 ℃。

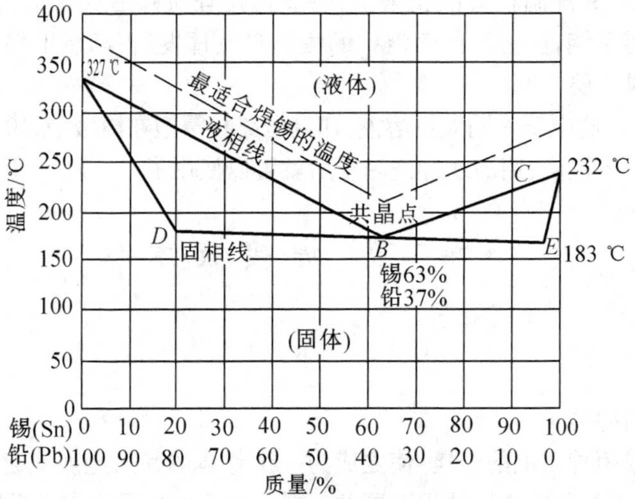

图 9－4　锡铅合金状态图

由于锡铅组成的质量比不同，其熔点是在变化的。例如含锡 20%、铅 80% 的合金在 190℃变成半液体，再升温到 275 ℃时，才变成完全的液体。

从状态图中看出只有 *B* 这一点，在 183 ℃时由固体直接变成液体没有半液体状态，这个点称为“共晶点”。按照这个共晶点配制的合金，称为“共晶合金”。

锡铅合金焊料中锡占 63%、铅占 37% 的焊锡称为“共晶焊锡”，它是比较理想的焊锡，是一般常使用的焊锡。

焊锡在整个焊接过程中，铅几乎不起反应，但在锡中加入铅后可获得和铅都不具备的优良特性。

3. 共晶焊锡的优良特点

(1) 熔点低　铅的熔点为 327 ℃，锡的熔点为 232 ℃，而“共晶焊锡”的熔点只有 183℃，焊接温度低，防止损害元器件。

(2) 无半液态　由于熔点和凝固点致而无半液体状态，可使焊点快速凝固从而避免虚焊。这点对自动焊接有重要意义。

(3) 表面张力低　表面张力低焊料的流动性强，对被焊物有很好的润湿作用，有利于提高焊点质量。

(4)抗氧化能力强　锡和铅合在一起后,其化学稳定性大大提高了。

(5)机械特性好　共晶焊锡的拉伸强度、折断力、硬度都较大,并且结晶细密,所以其机械强度高。在电子产品装配中,使用的焊锡多为“共晶焊锡”。

4. 焊锡成分与电导率的关系

焊锡的电导率是一个很重要的参数,但往往被忽略。共晶焊锡具有铜线 1/10 的电导率,即具有铜线 10 倍的电阻率。所以,当有大电流流经焊接部位时,就必须要注意它的压降及发热。因此,对大电流通过的部位,印制导线除了要加宽加厚外,被焊物还应采取绕焊,例如一个电子产品,某部位需通过 10 A 以上的大电流,但有一工人将粗导线剪短了,不能绕接了,就用一堆焊锡代替粗导线连上了,在长时间通电后印制电路板上该部位烧糊了,险些起火。

5. 无铅焊料

如果用无铅焊料替代锡铅焊料,它应在物理性能、铅焊工艺性能、接头的力学性能等方面与锡铅焊料接近,而且成本不能过高。从进展情况看,有些无铅焊料合金可以直接采用,或对现行工艺作少量改变就可以替代。目前,虽然仍处于积极开发、积累数据的阶段,但是广泛使用无铅焊料的日期已不遥远。表 9-2 列出了可推荐使用的无铅焊料。

表 9-2　推荐使用的无铅焊料

合　金	熔点/℃	适用场合	特　点
Sn58Bi	138	消耗电子产品、无线通信产品	有较好的抗热疲劳性能,较少的疲劳损伤;熔点过低,限制产品的最高服役温度,成本稍高
Sn-3.5Ag	221	消耗电子产品、无线通信产品、飞机、汽车	力学性能、可焊性及热疲劳可靠性良好;共晶成分时熔点为 221 ℃,成本较高
Sn-3.5Ag-4.8Bi	205~210	消耗电子产品、无线通信产品、飞机、汽车	熔点较低,200~210 ℃,可靠性良好,在所有无钎焊料中可焊性最好;成本较高
Sn-0.7Cu	227	通信产品	熔点偏高,强度低,热疲劳性能优于 Sn-Pb 共晶焊料;成本适中
Sn-3.8AG-0.7Cu	217	电子、无线通信产品、汽车、军用产品	可靠性及钎焊工艺性均较好,加入 0.5Sb可改善强度,特别适于波焊,热疲劳性优于 Sn-Pb 共晶焊料;成本较高

6. 助焊剂助焊剂是进行锡铅焊时所必需的辅助材料,是焊接时添加在焊点上的化合物,参与焊接的整个过程。

(1)助焊剂的作用

①除去氧化物　为了使焊料与工件表面的原子能充分接近,必须将妨碍两金属原子接近的氧化物和污染物去除,助焊剂正具有溶解这些氧化物、氢氧化物或使其剥离的功能。

②防止工件和焊料加热时氧化　焊接时,助焊剂先于焊料熔化。在焊料和工件的表面形成一层薄膜,使之与外界空气隔绝,起到在加热过程中防止工件氧化的作用。

③降低焊料表面的张力　使用助焊剂可以减小熔化后焊料的表面张力,增加其流动性,有利于浸湿。

(2)对助焊剂的要求

①常温下必须稳定,熔点应低于焊料。

②增加其流动性,有利于浸润。

③在焊接过程中具有较高的活化性,较低的表面张力,粘度和比重应小于焊料。

④不产生有刺激性气味的有害气体,熔化时不产生飞溅或飞沫。

⑤绝缘好,无腐蚀性,残留物无副作用,焊接后的残留物易清洗。

⑥形成的膜光亮(加消光剂的除外)、致密、干燥快、不吸潮、热稳定性好,具有保护工件表面的作用。

(3)常用助焊剂　助焊剂一般可分为有机、无机和树脂三大类。电子装配中常用的是树脂类助焊剂。

①松香酒精助焊剂　在常温下,松香是固态物质,可直接在焊接中使用,起助焊作用。但烙铁头吸附固体松香时,容易挥发,沾到焊点上的数量较少,不能充分发挥作用。平时使用时常将松香溶于酒精之中,密度为3∶1,并添加适量活性剂,制成松香酒精助焊剂。

松香类助焊剂的用法有预涂覆和后涂覆两种。预涂覆多用于印制电路板焊接,既可防止印制电路板表面氧化,又利于印制电路板的保存。后涂覆指在焊接过程中添加助焊剂,与焊料同时使用,也可制成管状焊锡丝。

②"三S"消光助焊剂　这种助焊剂量具有一定的浸润性,可使焊点丰满,防止桥连、拉尖,还具有较好的消光作用。

③中性助焊剂　这种助焊剂适用于锡铅焊料对镍及镍合金、铜及铜合金、银和白金等的焊接。中性助焊剂活化性强,焊接性能好,焊前不必清洗可浸锡,并能避免产生虚焊、假焊等现象,同时在焊接时不产生刺激性有害气体。

④波峰焊防氧化剂　波峰焊防氧化剂具有较高的稳定性和还原能力,在常温下呈固态,在80°C以上时呈液态,常在浸焊及波峰焊等自动焊接时使用。

二、焊接工具

随着焊接技术的需要和不断发展,焊接工具种类不断增加,常用的焊接工具主要包括电烙铁、热风枪等。

1. 电烙铁的种类

电烙铁除常用的内热式、外热式的电烙铁外,还有恒温电烙铁、吸锡电烙铁、微型烙铁、超声波烙铁和半自动送料焊枪等多种类型。电烙铁的规格一般是用电功率表示,常用规格有25 W、45 W、75 W和100 W等。功率越大,烙铁头的温度越高。

(1)外热式电烙铁　外热式电烙铁外形如图9－5所示。电烙铁芯是电烙铁的核心部件,它是将电热丝平行地绕制在一根空心瓷管上,中间由云母片绝缘,引出两根导线与220

V交流电连接，由于电烙铁芯安装在烙铁外面，故称外热式。外热式电烙铁的特点是结构简单、价格便宜，但热效率低、升温慢、体积较大，而且烙铁的温度不能有效地控制。

(2)内热式电烙铁　内热式电烙铁外形如图9-6所示。烙铁芯是用电热丝缠绕在密闭的陶瓷管上构成的，将烙铁芯插在烙铁头里面，直接对烙铁头加热，故称为内热式。烙铁头的一端是空心的，它套在芯子外面，用弹簧夹紧固。由于烙铁芯装在烙铁头的内部，热量完全传到烙铁头上，升温快，热效率高达85%~90%，烙铁头的温度可达350 ℃左右。20 W的内热式电烙铁的实用功率相当于25~40 W的外热式电烙铁。内热式电烙铁具有熟效率高、升温快、体积小、质量轻、耗电低等优点，因而在电子装配中得到了广泛的应用。

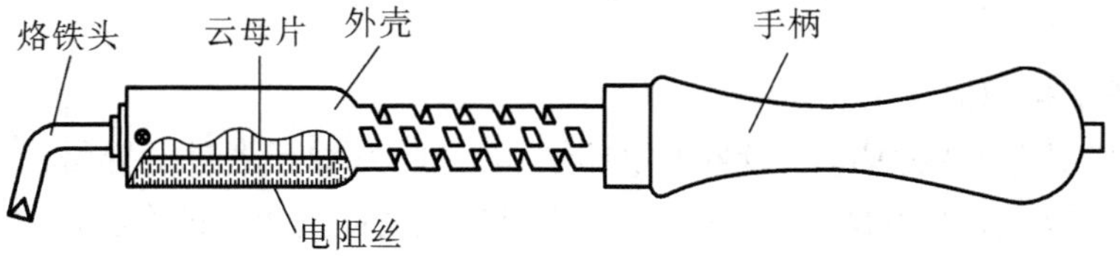

图9-5　外热式电烙铁

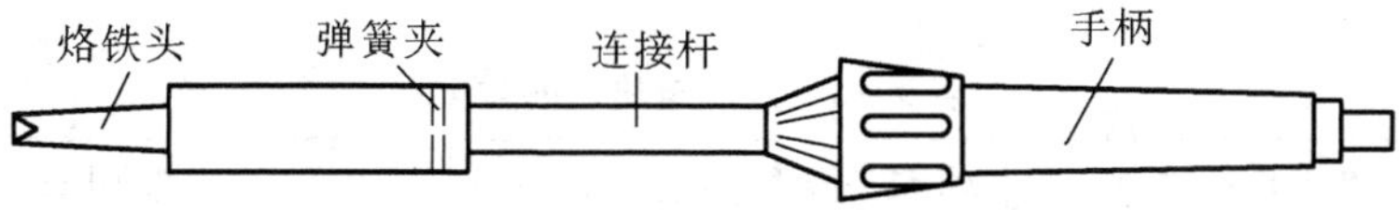

图9-6　内热式电烙铁

(3)恒温式电烙铁　目前使用的外热式和内热式电烙铁的温度一般都超过了300 ℃，这对焊接晶体管、成电路等是不利的。在质量要求较高的场合，通常需要恒温电烙铁。

恒温电烙铁有电控和磁控两种。电控恒温电烙铁是用热电偶作为传感元件来检测和控制烙铁头的温度。当烙铁温度低于规定时，温控装置内的电子电路控制半导体开关元件或继电器接通电源，给电烙铁供电，使电烙铁温度上升，温度一旦达到预定值，温控装置自动切断。如此反复动作，使烙铁头基本保持恒温。

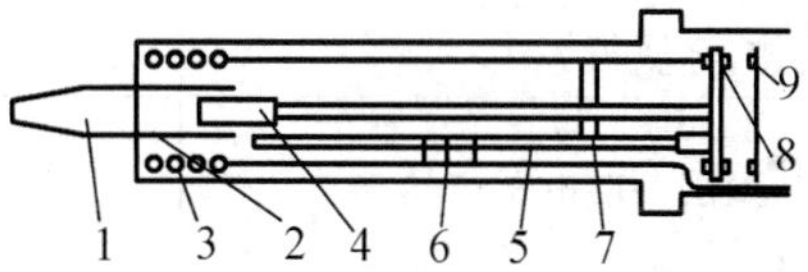

图9-7　磁控恒温电烙铁的结构示意图

1—烙铁头；2—软磁金属块；3—加热器；4—永久磁铁；5—非磁性金属管；6—支架；7—小轴；8—接点；9—接触片

磁控恒温电烙铁是借助于软磁金属材料在达到某一温度(居里点)时会失去磁性这一特点，制成磁性开关来达到控温目的的，其结构如图9-7所示，外形如图9-8所示。

在烙铁头1的右端镶有一块磁金属2，烙铁头放在加热器3的中间，非磁性金属圆管5底部装有一快永久磁铁4，再用小轴7与接触簧片9连起来而构成磁性开关，电源未接通时，永久磁铁4被软磁金属吸引，小轴7带动接触簧片9与接点8闭合。

图9-8　磁铁控恒温式电烙铁

当电烙铁接通电源后，加热器使烙铁头升温。当达到预定温度时（达到软磁金属的居里点），软磁金属失去磁性，永久磁铁4在支架6的吸引下离开软磁金属，通过小轴7使接点8与接触簧片9分开，加热器断开。于是烙铁头温度下降，当降到低于居里点时，软磁金属又恢复磁性，永久磁铁又被吸引回来，加热器又恢复加热。如此反复动作，使烙铁头的温度保持在一定范围内。如果需要不同的温度，可调换装有不同居里点的软磁金属的烙铁头，其居里点不同，失磁的温度也不同。烙铁头的工作温度可在260～450 ℃范围内任意选取。

（4）吸锡电烙铁　吸锡电烙铁是将普通电烙铁与活塞式吸锡器溶为一体的拆焊工具。它的使用方法是电源接通3～5 s后，把活塞按下并卡住，将锡头对准欲拆元器件，待锡熔化后按下按钮，活塞上升，焊锡被吸入管。用毕推动活塞三、四次，清除吸管内残留的焊锡，以便下次使用。

2. 电烙铁的选用依据

电烙铁的选用主要依据电子设备的电路结构形式、被焊元器件的热敏感性，的特性等。电烙铁上标出的功率，并不是它的实际功率，而是单位时间内消耗的电源能量。

焊接集成电路、晶体管及受热易损元器件，一般选20 W内热式或者25 W外热式电烙铁。方式不同，相同瓦数的电烙铁的实际功率有较大差别。因此，选择电烙铁的功率一般应根据表9－3选择。

表9－3　选择电烙铁的依据

焊接对象及工作性质	烙铁头温度（室温，220 V）	选用烙铁
一般印制电路板、安装导线	300～400 ℃	20 W内热式、30 W外热式、恒温式
集成电路	300～400 ℃	20 W内热式、恒温式
焊片、电位器、2 W～8 W电阻、大电解电容器、大功率管	350～450 ℃	30～50 W内热式、恒温式、50～75 W外热式
8 W以上的电阻，2 mm以上的导线	400～550 ℃	100 W内热式、150～200 W外热式
汇流排、金属板等	500～630 ℃	30 W外热式
维修、调试一般电子产品		20 W内热式、恒温式、感应式、两用式

焊接导线、同轴电缆时，应选用45～75 W外热式电烙铁或者50 W内热式电烙铁。焊接较大的元器件，如行输出变压器的引脚、金属底盘接地焊片等，应选用100 W以上的电烙铁。

3. 烙铁头的种类

电子整体装配中常选电烙铁作为焊接工具，电烙铁具有使用灵活、操作方便、适应性强、焊点质量容易控制、投资少等优点，但没有好的烙铁头就没有以上优点，因此好的电烙铁也要选择好的烙铁头。烙铁头按照材料分为合金头和纯铜头。

（1）合金头　合金头又称长寿式电烙铁头，它的寿命是一般纯铜电烙铁寿命的10倍。因为焊接时是利用烙铁头上的电镀层焊接，所以合金头不能用锉刀锉。如果电镀层被磨掉，烙铁头将不能再粘锡导热；若电镀层在使用中有较多氧化反应物和杂质时，可以在烙铁架上轻轻擦除。

(2)纯铜头　纯铜头在空气中极易氧化,故应进行镀锡处理。具体做法是先用锉刀锉出铜色,然后上松香镀锡。有些纯铜烙铁头在连续使用过程中,其刀刃会发生氧化而凹陷发黑,需要拔下电源插头,用锉刀重新锉好并上锡。如果不是连续使用,应将烙铁头蘸上焊锡置于烙铁架上,拔下电源插头。否则,由于烙铁头上焊锡过少而氧化发黑,烙铁不再粘锡。

注意烙铁头要保持刃口完整、光滑、无毛刺、无凹槽,才可使热传导效率高。烙铁在使用过程中,电源线不要搭在烙铁头上,以免造成漏电。

为了保证可靠、方便的焊接,应根据焊盘的大小和焊点的密度选择烙铁头的形状和尺寸。图9-9所示几种烙铁头的外形。

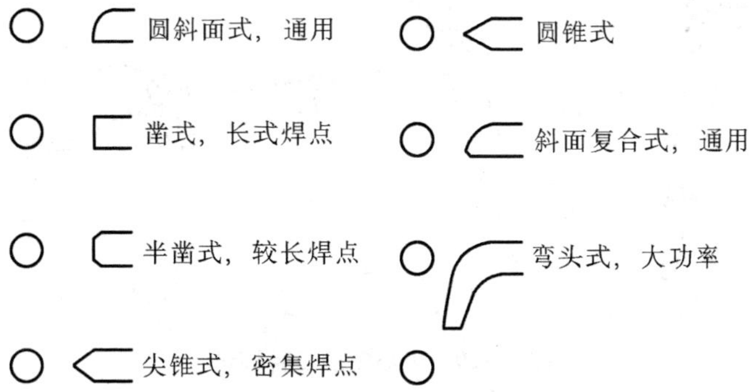

图9-9　常用烙铁头的形状

烙铁头有直形和弯形,其刃口形状种类很多。选择烙铁头的刃口和焊盘的接触面积有关。加的接触面积若大,大量的热量则会传给焊盘和元器件,一般要求烙铁头的刃口的接触面积小于焊盘的面积。圆斜面式是市面最常见的形式,适用于单面板上焊接不太密集的焊点;凿式和半凿式多用于电器维修工作;尖锥式和圆锥式适合焊接高密度的焊点和小而怕热的元件。

烙铁头的选用应适合焊接面的要求和焊点密度。焊点小的或焊点密集而怕热的元器件应选用尖锥刃口为好,焊点大的应选用圆斜面刃口为好。功率大的一般用弯头;功率小的一般使用直头。

4. 电烙铁的使用方法

(1)电烙铁的通电加温方法　电烙铁通电加温前应首先检查外观,观察其各部分是否完好,然后用万用表欧姆挡测量电源线插头两端电阻,判断其是否有开路或短路现象。另外,电源线绝缘层不允许有破损,经检查一切正常后,即可通电加热。

若是新电烙铁,则在使用前必须对电烙铁头进行处理,具体方法是先用锉将烙铁头按照需要锉成一定的形状,接通电源待电烙铁加热到刚好能熔化松香的温度时,将松香涂在烙铁头上,然后再涂上焊锡,当烙铁头的刃面全部挂上一层锡后即可使用。用纯铜制造的烙铁头,在温度较高时容易氧化,要经常进行修整、重新上锡才能继续使用。

为延长烙铁头的使用寿命,比较简单的方法是将烙铁头加以锻打,以增加金属分子的密度。为进一步延长烙铁头的使用寿命,一般不用锉刀清洁烙铁头,而是在湿布或者海棉上来回擦,也可在松香上擦洗,应使电烙铁在加热状态下进行。要注意掌握合适的温度,一般情况下,烙铁头的温度在320 ℃以下可以减少烙铁头的腐蚀。

(2)电烙铁的握法　常见电烙铁的握法有三种,如图 9－10 所示。选用哪种握法应根据具体情况而定,最终目的是使被焊接物牢固、不烫坏周围的元器件及导线。

图 9－10(a)反握法,适用于大功率电烙铁,焊接散热量较大的被焊件。图 9－10(b)握笔法,此法适用于小功率的电烙铁,焊接散热热量小的被焊件,如分立元印制电路板等。图 9－10(c)正握法,采用此握法的电烙铁功率也比较大,且多为弯形烙铁头。

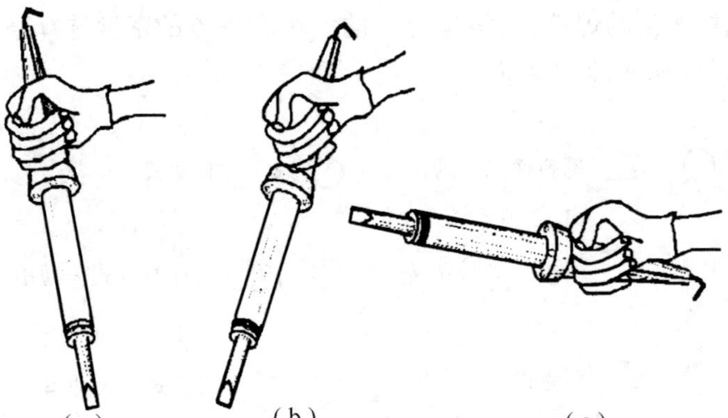

(a)　　(b)　　(c)

图 9－10　电烙铁的三种握法

(a)反握法;(b)握笔法;(c)正握法

5. 热风枪

热风枪又称贴片电子元器件拆焊台。它专门用于表面贴片安装电子元器件(特别是多引脚的 SMD 集成电路)的焊接和拆卸。热风枪由控制电路、空气压缩泵和热风喷头等组成。其中控制电路是整个热风枪的温度、风力控制中心;空气压缩泵是热风枪的心脏,负责热风枪的风力供应;热风喷头是加热部件,用于将空气压缩泵送来的压缩空气加热到可以使焊锡熔化的温度。其头部还装有可以检测温度的传感器,把温度信号转变为电信号送回电源控制电路板;各种喷嘴用于装拆不同的表面贴片元器件。

6. 电烙铁的拆装与维修

(1)电烙铁的拆装　电烙铁在使用过程小,会出现这样或那样的故障。为了排除故障,往往需要将电烙铁拆卸分解,因此掌握电烙铁的正确拆装方法和步骤十分必要。下面以内热式电烙铁为例说明它的拆装步骤。拆卸时,首先拧松手柄上顶紧导线的制动螺钉,旋下手柄,然后从接线桩上取下电源线和烙铁心引线,取出烙铁心,最后拔下烙铁头。安装顺序与拆卸刚好相反,只是在旋紧手柄时,勿使电源线随手柄扭动. 以免将电源线接头部位绞坏,造成短路。

(2)电烙铁的维修　电路铁的电路故障一般有短路和开路两种。如果是短路,一接电源就会烧断熔丝,短路点通常在手柄内的接头处和插头中的接线处。这时如果用万用表电阻粑检查电源插头面插脚之间的电阻,阻值将趋于零。如果接上电源几分钟后电烙铁还不发热,一定是电路不通。如果电源供电正常,通常是电烙铁的发热器、电源线及有关接头部位有开路现象。这时旋开手柄,用万用表 $R\times100$ 挡测烙铁心两接线桩间的电阻值,如果阻值在 2 kΩ 左右,一定是电源线接线松动或接头脱焊,应更换电源线或重新连接。如果两接线桩间的电阻无穷大,当烙铁心引线与接线桩接触良好,一定是烙铁心电阻丝断路,应更唤烙铁心。

要注意对电烙铁进行经常性维修,除了万用表欧姆档测量插头两端是不是有短路或断路的现象之处，还要用 $R\times1$ k 或 $R\times10$ k 挡测量插头和外壳之间的电阻。如果指针指示无穷大，或电阻大于 2 ~ 3 MΩ，就可以使用，若电阻值小，说明有漏电现象，应查明漏电原出，加以排除之后才能使用。

电烙铁使用一段时间后，要将烙铁头取下，去掉与连接杆接触部分的氧化层或锈污，再将烙铁头重新装上，避免以后取不下烙铁头。电烙铁头使用时间过久，当出现腐蚀、凹坑、失去原合形状时，会影响正常焊接，应用铁刀对其整形、加工成符合要求的形状，再镀上锡。

7. 使用电烙铁的注意事项

使用电烙铁一定要注意安全，避免发生触电事故。使用前，应检查两股电源线与保护接地线的接头不能接错，这种接线错误很容易使操作人员触电。电源线及电源插头要完好无损，对于塑料皮导线，应仔细检查烫伤处，如果有损伤或出现导线裸露现象，应用绝线胶布包扎好，以防止触电和发生短路。

对于初次使用和长期放置未用的电烙铁，使用前最好将电烙铁内的潮气烘干，以防止电烙铁出现漏电现象。

新电烙铁的烙铁头刃口表面有一层氧化铜，使用前需要先给烙铁头镀上一层锡。镀锡的方法是将电烙铁通电加热，用锉刀或砂纸将刃口表面氧化层打磨掉，在订打磨干净的地方，涂上一层焊剂（例如松香），当松香冒烟，烙铁头开始熔化焊锡时把烙铁头放在有少量松香和焊锡的砂纸上研磨，各个面都要研磨到，使烙铁头的刃口镀上一层锡。镀上焊锡，不但能够保护烙铁头不被氧化，而且使烙铁头传热快，在使用过程中，还要经常沾一些松香，以便及时清除烙铁头上的氧化锡，使镀上的焊锡能长期保留住烙铁头上。

三、手工焊接技术

1. 对焊接的要求

电子产品的组装其主要的任务是在印制电路板上对电子元器件进行锡焊。焊点的个数从几十个到成千上万个，如果有一个焊点达不到要求，就要影响整机的质量，因此在锡焊时，必须注意以下几点。

(1) 焊点的机械强度要足够　为保证被焊件在受到振动或冲击时不至脱落、松动，就要求焊点要有足够的机械强度。为使焊点有足够的机械强度，一般可采用把被焊元器件的引线端子打弯后再焊接的方法，但不能用过多的焊料堆积，这样容易造成虚焊、焊点与焊点的短路。表 9－4 就很直观地说明了一些焊点缺陷。

表 9－4　常见焊点缺陷及分析

焊点缺陷	外观缺点	危害	原因分析
 焊料过多	焊料面呈凸形	浪费焊料且可能包含缺陷	焊丝熔化时间过长
 松动	导线或元件引线可移动	导通不良或不导通	焊锡未凝固前引线移动造成空隙

表 9-4(续)

焊点缺陷	外观缺点	危害	原因分析
 拉尖	出现尖端	外观不佳,容易造成桥接现象	助焊剂过少,而加热时间过长,烙铁撤离角度不当
 焊料过少	焊料未形成增滑面	机械强度不足	焊丝撤离过早
 松香焊	焊缝中夹有松香渣	强度不足,导通不良,有可能时通时断	加焊剂过多,或已失效焊接时间不足,加热不足表面氧化膜未去除
 过热	焊点发白,无金属光泽,表面较粗糙	焊盘容易剥落,强度降低	烙铁功率过大,加热时间过长
 冷焊	表面呈豆腐渣状颗粒,有时会有裂纹	强度低,导电性不好	焊料未凝固前焊件抖动或烙铁功率过低
 浸润不良	焊料与焊件相邻处接触角过大,不平滑	强度低,不通或时通时断	焊件清理不干净,助焊剂不足或质量差,焊件未充分加热
 不对称	焊锡未流满焊盘	强度不足	焊料流动性不好,助焊剂不足或流动性差,加热不足
 桥接	相邻导线连接	电气短路	焊锡过多,烙铁撤离方向不当
 针孔	目测或低倍放大镜可见有孔	强度不足,焊点容易腐蚀	焊盘孔与引线间隙过大
 气泡	引线根部有喷火式焊料隆起,内部藏有空洞	暂时能导通,但长时间容易引起导通不良	引线与孔间隙过大或引线浸润性不良

表9-4(续)

焊点缺陷	外观缺点	危害	原因分析
 剥离	焊点剥落(不是铜箔剥落)	断路	焊盘镀层不良
 典型焊点	焊锡适当,焊点表面无裂纹、无针孔夹渣、外表具有金属光泽,表面平整成半弓形下凹,焊料与焊件交界处平滑过度,外形以焊点为中心,均匀、成裙形拉开		

(2)焊接可靠,保证焊点导电性能　为使焊点有良好的导电性能,必须防止虚焊。虚焊是指焊料与被焊物表面没有形成合金结构,只是简单地依附在被焊金属的表面上。

在锡焊时,如果只有一部分形成合金,而其余部分没有形成合金,用仪表测量也很难发现问题。但随着时间的推移,没有形成合金的表面就要被氧化,此时便会出现时通时断的现象,这势必造成产品的质量问题。

(3)焊点表面要光滑、清洁　为使焊点美观、光滑、整齐,不但要有熟练的焊接技能,而且要选择合适的焊料和焊剂,否则将出现焊点表面粗糙、拉尖、棱角等现象。

2. 焊接的基本操作

(1)焊前准备　首先,视被焊物的大小,准备好电烙铁、镊子、剪刀、斜口钳、尖嘴钳、焊剂等焊接工具。焊前要将元器件引线刮净,最好是先挂锡再焊。对被焊物表面的氧化物、锈斑、油污、灰尘、杂质等要清理干净。

使用焊剂时,必须根据被焊件的面积大小和表面状态适量施用。用量过少影响焊接质量,用量过多时,焊剂残渣将会腐蚀零件,并使线路板的绝缘性能变差。

在焊接时,为使被焊件达到适当的温度,并使固体焊料迅速溶化,产生润湿,就要有足够的热量和温度。如果温度过低,焊锡流动性差,很容易凝固形成虚焊。如果锡焊温度过高,将使焊锡流淌,焊点不易存锡,焊剂分解速度加快,使金属表面加速氧化,并导致印制电路板上的焊盘脱落。特别值得注意的是,当使用天然松香助焊剂时,锡焊温度过高,很容易氧化脱羧产生炭化,因此造成虚焊。

锡焊的时间因被焊件的形状、大小不同而有所差别,但总的原则是以被焊件所润湿(焊料的扩散范围达到要求后)的情况而定。通常情况下,烙铁头与焊点接触时间是以使焊点光亮、圆滑为适宜。如果焊点不亮并形成粗糙面,说明温度不够,时间太短,此时需要增加焊接温度,只要将烙铁头继续放在焊点上多停留些时间便可。

(2)焊料的施加方法　焊料的施加方法可根据焊点的大小及被焊件的多少而定,如图9-11所示。

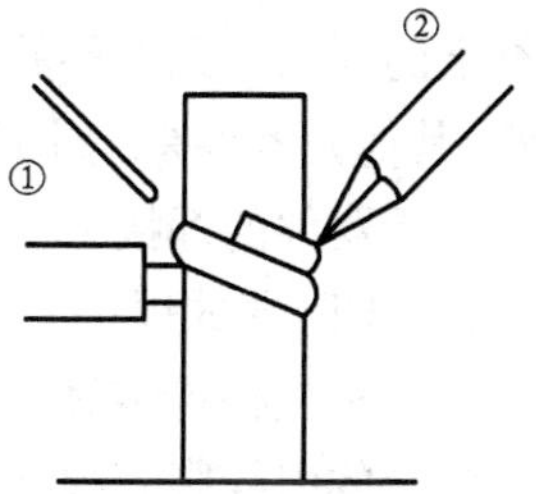

图9-11　焊料的施加方法

当引线焊接于接线柱上时,首先将烙铁头放在接线端和引线上,当被焊件经过加热达到一定温度后,先给①点加少量焊料,这样可加快烙铁与被焊件的热传导,使几个被焊件温度达到一致。当几个被焊件温度都达到了焊料熔化的温度时,应立即将焊锡丝加到②点，距电烙铁加热部位最远的地方，直到焊料润湿整个焊点时便可撤去焊锡丝。

如果焊点较小，便可用烙铁头沾取适量焊锡，再沾取松香后，直接放至焊点，待焊点着锡后便可将烙铁撤走。撤烙铁时，要从下面向上提拉，以使焊点光亮、饱满。这种方法多用于焊接元器件与维修时使用。使用上述方法时要注意将沾取焊料的烙铁及时放到焊点上，如时间稍长，焊剂就会分解，焊料就会被氧化，使焊点质量低劣。

另外，也可以将烙铁头与焊锡丝同时放在被焊件上，待焊料润湿焊点后，再将烙铁撤走。在焊接过程中，特别是在焊锡凝固过程中不能晃动被焊元器件引线，否则将会造成虚焊。

焊接时，烙铁头与引线、印制电路板的铜箔之间的接触位置如图9－12所示。图9－12(a)中烙铁头与引线接触而不与铜箔接触，图9－12(b)中烙铁头与铜箔接触而不与引线接触，这两种情况将造成热的传导不均衡。图9－12(c)中烙铁头与引线和铜箔同时接触，这是正确的焊接加热法。

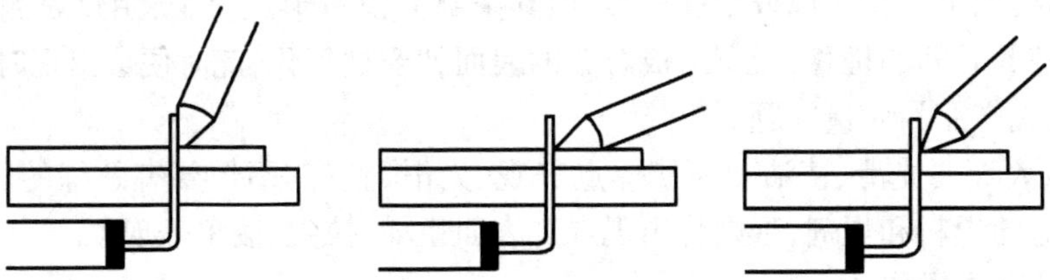

(a)　　(b)　　(c)

图9－12　焊接时烙铁头的位置

(3)焊点的重焊　当焊点一次焊接不成功或上锡量不够时，便要重新焊接。重新焊接时，必须待与上次的焊锡一同熔化，并熔为一体时才能把烙铁移开。

(4)焊接后的处理　当焊接结束后，应将焊点中起骨干力量的焊剂清洗干净，并检查电路有无漏焊、错焊和虚焊等现象。

四、印制电路板的焊接工艺

1.焊前准备

要熟悉所焊印制电路板的装配图，并按图纸配料检查元器件型号、规格及数量是否符合图纸上的要求。元器件的装焊顺序依次是电阻器、电容器、二极管、三极管、集成电路、大功率管，其他元器件是先小后大。

2.元器件的焊接

(1)电阻器的焊接　按图将电阻器准确地装入规定位置，并要求标记向上，字方向一致。装完种规格再装另一种规格，尽量使电阻器的高低一致。焊接后将露在印制电路板表面上多余的引线脚齐根剪去。

(2)电容器的焊接　将电容器按图纸要求装入规定位置，并注意有极性电容器的"+"与"-"极不能接错。电容器上的标记方向要易见。先装玻璃釉电容器、金属膜电容器、瓷片电容器，最后装电解电容器。

(3)二极管的焊接　正确辨认正负极后按要求装入规定位置，型号及标记要易见。焊接立式二极管时，最短的引线脚焊接，时间不要超过 2 秒钟。

(4)三极管的焊接　按要求将 e、b、c 三根引线脚装入规定位置。焊接时间应尽可能的短些，焊接时用镊子夹住引线脚，以帮助散热。焊接大功率三极管时，若需要加装散热片，应将接触面平整，打磨光滑后再紧固；若要求加垫绝缘薄膜片，千万不能忘记管脚与线路板上焊点需要连接时，要用塑料导线。

(5)集成电路的焊接　将集成电路装在印制电路板上，按照图纸要求，检查集成电路的型号、引线脚位置是否符合要求。焊接时先焊集成电路边沿的二只引线脚，以使其定位，然后再从左到右或从上至下进行逐个焊接。焊接时，烙铁一次沾取锡量为焊接 2～3 只引线脚的量，烙铁头先接触印制电路的铜箔，待焊锡进入集成电路引线脚底部时，烙铁头再接触引线脚，接触时间以不超过 3 秒钟为宜，而且要使焊锡均匀包住引线脚。焊接完毕后要查一下，是否有漏焊、碰焊、虚焊之处，并清理焊点处的焊料。

3. 拆焊

在调试、维修或焊接错误等，都需要对元器件进行更换。在更换元器件时就需要拆焊。由于拆焊的方法不当，往往造成元器件的损坏、印制导线的断裂，甚至焊盘的脱落。尤其是更换集成电路块时，就更加困难。为此，下面介绍几种拆焊的方法。

(1)选用合适的医用空心针拆焊　将医用针头用钢锉锉平，作为拆焊的工具，具体的方法是一边用烙铁熔化焊点，一边把针头套在被焊的元器件引线上，直到焊点熔化后，将针头迅速插入印制电路板的孔内，使元器件的引线脚与印制板的焊盘脱开，如图 9－13 所示。

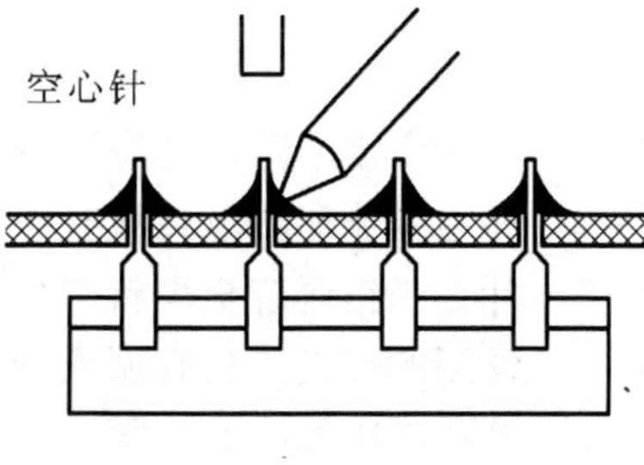

图 9－13　用针头拆焊

(2)用铜编织线进行拆焊　将铜编织线的部分吃上松香焊剂，然后放在将要拆焊的焊点上，再把电烙铁放在铜编织线上加热焊点，待焊点上的焊锡熔化后，就被铜编织线吸去。如果焊点上的焊料一次没有被吸完，则可进行第二次、第三次，直到吸完。将编织线吸满焊料的部分剪去。

(3)用吸锡器进行拆焊　先将吸锡器里面的气压出并卡住，再将被拆的焊点加热，使焊料熔化。然后把吸锡器的吸嘴对准熔化的焊料，按一下吸锡器上的小凸点，焊料就被吸进吸锡器内，如图 9－14 所示。

(4)采用专用拆焊电烙铁拆焊　专用拆焊烙铁头能一次完成多引线脚元器件的拆焊，而且不易损坏印制电路板及其周围的元器件。如集成电路、中频变压器等就可用专用拆焊烙铁拆焊。拆焊时，应注意加热时间不能过长。当焊料熔化，应立即取下元器件，同时拿开专用烙铁。如果加热时间稍长，就会使焊盘脱落，如图 9－15 所示。

(5)用吸锡电烙铁拆焊　吸锡电烙铁也是一种专用拆焊烙铁，它能在对焊点加热的同时，把锡吸入内腔，从而完成拆焊。

拆焊是一件细致的工作，不能马虎从事，否则将造成元器件的损坏和印制导线的断裂以及焊盘的脱落等不应有的损失。为保证拆焊的顺利进行应注意以下两点：

①烙铁头加热被拆焊点时，焊料熔化，就及时按垂直印制电路板的方向排出元器件的引线，不管元器件的安装位置如何，是否容易取出，都不要强拉或扭转元器件，以避免损伤印制电路板和其他的元器件。

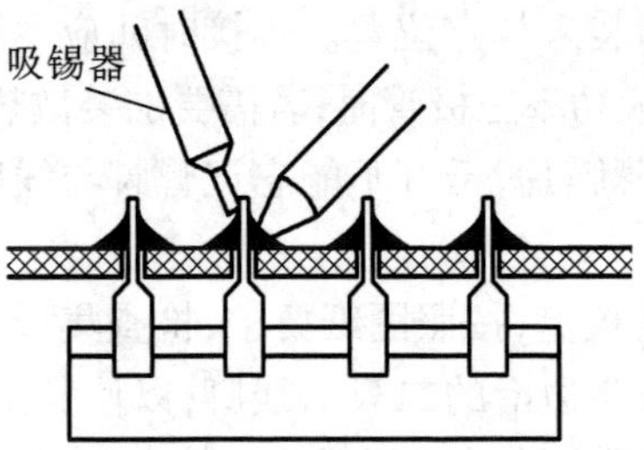

图9－14　用锡器拆焊

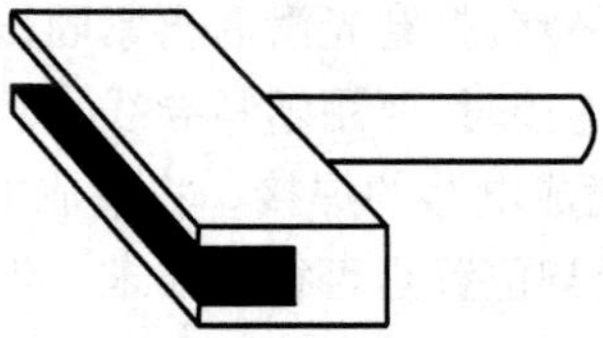

图9－15　专用拆焊烙铁头

②当插装新元器件之前，必须把焊盘插线孔内的焊料清除干净，否则在插装新元器件引线时，将造成印制电路板的焊盘翘起。

4. 清除焊盘插线孔内焊料

用合适的缝衣针或元器件的引线，从印制电路板的非焊盘面插入孔内，然后用电烙铁对准焊盘插线孔加热，待焊料熔化时，缝衣针便从孔中穿出，从而清除了孔内焊料。

思　考　题

9－1　设计印制电路板时应注意哪些方面？

9－2　简易制作印制电路板有哪些工序？

9－3　什么叫铅锡合金焊料，它具有哪些优点？

9－4　常用的焊接工具有哪几种？

9－5　简述手工焊接的步骤。

9－6　简述焊点缺陷及形成原因。

实训考核课题

实训9－1　印制电路板的设计与制作

一、实训目的

1. 知道印制电路板的材料及工具。

2. 掌握印制电路板的设计步骤。

3. 能按有关规定正确设计印制电路板。

4. 掌握印制电路板的制作方法。

二、实训内容

1. 认识了解制作印制电路板的材料及工具。

2. 印制电路板的设计。

3. 印制电路板的制作。

三、考核评分标准（表9－5）

表 9-5 印制电路板的设计与制作

序号	评 分 标 准	配分	得分
1	少制作印制电路板的材料及工具，扣 5~10 分	10	
2	1. 跳线太多，扣 5~10 分； 2. 导线布置不合理，扣 5~30 分； 3. 元件安排不合理，扣 5~30 分； 4. 设计错误，扣 20~40 分。	40	
3	1. 敷铜板没有经过表面处理，扣 5~10 分； 2. 没有将图描上或描错，扣 5~20 分： 3. 没有去除废铜箔或将铜箔损坏，扣 5~40 分； 4. 没有擦去防腐蚀层，扣 5~20 分； 5. 没有钻孔、钻偏、漏钻或乱钻，扣 5~40 分； 6. 没有涂保护层或涂保护层不均匀，扣 5~10 分。	40	
4	1. 发生伤害事故，扣 10 分； 2. 丢失、损坏配件，扣 10 分； 3. 物品随意乱放，扣 5~10 分。	10	
5	超过规定时间，每超过 5 分钟扣 10 分。		

实训 9-2 元器件的焊装

一、实训目的

1. 能够正确的选择焊接材料及工具。
2. 能够正确的使用电烙铁。
3. 掌握元件的焊装顺序、焊接方法、焊接要求。
4. 掌握元件的拆焊方法。

二、实训内容

1. 认识焊接材料及工具的选择。
2. 学习电烙铁的正确使用方法。
3. 选择适当的元器件，焊接一个电路。
4. 将焊好的电路用正确的方法进行元器件的拆焊。

三、考核评分标准(表 9-6)

表 9-6 实训考核课题-元器件的焊装

序号	评 分 标 准	配分	得分
1	选错或少选焊接材料和工具一样，扣 5 分。	10	
2	1. 电烙铁没有上锡，扣 5 分； 2. 电烙铁的握法错误，扣 5 分； 3. 随便乱放电烙铁，扣 5 分； 4. 烫坏元器件及物品，扣 5 分； 5. 烙铁头烧死，扣 5 分。	10	

表9-6(续)

序号	评 分 标 准	配分	得分
3	1. 元件焊装顺序错误,扣5分; 2. 焊接方法错误,扣10分; 3. 元件安装不整齐,高度不统一、不美观,扣5~30分; 4. 焊点不标准,扣10~30分; 5. 元件引脚太长,扣5~20分; 6. 缺少元件,扣5~30分; 7. 元件安装错误,扣5~50分。	50	
4	1. 不能完全拆除元件,扣5~20分; 2. 烫坏其他元件,扣5~20分。	20	
5	1. 发生伤害事故,扣10分; 2. 丢失损坏配件,扣10分; 3. 物品随意乱放,扣5~10分。	10	
6	超过规定时间,每超过5分钟扣10分。		

实训9-3　电烙铁的拆装与锡焊技术训练

一、实训目的

1. 通过拆装电烙铁,了解电烙铁的结构,学会排除电烙铁的常见故障。

2. 了解焊料、焊剂的选用。

3. 通过对电磁线的焊接及电阻、电容、二极管元件在印制电路板上的焊接,使学生较熟练地掌握手工焊接操作技术。

二、实训内容

1. 电烙铁拆装训练

拆卸一支内热式(或外热式)电烙铁,拆卸时将各元件按类放好,研究完基本结构后,组装还原。用万用表欧姆挡测量插头两端间的电阻值,再用 $R\times1$ k 挡测量插头和外壳之间的电阻值,判断电烙铁有无故障。

2. 焊接准备工作

按本章第二节内容要求,做好焊接前的各项准备工作。

3. 在印制电路板上焊接电阻、电容等。

三、考核评分标准(表9-7)

表9－7　导线与元件的焊接

序号	评　分　标　准	配分	得分
1	1. 截取长度不符合要求，扣5分； 2. 没有按规定进行整形、处理和上锡，扣5分。	25	
2	斜口钳、剥线钳、尖嘴钳选用或使用不合理，扣5分。	30	
3	1. 焊接不可靠，扣5分； 2. 焊接不美观，扣3～10分。	35	
4	1. 出现伤手等情况，扣15分； 2. 工具乱放，场地凌乱，扣3～10分； 3. 电烙铁短路，取消资格。	10	
5	到时停止操作，每少一个焊点扣2分。		

第十章　常用电子线路的安装实训

学习目的

1. 了解一些基本电子线路的原理。
2. 会安装、调试常见的电子线路。

内容提要

本章主要介绍了晶体管放大电路、直流稳压电源、电风扇温控电路、电子抢答器、数字钟、调光闪光电路、调频收音机、万用电表等电路的工作原理与安装调试。

第一节　单级低频放大电路

晶体三极管具有放大作用,用一只三极管及个别电阻器件便可以组成单级低频放大电路。图10-1是分压式电流负反馈单级低频放大器偏置电路。它是采用R_P、R_1和R_2分压固定基极电位V_b;利用发射极电阻R_4获得I_e反馈信号,使基极电流I_b发生相应的变化,从而稳定静态工作点。该电路是最常用的一种晶体管放大电路。

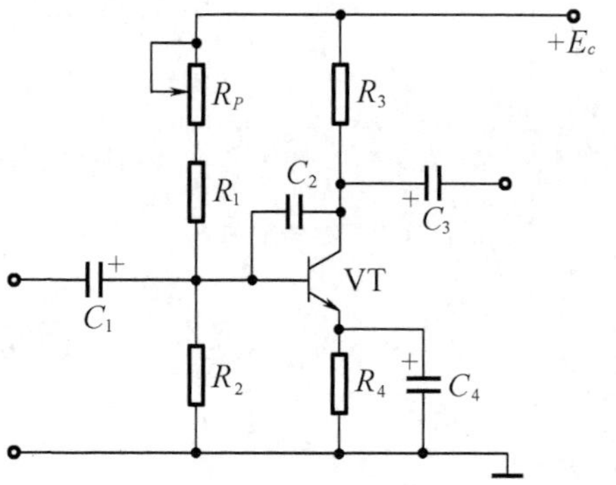

图10-1　单级低频放大电路

VT为晶体三极管,R_P、R_1为上偏置电阻,R_2为下偏置电阻,电源电压经分压后得到基极电压V_b,提供基极偏置电流。R_3是集电极电阻,R_4是发射极电阻,C_4是发射极电阻旁路电容器,提供交流信号的通道,减小信号放大过程中的损耗,使交流信号不因R_4的存在而降低放大器的放大能力。C_1、C_3为耦合电容,C_2为消振电容器,去除高频自激振荡。

实训10-1　单级低频放大电路的安装与调试

一、实训要求

1. 了解电路原理,正确安装元件。
2. 能够成功调试电路。

二、实训内容

1. 按表10-1清点各元器件。

表 10-1　单级低频放大电路的元件列表

元件标号	元件名称	型号参数	数量
VT	三极管	9013	1
R_1	电阻	10 kΩ	1
R_2	电阻	5.1 kΩ	1
R_3	电阻	3.31 kΩ	1
R_4	电阻	1 kΩ	1
R_P	微调电位器	100 kΩ	1
C_1、C_3	电解电容器	(10 μF/16 V)×2	2
C_2	瓷片电容器	300 pF	1
C_4	电解电容器	100 μF/16 V	1
	印刷电路板		
	导线		

2. 按照图 10-1 装配元件，焊接电路，检查无误后，接通 12 V 电源。

3. 调节放大电路的静态工作点。调节基极上偏置电阻 R_P，使 VT 发射极电压为 1.5 V 左右，用万用表测量三极管各极对地直流电压值，计算出集电极电流。数据记录于表 10-2 中。

4. 测量电压放大倍数。从低频信号发生器输出 1 000 Hz、10 mV 正弦信号，加至放大电路输入端。放大器的输出端不接负载电阻，用毫伏表分别测出输入端和输出端的有效值，算出空载时的电压放大倍数。数据记录于表 10-2 中。

表 10-2　单级低频放大电路实训表

<table>
<tr><td colspan="2" rowspan="2">测量三极管 VT 各极对地电压/V</td><td>V_e</td><td colspan="2">V_b</td><td>V_c</td></tr>
<tr><td></td><td colspan="2"></td><td></td></tr>
<tr><td colspan="2" rowspan="2">测量 $V_e=1.5$ V 时，I_e、I_c 值/mA</td><td colspan="2">I_e</td><td colspan="2">I_c</td></tr>
<tr><td colspan="2"></td><td colspan="2"></td></tr>
<tr><td></td><td>输入信号/mV</td><td>输出信号/mV</td><td colspan="3">电压放大倍数</td></tr>
<tr><td>空载时</td><td></td><td></td><td colspan="3"></td></tr>
<tr><td>负载时</td><td></td><td></td><td colspan="3"></td></tr>
</table>

三、考核评分标准

与单级低频放大电路的安装有关的实训考核课题的考核内容及其他要求见表 10-3。

表10－3　单级低频放大电路的制作

序号	评　分　标　准	配分	得分
1	少元器件或工具，扣5～10分。	10	
2	1. 跳线太多，扣5～10分； 2. 导线布置不合理，扣5～30分； 3. 元件安排不合理，扣5～30分； 4. 设计错误，扣20～40分。	40	
3	1. 不会或错误调节放大电路的静态工作点，扣10～20分； 2. 电流计算错误，扣10～20分。	40	
4	1. 发生伤害事故，扣10分； 2. 丢失、损坏配件，扣10分； 3. 物品随意乱放，扣5～10分。	10	
5	超过规定时间，每超过5分钟扣10分。		

第二节　直流稳压电源

串联型稳压电源稳压精度高，内阻小。本例输出电压能在3～6 V随意调节，输出电流100 mA，可供以后一般实验线路使用。原理图如图10－2所示。

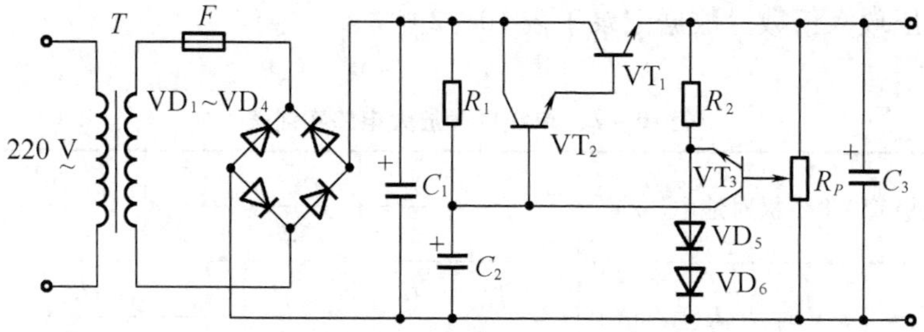

图10－2　串联型稳压电源

电源变压器T次级的低压交流电，经过整流二极管VD_1～VD_4整流，电容C_1滤波，获得直流电，输送到稳压部分。稳压部分由复合调整管VT_1、VT_2。比较放大管VT_3及起稳压作用的硅二级管VD_5、VD_6，取样微调电位器R_P等组成。

晶体三极管集电极与发射极之间的压降简称管压降。复合调整管上的管压降是可变的，当输出电压有减小的趋势，管压降会自动地变小，维持输出电压不变；当输出电压有增大的趋势，管压降又会自动地变大，仍维持输出电压不变。可见，复合调整管相当于一个可变电阻，由于它的调整作用，使输出电压基本上保持不变。复合调整管的调整作用是受比较放大管控制的，输出电压经过微调电位器只，分压，输出电压的一部分加到VT_3的基极和地之间。

由于VT_3的发射极对地电压是通过二极管VD_5、VD_6稳定的，可以认为VT_3的发射极对地电压是不变的，这个电压叫做基准电压。这样 VT_3 基极电压的变化就反映了输出电压的变化。如果输出电压有减小的趋势，VT_3 基极发射极之间的电压也要减小，这就使 VT_3 的集电极电流减小，集电极电压增大。

由于 VT_3 的集电极和 VT_2 的基极是直接耦合的，VT_3 集电极电压增大，也就是 VT_2 的基极电压增大，这就使复合调整管加强导通，管压降减小，维持输出电压不变。同样，如果输出电压有增大的趋势，通过 VT_3 的作用又使复合调整管的管压降增大，维持输出电压不变。

VD_5、VD_6 的稳压作用是利用它们在正向导通的时候正向压降基本上不随电流变化的特性来实现的。硅管的正向压降约为0.7 V左右。两只硅二极管串联可以得到约为1.4 V左右的稳定电压。R_2 是提供 VD_5、VD_6 正向电流的限流电阻。R_1 是 VT_3 的集电极负载电阻，又是复合调整管基极的偏流电阻。C_2 是考虑到在市电电压降低的时候，为了减小输出电压的交流成分而设置的。C_3 的作用是降低稳压电源的交流内阻和纹波。

实训10－2　直流稳压电源的安装调试

一、实训要求

1. 了解电路原理，正确安装元件。

2. 能够成功调试电路。

二、实训内容

1. 按图10－2正确安装元器件，其中选用的元件参考表10－4。

表10－4　直流稳压电源的元件选用列表

元件标号	元件名称	型号参数	数量
T	变压器	220/10 V	1
R_1	电阻	10 kΩ	1
R_2	电阻	1.1 kΩ	1
R_P	电位器	1 kΩ	1
C_1，C_3	电解电容器	100 μF/16 V	2
C_2	电解电容器	20 μF/16 V	1
VD_1 ~ VD_6	二极管	1N4001	6

2. 检查元器件安装正确无误后，接通220 V电源。

3. 将万用表拨至直流电压挡，表棒测 C_3 两端（注意表棒的极性），电压在3~6 V之间变动。

4. 接上负载调试。输出3 V的时候接上30 Ω负载电阻，负载电阻接入前后，输出电压的变化小于0.5 V为合格。

三、考核评分标准

与直流稳压电源的安装有关的实训考核课题的考核内容及其他要求见表10－5。

表 10-5 串联型稳压电源的制作

序号	评分标准	配分	得分
1	少元器件或工具,扣5~10分。	10	
2	1. 跳线太多,扣5~10分; 2. 导线布置不合理,扣5~30分; 3. 元件安排不合理,扣5~30分; 4. 设计错误,扣20~40分。	40	
3	1. 焊接错误,扣10~20分; 2. 不会或错误调试,扣10~20分。	40	
4	1. 发生伤害事故,扣10分; 2. 丢失、损坏配件,扣10分; 3. 物品随意乱放,扣5~10分。	10	
5	超过规定时间,每超过5分钟扣10分。		

第三节 电风扇温控电路

单结晶体管触发电路能使电风扇随着环境温度的变化而自动调整转速。电路原理如图10-3所示。

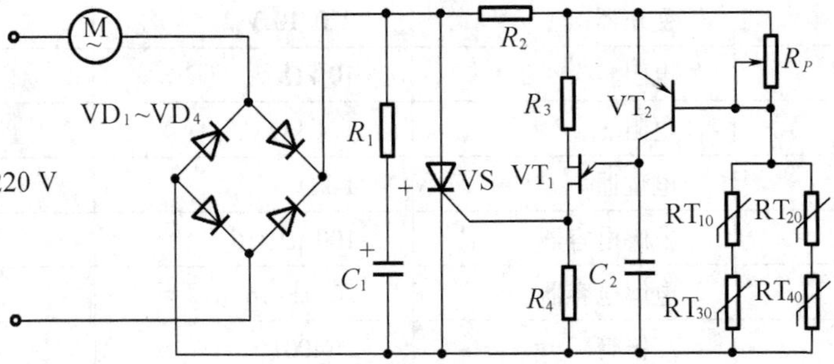

图 10-3 电风扇温控电路

220 V 电压经 $VD_1 \sim VD_4$ 全波整流后变为单向脉动直流电压。此电压不但加在晶闸管 VS 的阳-阴极之间,同时也作为触发脉冲形成电路的供电电源。以单结晶体管 VT_1 为核心的电路构成了典型的张驰振荡器,电容器 C_2 的充电电流由 VT_2 提供。

由于热敏电阻 $RT_1 \sim RT_4$ 作为 VT_2 的基极偏置电阻,所以当环境温度上升或下降时,热敏电阻的阻值也随之发生变化,导致 VT_2 的内阻发生变化。从而使晶闸管的触发角随之前后移动,晶闸管的导通角也随之发生变化,进而改变串于主回路中的电风扇两端电压的大小,风扇的转速即随之发生变化,达到温控自动变速的目的。

实训 10－3　电风扇温控电路的安装与调试

一、实训要求

1. 了解电路原理，正确安装元件。

2. 能够成功调试电路。

二、实训内容

1. 按图 10－3 正确安装各元器件，选用的元件见参考表 10－6。

表 10－6　电风扇温控电路的元件选用列表

元件标号	元件名称	型号参数	数量	元件标号	元件名称	型号参数	数量
$VD_1 \sim VD_4$	二极管	1N4001	4	R_P	电位器	68 kΩ	1
VS	可控硅	3CT5	1	C_1	电容器	4700 μF/400 V	1
VT_1	单结管	BT33	1	C_2	电容器	0.47 μF	1
VT_2	三极管	3CG14	1	M	电风扇		1
R_1、R_4	电阻	100 Ω	2		安装线		
R_2	电阻	51 kΩ	1		印刷电路板		
R_3	电阻	220 Ω	1		黑胶布		
$RT_1 \sim RT_4$	热敏电阻	510 kΩ	4		电源线		

2. 检查各元器件安装正确无误后，接通 220 V 电源。

3. 调试时，将电风扇接在电路中，调整 R_P 使风扇正好停转，然后用一把发热的电烙铁靠进热敏电阻，相当于环境温度升高，风扇转速变快。电烙铁离开热敏电阻时，温度降低，风扇转速变慢。工作时 R_P 应调到适当位置。

三、考核评分标准

与单结晶体触发电路的安装有关的实训考核课题的考核内容及其他要求见表 10－7。

表 10－7　电风扇温控电路的制作

序号	评分标准	配分	得分
1	少元器件或工具，扣 5～10 分。	10	
2	1. 跳线太多，扣 5～10 分； 2. 导线布置不合理，扣 5～30 分； 3. 元件安排不合理，扣 5～30 分； 4. 设计错误，扣 20～40 分。	40	
3	1. 焊接错误，扣 10～20 分； 2. 不会或错误调试，扣 10～20 分。	40	
4	1. 发生伤害事故，扣 10 分； 2. 丢失、损坏配件，扣 10 分； 3. 物品随意乱放，扣 5～10 分。	10	
5	超过规定时间，每超过 5 分钟扣 10 分。		

第四节 电子抢答器

图 10－4 为电子抢答器的电路原理图，主持人闭合 S 抢答开始。假定轻触开关 S_3 先按下，则可控硅 VS_3 触发导通，指示灯 H_3 亮，振荡器工作，扬声器发声，表示持 S_3 按钮者获优先抢答权。由于 VD_1、VD_2 导通，使电路中 *A*、*B* 两点电位很接近。此时其他按钮再按下，已没有足够的触发电压使未导通的可控硅导通，即其他指示灯不会再亮。当主持人断开 S，再闭合，既可进行下一轮抢答。

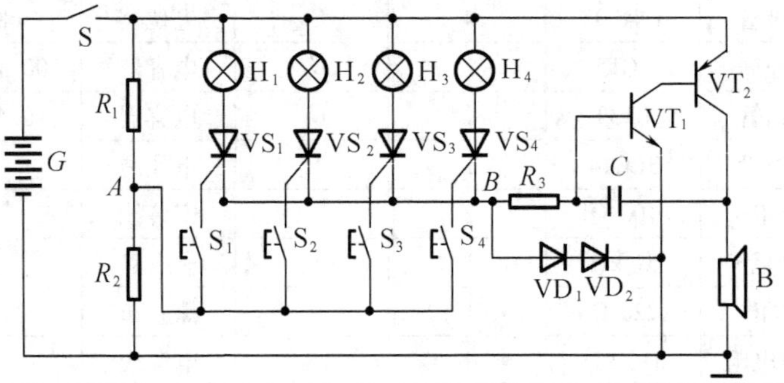

图 10－4 电子抢答器

实训 10－4 电子抢答器的安装与调试

一、实训要求

1. 了解电路原理，正确安装元件。

2. 能够成功调试电路。

二、实训内容

1. 按装配图 10－4 正确安装各元器件，选用的元件参考表 10－8。

表 10－8 电子抢答器的元件选用列表

元件标号	元件名称	型号参数	数量	元件标号	元件名称	型号参数	数量
VD_1，VD_2	二极管	1N4001	2	H_1 ~ H_4	指示灯	0.3 A，2.5 V	4
VS	晶闸管	MCR100－6	4	S	扭只开关		1
VT_1	三极管	9011	1	S_1 ~ S_4	扭按开关		4
VT_2	三极管	3AX31	1	C	涤纶电容器	0.1 μF	1
R_1	电阻	3 kΩ	1	G	电源		1
R_2	电阻	2 kΩ	1		安装线		若干
R_3	电阻	20 kΩ	1		印刷电路板		1
B	扬声器	8 Ω	1				

2. 检查各元器件装配无误后，接上 6 V 电源，把电流表串接在 S 扳手开关两端(开关处于断开状态)，测得电流约为 1.25 mA 左右，用镊子短路可控硅的阳极和阴极，扬声器发声，电流表读数约为 175 mA 左右。

3. 接通扳手开关 S 按下轻触开关，其中相对应的一只指示灯亮，扬声器发声。此时再按下其他轻触开关，其他指示灯不会再亮。

4. 断开扳手开关 S，再闭合，检查其他每个指示灯，可控硅是否正常。电路中可控指示灯可根据情况增减。

三、考核评分标准

与电子抢答器有关的实训考核课题的考核内容及其他要求见表 10－9。

表 10－9　电子抢答器的制作

序号	评 分 标 准	配分	得分
1	少元器件或工具，扣 5～10 分	10	
2	1. 跳线太多，扣 5～10 分； 2. 导线布置不合理，扣 5～30 分； 3. 元件安排不合理，扣 5～30 分； 4. 设计错误，扣 20～40 分。	40	
3	1. 焊接错误，扣 10～20 分； 2. 不会或错误调试，扣 10～20 分。	40	
4	1. 发生伤害事故，扣 10 分； 2. 丢失、损坏配件，扣 10 分； 3. 物品随意乱放，扣 5～10 分。	10	
5	超过规定时间，每超过 5 分钟扣 10 分。		

第五节　数字钟的安装

它主要由晶体振荡器、分频器、秒计数器、分计数器、时计数器、BCD 七段显示译码/驱动器、LED 七段显示数码管和时间校准电路构成。电路原理如图 10－5 所示。

32 768 Hz 的石英晶振和两个反相器构成一个稳定性较好精度较高的时间标准信号源。通过改变 C_o，可以对振荡频率进行微调。IC_{16-4}输出的高频经过两片 74LS393 构成的 15 级二分频，即可得到周期为 1 秒的“秒”信号。

可预置二－十进制计数器 74LS160 构成数字钟的“时、分、秒”计数器。IC_9 与 IC_{10}、IC_{11} 与 IC_{12}为“分、秒”构成 60 进制电路，当计数器(IC_{12}或 IC_{10})计到 10 时，便向前一个计数器(IC_{11}或 IC_9)进一位，当 IC_{11}或 IC_9 计到 6 时，与非门便输出一负脉冲对“秒或分”计数器进行复位，完成 60 进制计数，同时通过反相器进位。同理，IC_7 与 IC_8 构成 24 进制计数器。

计数器输出的二进制 BCD 码通过 74LS247 译码后驱动共阳数码管显示出时间。限流电阻 R_1～R_{42}主要是为了防止电流过大烧坏数码管，改变限流电阻的大小，可以改变数码管的亮度。

小时校准电路由开关 S_h 控制,当 S_h 置于“工作”时,数字钟正常走;当 S_h 置于“校时”时,数字钟对小时部分以 1 Hz 频率进行校准。

分钟校准电路由开关 S_h 控制,当 S_h 置于“工作”时,数字钟正常走时,当 S_m 置于“校分”位置时,数字钟对分钟部分以 1Hz 频率进行校准。

秒校准电路可采用将秒十位和个位都清零后停止计数,然后等待标准时间为 0 秒时,再开始走时的方法。当然,也可采用其他方法,这里不再详述,由读者自行选取。

实训 10－5　数字钟的安装调试

一、实训要求

1. 了解电路原理,正确安装元件。
2. 能够成功调试电路。

二、实训内容

1. 按图 10－5 正确安装各元器件,选用的元件参考表 10－10。分别为秒信号发生器、秒显示部分、分显示部分、时显示部分。

表 10－10　数字钟的元件选用列表

元件标号	元件名称	型号参数	数量
$IC_1 \sim IC_6$	4 线－七段译码器/驱动器	74LS247	6
$IC_7 \sim IC_{12}$	4 位十进制同步可预置计数器	74LS160	6
IC_{13}、IC_{14}	4 位二进制可预置同步加/减计数器	74LS193	2
IC_{15}	输入与非门	74LS00	3
IC_{16}	反相器	74LS04	4
$DS_1 \sim DS_6$	共阳数码管	510lBS	6
$R_1 \sim R_{42}$	电阻器	100 Ω	42
R_{43}	电阻器	10 MΩ	1
C_0	微调电容器	5～35 pF	1
C_1	电容器	20～40 pF	1
Y	晶振	32 768 Hz	1
S_h、S_m	开关	单刀双掷	2
	电池	1.5 V	4
	安装线		
	印刷电路板		

2. 先将秒信号发生器安装好,检查无误后通电,用示波器检测这部分电路是否正常工作,如果正常工作,则按安装秒显示部分电路;如果不正常工作,则检查电路,看焊接、连线、元件是否有问题。

3. 将电路按步骤,安装一部分检查一部分,电路安装好即可通电。

4. 对秒发生器进行调整,使时间更准确。

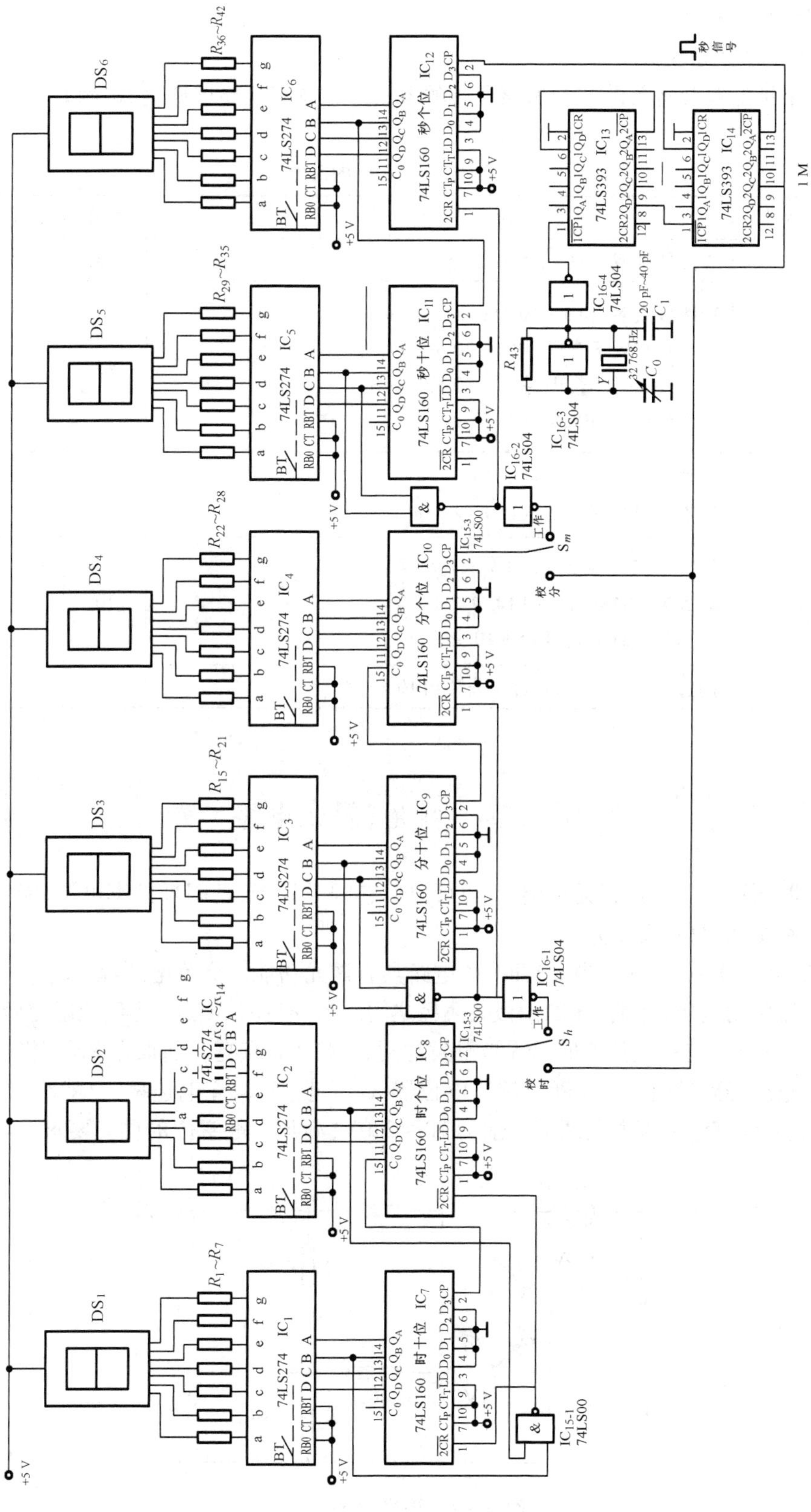
DS1
DS2
DS3
DS4
DS5
DS6
R1~R7
R15~R21
R22~R28
R29~R35
R36~R42
74LS274
IC1
IC2
IC3
IC4
IC5
IC6
74LS160
时十位 IC7
时个位 IC8
分十位 IC9
分个位 IC10
秒十位 IC11
秒个位 IC12
74LS393 IC13
74LS393 IC14
IC15-1 74LS00
IC15-3 74LS00
IC16-1 74LS04
IC16-2 74LS04
IC16-3 74LS04
IC16-4 74LS04
R43
Y 32 768 Hz
C0
20 pF~40 pF C1
秒信号
1 M
工作
Sh
Sm
校时
校分
+5 V

图 10－5 数字钟

5. 调整时针时间。

三、考核评分标准

与数字钟的安装有关的实训考核课题的考核内容及其他要求见表 10－11。

表 10－11　数字钟的制作

序号	评　分　标　准	配分	得分
1	少元器件或工具,扣 5～10 分	10	
2	1. 跳线太多,扣 5～10 分; 2. 导线布置不合理,扣 5～30 分; 3. 元件安排不合理,扣 5～30 分; 4. 设计错误,扣 20～40 分。	40	
3	1. 焊接错误,扣 10～20 分; 2. 不会或错误调试,扣 10～20 分。	40	
4	1. 发生伤害事故,扣 10 分; 2. 丢失、损坏配件,扣 10 分; 3. 物品随意乱放,扣 5～10 分。	10	
5	超过规定时间,每超过 5 分钟扣 10 分。		

第六节　调光、闪光电路

本电路既可对电路进行无级调光,也可以使它闪烁发光,且闪烁频率可调,能烘托室内环境。电路结构简单,安装方便。

电路如图 10－6 所示。当 S 打时,该电路具有调光功能。交流电压经 VD_1～VD_4,整流后变为直流脉动电压,加到 VS 的阳极与阴极之间。R_1、R_2、R_P、R_3、C_1 等组成阻容触发电路,当 C_1 两端电压升到一定数值时,VS 被触发导通,电灯 HL 点亮。当加在 VS 阳极与阴极之间的脉动电压降到零时,VS 关断。调节电位器 R_P 可改变 C_1 充电速率,也就改变了 VS 的导通角,从而使灯泡两端电压调节范围为 70～220V,满足一般室内的调光要求。当 S 闭合

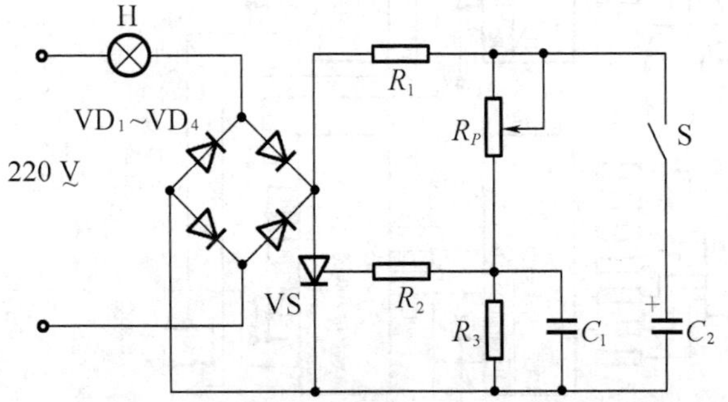

图 10－6　调光、闪光电路

时，由于大电容 C_2 接入，该电路就变成了闪光电路。因 C_2 容量较大，充电时间较长。当 C_2 两端电压达到一定值时，C_2 通过 R_P、R_3 向 VS 控制极放电，使 VS 导通，电灯亮。交流电压过零时，VS 关断，灯灭。随后 C_2 重新充电……周而复始形成超低频振荡，电灯就一闪一闪地发光。调节电位器 R_P，可以改变 C_2 充电速率，也就改变了电灯的闪烁频率。

实训 10－6　调光、闪光电路的安装与调试

一、实训要求

1. 了解电路原理，正确安装元件。
2. 能够成功调试电路。

二、实训内容

1. 按图 10－6 正确安装各元器件，选用的元件参考表 10－12。

表 10－12　调光闪光电路的元件选用列表

元件标号	元件名称	型号参数	数量
H	白炽灯	15～60 W	1
VD_1～VD_4	二极管	1N4007	4
VS	晶闸管	1N6565	1
R_1	电阻	20 kΩ	1
R_2	电阻	20 kΩ	1
R_3	电阻	1 MΩ	1
R_P	电位器	2.2 MΩ	1
C_1	电容	0.47 μF/160 V	1
C_2	电容	10 μF/160 V	1
	安装线		
	印刷电路板		
	黑胶布		

2. 检查各元器件安装正确无误后，接通 220 V 电源。
3. 调试时，断开 S，调节电位器 P 使灯泡两端电压在 70～220 V 间变化，灯泡的亮暗随之变化；闭合 S 时，调节电位器 R_P 改变电灯的闪烁频率，电灯就一闪一闪地发光。

三、考核评分标准

与调光闪光电路的安装有关的实训考核课题的考核内容及其他要求见表 10－13。

表 10-13　调光、闪光电路的制作

序号	评 分 标 准	配分	得分
1	少元器件或工具,扣 5~10 分	10	
2	1. 跳线太多,扣 5~10 分; 2. 导线布置不合理,扣 5~30 分; 3. 元件安排不合理,扣 5~30 分; 4. 设计错误,扣 20~40 分。	40	
3	1. 焊接错误,扣 10~20 分; 2. 不会或错误调试,扣 10~20 分。	40	
4	1. 发生伤害事故,扣 10 分; 2. 丢失、损坏配件,扣 10 分; 3. 物品随意乱放,扣 5~10 分。	10	
5	超过规定时间,每超过 5 分钟扣 10 分。		

第七节　调频收音机电路

调频信号由 TX 接收给 C_{11} 藕合到 IC_1 的 19 脚进行混频,IC_1 的 1 脚为本振输入,外接双联 C 本振调谐回路,混频后的中频信号由 IC_1 的 7、8、9 脚进行中放、检波。7、8、9 脚外接滤波电容,中放检波后再经内部鉴频,10 脚外接滤波电路 C_9 构成鉴频电路滤波,鉴频后得到音频信号,13 脚静噪处理后微弱的音频信号经 IC_1 内部低通滤波后,从前置输出端 14 脚经 C_{14} 藕合到 12 脚功放输入端进行第一次小功率放大,然后从 11 脚输出又经 R_5、C_{16}、R_P 藕合到功放集成块(D2822)的 7 脚功放输入端,经 IC_2 内部功率放大以后由 1、3 脚输出大功率的音频信号推动扬声器发出响亮的声音,通过调节 R_P 来控制音量的大小。电路原理图以及印刷电路图如图 10-7、图 10-8 所示。

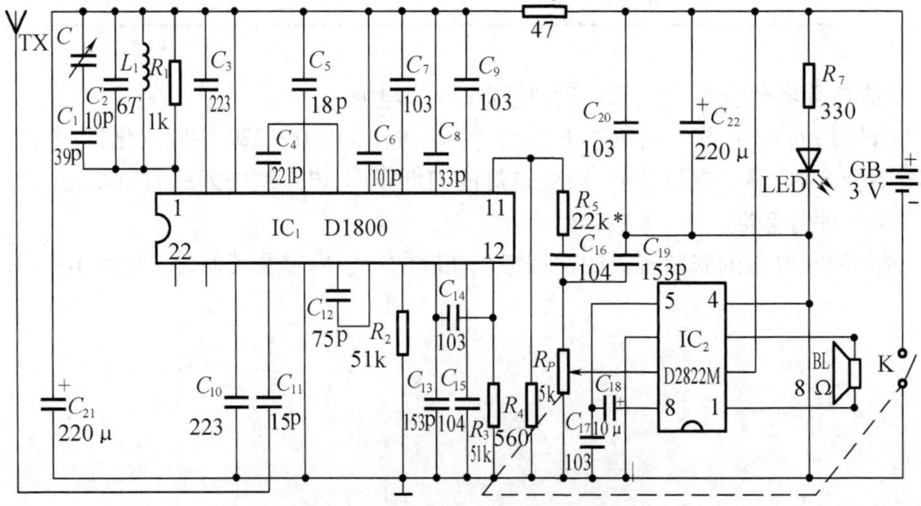

图 10-7　调频收音机电路原理图

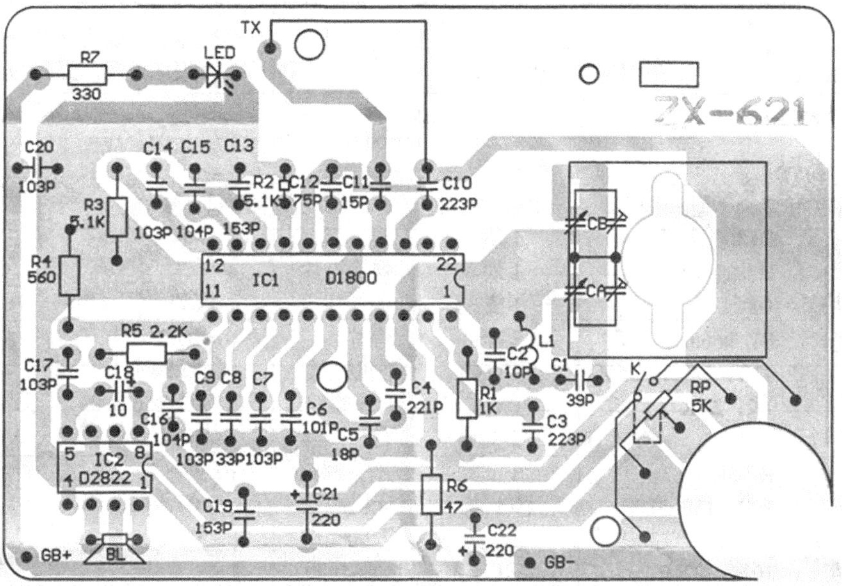

图 10－8　收音机印刷电路板图

实训 10－7　调频收音机电路的安装与调试

一、实训要求

1. 了解电路原理，正确安装元件。

2. 能够成功调试电路。

二、实训内容

1. 按表 10－14 清点元件

表 10－14　元 器 件 清 单

名　称	型　号	数　量
集成块	D1800	1 块
集成块	D2822	1 块
发光二极管	ϕ3 红	1 支
扬声器	BLϕ66 mm	1 个
电阻器	47 Ω、330 Ω、560 Ω	各 1 支
电阻器	1 k、2.2 k	各 1 支
电阻器	5.1 k	2 支
电位器	R_P －5 k	1 支
瓷片电容	10p、15p、18p	各 1 支
瓷片电容	33p、39p、75p	各 1 支

表 10－14（续）

名　称	型　号	数　量
瓷片电容	101p、221p	各 1 支
瓷片电容	153p、223p、104p	各 2 支
瓷片电容	103p	5 支
双联电容	CBM－223p	1 支
电解电容	10 μF	1 支
电解电容	220 μF	2 支
调频线圈 L_1	$6T$	1 支
拉杆天线		1 根
线路板		1 块
弹簧极片		1 套
导线		5 根
焊片	ϕ3.2	1 个
平机螺丝	ϕ2.5×4	3 粒
天线螺丝	ϕ2.5×8	1 粒
自攻螺丝	ϕ3×6	4 粒
平头螺丝	ϕ4×10	1 粒
元机螺丝	ϕ1.6×5	1 粒
天线螺母	ϕ2.5	1 个
喇叭压板		2 个
装配说明		1 份
刻度板		1 块
收音机前盖、后盖、电池盖		各 1 个
双联拔盘、电位器拔盘		各 1 个
立柱螺丝		1 个
集成块插座	8 脚	1 个
集成块插座	22 脚（14 脚＋8 脚）各 1 个	

2. 按图 10－8 安装元件并焊接电路板。

3. 检查无误之后调试。

三、考核评分标准

与调频收音机电路的安装有关的实训考核课题的考核内容及其他要求见表 10－15。

表 10－15　调频收音机电路的制作

序号	评　分　标　准	配分	得分
1	少元器件或工具,扣 5～10 分。	10	
2	1. 跳线太多,扣 5～10 分; 2. 导线布置不合理,扣 5～30 分; 3. 元件安排不合理,扣 5～30 分; 4. 设计错误,扣 20～40 分。	40	
3	1. 焊接错误,扣 10～20 分; 2. 不会或错误调试,扣 10～20 分。	40	
4	1. 发生伤害事故,扣 10 分; 2. 丢失、损坏配件,扣 10 分; 3. 物品随意乱放,扣 5～10 分。	10	
5	超过规定时间,每超过 5 分钟扣 10 分。		

第八节　晶闸管调光电路的安装调试

为一只 12 V 的小电灯供电,同时,单相桥式整流电路的输出,经稳压管电路削波后,为单结晶体管触发电路提供电源。这也保证了输出脉冲电压的频率和电源频率保持同步。

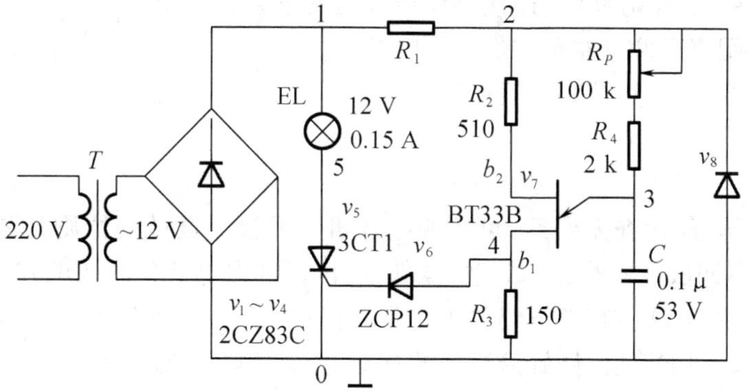

图 10－9　晶闸管调光电路

实训 10－8　晶闸管调光电路的安装调试

一、安装

1. 根据晶闸管调光电路元件明细表(表 10－16)配齐元件及相关附件,并对元件进行检测。

表 10-16 晶闸管直流调光电路元件明细表

序号	符号	名　称	型号和规格	件数
1	$V_1 \sim V_4$	二极管	2CZ83C	4
2	V_6	二极管	2CP12	1
3	V_8	稳压管	2CW58	1
4	V_7	单结晶体管	BT33B	1
5	V_5	晶闸管	100V 塑封立式 3CT1	1
6	C	电容器	CGZX、63 V、0.1F	1
7	R_1	电阻器	RJ 150 1 W	1
8	R_2	电阻器	RJ 510 1/2 W	1
9	R_3	电阻器	RJ 150 1/2 W	1
10	R_4	电阻器	RJ 2 k 1/2 W	1
11	R_P	可变电阻器	100 k 1/2 W	1
12	EL	指示灯	0.15 A 12 V	1
13	T	电源变压器	BKS0 220/12 V	1

2. 在 2 mm×150 mm×200 mm 的空心铆钉板上根据电路图安排元件安装位置和走线，并做好元件和走线标记。

3. 清除元件引脚、空心铆钉、连接导线线端的氧化层。

4. 根据电路图将元件自左至右焊在铆钉板上。

5. 检查电路的安装、焊接和敷线质量。

二、调试

电路装接完毕，经检查无误后，可接通电源进行调试。调试的原则是先调试控制回路（即触发电路），再调试主回路；先调试弱电部分，再调试强电部分。调试方法是采用示波器观察电路中各点波形，从而判断电路的工作是否正常。调试步骤如下：

1. 首先准备好调试仪器，做好调试前的准备，如调节好示波器等。

2. 用示波器检查输入交流电压是否正常。

3. 触发电路调试

（1）用示波器观察电路中整流部分输出端（1-0）的电压，其波形应为表 10-17 所示的脉动电压波形。

（2）观察稳压管两端（2-0）的电压，其波形应为如表 10-18 所示的梯形波。

（3）接着观察电容器两端（3-0）的电压，其波形应为表 10-18 中所示的锯齿波。此时调节电位器 R_P，可以在示波器上观察到锯齿波电压振荡频率的变化；增大 R_P 时，其振荡频率较小，减小 R_i 时，其振荡频率较大。

表 10－17　脉动电压波形

电压名称	观察点	波　　形
桥式整流后的脉动电压	1－0	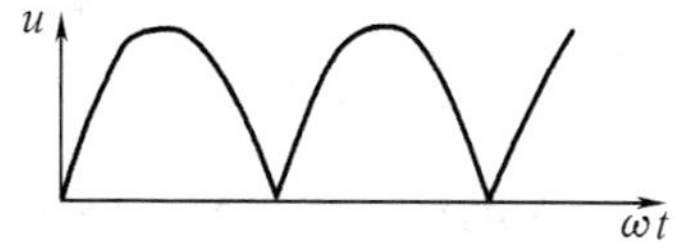
梯形波同步电压	2－0	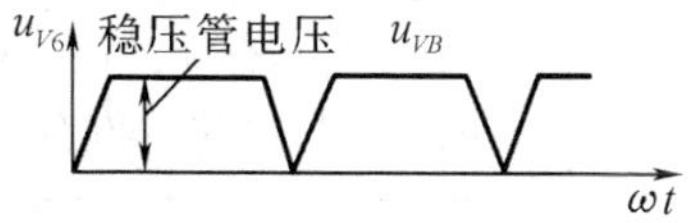
锯齿波电压(R_P 较大)	3－0	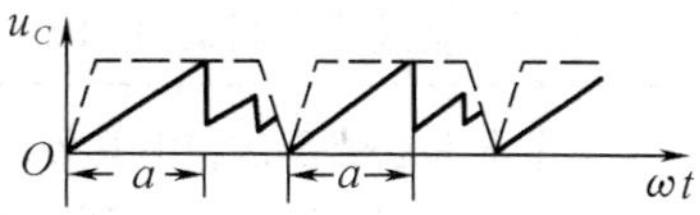
输出脉冲(R_P 较小)	4－0	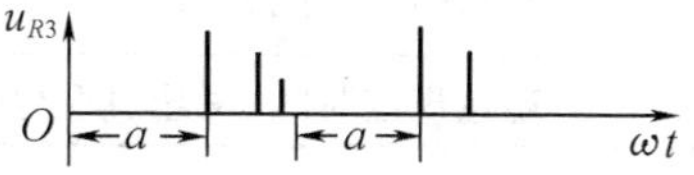
锯齿波电压(R_P 较大)	3－0	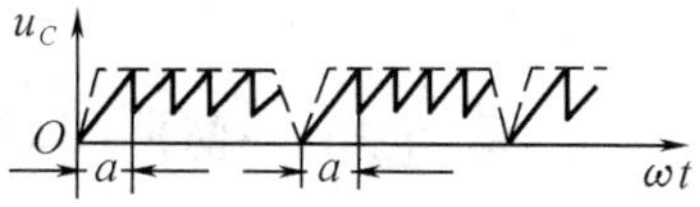
输出脉冲(R_P 较小)	4－0	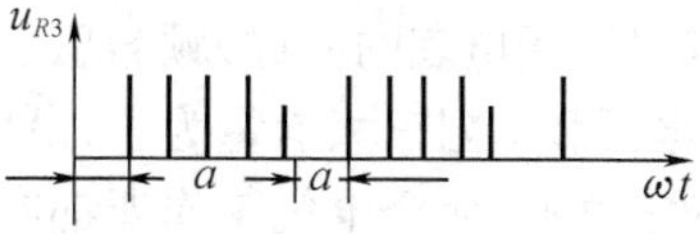
阳极电压(R_P 较小)	5－0	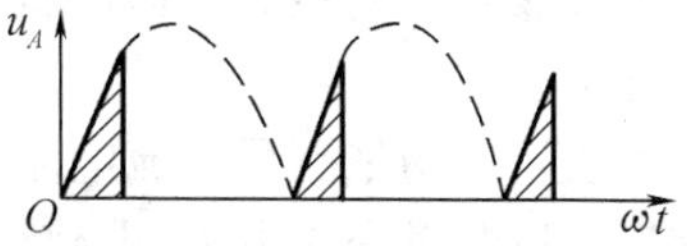
EL－两端电压(R_P 较大)	1－5	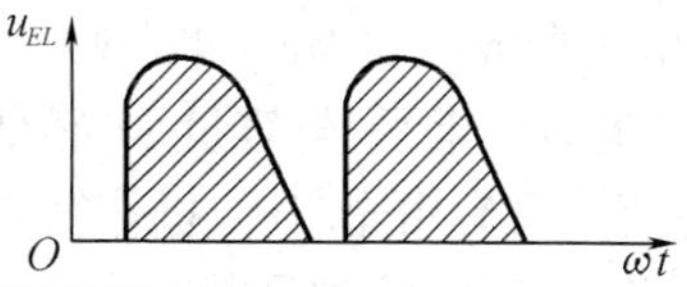

(4)最后观察 R_3 两端(4－0)的输出电压波形,应为表 10－18 所示的一系列尖顶脉冲电压波形。增大 R 时,脉冲后移;减小 R 时,脉冲前移。

4. 主电路的调试

观察晶闸管阳极 A 和阴极(5－0)两端的电压波形,应为表 10－18 中所示。调节 R_P,阳极电压波形应随 R_P 的改变而变化。从定性观察也可看见灯泡的明暗随着 R_P 的调节而改变,灯泡两端的电压波形如表中所示。

三、考核评分标准(表 10－18)

要求无错装漏装;挡位开关旋扭转动灵活;焊点大小合适、美观;无虚焊;调试符合要求;器件无丢失损坏;能正确使用各个挡位。

表 10－18　晶闸管调光电路的安装

序号	评　分　标　准	配分	得分
1	少元器件或工具，扣5～10分。	10	
2	1.跳线太多，扣5～10分； 2.导线布置不合理，扣5～30分； 3.元件安排不合理，扣5～30分； 4.设计错误，扣20～40分。	40	
3	1.焊接错误，扣10～20分； 2.不会或错误调试，扣10～20分。	40	
4	1.发生伤害事故，扣10分； 2.丢失、损坏配件，扣10分； 3.物品随意乱放，扣5～10分。	10	
5	超过规定时间，每超过5分钟扣10分。		

第九节　MF－47型万用表的原理与安装

万用表是万用电表的简称，顾名思义它是一种有很多用途的电气测量仪表。万用表以测量电流、电压和电阻三大参量为主，所以也称为三用表、繁用表或复用表等。万用表是电工必备的仪表之一，每个电气工作者都应该熟练掌握其工作原理及使用方法。通过本节万用表的原理与安装实习，要求了解万用表的工作原理，掌握锡焊技术的工艺要领及万用表的使用与调试方法。

普通万用表可以用来测量直流电流、直流电压、交流电压、电阻和音频电平等电量，较高级的万用表还可以测量交流电流、电感量、电容量、功率及晶体管的共发射极直流电流放大倍数 h_{FE}等电气参数。如MF－47型万用表，可以测量直流电流、直流电压、交流电压、直流电阻，另外还有音频电平、电容量、电感量和晶体管直流电流放大倍数的附加测量功能。

由于万用表具有用途广泛、操作简单、携带方便、价格低廉等诸多优点，所以它是从事电气和电子设备的安装、调试和维修的工作人员所必备的电工仪表之一。万用表有模拟式（指针式）和数字式之分，本课题介绍常用的模拟式万用表M－47的安装与调试，下面简称万用表。

一、指针式万用表的工作原理

万用表可以测量直流电流、直流电压、交流电压和电阻等多种电量。当转换开关拨到直流电流挡，可分别与5个接触点接通，用于测量500 mA、50 mA、5 mA和500 μA、50μA量程的直流电流。同样，当转换开关拨到欧姆挡，可分别测量×1 Ω、×10 Ω、×100 Ω、×1 kΩ、×10 kΩ量程的电阻；当转换开关拨到直流电压挡，可分别测量0.25 V、1 V、2.5 V、10 V、50 V、250 V、500 V、1 000 V量程的直流电压；当转换开关拨到交流电压挡，可分别测量10 V、50 V、250 V、500 V、1 000 V量程的交流电压。它由表头、电阻测量挡、电流测量挡、直流电压测量挡和交流电压测量挡几个部分组成，图 10－10 中“－”为黑表棒插孔，“＋”为红表棒插孔。

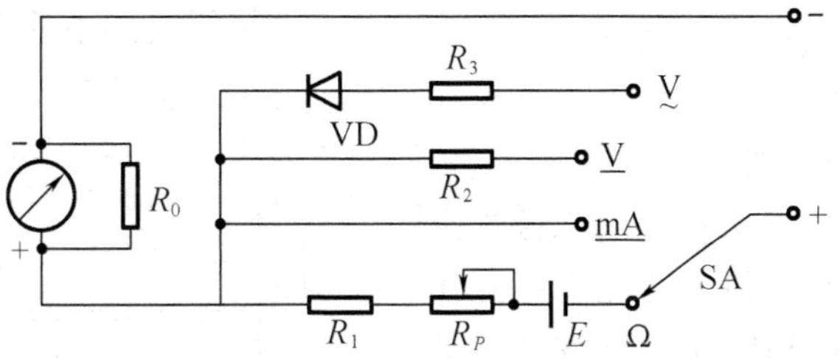

图 10－10　指针式万用表最基本的测量原理图

测电压和电流时，外部有电流通入表头，因此不须内接电池。

当我们把挡位开关大旋钮 SA 拨到交流电压挡时，通过二极管 VD 整流，电阻 R_3 限流，由表头显示出来；当拨到直流电压挡时，不须二极管整流，仅需电阻 R_2 限流，表头即可显示；拨到直流电流挡时既不须二极管整流，也不须电阻 R_2 限流，表头即可显示；测电阻时将转换开关 SA 拨到“Ω”挡，这时外部没有电流通入，因此必须使用内部电池作为电源，设外接的被测电阻为 R_x，表内的总电阻为 R，形成的电流为 I，由 R_x、电池 E、可调电位器 R_P、固定电阻 R_1 和表头部分组成闭合电路，形成的电流 I 使表头的指针偏转。红表棒与电池的负极相连，通过电池的正极与电位器 R_P 及固定电阻 R_1 相连，经过表头接到黑表棒与被测电阻 R_x 形成回路产生电流使表头显示。回路中的电流为

$$I=\frac{E}{R_x+R}$$

从上式可知，I 和被测电阻 R_x 不成线性关系，所以表盘上电阻标度尺的刻度是不均匀的。当电阻越小时，回路中的电流越大，指针的摆动越大，因此电阻挡的标度尺刻度是反向分度。

当万用表红黑两表棒直接连接时，相当于外接电阻最小 $R_x=0$，那么

$$I=\frac{E}{R_x+R}=\frac{E}{R}$$

此时通过表头的电流最大，表头摆动最大，因此指针指向满刻度处，向右偏转最大，显示阻值为 0 Ω。

反之，当万用表红黑两表棒开路时，$R_x\to\infty$，R 可以忽略不计，那么

$$I=\frac{E}{R_x+R}\approx\frac{E}{R_x}\to 0$$

此时通过表头的电流最小，因此指针指向 0 刻度处，显示阻值为∞。

二、MF－47 万用表的工作原理

1. MF－47 型万用表的结构

万用表由机械部分、显示部分、与电器部分三大部分组成，如图 10－11、图 10－12 所示。机械部分包括外壳、挡位开关大旋钮及电刷组件等部分组成；显示部分是表头，电器部分由测量线路板、电位器、电阻、二极管、电容等部分组成。

表头是万用表的主要副件. 其作用是用来指示被测量的数值。通常都是用局灵敏度的

磁电系测量机构作为万用表的表头。一般万用表的表头及其内部结构如图 10－13 所示，磁场是由马蹄形磁钢 11 产生的，极掌 3 和圆柱形软铁 4 用来在空气隙内形成辐射的均匀磁场，动圈 7 通过胶在端面上的轴尖支承在宝石轴承上，可以在空气隙内自由转动，上轴尖的下面团定着指针 9。当直流电流按规定方向通过线圈时，与空气隙力的磁场相互作用而产生转动力矩，使动图顺时针方向转动起来。当转动力矩和上下两盘游丝 8、6 所产生的反作用力矩平衡时，指针便停下来，从标度尺上便可得出读数。一般 MF 系列万用表表头的灵敏度为 10～100 μA。

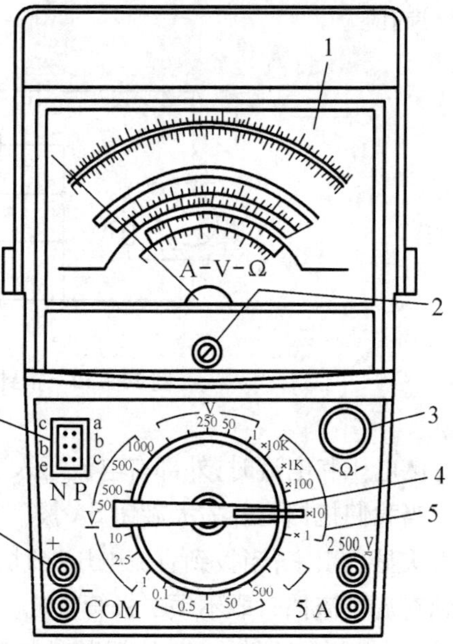

图 10－11　万用表外观结构

1—表盘；2—机械调零螺栓；3—电气调零旋钮；4—转换开关旋钮；5—测量种类和量程；6—表笔插孔；7—晶体管插座

2. MF－47 型万用表的工作原理

安装的 MF－47 型万用表的原理图（图 10－14），线路板（图 10－15）。

它的显示表头是一个直流 μA 表，120＋680 Ω 电阻是用于调节表头回路中的电流大小，D_1、D_2 两个二极管反向并联并与电容并联，用于保护限制表头两端的电压起保护表

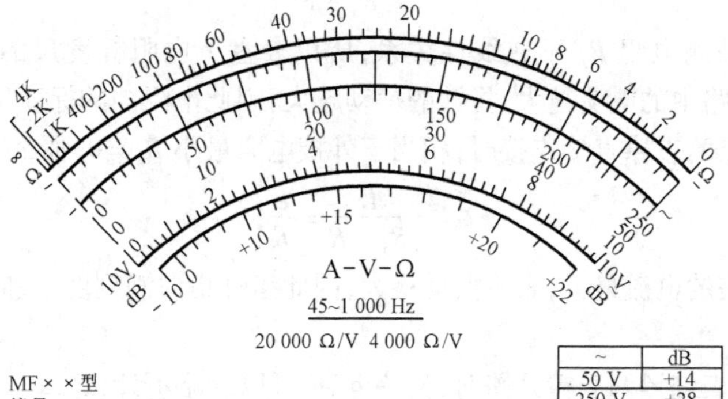

~	dB
50 V	+14
250 V	+28
0 dB=1 MW 600 Ω	

图 10－12　万用表表盘示意图

头的作用，使表头不至因电压、电流过大而烧坏。电阻挡分为 ×1 Ω、×10 Ω、×100 Ω、×1 kΩ、×10 kΩ、几个量程，当转换开关打到某一个量程时，与某一个电阻形成回路，使表头偏转，测出阻值的大小。

它由 5 个部分组成：公共显示部分、直流电流部分、直流电压部分、交流电压部分和电阻部分。线路板上每个挡位的分布，上面为交流电压挡，左边为直流电压挡，下面为直流 mA 挡，右边是电阻挡。

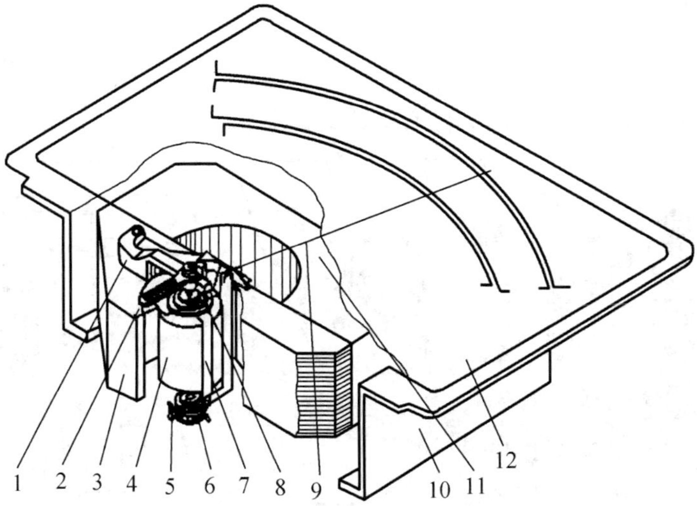

图 10－13　表头结构图

1—蝴蝶形支架；2—上调零杆；3—极掌；4—圆柱形软铁；5—下调零杆；6—下游丝；7—动圈；8—上游丝；9—刀形指针；10—表托；11—磁钢；12—表盘

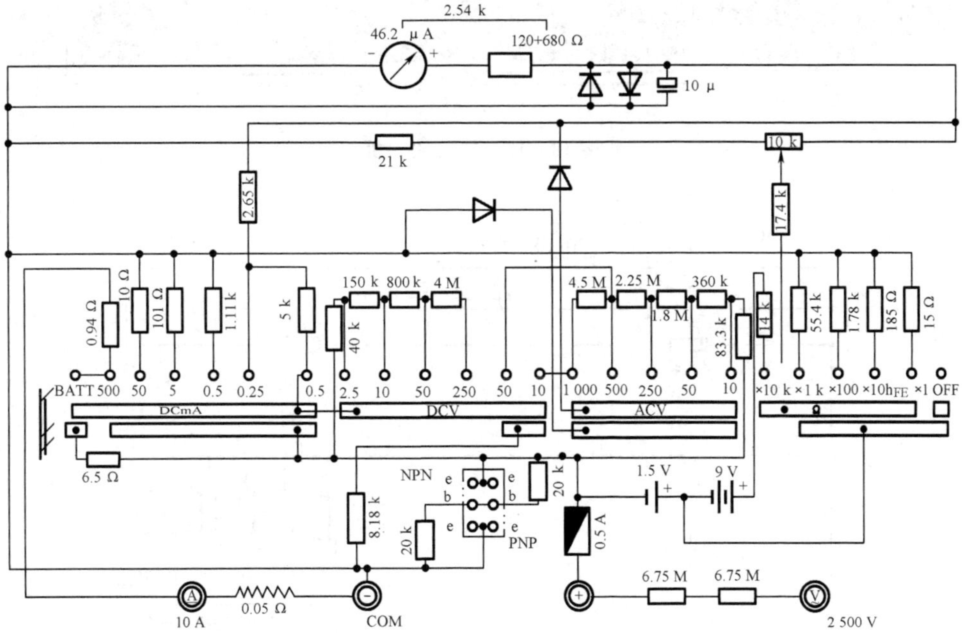

图 10－14　MF－47 型万用表的原理图

3. MF－47 万用表电阻挡工作原理

MF－47 万用表电阻挡工作原理（图 10－16），电阻挡分为 ×1 Ω、×10 Ω、×100 Ω、×1 kΩ、×10 kΩ、5 个量程。例如将挡位开关旋钮打到 ×1 Ω 时，外接被测电阻通过“－COM”端与公共显示部分相连；通过“＋”经过 0.5 A 熔断器接到电池，再经过电刷组件与 15 Ω 电阻相连，WH_1 为电阻挡公用调零电位器，最后与公共显示部分形成回路，使表头偏转，测出阻值的大小。

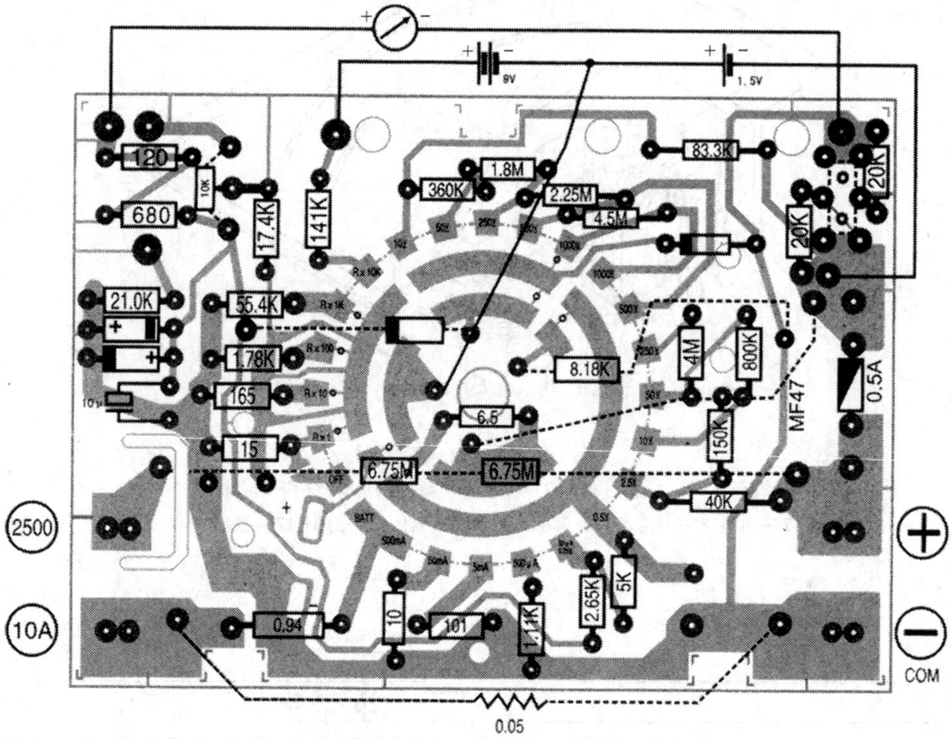

图 10 – 15　线　路　板

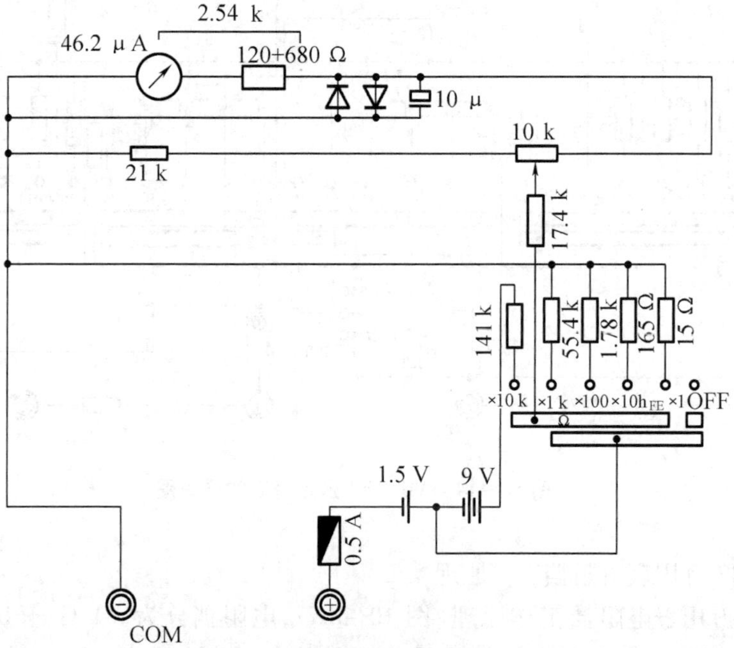

图 10 – 16　MF – 47 万用表电阻挡工作原理

实训 10－9　MF－47 万用表的安装与调试

一、实训要求

1. 了解电路原理,正确安装元件。
2. 能够排除故障,调试成功。
3. 学会使用并维修。

二、实训内容

1. 按照表 10－19 清点材料。

表 10－19　材　料　清　单

序号	名　　称	数量	序号	名　　称	数量
1	电阻	30 只	13	电刷组件	1 只
2	分流电阻	1 只	14	电位器小旋钮	1 只
3	电位器 WH_1	1 个	15	晶体管插座	1 只
4	二极管	4 只	16	螺钉	6 只
5	保险丝夹	2 只	17	弹簧	2 只
6	电解电容	1 个	18	钢珠	2 只
7	保险丝管	1 只	19	电池正负极片	4 只
8	连接线	5 根	20	铭牌	1 只
9	MF－47 电路板	1 块	21	晶体管插片	6 只
10	面板＋表箱(含电池盖板)	1	22	输入插管	4 只
11	表头	1	23	表棒	1 只
12	挡位开关大旋钮	1			

2. 二极管、电容、电阻的认识

判断二极管极性、电解电容极性的判断、色环的认识。

3. 焊接前的准备工作

清除元件表面的氧化层、元件引脚的弯制成形。

4. 元器件的焊接与安装。
5. 机械部件的安装调整。
6. 万用表故障的排除。
7. 万用表的使用。

三、考核评分标准(表 10－20)

要求无错装漏装;挡位开关旋扭转动灵活;焊点大小合适、美观;无虚焊;调试符合要求;器件无丢失损坏;能正确使用各个挡位。

表 10－20　MF－47 万用表的安装

序号	评　分　标　准	配分	得分
1	少元器件或工具,扣 5～10 分。	10	
2	1. 跳线太多,扣 5～10 分; 2. 导线布置不合理,扣 5～30 分; 3. 元件安排不合理,扣 5～30 分; 4. 设计错误,扣 20～40 分。	40	
3	1. 焊接错误,扣 10～20 分; 2. 不会或错误调试,扣 10～20 分。	40	
4	1. 发生伤害事故,扣 10 分; 2. 丢失、损坏配件,扣 10 分; 3. 物品随意乱放,扣 5～10 分。	10	
5	超过规定时间,每超过 5 分钟扣 10 分。		

第十一章　常用仪器仪表的使用

学习目的

掌握常用仪器仪表的使用方法以及注意事项。

内容提要

常用仪器仪表的使用在电子实训中是必不可少的一部分,本章介绍了低频信号发生器、交流毫伏表、示波器、晶体管特性图示仪、电桥等常用仪器仪表的特点、使用方法和注意事项,并且设计了常用仪器仪表的实训练习。

第一节　常用仪器仪表的使用注意事项

要正确地使用仪器仪表,必须要了解仪器仪表中的一般规则和常识,如果不遵守这些规则,并不是一定会导致错误,而是只在某些场合或某些情况下才会得到明显的错误结果。这也往往使得一些人误认为这些测量中的规则或常识似乎不是那么严格或那么有用,尤其是对于实践经验不足的初学者更是如此。下面就一般的仪器仪表使用中的应该了解的一些常识和注意事项进行解释和说明。

一、仪器仪表的阻抗

作为信号源一类的仪器,其输出阻抗都是很低的,通信系列的仪器(例如高频信号发生器等)典型值是50 Ω,电视系列的仪器典型值是72 Ω(例如扫频仪的扫频输出端或电视信号发生器的射频输出端)。虽然有的低频信号发生器也有几百欧姆输出阻抗的输出端子,但是作为电压输出的端子,其输出阻抗一般不会超过1 kΩ(低频信号发生器的功率输出端子除外)。之所以信号源的输出阻抗一般都做得很低,是因为信号源是产生信号的。

在测量过程中,信号发生将信号耦合到被测电路上的,如果信号源的阻抗做得很低,就很容易将信号源产生的信号耦合到输入阻抗较高的被测电路上。另外,对于高频测量,由于通信设备和电视设备一般射频输入端的阻抗是50 Ω和75 Ω,故而将仪器的输出阻抗设定在50 Ω和75 Ω,在测量过程中,就可以满足所要求的阻抗匹配。

一般在低频测量中,不一定要阻抗匹配。大多数情况是被测电路的输入阻抗比信号源的输出阻抗大得多,对信号源而言,往往可等效为开路输出(即空载)。而在高频情况下,一般需要阻抗匹配,否则由于反射波的影响,会造成耦合到被测电路上的信号幅度受馈线长短的影响,从而会造成耦合到被测电路输入端的信号幅度与信号源上的指示值不同,这就会造成测量结果的不准确。当测量频率上升,甚至上百兆时,这种影响就会变得显著。

例如对于扫频仪,当进行"零分贝校正"时,如果阻抗不匹配,则在频率较低的频段,屏幕上的扫描线是直的(不是指基线),但是在较高频率的频段,扫描线就会变得起伏不平。尤其是在宽频带测量时,这就会带来较大的误差。

另外，信号源耦合到被测电路上的信号幅度在匹配和非匹配状态下是不同的，仪器面板上所指示的输出幅度一般要么是空载输出的幅度，要么是匹配输出的幅度，这可以通过仪器使用说明或通过实测来确定。如果被测电路的输入阻抗并非比信号源输出阻抗大得多，也与信号源的输出阻抗不匹配，则不可以通过信号源的面板指示来确定耦合到被测电路上的信号幅度，而要通过实测确定。

作为电压表(例如晶体管毫伏表)或示波器一类的从被测电路上取得信号来测量的仪器，一般的输入阻抗都较高，典型值为1 MΩ，有的(例如示波器)还标有输入电容(例如25 pF)。之所以它们阻抗要做得较高，是因为这样可以使得它们对被测电路的影响较小。但是，当被测电路的输出阻抗大到与它们的输入阻抗相比拟时，则仪器的输入阻抗对被测电路的影响就变得显著了，这时测量结果往往不准确了(每当遇到这种情况时，这一点往往容易被初学者所忽略)。

对于仪器的输入电容来说，在低频情况下对测量没有什么大的影响。但是在高频情况下；有时就得小心。例如用示波器直接测量一个没有经过缓冲的振荡器，由于示波器输入端的电容直接并联在被测振荡器上，就会对振荡器的工作有影响，所得到的测量结果也就不准确。

二、避免仪器仪表的损坏

在仪表的使用中，不正确的操作可能造成对仪表的损坏。

对于信号源一类的仪器，不能随便将其输出端短路。尽管对于信号源的电压输出端子来说，将其输出端短路一般并不会损坏仪器，但是也应该养成不随便将输出端短路的习惯。

对于实验室里使用的直流稳压电源，一般都具有保护电路，短时间的短路通常并不会损坏仪器。但是，即使没有损坏，由于短路时，稳压电源内部处于一种高功耗状态，时间长了也可能受不了，尤其是散热不良时更是如此。而对于功率输出的信号源或信号源的功率输出端子，更不能将其输出端短路，否则就意味着仪器的损坏。在使用中，不仅不能将其输出端短路，而且，也不应该过载使用(即被测电路的阻抗过低)。

对于毫伏表或示波器一类的仪器，要注意耦合到其输入端上的电压不能超过其最大允许值。不过这类仪器输入端的最大允许值往往较大，很少有耦合到其输入端的电压达到超过其输入端最大允许的情况。但是对于频率计就不同了，很多频率计能够工作在1 000 MHz的频率上，而为了达到这么宽的频率范围，其前级电路放大器中所使用的管子必须是高频小功率管，它的耐压值不大，而由于某种原因要工作在如此高的频率上，故不容易在其输入端设置保护电路(这会导致其工作频率下降)，因此只要在其输入端馈入稍大的电压(例如十来伏甚至更低)，就极易导致前级电路中管子的损坏，从而造成仪器的损坏。

三、仪器外壳的接地

有许多仪器是金属外壳，由于金属外壳本身就是一个导体，而且由于它往往较大，所以它本身就是一个形状特殊的天线，容易接收空间的电磁干扰。通过它所接收的电磁干扰会通过各种渠道耦合到仪器的电路上，从而造成仪器的输出不纯(即造成干扰信号与有用信号混在一起输出)。为了避免这种干扰，有金属外壳的仪器，一般都不得不将外壳与仪器内部的地线连接起来，而仪器内部电路的地线又通过与被测电路连接的馈线，与被测电路的地线相连，使得干扰被短路到地。但是，有的仪器其外壳并不与其内部电路的地线相连，例如直流稳压电源，因为当其输出电压作为正电源输出时，那么其负端应该与被测电路的地线相连；而当将其输出电压作为负电源输出时，那么其正端应该与被测电路的地线相连，这时它的外壳就既不宜与输出端的正极相连，也不与负极相连，所以它往往在仪器面板上设置一个地线端子，而这个地线端子既不与输出端的正极相连，也不与负极相连，它只仅仅与外壳相连。在使用时，它应该与被测电路的地线相连。

在对整机进行测量时，往往需要同时用到许多仪器，工程上往往采用将所有仪器的外壳都用导线联接起来的方法来防止仪器的金属外壳所引入的干扰。仪器的外壳都连接起来以后，通过仪器与被测电路相连的馈线，就将仪器外壳与被测电路的地线连接起来了，从而达到屏蔽的效果。但是，如果不将仪器的外壳与被测电路的地线相连，也不一定会对测量结果有显著的影响。这要看是测量大信号还是小信号。因为仪器外壳作为天线所接收到的空间电磁辐射的干扰幅度毕竟很小，当被测电路输入端的信号幅度较大时（例如几十或几百毫伏或更大），由仪器外壳所引入的干扰就小得可以忽略不计，这时对测量结果就没有什么影响。但是，当被测电路输入端的信号幅度很小时，则干扰的影响就变得显著了，此时测量结果就会不准确。

四、探头与馈线

每个仪器都有自己的探头或馈线。有的仪器探头里含有某种电路（例如衰减器、检波器等），这种仪器探头一般不能与别的仪器的探头互换。在低频测量中，探头或馈线的使用不是那么严格，但在高频测量中，探头或馈线的使用就要严格得多了。

首先是匹配问题。例如扫频仪的扫频输出端的馈线有两种，一种是没有匹配电阻的，另一种则是有匹配电阻的。使用时要根据被测电路输入阻抗来确定用什么馈线。对任何仪器，在高频测量中都不能用任意的两根导线来代替匹配电缆的使用。另外，有的馈线或探头针较短，这是因为高频测量中不能使得探头的探针过长，否则会影响测量结果，故不可随意使得探头加长。但在低频测量中（例如1MHz以内），探头加长一些对测量结果的影响不大。

在稳压电源的使用中，其馈线就是一般的导线。但是，如果用稳压电源给高频电路供电，由于较长的导线在高频上呈现出较大的感抗，这就会导致电源内阻增加（稳压电源的高频内阻本来就比低频内阻大得多，其内阻指标是指低频内阻），为了降低馈线对电源的实际内阻的影响，往往需要在被测电路的电源端并联上去耦合的小容量电容。这对于要求稍高的电路（例如较高频率稳定度的振荡器）是必需的。

第二节　YB1602型函数信号发生器

低频信号发生器是电类实验中最为常用的仪器。虽然低频信号发生器有许多型号和种类，但是它们的使用方法是类似的。这里，我们通YB1602型号的低频函数信号发生器来说明其使用方法及注意事项。

一、面板操作键的功能

YB1602低频函数信号发生器的前后面板布置如图11－1所示。结合图11－1(b)、图11－1(c)对YB1602低频函数信号发生器各个键的功能逐一介绍。

(1)电源开关(PO WER)　将电源开关按键弹出即为“关”位置，将电源线接入，按电源

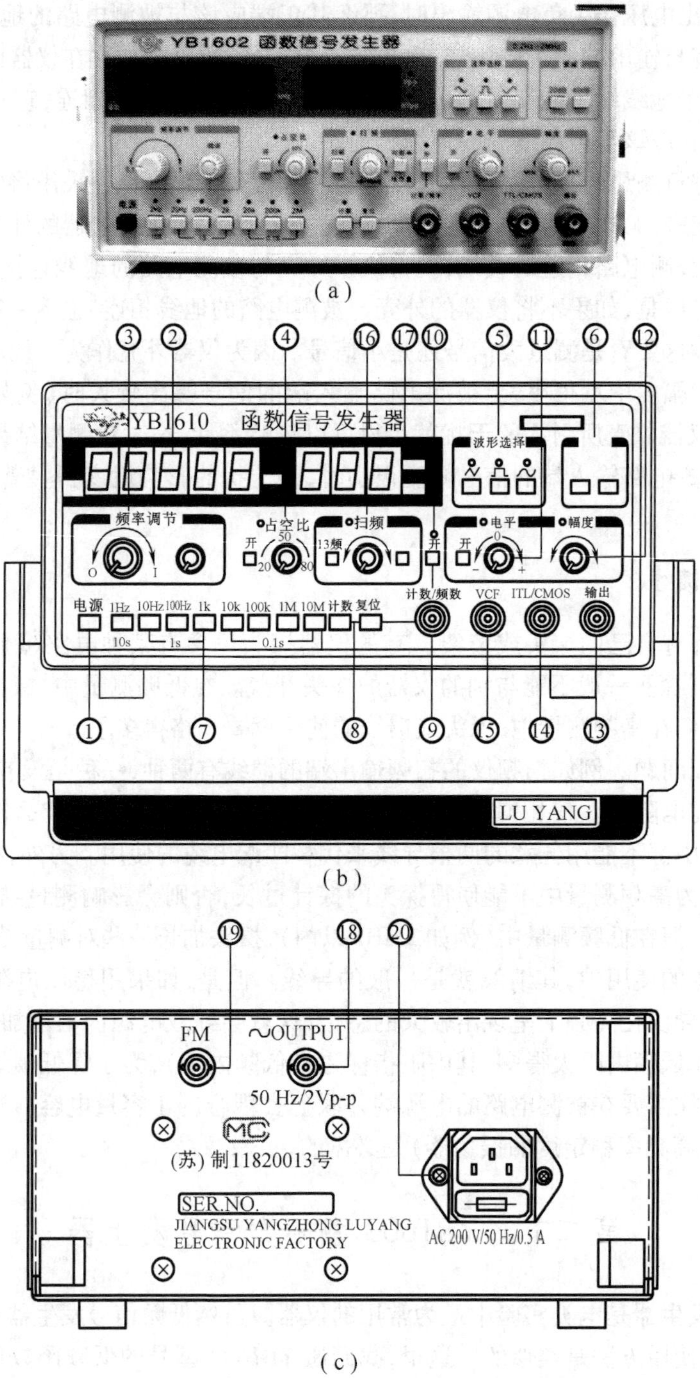

图 11－1　YB1602 低频函数信号发生器面板

(a) YB1602 低频函数信号发生器实物图；

(b) YB1602 低频函数信号发生器正面面板；

(c) YB1602 低频函数信号发生器反面面板

开关,以接通电源。

(2)LED 显示窗口　此窗口指示输出信号的频率,当"外测"开关按入,显示外测信号的频率,如超出测量范围,溢出指示灯亮。

(3)频率调节旋钮(FRE 或 ENCY)　调节此旋钮改变输出信号频率,顺时针旋转,频率增大,逆时针旋转,频率减小,微调旋钮可以微调频率。

(4)占空比(DUTY)　占空比开关,占空比调节旋钮,将占空比开关按入,占空比指示灯亮,调节占空比旋钮,可改变波形的占空比。

(5)波形选择开关(WAVEFORM)　按对应波形的某一键,可选择需要的波形。

(6)衰减开关(ATTE)　电压输出衰减开关,二挡开关组合为 20dB、40dB、60dB。

(7)频率范围选择开关(并兼频率计闸门开关)　根据所需要的频率,按其中一键。

(8)计数、复位开关　按计数键,LED 显示开始计数,按复位键,LED 显示全为 0。

(9)计数/频率端口　计数、外测频率输入端口。

(10)外测频开关　此开关按入 LED 显示窗显示外测信号频率或计数值。

(11)电平调节　按入电平调节开关,电平指示灯亮,此时调节电平调节旋钮,可改变直流偏置。

(12)幅度调节旋钮(AMPLITUDE)　顺时针调节此旋钮,增大电压输出幅度。逆时针调节此旋钮可减小电压输出幅度。

(13)电压输出端口(VOLTAGEOUT)　电压输出由此端口输出。

(14)TTL/CMOS 输出端口　由此端口输出 TTL/CMOS 信号。

(15)VCF　由此端口输入电压控制频率变化。

(16)扫频　按入扫频开关,电压输出端口输出信号为扫频信号,调节速率旋钮,可改变扫频速率,改变线性/对数开关可产生线性扫频和对数扫频。

(17)电压输出指示　3 位 LED 显示输出电压值,输出接 50gl 负载时应将读数除 2。

(18)50 Hz 正弦波输出端口　50 Hz 正弦波由此端口输出。

(19)调频(FM)输入端口　调频波由此端口输入。

(20)交流电源 220 V 输入插座。

二、使用方法

打开电源开关之前,首先检查输入的电压,将电源线插入后面板上的电源插孔,如表 11 -1 所示,设定各个控制键。

所有的控制键如上设定后,打开电源。函数信号发生器默认 10 k 挡正弦波,LED 显示窗口显示本机输出信号频率。

(1)将电压输出信号由幅度端口通过连接线送入示波器 Y 输入端口。

(2)三角波、方波、正弦波产生　将波形选择开关(WAVEFORM)分别按正弦波、方波、三角波。此时示波器屏幕上将分别显示正弦波、方波、三角波。改变频率选择开关,示波器显示的波形以及 LED 窗口显示的频率将发生明显变化。幅度旋钮(AMPLITUDE)顺时针旋转至最大,示波器显示的波形幅度将≥$20V_{p-p}$。将电平开关按入,顺时针旋转电平旋钮至最大,示波器波形向上移动,逆时针旋转,示波器波形向下移动,最大变化量 ±10 V 以上。按下衰减开关,输出波形将被衰减。注意:信号超过 ±10 V 或 ±5 V(50n)时被限幅。

(3)计数、复位　按复位键、LED 显示全为 0。按计数键、计数/频率输入端输入信号时,

LED 显示开始计数。

(4)斜波的产生　波形开关置“三角波”。占空比开关按入指示灯亮。调节占空比旋钮,三角波将变成斜波。

(5)外测频率　按入外测开关,外测频指示灯亮。外测信号由计数/频率输入端输入。选择适当的频率范围,由高量程向低量程选择合适的有效数,确保测量精度(注意:当有溢出指示时,请提高一挡量程)。

表 11-1　控　制　键

名　　称	状　　态
电源(PO WER)	电源开关键弹出
衰减开关(ATTE)	弹出
外测频(COUNTER)	外测频开关弹出
电平	电平开关弹出
扫频	扫频开关弹出
占空比	占空比开关弹出

(6)TTL 输出　TTL/CMOS 端口接示波器 Y 轴输入端(DC 输入)。示波器将显示方波或脉冲波,该输出端可作 TTL/CMOS 数字电路实验时钟信号源。

(7)扫频(SCAN)　按入扫频开关,此时幅度输出端口输出的信号为扫频信号。线性/对数开关,在扫频状态下弹出时为线性扫频,按入时为对数扫频。调节扫频旋钮,可改变扫频速率,顺时针调节,增大扫频速率,逆时针调节,减慢扫频速率。

(8)VCF(压控调频)　由 VCF 输入端口输入 0~5 V 的调制信号,此时幅度输出端口输出为压控信号。

(9)调频(FM)　由 FM 输入端口输入电压为 10 Hz~20 kHz 的调制信号,此时幅度端口输出为调频信号。

(10)50 Hz 正弦波　由交流 OUTPUT 输出端口输出 50 Hz 约 $2V_{p-p}$的正弦波。

第三节　YB2172B 型数字交流毫伏表

交流毫伏表是专门测量交流电压的仪表。可用于对电压幅度的精确测量,尤其是测量小信号(例如若干毫伏或几十毫伏的电压)。在整机的调试时,往往使用交流毫伏表而不用示波器。

这里我们介绍一种 YB2172B 型数字交流毫伏表。它是立体声测量的必备设备,采用两个通道输入,由一个双指针电表指示,可分别指示出两通道的示值,也可指示两通道的差值。测量范围为 100~300 V、5 Hz~1 MHz,使用非常简单。

一、面板操作键的说明

仪器的面板布置如图 11-2 所示。

(1)电源开关　电源开关按键弹出即为“关”位置,将电源线接入,按电源开关以接通电源。

(2)显示窗口　数字面板表指示输入信号的电压值。

(3)量程指示　指示灯显示仪器所处的量程和状态。

(4)输入插座　输入信号由此端口输入。

(5)量程旋钮　开机后,在输入信号前,应将量程旋钮调至最大处即量程指示灯“300 V”处亮,然后将输入信号送至输入端后,调节量程旋钮,使数字面板表正确显示输入信号的

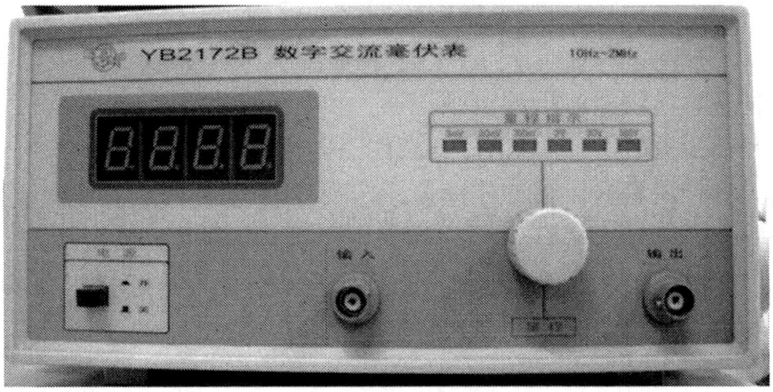

(a)

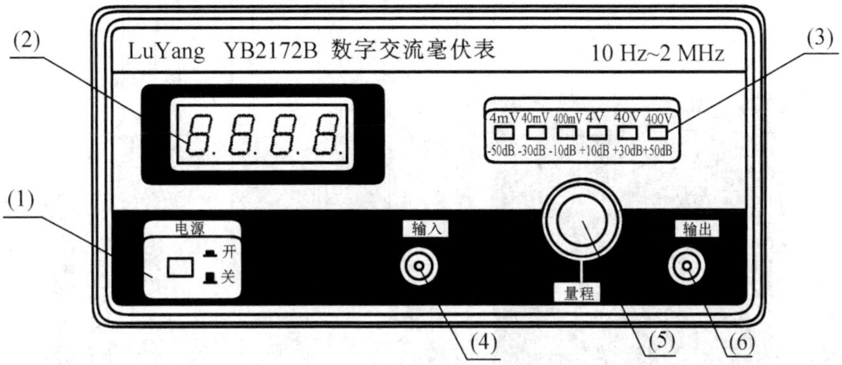

(b)

图 11-2 交流毫伏表面板

(a) YB2172B 型数字交流毫伏表实物图;

(b) YB2172B 型数字交流毫伏表面板正面面板

电压值。

(6) 输出端口　输出信号由此端口输出。

二、基本操作方法

(1) 打开电源开关前,首先检查输入的电源电压板上的交流插孔。

(2) 然后将电源线插入后面板上的交流插孔。

(3) 电源线接入后,按电源开关接通电源,并预热 5 分钟。

(4) 将量程旋钮调至最大量程处(在最大量程处时,量程指示灯应亮)。

(5) 将输入信号由输入端口送入交流毫伏表。

(6) 调节量程旋钮,使数字面板表正确显示输入信号的电压值。

(7) 将交流毫伏表的输出用探头送入示波器的输入端,当数字面板表满量程(±0.5% ±2 个字)显示时,其输出应满足指标。

(8) 在测量输入信号电压时,若输入信号幅度超过满量程的 +14% 左右时,仪器的数字面板表会自动闪烁,此时请调节量程旋钮,使其处于相应的量程,以确保仪器测量准确性(每挡量程都具有超量程自动闪烁功能)。

第四节　YB43020 型双踪示波器

示波器是一种观察电信号波形的电子仪器。可测量周期性信号波形的周期或频率、脉冲波的脉冲宽度和前后沿时间、同一信号任意两点间隔、同频率两正弦信号间的相位差和调幅波的调幅系数等各种电参量。借助传感器还能观察非电参量随时间的变化过程。

根据用途、结构及性能，示波器一般分为通用示波器、多束示波器（或称多线示波器）、取样示波器、记忆与存储示波器、特殊示波器以及近年来才发展起来的虚拟仪器。本节以 YB43020 双踪示波器来说明示波器的使用，如图 11－3 所示。

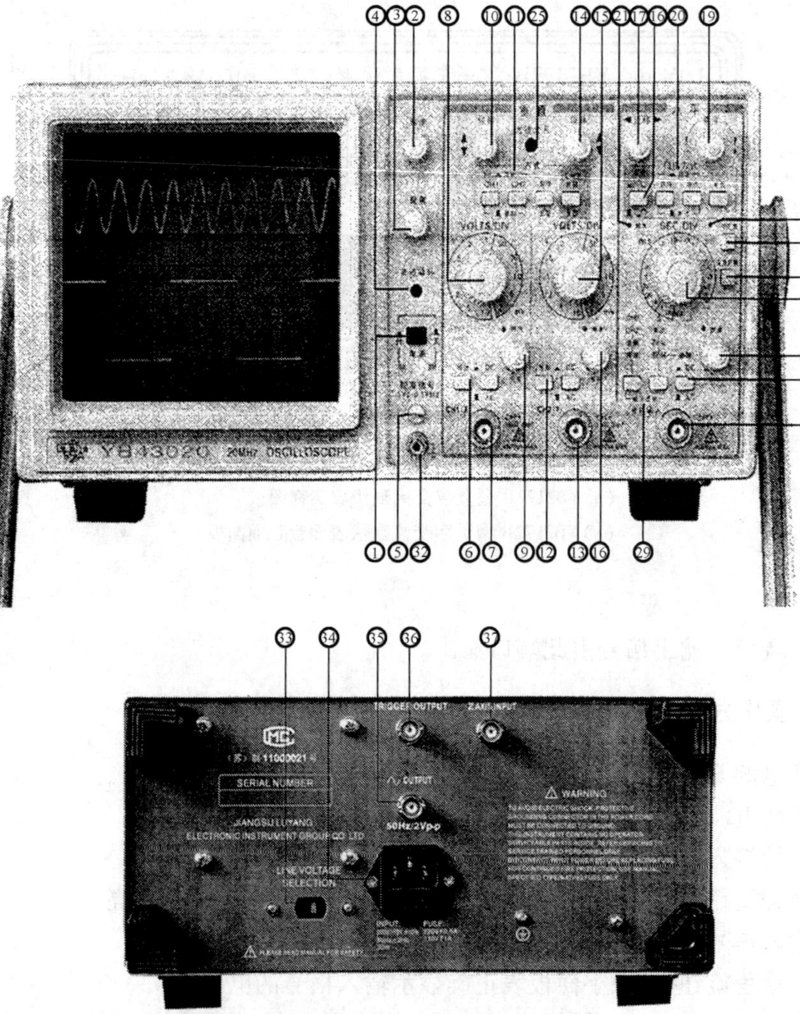

图 11－3　YB43020 示波器面板装置图

一、YB43020 示波器初操作的检查方法

1. 安全检查

使用前注意先检查“电源变换开关”是否与市电源相符合。工作环境和电源电压应满

足技术指标中给定的要求。初次使用本机或久藏后再用，建议先放置通风干燥处几小时后通电 1 ~2 小时再使用。使用时不要将本机的散热孔堵塞，长时间连续使用要注意本机的通风情况是否良好，防止机内温度升高而影响本机的使用寿命。

2. 仪器工作状态的检查

(1) 主机的检查　把各有关控制件置于表 11 -2 所列作用位置。

表 11 -2　控制件作用

控制件名称	作用位置	控制件名称	作用位置
亮度 INTENSITY	居中	输入耦合	DC
聚焦 FOCUS	居中	扫描方式 SWEEPMODE	自　动
位移(三只) POSITION	居中	极性 SLOPE	
垂直方式 MODE	CH1	SEC/DIV	0.5 ms
VOLTS/DIV	0.1V	触发源 TRIGGERSOURCE	CH1
微调(三只) VARIABLE	逆时针旋足	耦合方式 COUPLING	AC 常态

接通电源，电源指示灯亮。稍等预热，屏幕中出现光迹，分别调节亮度和聚焦旋钮，使光迹的亮度适中、清晰。通过连接电缆将本机探极校准信号输入至 CH1 通道，调节电平旋钮使波形稳定，分别调节 Y 轴和 X 轴的移位，使波形与图 11 -4(a) 相吻合，用同样的方法分别检查 CH2 通道。

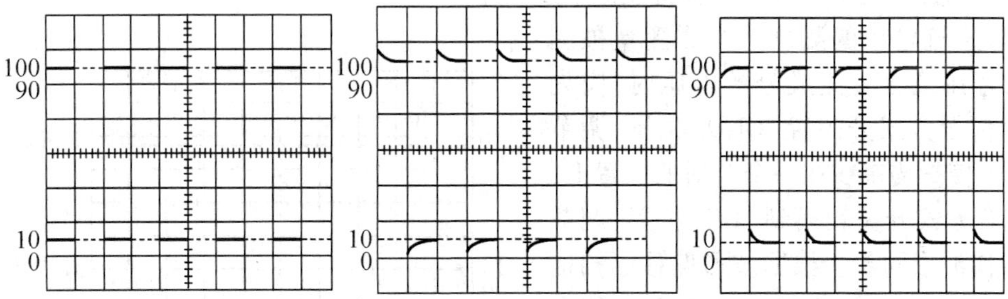

(a)　(b)　(c)

图 11 -4　补偿波形的各种图形

(a) 补偿适中；(b) 波形过冲过补偿；(c) 波形下塌欠补偿

(2) 探头的检查　探头分别接入两 Y 轴输入接口，将 VOLTS/DIV 开关调至 10 mV，探头衰减置 ×10 挡，屏幕中应同样显示图 11 -4(a) 所显示的波形，如波形有过冲(图 11 -4(b)) 或下塌(图 11 -4(c)) 现象，可用高频旋具调节探极补偿元件(图 11 -4(a))，使波形最佳。做完以上工作，证明本机工作状态基本正常，可以进行测试。

二、示波器的测量

1. 电压的测量

在测量时一般把“VOCIS/DIV”开关的微调装置以逆时针方向旋至满度的校准位置，这样可以按“VOLTS/DIV”的指示值直接计算被测信号的电压幅值。由于被测信号，一般都含有交流和直流二种成分，因此在测试时应根据下述方法操作。

（1）交流电压的测量　当只需测量被测信号的交流成分时，应将Y轴输入耦合方式开关置“AC”位置，调节“VOLTS/DIV”开关，使波形在屏幕中的显示幅度适中，调节“电平”旋钮使波形稳定，分别调节Y轴和X轴位移，使波形显示值方便读取，如图11－6所示。根据“VOLTS/DIV”的指示值和波形在垂直方向显示的坐标（DIV）。按下式读取

$$V_{p-p}=\mathrm{V/DIV}\times \mathrm{H(DIV)}$$

$$V_{有效值}=\frac{V_{p-p}}{2\sqrt{2}}$$

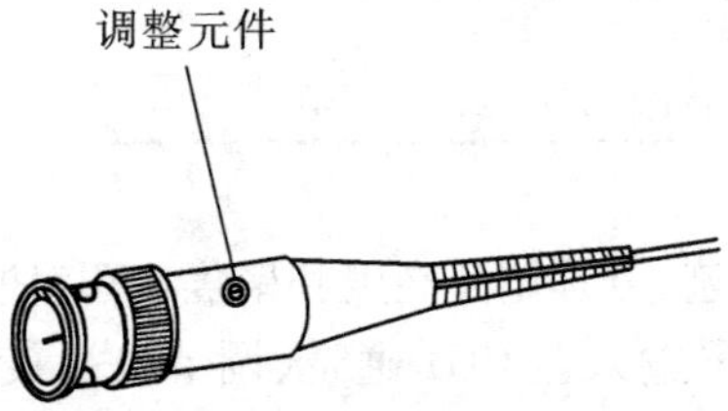

图11－5　高频旋具探极补偿元件

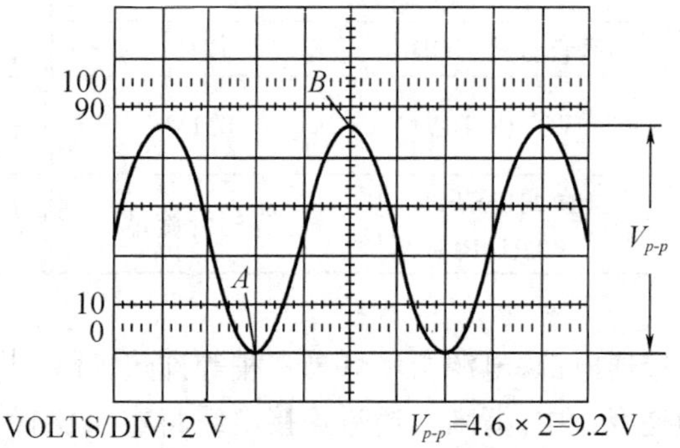

图11－6　交流电压的测量

如果使用的探头置10∶1位置，应将该值乘以10。

（2）直流电压的测量　当需测量被测信号的直流或含直流成分的电压时，应先将Y轴耦合方式开关置“GND”位置，调节Y轴移位使扫描基线在一个合适的位置上，再将耦合方式开关转换到“DC”位置，调节“电平”使波形同步。根据波形偏移原扫描基线的垂直距离，用上述方法读取该信号的各个电压值。见图11－7。

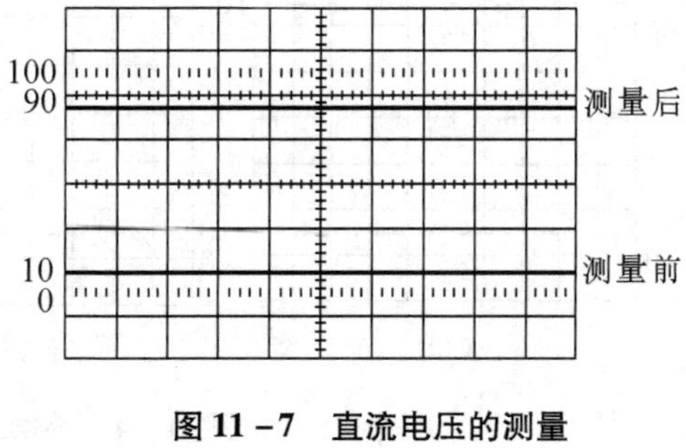

图11－7　直流电压的测量

2. 时间的测量

对某信号的周期或该信号任意两点间时间参数的测量，可首先按上述操作方法，使波形获得稳定同步后，根据该信号周期或需测量的两点间在水平方向的距离乘以“SEC/DIV”开关的指示值获得，当需要观察该信号的某一细节（如快跳变信号的上升或下降时间）时，可将“×5扩展”按键按入，使显示的距离在水平方向得到5倍的扩展，调节X轴位移，使波形处于方便观察的位置，此时测得的时间值应除以5。

测量两点间的水平距离，按下式计算出时间间隔

$$\text{时间间隔(s)}=\frac{\text{两点间的水平距离(格)}\times\text{扫描时间系数(时间/格)}}{\text{水平扩展系数}}$$

3. 频率测量

对于重复信号的频率测量，可先测出该信号的周期，再根据公式

$$f(\mathrm{Hz})=\frac{1}{T(\mathrm{s})}$$

计算出频率值，若被测信号的频率较密，即使将“SEC/DIV”开关已调至最快挡，屏幕中显示的波形仍然较密，为了提高测量精度，可根据 X 轴方向 ±DIV 内显示的周期数用下式计算

$$f(\mathrm{Hz})=\frac{\mathrm{N}(\text{周期数})}{\text{SEC/DIV 指示值}\times 10}$$

4. 二个相关信号的时间差或相位差的测量

根据二个相关信号频率，选择合适的扫描速度，并将垂直方式开关根据扫描速度的快慢分别置交替或断续位置，将触发源选择开关置北设定作为测量基准的通道，调节电平使波形稳定同步，根据两个波形在水平方向某两点的距离，用下式计算出时间差

$$\text{时间差}=\frac{\text{水平距离(格)}\times\text{扫描时间系数(时间/格)}}{\text{水平扩展系数}}$$

在图 11－8 中，扫描时间系数设置 50 μs/格，水平扩展置 ×1，测得两测量点之间的水平距离为 1.5 格，则

$$\text{时间差}=\frac{1.5\text{ 格}\times 50\ \mu\text{s/格}}{1}=75\ \mu\text{s}$$

若测量两个信号的相位差，可在用上述方法获得稳定显示后，调节两个通道的“VOLTS/DIV”开关和微调，使两个通道显示的幅度相等。调节“VAR”微调，使被测信号的周期在屏幕中显示的水平距离为几个整数据，得到

$$\text{每格的相位角}=\frac{360°}{\text{一个周期的水平距离(DIV)}}$$

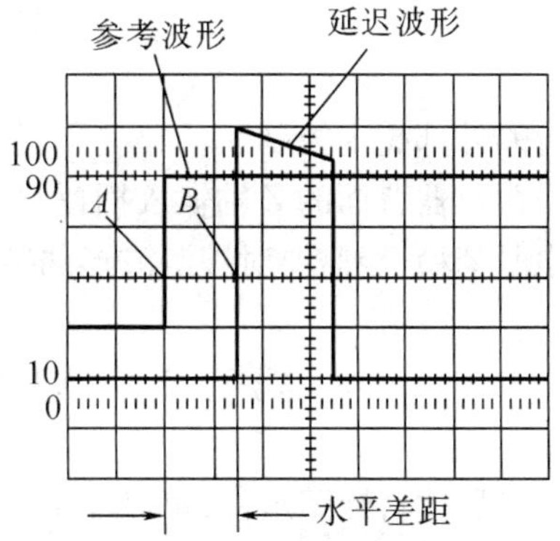

图 11－8　对两个相关信号时间的测量

再根据另一个通道信号超前或滞后的水平距离乘以每格的相位角，得出两相关信号的相位差。

5. 两个不相关信号的测量

当需要同时测量两个不相关信号时，应将垂直方式开关置“ALT”位置，并将触发源选择开关“CH1”、“CH2”两个按键同时按入，调节电平可使波形获得同步。

因为该方式仅限于在“垂直方式”为“交替”时使用，因此被测信号的频率不宜太低，否则会出现两个通道的交替闪烁现象。当其中一个通道无信号输入时，将不能获得稳定同步。

6. 电视信号的测量

本示波器设有 TV－V、TV－H 同步信号分离电路，当需观察电视信号时可选择“W－V”、“TV－H”，根据被测电视信号的极性，选择合适的触发极性，调节电平可获得电视信号的稳定。

7. X－Y 方式的应用

在某些特殊场合，X 轴的光迹偏转需由外来信号控制，或需要 X 轴也作为被测信号的输入通

道。如外接扫描信号、图形的观察或作为其他设备的显示装置等,都需要用到该方式。

X－Y 方式的操作:将"SEC/DIV"开关逆时针方向旋足至"X－Y"位置,由"CH1 0RX"端口输入 X 轴信号,其偏转灵敏度仍按该通道的"VOLTS/DIV"开关指示值读取。

8. 交替扩展扫描

在观察被测信号全景又要能看到信号某处的细节时,可使用此功能。进入该功能后每通道显示二组扫描线;当一组为正常扫描速度显示的波形,第二组为扫描速度扩展×5 后的波形(实际扫速时间二该挡扫速数÷5),两组波形垂直平分线方向间隔距离,可通过面板"轨迹分离"调节以达到满意效果,见图 11－9。

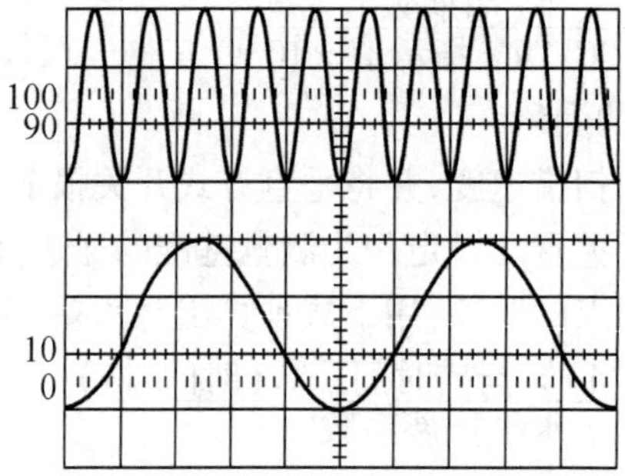

图 11－9　交替扩展扫描波形显示

9. 外部亮度控制

由仪器背面的 Z 轴输入插座可输入对波形亮度的调制信号,调制极性为负电平加亮,正电平消稳,当需要对被测波形的某段打人亮度标记时,可采用本功能获得。

第五节　XJ4810 型半导体管特性图示仪

半导体特性图示仪,可以在示波管上直接显示半导体器件的各种特性曲线,并可测量其静态参数。以 XJ4810 型半导体管特性图示仪来说明晶体管图示仪的及使用方法。

一、仪器面板结构及功能说明

XJ4810 型晶体管特性图示仪面板结构如图 11－10 所示。各部件功能为如下:

(1)集电极电源极性按钮　测量 NPN 管时置"＋"、测量 PNP 管时置"－"。

(2)集电极峰值电压熔断器　1.5 A。

(3)峰值电压%　调此旋钮使峰值电压分四挡,连续可变,精确的读数应由 X 轴偏转灵敏度测读。

(4)功耗限制电阻　串联在被测管的集电极电路上,限制功耗,亦可作为被测晶体管集电极的负载电阻。

(5)峰值电压范围　改变集电极峰值电压范围(分四挡),换挡时,须将峰值电压调到 0 值后再按需要的电压逐渐增加,否则易击穿被测晶体管;AC 挡的设置专为二极管或其他元件测试,提供双向扫描,可同时显示器件正反向的特性曲线。

(6)电容平衡　为了减小电容性电流造成的测量误差,测试前应调节电容平衡,使容性

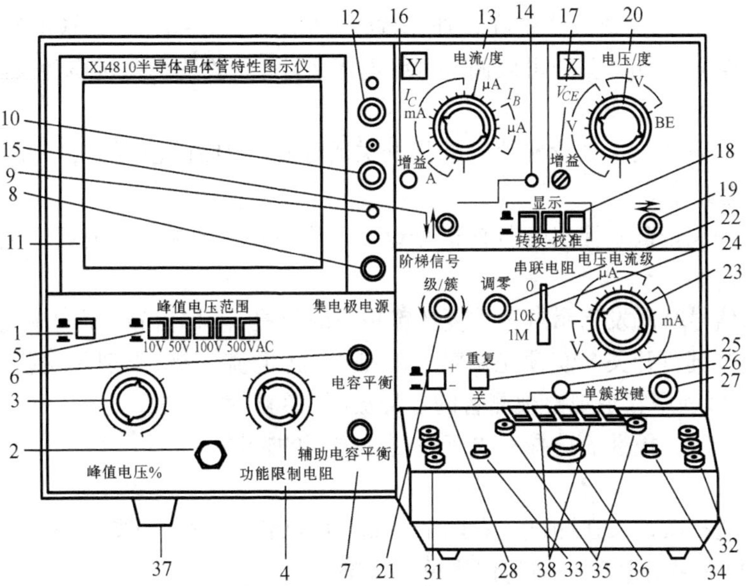

图 11-10　XJ4810 型晶体管特性图示仪面板结构图

电流减至最小状态。

(7)辅助电容平衡　是针对集电极变压器二次绕组对地电容的不对称,而再次进行电容平衡调节。

(8)电源开关及辉度调节　电源开关兼亮度调节。

(9)电源指示　接通电源时灯亮。

(10)聚焦　调节旋钮使光点最清晰。

(11)荧光屏幕　示波管屏幕,外有坐标刻度。

(12)辅助聚焦　与聚集旋钮配合使用。

(13)Y 轴选择(电流/div)开关　可以进行集电极电流基极电压、基极电流和外接的不同转换。

(14)电流/div ×0.1 倍率指示灯　灯亮仪器进入电流/div ×0.1 倍工作状态。

(15)垂直位移及电流/div 倍率开关　调节迹线在垂直方向的位移。旋钮拉出放大器增益扩大 10 倍,电流/度各挡标值 ×0.1,同时(14)项中的指示灯亮。

(16)Y 轴增益　校正 Y 轴增益。

(17)X 轴增益　校正 X 轴增益。

(18)显示开关　分转换、接地、校准三挡。转换:使图像在Ⅰ、Ⅲ象限内相互转换,便于 NPN 管和 PNP 管的转测;接地:放大器输入接地,表示输入为零的基准点;校准:按下校键,光点在 X、Y 轴方向移动的距离刚好为 10°,以达到 10°校正目的。

(19)X 轴位移 = 调节迹线在水平方向的位移。

(20)X 轴选择(电压/度)开关 = 可以进行集电极电压、基极电流、基极电压和外接四种功能的转换,共 17 挡。

(21)级/簇调节　调节阶梯信号的级数在 0 ~ 10 的范围内,连续可调。

(22)调零调节　测试前,应首先调整阶梯信号起始级,零电平的位置。当荧光屏上已观察到基极阶梯信号后,按下“零电平”键,观察光点停留在荧光屏的位置,复位后调节调零旋钮,使阶梯信号的起始级光点仍在该处,这样阶梯信号的“零电位”即被准确校正。

(23)阶梯信号选择开关　可以调节每级电流大小,一般选用基极电流/级,测试场效应管时可选用基极源电压/级。

(24)串联电阻开关　当阶梯信号选择开关置于电压/级的位置时,串联电阻将串联在被测管的输入电路中。

(25)重复—关按键　弹出时阶梯信号重复出现,作正常测试。按下为关,阶梯信号处于待触发状态。

(26)阶梯信号待触发指示灯　重复按键按下时灯亮,阶梯信号已进入待触发状态。

(27)单簇按键盘开关　使预先调整好的是电压(电流)/级,出现一次阶梯信号后回到等待触发位置,可利用它来观察被测管的各种极限瞬间特性。

(28)极性按键　极性的选择取决于被测晶体管的特性。

(29)测试台。

(30)测试选择按键　在测试左右两个被测管的特性,当置“二簇”时显示左右二簇特性曲线。二簇特性曲线比较时。请勿误用单簇按键。

(31)(32)左右测试插孔　插上专用插座,可测试F1、F2型管座的功率晶体管。

(33)(34)左右晶体管测试插座。

(35)二极管反向漏电流专用插座。

(36)晶体管测试插座。

(37)零电压、零电流　被测管测试之前,应先调整阶梯信号的起始级在零电平的位置,调整方法见(22)项。

(38)二簇位移旋钮　在二簇显示时,可改变右簇曲线的位移,便于配对晶体管各种参数的比较(38~41在仪器右侧)。

(39)Y轴输入　Y轴选择开关置于外接时,Y轴信号由此输入。

(40)X轴选择开关置于外接时,X轴信号由此输入。

(41)1 V、0.5 V校准信号由此输出。

二、主要技术性能

XJ4810型晶体管图示仪主要性能指标如表11-3所示。

表11-3　XJ4810型晶体管图示仪主要性能指标

项　目		性能指标	项　目		性能指标
Y轴偏转参数	集电极电流范围	$1\times10^{-5}\sim0.5$ A/div	X轴参数	集电极电压范围	0.05~50 V/div
	二极管反向漏电流	0.2~5gA/div		基极电压范围	0.05~1 V/div
	基极电流或基极源电压	0.05 V/div		基极电流或基极源电压	0.05 V/div
	外接输入	0.05 V/div		外接输入	0.05 V/div
	偏转倍率	×0.1			

表 11－3(续)

<table>
<tr><th colspan="2">项　　目</th><th>性能指标</th><th colspan="2">项　　目</th><th>性能指标</th></tr>
<tr><td rowspan="6">阶梯信号</td><td>阶梯电流范围</td><td>2×10^{-4}～50 MA/级</td><td rowspan="6">集电极扫描信号</td><td rowspan="4">峰值电压与电流容量</td><td rowspan="4">0～10 V(5 A)
0～40 V(1 A)
0～100 V(0.5 A)
0～500 V(0.1 A)</td></tr>
<tr><td>阶梯电压范围</td><td>0.05～1 V/级</td></tr>
<tr><td>串联电阻</td><td>0、10 kΩ、1 MΩ</td></tr>
<tr><td>级/族</td><td>1～10 连续可调</td></tr>
<tr><td>级/秒</td><td>200</td><td>功耗限制电阻</td><td>0～0.5 MΩ</td></tr>
<tr><td>极性</td><td>+　－</td><td>最大功率</td><td>≈80 W</td></tr>
</table>

三、测试前注意事项

为保证仪器的合理使用,既不损坏被测晶体管,也不损坏仪器内部线路,在使用仪器前应注意以下事项:

(1)对被测管的 P_{CM}、I_{CM}、B_{EBO}、BV_{CBO} 等主要直流参数有一个大概的了解,以防损坏晶体管。

(2)选择好扫描和阶梯信号的极性,以适应不同管型的测试项目和需要。

(3)根据所测参数和被测管允许的集电极电压,选择合适的扫描电压范围,一般情况下,应先将峰值电压调至零,然后逐渐加大,选择一定的功耗电阻,测试反向特性时,功耗电阻要选择大一些,同时将 X、Y 偏转开关置于合适挡位。

(4)选择合适的阶梯电流或阶梯电压,一般宜先小一点,再根据需要逐渐加大。测试不应超过被测管的集电极最大允许功耗。

(5)在进行 I_{CM} 的测试时,一般采用单簇为宜,以免损坏被测管。

(6)在进行 I_C 或 I_{CM} 的测试中,应根据集电极电压的实际情况,不应超过该仪器规定的最大电流;0 V～10 V 为 5 A,0 V～50 V 为 1 A,0 V～100 V 为 0.5 A,0 V～500 V 为 0.1 A。

(7)进行高压测试时,应特别注意安全,电压应从零逐渐调节到需要值,观察完毕,应及时将峰值电压调到零。

四、测试步骤

(1)按下电源开关,指示灯亮,预热 15 分钟后,即可进行测试。

(2)调节辉度、聚集及辅助聚集,使光点清晰。

(3)将峰值电压旋钮调至零,峰值电压范围、极性和功耗电阻等开关置于所需位置。(查手册)

(4)对 X、Y 轴放大器进行 10°校准。

(5)调节阶梯调零。

(6)选择需要的基极阶梯信号,将极性、串联电阻置于合适挡位,调节级/簇旋钮,阶梯信号为 10 级/簇,阶梯信号置重复位置。

(7)插上被测晶体管,缓慢地增大峰值电压,荧光屏上即有曲线显示。

五、测试举例

晶体三极管和的测量(NPN 型 3DK2 晶体管)。将光点移至荧光屏的左下角作为标零点，仪器和有关旋钮置于表11－4所示位置。峰值电压由0逐渐加大就能在显示屏上得到一簇特性曲线，如读出X轴集电极电压上的$V_{CE}=8\ \text{V}$，此时读出I_C、I_B之值，则

$$h_{FE}=\frac{I_C}{I_B};\quad \beta=\frac{\Delta I_C}{\Delta I_B}$$

具体晶体管的其他参数测量方法见XJ4810说明书和有关电子测量仪器资料。

第六节　直流电阻电桥

电桥是用比较法测量物理量的电磁学基本测量仪器，它主要用来测量电阻、电容、电感、温度、频率及压力等许多物理量。由于电桥准确度高，稳定性好，且有较大的灵活性，所以广泛用于电磁测量、自动调节和自动控制中。电桥的种类很多，常用的有惠登斯电桥和凯尔文电桥。

一、QJ23型直流电阻电桥

单臂电桥（又称惠斯顿电桥）是最基本的直流单臂电桥，QJ23型直流电阻电桥原理如图11－11所示，电桥由倍率盘（比例臂），测量盘（比较臂）、内附指零仪及电源等部分组成。

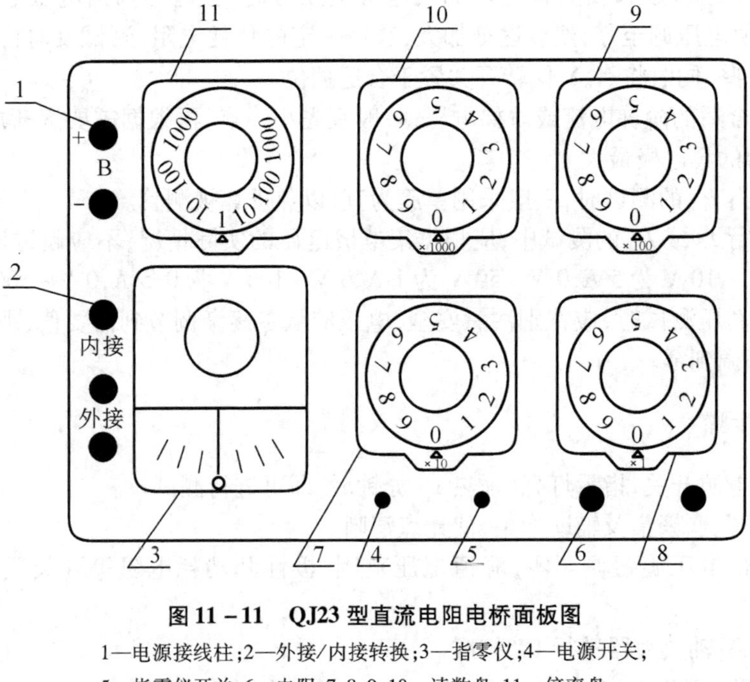

图11－11　QJ23型直流电阻电桥面板图

1—电源接线柱；2—外接/内接转换；3—指零仪；4—电源开关；
5—指零仪开关；6—电阻；7，8，9，10—读数盘；11—倍率盘

测量盘（比较臂）有四组，每组以1，2、2、2、2五个电阻元件由开关组合成0～9共10个示值，四组测量盘总调节范围为0～9999；倍率盘（比例盘）采用差值式，总阻为1 000 Ω，由于倍率盘开关接触电阻归到电源回路，故对测量精度没有影响；按钮“B”和“G”分别用于控制桥路电源和指零仪输入信号；按钮按下后旋转90°可以锁住，再旋转90°可以复位。

使用方法：

（1）准备　卸下电桥背面铭牌，在电池盒内装入2节1.5V二号干电池和1节6F22型9V叠层电池，装上铭牌；检查外接指零仪接线端钮是否正确短接；对指零仪进行机械调零，使指针与表面"0"线重合。

（2）测量　将被测电阻器接到"R_x"两接线柱上，估计被测电阻的阻值，适当选择倍率（比例臂），按下"B"和"G"按钮（指零仪瞬间接通电源，并立即正常工作），调节测量盘（比较臂），使指零仪重新回零－电桥平衡，则被测电阻器阻值为

$$R_x = 倍率 \times 测量盘示值$$

（3）外接电源、外接指零仪

①外接电源　如需用外接电源时，先将电桥背面铭牌打开，取出2号干电池；按极性从外接电源接线柱接入相应电源。

②外接指零仪　如要提高测量精度，必须采用外接指零仪。用短路片将"内接"两接线柱短接，外接指零仪从"外接"两接线柱接入。

（4）电阻箱的功能　将"B"和"G"按钮复位，则"G"外接下端接线柱与"R_x"右边接线柱只见便可作为一个可调电阻箱，电阻值调节范围为0～9999 Ω。

二、QJ42型直流电阻电桥

凯尔文电桥，又称双臂电桥，如图11－12所示，QJ42型直流电阻电桥线路、内附指零仪、可内装干电池的携带式直流电阻电桥。用来测量11Ω以下直流低值电阻，如金属导电率，电机、变压器绕组的直流电阻，电刷、开关的接触电阻等各类低值电阻。适宜于车间及无交流电源的现场使用。

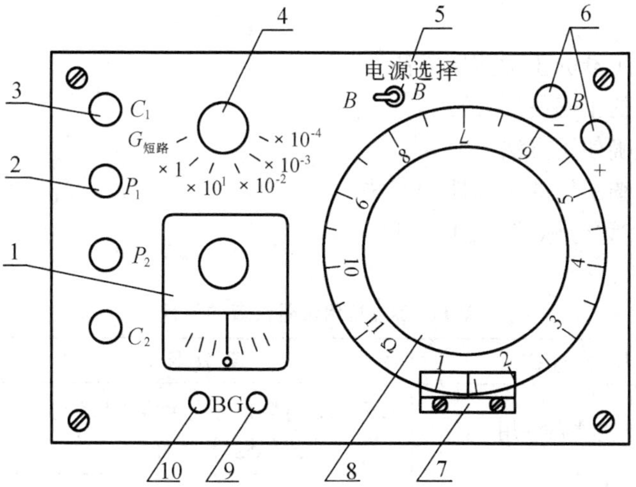

图11－12　QJ42型直流电阻电桥

1—指零仪；2—电位端接线柱（P_1、P_2）；3—电流端接线柱（C_1、C_2）；4—倍率开关；5—电源选择开关；6—外接电源接线柱；7—标尺；8—读数盘；9—指零仪按钮开关 G；10—电源按钮开关 B

使用方法:

(1)准备　在电桥背面电池盒中装入5节1.5 V一号干电池和1节6F22型9 V叠层电池;对指零仪进行机械调零,使指针与表面“0”线重合;将“电源选择”开关拨到“B内”。

(2)测量　将被测电阻器按四线制接法接到电桥相应的接线柱上,其中C_1、C_2为电流端,P_1、P_2为电位端,AP_1和BP_2为电位端引线,AC_1和BC_2为电流端引线,AB两点为被测电阻R_x的有效测量点(不包括引线电阻和接触电阻)。估计被测电阻的阻值大小,将倍率开关由“G短路”旋转到适当位置上,按下“B”和“G”按钮(指零仪瞬间接通电源、立即正常工作),调节测量盘,使指零仪重新回零-电桥平衡,则被测电阻器阻值为

$$R_x = 倍率 \times 测量盘示值$$

(3)外接电源、外接指零仪。

①外接电源　如需用外接电源时,将“电源选择”开关拨到“$B_{外}$”,按极性从外接电源接线柱两端接入1.5 V、容量≥10Ah直流电源。

②外接指零仪　若要提高测量精度,必须采用外接指零仪。电池盒内装有ϕ3.5耳机插座,外接指零仪由此引入,内附指零仪同时切断。

实训考核课题

实训11-1　常用仪器仪表的使用

一、实训目的

1. 掌握常用仪器仪表面板操作键的功能。

2. 掌握常用仪器仪表的正确使用方法。

二、实训内容

1. 低频信号发生器的正确使用方法。

2. 交流毫伏表的正确使用方法。

3. 示波器的正确使用方法。

4. 晶体管特性图示仪的正确使用方法。

三、考核内容和评分标准(表11-4)

表11-4　常用仪器仪表的使用

序号	考核内容	评分标准	配分	得分
1	低频信号发生器的使用	1. 不认识低频信号发生器,扣25分; 2. 错一个操作键,扣5分。	25	
2	交流毫伏表的使用	1. 不认识交流毫伏表,扣20分; 2. 错一个操作键,扣5分。	20	
3	示波器的使用	1. 不认识示波器,扣25分; 2. 错一个操作键,扣5分。	25	
4	晶体管特性图示仪的使用	1. 不认识晶体管特性图示仪,扣20分: 2. 错一个操作键,扣5分。	20	

表 11－4(续)

序号	考核内容	评分标准	配分	得分
5	安全文明生产	1. 损坏仪表,扣 10 分; 2. 丢失配件,扣 10 分; 3. 物品随意乱放,扣 5～10 分。	10	
6	操作时间	每超过 5 分钟扣 10 分。		

实训 11－2　用单臂电桥测电阻

一、考核要求

用万用表估测电阻的大约数值后,用单臂电桥正确测量出被测电阻数值。

二、考核注意事项

1. 满分 10 分,考核时间 20 分钟。
2. 被测电阻的阻值标记应去掉或涂黑。
3. 每个考生至少应测量 2 只以上电阻。
4. 不能损坏仪器、仪表,损坏仪器、仪表扣 10 分。

三、考核评分标准(表 11－5)

表 11－5　单臂电桥测电阻

序号	主要内容	考核要求	评分标准	配分	得分
1	测量准备	选择仪表正确,接线无误	仪表选择错误,扣 2 分	2	
2	测量过程	测量过程准确无误	测量过程中,操作步骤每错一次,扣 1 分	5	
3	测量结果	测量结果在允许误差范围之内	测量结果有较大误差或错误,扣 2 分	2	
4	维护保养	对使用的仪器、仪表进行简单的维护保养	维护保养有误,扣 1 分	1	
合　计					

附录

维修电工国家职业标准

一、职业概况

1. 职业名称:维修电工。

2. 职业定义

从事机械设备和电气系统线路及器件等的安装、调试与维护、修理的人员。

3. 职业等级

本职业共设五个等级,分别为初级(国家职业资格五级)、中级(国家职业资格四级)、高级(国家职业资格三级)、技师(国家职业资格二级)、高级技师(国家职业资格一级)。

4. 职业环境:室内,室外。

5. 职业能力特征

具有一定的学习、理解、观察、判断、推理和计算能力,手指、手臂灵活,动作协调,并能高空作业。

6. 基本文化程度:初中毕业。

7. 培训要求

(1)培训期限　全日制职业学校教育,根据其培养目标和教学计划确定。晋级培训期限:初级不少于500标准学时;中级不少于400标准学时;高级不少于300标准学时;技师不少于300标准学时;高级技师不少于200标准学时。

(2)培训教师　培训初、中、高级维修电工的教师应具有本职业技师以上职业资格证书或相关专业中、高级专业技术职务任职资格;培训技师和高级技师的教师应具有本职业高级技师职业资格证书2年以上或相关专业高级专业技术职务任职资格。

(3)培训场地设备　标准教室及具备必要实验设备的实践场所和所需的测试仪表及工具。

8. 鉴定要求

(1)适用对象　从事或准备从事本职业的人员。

(2)申报条件

——初级(具备以下条件之一者)

①经本职业初级正规培训达规定标准学时数,并取得毕(结)业证书。

②在本职业连续见习工作3年以上。

③本职业学徒期满。

——中级(具备以下条件之一者)

①取得本职业初级职业资格证书后,连续从事本职业工作3年以上,经本职业中级正规培训达规定标准学时数,并取得毕(结)业证书。

②取得本职业初级资格证书后,连续从事本职业工作5年以上。

③连续从事本职业工作7年以上。

④取得经劳动保障行政部门审核认定的、以中级技能为培养目标的中等以上职业学校本职业(专业)毕业证书。

——高级(具备以下条件之一者)

①取得本职业中级职业资格证书后,连续从事本职业工作4年以上,经本职业高级正规培训达规定标准学时数,并取得毕(结)业证书。

②取得本职业中级职业资格证书后,连续从事本职业工作8年以上。

③取得高级技工学校或经劳动保障行政部门审核认定的、以高级技能为培养目标的高等职业学校本职业(专业)毕业证书。

④取得本职业中级职业资格证书的大专以上本专业或相关专业毕业生,连续从事本职业工作3年以上。

——技师(具备以下条件之一者)

①取得本职业高级职业资格证书后,连续从事本职业工作5年以上,经本职业技师正规培训达规定标准学时数,并取得毕(结)业证书。

②取得本职业高级职业资格证书后,连续从事本职业工作10年以上。

③取得本职业高级职业资格证书的高级技工学校本职业(专业)毕业生和大专以上本专业或相关专业毕业生,连续从事本职业工作时间满2年。

——高级技师(具备以下条件之一者)

①取得本职业技师职业资格证书后,连续从事本职业工作3年以上,经本职业高级技师正规培训达规定标准学时数,并取得毕(结)业证书。

②取得本职业技师职业资格证书后,连续从事本职业工作5年以上。

(3)鉴定方式　分为理论知识考试和技能操作考核。理论知识考试采用闭卷笔试方式,技能操作考核采用现场实际操作方式。理论知识考试和技能操作考核均实行百分制,成绩皆达60分以上者为合格。技师、高级技师鉴定还须进行综合评审。

(4)考评人员与考生配比　理论知识考试考评人员与考生配比为1∶15,每个标准教室不少于2名考评人员;技能操作考核考评员与考生配比为1∶5,且少于3名考评员。

(5)鉴定时间　理论知识考试时间为120 min;技能操作考核时间为初级不少于150 min,中级不少于150 min,高级不少于180 min,技师不少于200 min,高级技师不少于240 min;论文答辩时间不少于45 min。

(6)鉴定场所设备　理论知识考试在标准教室进行,技能操作考核应在具备每人一套的待修样件及相应的检修设备、实验设备和仪表的场所里进行。

二、基本要求

1. 职业道德

(1)职业道德基本知识

(2)职业守则

①遵守有关法律、法规和有关规定。

②爱岗敬业,具有高度的责任心。

③严格执行工作程序、工作规范、工艺文件和安全操作规程。

④工作认真负责,团结协作。

⑤爱护设备及工具、夹具、刀具、量具。

⑥着装整洁,符合规定;保持工作环境清洁有序,文明生产。

2. 基础知识

(1)电工基础知识

①直流电与电磁的基本知识。

②交流电路的基本知识。

③常用变压器与异步电动机。

④常用低压电器。

⑤半导体二极管、晶体三级管和整流稳压电路。

⑥晶闸管基础知识。

⑦电工读图的基本知识。

⑧一般生产设备的基本电气控制线路。

⑨常用电工材料。

⑩常用工具(包括专用工具)、量具和仪表。

⑪供电和用电的一般知识。

⑫防护及登高用具等使用知识。

(2)钳工基础知识

①锯削　手锯;锯削方法。

②锉削　锉刀;锉削方法。

③钻孔　钻头简介;钻头刃磨。

④手工加工螺纹　内螺纹的加工工具与加工方法;外螺纹的加工工具与 加工方法。

⑤电动机的拆装知识　电动机常用轴承种类简介;电动机常用轴承的拆卸;电动机拆装方法。

(3)安全文明生产与环境保护知识

①现场文明生产要求。

②环境保护知识。

③安全操作知识。

(4)质量管理知识

①企业的质量方针。

②岗位的质量要求。

③岗位的质量保证措

施与责任。

(5)相关法律、法规知识

①劳动法相关知识。

②合同法相关知识。

三、工作要求

本标准对初级、中级、高级、技师、高级技师的技能要求依次递进,高级别包括低级别的要求。

1. 初级:见表1
2. 中级:见表2
3. 高级:见表表3
4. 技师:见表表4
5. 高级技师:见表5

表1

职业功能	工作内容	技能要求	相关知识
一、工作前准备	(一)劳动保护与安全文明生产	1. 能够正确准备个人劳动保护用品 2. 能够正确采用安全措施保护自己,保证工作安全	
	(二)工具、量具及仪器、仪表	能够根据工作内容合理选用工具、量具	常用工具、量具的用途和使用、维护方法
	(三)材料选用	能够根据工作内容正确选用材料	电工常用材料的种类、性能及用途
	(四)读图与分析	能够读懂CA6 140车床、Z535钻床、5t以下起重机等一般复杂程度机械设备的电气控制原理图及接线图	一般复杂程度机械设备的电气控制原理图、接线图的读图知识
二、装调与维修	(一)电气故障检修	1. 能够检查、排除动力和照明线路及接地系统的电气故障 2. 能够检查、排除CA6 140车床、Z535钻床等一般复杂程度机械设备的电气故障 3. 能够拆卸、检查、修复、装配、测试30KW以下三相异步电动机和小型变压器 4. 能够检查、修复、测试常用低压电器	1. 动力、照明线路及接地系统的知识 2. 常见机械设备电气故障的检查、排除方法及维修工艺 3. 三相异步电动机和小型变压器的拆装方法及应用知识 4. 常用低压电器的检修及调试方法

表 1(续)

职业功能	工作内容	技能要求	相关知识
二、装配与维修	(二)配线与安装	1. 能够进行 19/0.82 以下多股铜导线的连接并恢复其绝缘 2. 能够进行直径 19 mm 以下的电线铁管煨弯、穿线等明、暗线的安装 3. 能够根据用电设备的性质和容量,选择常用电器元件及导线规格 4. 能够按图样要求进行一般复杂程度机械设备的主、控线路配电板的配线及整机的电气安装工作 5. 能够检验、调整速度继电器、温度继电器、压力继电器、热继电器等专用继电器 6. 能够焊接、安装、测试单相整流稳压电路和简单的放大电路	1. 电工操作技术与工艺知识机床配线、安装工艺知识 2. 机床配线、安装工艺知识 3. 电子电路基本原理及应用知识 4. 电子电路焊接、安装、测试工艺方法
	(三)调试	能够正确进行 CA6 140 车床、Z535 钻床等一般复杂程度的机械设备或一般电路的试通电工作,能够合理应用预防和保护措施,达到控制要求,并记录相应的电参数	1. 电气系统的一般调试方法和步骤 2. 试验记录的基本知识

表 2

职业功能	工作内容	技能要求	相关知识
一、工作前准备	(一)工具、量具及仪器、仪表	能够根据工作内容正确选用仪器、仪表	常用电工仪器、仪表 的种类、特点及适用范围
	(二)读图与分析	能够读懂 X62W 铣床、MGB1420 磨床等较复杂机械设备的电气控制原理图	1. 常用较复杂机械设备的电气控制线路图 2. 较复杂电气图的读图方法

表 2(续)

职业功能	工作内容	技能要求	相关知识
二、装调与维修	(一)电气故障检修	1. 能够正确使用示波器、电桥、晶体管图示仪 2. 能够正确分析、检修、排除 55 kW 以下的交流异步电动机、60 kW 以下的直流电动机及各种特种电机的故障 3. 能够正确分析、检修、排除交磁电机扩大机、X62W 铣床、MGB1420 磨床等机械设备控制系统的电路及电气故障	1. 示波器、电桥、晶体管图示仪的使用方法及注意事项 2. 直流电动机及各种特种电机的构造、工作原理和使用与拆装方法 3. 交磁电机扩大机的构造、原理、使用方法及控制电路方面的知识 4. 单相晶闸管交流技术障
	(二)配线与安装	1. 能够按图样要求进行较复杂机械设备的主、控线路配电板的配线(包括选择电器元件、导线等),以及整台设备的电气安装工作 2. 能够按图样要求焊接晶闸管调速器、调功器电路,并用仪器、仪表进行测试障	明、间电线及电器元件的选用知识障
	(三)测绘	能够测绘一般复杂程度机械设备的电气部分	电气测绘基本方法
	(四)调试	能够独立进行 X62W 铣床、MGB1420 磨床等较复杂机械设备的通电工作,并能正确处理调试中出现的问题,经过测试、调整,最后达到控制要求	较复杂机械设备电气控制调试方法

表 3

职业功能	工作内容	技能要求	相关知识
一、工作前准备	读图与分析	能够读懂经济型数控系统、中高频电源、三相晶闸控制系统等复杂机械设备控制系统和装置的电气控制原理图	1. 数控系统基本原理 2. 中高频电源电路基本原理

表 3(续)

职业功能	工作内容	技能要求	相关知识
二、装调与维修	(一)电气故障检修	能够根据设备资料,排除 B 2010A 龙门刨床、经济型数控、中高频电源、三相晶闸管、可编程序控制器等机械设备控制系统及装置的电气故障	1. 电力拖动及自动控制原理基本知识及应用知识 2. 经济型数控机床的构成、特点及应用知识 3. 中高频炉或淬火设备的工作特点及注意事项 4. 三相晶闸管变流技术基础
	(二)配线与安装	能够按图样要求安装带有 80 点以下开关量输入输出的可编程序控制器的设备	可编程序控制器的、控制原理、特点、注意事项及编程器的使用方法
	(三)测绘	1. 能够测绘 X62W 铣床等较复杂机械设备的电气原理图、接线图及电气元件明细表 2. 能够测绘晶闸管触发电路等电子线路并绘出其原理图 3. 能够测绘固定板、支架、轴、套、联轴器等机电装置的零件图及简单装配图	1. 常用电子元器件的参数标识及常用单元电路 2. 机械制图及公差配合知识 3. 材料知识
	(四)调试	能够调试经济型数控系统等复杂机械设备及装置的电气控制系统,并达到说明书的电气技术要求	有关机械设备电气控制系统的说明书及相关技术资料
	(五)新技术应用	能够结合生产应用可编程序控制器改造较简单的继电器控制系统,编制逻辑运算程序,绘出相应的电路图,并应用于生产	1. 逻辑代数、编码器、寄存器、触发器等数字电路的基本知识 2. 计算机基本知识
	(六)工艺编制	能够编制一般机械设备的电气修理工艺	电气设备修理工艺知识及其编制方法
三、培训指导	指导操作	能够指导本职业初、中级工进行实际操作	指导操作的基本方法

表 4

职业功能	工作内容	技能要求	相关知识
一、工作前准备	读图与分析	1. 能够读懂复杂设备及数控设备的电气系统原理图 2. 能够借助词典读懂进口设备相关外文标牌及使用规范的内容	1. 复杂设备及数控设备的读图方法 2. 常用标牌及使用规范英汉对照表
二、装调与维修	(一)电气故障检修	1. 能够根据设备资料,排除龙门刨V5系统、数控系统等复杂机械设备的电气故障 2. 能够根据设备资料,排除复杂机械设备的气控系统、液控系统的电气故障	1. 数控设备的结构、应用及编程知识 2. 气控系统、液控系统的基本原理及识图、分析及排除故障的方法
	(二)配线与安装	能够安装大型复杂机械设备的电气系统和电气设备	具有可频器及可编程序控制器等复杂设备电气系统的配线与安装知识
	(三)测绘	1. 能够测绘经济型数控机床等复杂机械设备的电气原理图、接线图 2. 能够测绘具有双面印刷线路的电子线路板,并绘出其原理图	1. 常用电子元器件、集成电器的功能,常用电路,以及手册的查阅方法 2. 机械传动、液压传动知识
	(四)调试	能够调试龙门刨V5系统等复杂机械设备的电气控制系统,并达到说明书的电气控制要求	1. 计算机的接口电路基本知识 2. 常用传感器的基本知识
	(五)新技术应用	能够推广、应用国内相关职业的新工艺、新技术、新材料、新设备	国内相关职业"四新"技术的应用知识
	(六)工艺编制	能够编制生产设备的电气系统及电气设备的大修工艺	机械设备电气系统及电气设备大修工艺的编制方法
	(七)设计	能够根据一般复杂程度的生产工艺要求,设计电气原理图、电气接线图	电气设计基本方法
三、培训指导	(一)指导操作	能够指导本职业初、中、高级工进行实际操作	培训教学基本方法
	(二)理论培训	能够讲授本专业技术理论知识	

表4(续)

职业功能	工作内容	技能要求	相关知识
四、管理	(一)质量管理	1. 能够在本职工作中认真贯彻各项质量标准 2. 能够应用全面质量管理知识,实际操作过程的质量分析与控制	1. 相关质量标准 2. 质量分析与控制方法
	(二)生产管理	1. 能够组织有关人员协同作业 2. 能够协助部门领导进行生产计划、调度及人员的管理	生产管理基本知识

表5

职业功能	工作内容	技能要求	相关知识
一、工作前准备	读图与分析	1. 能够读懂高速、精密设备及数控设备的电气系统原理图 2. 能够借助词典读懂进口设备的图样及技术标准等相关主要外文资料	1. 高速、精密设备及数控设备的读图方法 2. 常用进口设备外文资料英汉对照表
二、装调与维修	(一)电气故障检修	1. 能够解决复杂设备电气故障中的疑难问题 2. 能够组织人员对设备的技术难点进行攻关 3. 能够协同各方面人员解决生产中出现的诸如设备与工艺、机械与电气、技术与管理等综合性的或边缘性的问题	1. 机械原理基本知识 2. 电气检测基本知识 3. 论断技术基本知识
	(二)测绘	能够对复杂设备的电气测绘制定整套方案和步骤,并指导相关人员实施	常见各种复杂电气的系统构成,各子系统或功能模块常见电路的组成形式、原理、性能和应用知识
	(三)调试	能够对电气调试中出现的各种疑难问题或意外情况提出解决问题的方案或措施	抗干扰技术一般知识
	(四)新技术应用	能够推广、应用国内外相关职业的新工艺、新技术、新材料、新设备	国内外“四新”技术的应用知识

表5(续)

职业功能	工作内容	技能要求	相关知识
二、装调与维修	(五)工艺编制	能够制定计算机数控系统的检修工艺	计算机数控系统、伺服系统、功率电子器件和电路的基本知识电路的基本知识及修理工艺知识
	(六)设计	1. 能够根据较复杂的生产工艺及安全要求,独立设计电气原理图、电气接线图、电气施工图 2. 能够进行复杂设备系统改造方案的设计、选型	1. 较复杂生产设备电气设计的基本知识 2. 复杂设备系统改造方案设计、选型的基本知识
三、培训指导	(一)指导操作	能够指导本职业初、中、高级工和技师进行实际操作	培训讲义的编制方法
	(二)理论培训	能够对本职业初、中、高级工进行技术理论培训	

四、比重表

1. 理论知识:见表6
2. 技能操作:见表7

表6

项目			初级 /%	中级 /%	高级 /%	技师 /%	高级技师 /%
基本要求	职业道德		5	5	5	5	5
	基础知识		22	17	14	10	10
相关知识	一、工作前准备	劳动保护与安全文明生产	8	5	5	3	2
		工具、量具及仪器、仪表	4	5	4	3	2
		材料选用	5	3	3	2	2
		读图与分析	9	10	10	6	5
	二、装调与维修	电气故障检修	15	17	18	13	10
		配线与安装	20	22	18	5	3
		调试	12	13	13	10	7
		测绘	–	3	4	10	12
		新技术应用	–	–	2	9	12
		工艺编制	–	–	2	5	8
		设计	–	–	–	9	12

表 6(续)

项　目			初级 /%	中级 /%	高级 /%	技师 /%	高级技师 /%
相关知识	三、培训指导	指导操作	—	—	2	2	2
		理论培训	—	—	—	2	2
	四、管理	质量管理	—	—	—	3	3
		生产管理	—	—	—	3	3
合　计			100	100	100	100	100

注:中级以上“劳动保护与安全文明生产”与“材料选用”模块内容按初级标准考核;高级以上“工具量具及仪器、仪表”模块内容按中级标准考核;高级技师“管理”模块内容按技师标准考核。

表 7

项　目			初级 /%	中级 /%	高级 /%	技师 /%	高级技师 /%
技能要求	一、工作前准备	劳动保护与安全文明生产	10	5	5	5	5
		工具、量具及仪器、仪表	5	10	8	2	2
		材料选用	10	5	2	2	2
		读图与分析	10	10	10	7	7
	二、装调与维修	电气故障检修	25	26	25	15	8
		配线与安装	25	24	15	2	2
		调试	15	18	19	10	5
		测绘	—	2	7	10	9
		新技术应用	—	—	3	13	20
		工艺编制	—	—	4	8	10
		设计	—	—	—	13	16
	三、培训指导	指导操作	—	—	2	2	4
		理论培训	—	—	—	2	4
	四、管理	质量管理	—	—	—	3	3
		生产管理	—	—	—	3	3
合　计			100	100	100	100	100

注:中级以上“劳动保护与安全文明生产”与“材料选用”模块内容按初级标准考核;高级以上“工具量具及仪器、仪表”模块内容按中级标准考核;高级技师“管理”模块内容按技师标准考核。

参考文献

1 《职业技能鉴定教材》《职业技能鉴定指导》编审委员会. 维修电工(初级、中级、高级). 北京:中国劳动出版社,1998.2

2 袁维义主编. 电工技能实训. 北京:电子工业出版社,2003.11

3 张小慧主编. 电工实训. 北京:机械工业出版社,2001.7

4 叶水春主编,罗中华副主编. 电工电子实训教程. 北京:清华大学出版社,2004.9

5 王炳勋主编. 电工实习教程. 北京:机械工业出版社,1999.9

6 熊幸明主编. 电工电子技能训练. 北京:电子工业出版社,2004.1

7 周涛主编. 船舶电工工艺. 北京:交通出版社,2007.7